第一本社区支持农业的专著
带你打造自己的农场
陪你踏上农业复兴运动的新浪潮

分享收获 修订版

社区支持农业指导手册

伊丽莎白・亨德森（Elizabeth Henderson）
罗宾・范・恩(Robyn Van En) 著
石嫣 程存旺 译

Sharing The Harvest

A Citizen's Guide To Community Supported Agriculture

中国人民大学出版社
・北 京・

编辑手记

社区支持农业（Community Supported Agriculture，简称 CSA），是中国读者还很陌生的领域。记得我刚开始接触这个概念时，脑中鱼贯而出好几个问号："社区"，意指居民社区么？这种"农业"有什么特殊的地方？社区如何支持农业？这种支持，是居民自发形成的还是政府介入产生的？

在为以上问题找到答案后，我才发现自己的疑惑太"小儿科"了，解惑后也只能达到管中窥豹的效果。因为，CSA 中的"社区"不是单纯地理意义上的居民社区，而是一种社会学概念上的社区，它既容纳了地缘相近的个体，也吸纳政府组织和各式各样的民间团体。CSA 中的"农业"，既不是传统意义上的小农经济，也非工业化的大型农业生产。CSA，是一种蕴涵了人文关怀的新型农业生产和生活方式，是一群有着相近价值观和理想的人，为了健康的生活方式、农业的复兴以及土地的未来而共同努力的结果。CSA 的核心在于重新建立人们与土地、与农业生产之间自然和谐的关系。任何个体与组织，都可以自发自愿地开展 CSA，而政府有意识地介入，也可有效推动 CSA 的发展。

最基本、最常见的 CSA 模式是：在一定区域范围内，消费者成员和农民提前签订合约，为来年的食物预先付费。成员与农民一起承担低收成的风险，共享丰厚收获的回报，农民会为成员提供最安全、新鲜、有机的食物。生产过程中，成员与农民之间存在大量的直接互动，比如：农民可以要求成员加入劳动、参与配送，农场可以举办有关食物、烹饪、健康、教育以及信仰等方面的工作坊，成员可以组成一个核心小组来监督、推动本区域 CSA 农场的发展。值得注意的是，CSA 模式并非统一和固定的，实践者可以根据具体情况做出各种调整和创新。

深入了解之后，会发现 CSA 是一片让人充满迷人想象的希望"田野"。对于有着浓重田园情结的我来说，我希望 CSA 能够出现在任何一个城市与乡村。因为：

这种生产方式，是对每一位农民的最好回报，让他们不会为天灾虫祸担心，更重要的是，不会在庞大的工业化生产和全球贸易的冲击下败下阵来。农民们可以精心地耕耘自己的土壤，生产出美味而让人放心的食物。

这种生产方式，可以给每一位消费者带来最佳的满足与呵护，不用担心地沟油、三聚氰胺、塑化剂、苏丹红……侵入你的食物，不用担心各种化学制剂或添加剂超标，消费者完全可以知道自己吃的食物是从哪里长出来的，是由谁负责种植和运送的。更棒的是，人们总是可以吃到原汁原味最新鲜的食物，城市居民不用再为那些苍白无味的超市食物摇头叹气。

在 CSA 里，生产者和消费者是紧密结合和频繁互动的，他们能够彼此相识，可以一起劳作和收获食物，无论他们签订了怎样的书面合约，他们之间其实都存在着一个无形的契约（一种相互关心、帮助，为彼此提供所需的契约）。

有人问过我，你所说的 CSA 是否太理想化了？这点，我不否认。尤其对于生产力不足、食物紧缺的地区来说，精耕细作的 CSA 方式，也许为时过早。《分享收获》一书里也描述了许多理想主义者的失败经历。不可否认的是，在这个领域积聚了许多具有很强的哲学思辨能力的人，他们正在为理想不断地尝试和努力着。CSA 中最吸引我的，也是我认为最具有生命力的地方，便是它对人的身心、植物、动物、土地，以及大自然的一种人文式的终极关怀。《分享收获》中描写的场景以及传达出来的气息，很有中国山水画的意境，与东方的“天人合一”、“道法自然”的哲学思维相契合。而 CSA 将东方哲学中很多不可言的东西，以具体的生产和经济行为表现了出来。世界，在经过两百多年的工业革命之后；中国，在经过 30 多年经济的快速增长之后，特别需要具有 CSA 理念的生活方式与经济实践。

《分享收获》是国内首次引进的有关美国 CSA 的专著，里面有系统、理性的梳理，充满了大量感性而丰富的实例。初识 CSA 者读完这本书，心中的各种疑惑会豁朗开朗；CSA 的实践者，则能在大量的农场范例和故事中获得种种思考与启发。而本书的译者——石嫣和程存旺夫妇，是国内 CSA 的杰出先行者，石嫣女士到美国深入研究了 CSA，此后一直在中国人民大学和清华大学继续 CSA 的研究。两位译者在京郊创办的小毛驴市民农园，更是引起了巨大的社会关注，有力推动了 CSA 在中国的传播。今天，在小毛驴市民农园住着一群执著、实干的年轻人，在他们身上，我看到了很多让人感动的东西：理想、勇敢、热情和未来。随着本书的出版，衷心祝愿他们，奔赴理想之路越来越开阔；衷心希望，中国 CSA 的未来，愈发明亮与美好。

译者序

“欲”字，无论在中国的语言中还是文化中都是贬义多于褒义，古人如此造字是有道理的。“欲”，左边一个谷，右边一个欠，意在告诫世人，放纵贪欲，寅吃卯粮，必将造成亏欠，甚至威胁粮食安全。而节制欲望对于一个家庭，抑或一个国家，都是风险最小、成本最低的手段。在以农立国的历史长河中，这个经验教训被反复验证，放之四海而皆准。

而今放眼全球，世界二八开，无论是发达程度排前20%的国家，还是后80%的国家，以农立国似乎都将成为历史。确实，人们已经厌倦二层小楼里的电灯电话，又在耸入云霄的楼堂馆所里打造天上人间。当然，也只有20%的人的日子才过得这么爽。很多人还住着二层小楼，楼是不太高，容易接地气，可是当人们下楼出门的时候却发现大地弥漫着晦气，污染与破坏随处可见。

在从农业时代向工业时代的转型中，哪个成功工业化的国家不是建立在对农业的剥夺之上？要么对本国，要么对外国。于是才有了今天全球范围内对农业的还债，出现了叫作社区支持农业的形式。这种模式仍然遵照先20%后80%的秩序在世界上铺开，尽管目前只是小众参与，但势若破竹。社区支持农业，谁支持谁？走出大楼脚踏实地的人才会明白，绝不是单向的城市反哺农村，而是互动的，农业给了我们干净的食物。

石嫣和我先后于2006和2007年进入温三农门下当学徒，彼此以师姐师弟相称，长幼分明，关系融洽。一次偶然机会，我们被温铁军老师引进生态农业的大门，从此开始关注农业污染、食品安全、社区支持农业等问题。牢骚太甚防肠断，风物长宜放眼量，学术界对生态农业的研究已经很深入了，期刊文献汗牛充栋，再好的理念也要重在落实。因此，我于2008年休学，石嫣于2008年赴美国地生农场（Earthrise Farm）学习社区支持农业后返回，我们双双加入温老师门下的志愿者团队，创办了小毛驴市民农园。

小毛驴市民农园并非中国大陆最早践行社区支持农业的单位，之前已有四川成都安龙村，广西柳州爱农会，广州南岭会，杭州龙井草堂，北京的德润屋、天福园和绿牛农场等不同背景的主体在行动，但小毛驴极大推动了社区支持农业在中国的传播，创建伊始就形成了轰动的社会影响，短短两年时间，超过120家媒体正面报道，全球数万人前来参观。如今之势，诚如一位铁杆成员之言，小毛驴驮来大团结。从2009年到现在，在北京、福州、厦门、上海、重庆、广州、珠海、佛山、青岛、大连、沈阳、杭州、昆山、湖州、南京、西安、成都、内蒙古、郑州、兰考等地，涌现出四五十家以社区支持农业为形式的有机农场，其中既有毁家纾难之士，也不乏意欲更上层楼之人，资本过剩年代，社区支持农业也是一种商业模式。政府对社区支持农业的态度也让我们喜上眉梢，北京市海淀区区政府是第一个“吃螃蟹”的政府部门，勇敢地拿出宝地支持小毛驴创业；江苏武进县嘉泽镇已是长三角地区少有的空气质量极佳的地方，镇政府准备引进社区支持农业，让人们不仅能呼吸新鲜空气，还能放心地吃当地食物；贵阳市政府竟把发展社区支持农业写进法律；仙县遂昌要在原生态精品农业基础上做社区支持农业的文章；韶关这个粤北山区也做好了支持珠三角大社区的准备。

2009 年是小毛驴初创的第一年，小毛驴的单身男女青年们用飞扬的青春涤荡了筚路蓝缕的艰辛。一年的时光里，我们同吃同劳动，住在同一座四合院里，我和石嫣迈过了师姐师弟的门槛，挣脱了书斋的束缚，成为伴侣，平添了几分小毛驴带给我们的快乐。

社区支持农业的英文表达为 Community Supported Agriculture，简写为 CSA，而我和石嫣名字的拼音首字母分别为 C、S，又都从事农业，于是我们俩的组合并上事业也就成了“CSA”，休学、留洋之前，谁曾想到会有今天的巧合？

谨以此书，感谢双方父母、各位老师，所有帮助小毛驴和翻译此书工作的人，也献给我们 CSA 般的爱情。

译者
2011 年 1 月

中文版序

我感到非常荣幸，我和罗宾·范·恩合著的这本关于社区支持农业的书——《分享收获》能够翻译成中文出版。对我来说，这感觉像是一个轮回，因为最早启示我并将我带到有机农业领域的正是金（F. H. King）的那本《四千年的农夫：中国、日本和朝鲜的永续农业》（*Farmers of Forty Centuries*；*Permanent Agriculture in China*，*Korea and Japan*，1911）。读那本书时，我沉醉于金所描述的这三个国家里辛勤耕作的农民以及他们使用的有机耕作技术。20 世纪 80 年代早期，我刚开始耕作，种植的规模很小，一般不超过 10 英亩，仅仅是蔬菜、香草和花等一些简单的作物，大部分工作都是手工完成的，这在美国高度工业化、机械化和化学化的农耕体系中，显得有些疯狂。金的书让我感觉并不孤独，而且感觉自己与你们国家中的那些农民似乎有着某种亲缘关系。我希望这本书可以帮助你们与中国传统农耕重新建立联系，正是中国的传统农耕教会了其他国家什么是可持续的食品生产。

金教授是一位农业物理学家和土壤学家。在书中，他羡慕地描述着那些令人惊讶的技术和农民们不知疲倦的劳动。特别是，他关注了农民们如何制作堆肥，如何回收所有剩余物和废弃物，包括人类的排泄物，这些看似微小的举措使得中国的土地产出率远远超过美国的任何地方。金写道："几乎每一寸土地都用于生产食物、燃料和织物的原材料。所有可以吃的东西都作为食物服务于人和家畜，所有可以吃或者穿的东西都被用作燃料。人体的排泄物、燃烧的残留物和没有其他用途的织物都被带回到田里；在此之前，他们会将这些废弃物根据天气情况封存起来，同时运用智慧，花一个月、三个月甚至六个月，耐心地将这些废弃物变成土壤和作物所需要的养分，并且这些养分正好处于植物吸收的最佳状态。"

《分享收获》以家庭有机农场为基础，关注社会组织如何重建人与土地的联系，以及这个过程中的各种需求。这本书详细介绍了社区支持农业（CSA）在北美的发展情况，同时也列举了其他国家的案例。社区支持农业开始于最简单的理念，就是将从事非农职业的人群与某个特定的农场或一些关联的农场小组连接起来。与其他的市场销售方法不同，在 CSA 中，那些不从事农业的人同意与农民共担风险，这是最佳状态的互助经济。如果天气和其他条件理想，食物份额就会大一点；如果条件不好，成员虽然支付了相同的费用但收到的食物要少一点。在这个意义上，他们与农民变成共同的生产者，并经常会到农场参加劳动或者负责配送。在美国，没有任何两个 CSA 是相同的，没有任何机构或者政府部门认证 CSA。每个 CSA 都自由地创造适合农民和非农民参与的组合形式。在《分享收获》中，我们尝试尽可能多地收集各种好点子，让更多愿意开始新的 CSA 的人们或者希望改善现有 CSA 的人相互学习。

25 年来，CSA 为保护美国的家庭农场做出了重大贡献。当然，这其中也有失败的，但是对许多农场来说，CSA 比其他的销售方式，如农夫集市或者商店零售，更能带来固定的、忠实的顾客和更加稳定的收入。与我的詹尼斯山谷有机 CSA 一样源远流长的农场已经成为当地受尊敬的机构，很多家庭加入这些农场 CSA 已经有 10 年甚至更长的历史。成员对农场的支持表现为数千小时的义务劳动，给农场维修仓库和配送点，购买设备甚至慷慨地捐赠土地。活跃的核心成员小组接受了诸如成员招募、推广、记账和网络维护的工作，并且将特殊的产品配送到需要的家庭，还有的人为那些低收入家庭筹款。这些支持将农民从琐事中解放出来，更多地关注耕作，并且通过实习生计划、农场参观和工作坊等平台给下一代农民提供受教育的机会。而通过经常在 CSA 简报中汇报农场故事来与成员们交流的方式，激励很多农民成为了有文采的作家。

在 20 世纪 80—90 年代，CSA 的增长速度缓慢但平稳，在新千年开始之前，北美的 CSA 达到了上千个。这些项目中的大多数都是很小的家庭农场，以有机或者生物动力的方法种植 3 英亩～5 英亩的蔬菜，在城市附近地区招募成员。这些农场平均拥有 30～50 个成员，并且一般都还有其他销售方式。在过去的几年中，由于很多畅销书和电影的影响以及金融危机带来的不确定性，本地食客运动的人数已经增长了 2～3 倍。我们每天都能听到与 CSA 有关的创新，很多地方出现了把农场、非营利机构、农夫集市以及工作地点结合在一起的新型 CSA。22 年前，我们的农场在该地区还是唯一的 CSA，当时有 29 个成员；但是今天，我们的成员数量已经增长到 300 个，并且新出现了 22 个 CSA，超过 3 000 个家庭融入了 CSA。

CSA 的规模不同，从只能供给 5～6 个家庭的菜园到可以提供数千个家庭的几百英亩的农场都有。我知道的最大的单体 CSA 是新泽西的哈尼布鲁克有机农场，他们在费城地区有 3 000 个份额。农民吉姆·金赛尔和他的妻子雪莉·杜达斯是组织者，大部分的生产工作是由墨西哥移民家庭完成的。在成员参与度上，詹尼斯山谷有机 CSA 和密苏里州的公平份额农场属于极端的例子，他们要求所有成员到农场工作或参与配送或帮助管理核心小组。

在长岛的奎尔山农场，所有的成员都要采摘自己家的蔬菜。

在 12 年中，纽约市的一个非营利组织——“仅是食品”（Just Food）组织了 100 个城市核心小组，并且将这些小组与其在 2～3 小时车程内能到达的农场相结合，共为 2 万个家庭提供服务。2011 年，他们期待这种中介服务能到达 125 个城市的 CSA。在加利福尼亚，生命能量社区农场在仓库里安装了太阳能板并且为城市孩子提供教育项目。在威斯康星州，佛蒙特山谷拥有一个最具创新性的方法来解决农场劳动力问题——他们招募了 50 个成员（在 950 个份额之外），这些成员同意每周工作 4 个小时，连续工作 20 周，帮助农场进行收获。马萨诸塞州的布鲁克菲尔德农场邀请成员在节日或工作日来农场收获土豆和南瓜。一些 CSA 农场很小并且拥有很多手工劳动力，一些农场则高度机械化。饱腹农场是 4 个农民的合作农场，是美国历史最久的 CSA 之一，他们有 1 000 名成员，其中一些成员在农夫集市的摊位中领取份额。

多样化会员制以使更多的低收入家庭加入已经成为很多 CSA 的目标。我们在 1989 年启动詹尼斯山谷有机 CSA 时，就按比例收取费用。其他农场也尝试过按比例收费，例如纽约伊萨卡的西港农场。康涅狄格州格兰比的哈特福德食品系统 CSA，已经成为给低收入人群筹划提供 CSA 份额的领导者。这个农场按照常规份额的方式销售一半的产品，同时城市中的相关组织来筹款，用于支付那些负责配送食品的社会组织的一半的费用。例如一些仅是食品 CSA 纳入了贷款机制，核心小组从捐款人或者政府机构那里筹资，这样农民就可以提前收到全额的支付；之后，低收入的成员一旦有能力，可以在整个季节中选择任意的时间付款，来补充这个基金。伊萨卡地区的 CSA 一直都在举办田野里的聚餐，为低收入人群加入 CSA 筹款。波士顿的食品项目在城市中或者富裕的郊区培训年轻人种植食物，其中的一些产品用作 CSA 的份额，另一些配送到食品救济场所或者为遭受家庭暴力的妇女开设的避难所。随着培训项目的进行，更多的 CSA 出现了。加利福尼亚的无家可归者菜园 CSA 向那些无家可归的人提供培训和工资，而宾夕法尼亚州的红蚯蚓农场向那些智力发育有障碍的人提供就业和工作技巧培训，以便他们能够独立生活。

在美国，社区支持渔业也在迅速发展——开始于艾奥瓦州的 CSA 成员配送阿拉斯加的渔民的冷冻份额，之后很多使用可持续捕鱼方式的渔民小组在缅因州和马萨诸塞州销售鲜鱼份额。

2000 年，法国的农民丹尼斯和丹尼尔·威伦在美国了解到了 CSA，并将他们的 CSA 命名为 AMAP（Association Pour le Maintien d'une Agriculture Paysanne），然后将他们生产的所有东西都销售给成员。由于他们成功的示范和具有感染力的激情，AMAP 仅在 10 年间就横扫了整个国家，现在法国有超过 1 000个 AMAP。

我无法预测 CSA 在中国的发展。对于开始初步试验的农民或者大学小组来说，这本书将提供很多可供借鉴的模式。在中国历史上的这个时刻，当城市化的压力如此之大的时候，CSA 可能会成为保护农地的一种方式，鼓励更多农田被生态化地利用，同时赋予人们非常熟悉的“中国制造”一个新的内涵。如果更多的人像这本书的译者同时也是小毛驴 CSA 的创始人——石嫣和程存旺那样加入到 CSA 行列中的话，那么，中国精耕细作的传统将得到传承并发扬光大。CSA 模式，一头连着生产者，一头连着消费者，双方共同努力，凭借中国博大精深的农耕传统，必将成为中国过度工业化、中毒渐深的食品体系的一剂解药。我希望来年听到石嫣和存旺传来 CSA 在中国发展的好消息。

伊丽莎白·亨德森

2011 年 1 月

序言

在美国，正在兴起一场规模逐渐扩大的社会运动，这场运动承认了一个长期被忽视的现实，那就是：我们为食品所付的钱大部分都落入运输、加工和营销公司囊中，这些食品虽然源于农场，但收益却不能归农民自己所有。实际上种植了食品的人却不能得到足够的收入以维生。因此，从缅因州到加利福尼亚州，一些社区志愿者组织起来支持农民，他们直接向种植者购买产品，绕过了超市、中间商和国际运输系统，以合理的价格得到了新鲜的、本地产的应季食物。这是一本关于社区居民购买本地农产品的书，这个系统就称作——社区支持农业（CSA）。

如果这是你第一次听到社区支持农业（CSA），你应该立刻先翻到第一章。在第一章你会发现为什么各种各样的农民和食客在加入这些组织，还可以了解他们寻找健康食品和经济保障的一些经历；如果你听说过 CSA，但却知之甚少，你则需要研究本书中消费者和生产者如何走到一起并建立起相互满意的，解决经济、社会和烹饪等多种不同需求的方案和模式；最后，如果你是一个 CSA 农场的活跃份额成员，你确实需要坐下来花一些时间阅读这本由非凡的农民伊丽莎白·亨德森和一位早期 CSA 运动中的伟大女性罗宾·范·恩共同完成的书。从她们那里，你会学到为了每个人的长期利益，如何解决你和你的份额成员在主流的市场方式之外努力寻找良好食物的过程中发生的问题。

当我去参加一个由众多纽约市 CSA 核心成员组成的会议时，我已经读完了这本书初版的三分之二（是的，在这样一个大都市的市中心，仍然有人直接从农民那里得到食物）。当我听到这些食物运动的先锋们在相互寻找解决不断出现的困境的出路时，我就在想，如果他们能有这本书就好了。在大标题中，如“启动”、“组织”、“食品”、“模式”，他们可以从这本书中找到针对每一个小问题的思路，如“如何选择农民”、“获取土地”、“农民的收益”、“启动费用”、“分配收获”、“地区网络”和“纳入低收入成员”等。

列出这些主题时，我意识到我在冒险将这本书变成听起来很无趣的 CSA 操作手册和入门指南。这的确是一本指南而且是有指导性的，但内容却远远超过了这两个方面，而且它一点都不枯燥。实际上，读这本书是一件很愉快的事情，虽然本书原作者早逝，但继续将本书编写成稿的这位女性也是一个有魅力、有天赋的作家。当她听到别人精彩的演讲或者读到好书时，她能够结识这些好的演讲者和作者，引用他们很多精彩的句子，这些人中包括许多这个事业的参与者。

你将从这本书中学到很多。尽管对这本书中涵盖的大部分主题我都有所了解，但是当我阅读原稿时，还是会将其中重要的事实和精彩的引用做上标记，它们对我的启发很大。你会在这里找到很多建议来解决运行 CSA 过程中每一步遇到的问题，但你不会找到组织和维持 CSA 的唯一的指导方法，因为这场运动（或者作者）本身的目标就不是标准化。

但是，虽然在这本书中没有列出一种唯一的方法，却有一个独立的目标，即：鼓励更多的人加入到这场保护农耕的战斗中去。作者在拼命地保存农民和农田，并希望更多的人了解他们如此做的重要性。“我努力的探索，”伊丽莎白·亨德森记录下了她对收集整理人们经验的研究心得，“如何通过吸引、进入、参与的方式，让尽可能多的人加入支持本地农耕的社区。”这一版展现了新的证据以证明人们的这些做法发挥了持久的作用。更进一步地，她描述了很多新的帮助本地农民生存的途径。

我拜访了罗宾·范·恩的早期 CSA 农场之后，遇到了另一个这场运动中的活跃分子，他说了一句我永远都不会忘记的话。“社区支持农业，”他坚定地说：“是一种物物交换的关系。你在秋季之前付钱支持了一个本地农民，而下一年的夏天你会得到所有免费的产品。”随着 CSA 的不断发展，并不是所有的 CSA 农场都能够或者想要在收获季节之前收取费用，并且并不是所有的份额成员都能体会到这些产品是“免费”的。既然宽容和社区是目标，这本令人着迷的书很清晰地告诉我们，这些目标并不是轻易能够达到的。在一个标榜个人主义和自由选择的社会里，几乎所有的东西都被定价。个人主义的樊篱很难破除，社区也不能自然而然就形成。

如果我们希望有源源不断的食物，那么，我们需要让农民维持生计；如果我们想维持农民的生计，那么对于我们每一个人，无论是普通公民还是政策制定者都需要来学习如何达到这个目标。《分享收获》就是一个很好的开始。

琼·戴伊·古索博士

琼·戴伊·古索博士，一个自耕农、作家，她是哥伦比亚大学师范学院的退休员工，她曾经是“玛丽·斯沃茨·罗斯客座教授”(Mary Swartz Rose Professor)，还是营养教育项目的前任主席，并且每年秋天仍然在教书。

古索现在在哈得孙河西岸居住、写作并且种植有机蔬菜。她最近的一本书是基于她三十年自耕的经历而写成的，这本书的名字是《有机生活：城市郊区自耕农的自白》（*This Organic Life*：*Confessions of a Suburban Homesteader*）。

引言

无论你能够做什么或者梦想做什么——开始做吧！勇敢精神是具有创意、能量和魔力的。现在就开始吧！

——歌德（Goethe）

1983年，结束了在华德福幼儿园教师的培训之后，我和我的小儿子戴维从北加利福尼亚搬到了马萨诸塞州，离开加州的红森林，开始体验新英格兰层林尽染的秋天和多雪的冬天。我们打算在这个地区待一年，找寻我们未来的方向，也找寻合适的房子。我想要找一处带有一小块土地的房子，作为永久的财产储备，并可以在土地上种一些花，就像我在加州上学时做的那样。在我们刚到达的一个月内，周边的环境激励我找到了这样一个地方，很偶然，也许是天意，我们来到了在艾格瑞蒙特南部村落中的印第安线条农场(Indian Line Farm)。

印第安线条农场几乎在200年前就被命名，因为最初的荷兰定居者在一条假想的线内建造房屋，超过这条线就是印第安人的领地。据推测，约翰尼·阿普尔西德（Johnny Appleseed）就是从珠詹德路来，沿路种植了他的苹果树。“谢斯起义”（Shays' Rebellion）很大程度上是由不公平的税收导致的反抗，这次影响了宪法起草的起义，就发生在山的那边。

印第安线条农场是一个美丽的农场，一座古老的房子和一个巨大的挤奶房坐落在一块像桌子一样平坦的肥沃滩地上。顶层土壤下面是一层石灰岩，使土壤呈弱碱性。附近是一个碱性的泥沼地（湿地）：一处罕见的受保护的栖息地，受到自然保护基金会（Nature Conservancy）的监管。这块土地的中部临着珠詹德山脉（Jugend Mountains），之前是一个印第安人的观察点，在州立公园脚下仍然保留着他们的长屋和其他旧的农场建筑物。越过山的另一端是阿巴拉契亚小径（Appalaehian Trail）的一部分，就在第一个社区土地信托机构和E. F. 舒马赫（E. F. Schumacher）图书馆背后，由此可到康涅狄格州。

我在加州长大，很多年来以种花卉和多年生草本作物为主。但是要在伯克希尔山（Berkshire Hills）开始经营一个60英亩的原来是奶牛场的农场，对于我来说仍然是一个巨大的挑战。

在我到达这个地区后不久，我加入了“共同购买”俱乐部，我与E. F.

舒马赫学会的苏珊·威特（Susan Witt）谈了一次话。我们讨论除了花以外我应该在来年春天种植什么，毕竟我有一大片可以耕种的土地。

我发现大部分共同购买俱乐部的成员都有自己的夏季小花园，但是却要去很远的农场或者超市购买冬季的蔬菜。为什么我不种植这些储藏作物呢？在一个合作社会议上，有人说他们愿意购买我种植的任何东西，所以我也就相应地种植了。首先，我种植了土豆、胡萝卜、洋葱、大蒜和冬瓜，我的收入相当不错，我的市场也一切就绪，但是我仍然要承担所有的资本投入、所有的工作和所有的风险。

我花费了很长一段时间思考，一般是在我锄草的时候，我尝试着寻找一个更好的方式来使生产者和消费者都尽义务。更好的方法是某种形式的合作社，这种安排允许人们利用他们各自能力、特长、资源来获取所有人关心的共同利益。这种方式也同样可以使得生产食物的人离吃这个食物的人更近，使食用者离土地更近。

在第二个种植季节的中期，正当我考虑这个困惑时，简·范德涂英（Jan Vandertuin）访问了农场，他刚刚从瑞士回到新英格兰，非常希望分享他与一对农民夫妇工作的经历。这些农民让他们的食客分摊他们农场年度生产的开销以交换每周产出的一部分。蔬菜、肉、奶产品都可以成为份额产品。在我们讨论了一小会儿之后，简和我就都知道这是印第安线条农场要走的方向。

简·范德涂英、约翰·鲁特（John Root）、耶利米（Jr.）[伯克希尔山庄（Berkshire Village）的共同负责人，伯克希尔山庄是一个残疾人居住的地方，距离舒马赫学会一步之遥，距离印第安线条农场大概一英里远] 和我开始了繁忙的组织工作。我们通过 1985 年秋季的“苹果项目”（Apple Project）向周边的社区介绍“分担成本以分享收获”的概念。人们按照家庭规模将购买苹果份额的费用提前支付给农民。这些人中的大部分同样加入了我们将提供的下一年春天的蔬菜份额计划。我们决心使这件事成为现实，我们非常忙碌地向社区成员宣传，让他们了解关于蔬菜份额的概念。同时我们也访谈了一些潜在的园丁和农民。从来没有人听说过要在第一粒种子播种之前提前为蔬菜缴费，但是最终得到休·拉特克利夫（Hugh Ratcliffe）的支持，终于在秋天开始破土，为来年的种植做准备。我们其他人都继续执行那个苹果计划以及继续做社区宣传。

在 1985—1986 年的冬天，我们每周都见面讨论和推进一些必要的方式和程序以完成我们的目标：本地食品为本地人服务，对于消费者来说公平的价格和对于种植者来说公平的报酬。成员每一年承诺为他们的产品成本付款并且这种分担风险、分享收益的方式，是其与其他农业创新不同的地方。

我们没有轻率地采取任何行动。我们常常反复讨论和辩论必要的政策和步骤到深夜，包括这个项目的名字，这个名字应该可以传达它全部的意图和目的。我们最后决定采用“社区支持农业”，也可以变换顺序为“农业支持社区”（Agriculture Supported Communities），我们需要用最少的词表达我们的含义。CSA 到 ASC 是全部的内涵。我们感觉这个词很长而不适合简单地用到对话或者文本中，但是到今天，我都没有想出一个更好的方法来命名我们想表达的所有内涵。人们也尝试过用其他的代替词语——在加拿大被称为消费者分享农业（Consumer Shared Agriculture），并且我对“社区”这个词感觉到明显的不适，尤其当我在苏联尝试解释这个概念的时候。人们同样也觉得“支持”这个词有问题。请了解每一个词其实都是经过深思熟虑的。我个人非常坚定地使用“农业”这个词而不称这个项目为“社区支持农场”，因为我不想排除在波士顿城市的角落里发生的相似的创新。我们不得不很快给它起一个名字，因为这个项目马上就要启动了。

为了让现有的和潜在的成员获得土地，我将我的菜园的一部分（将近五英亩）租给了 CSA，一个无固定组织形式的社团，租期三年，三年之后可以选择购买土地成为农业信托。

我们在 1986 年的春天提供了第一次份额的蔬菜。早期的成员在整个种植季节每周可以收到两次一购物袋的蔬菜，在冬季可以在一个月内获得两次在地下室储存的蔬菜。第一年的运作证明，对于大部分家庭来说菜量都太多了。第二年，许多人找朋友或者邻居来取第二袋蔬菜，到第三年，我们把它削减到每周一袋。大一点的家庭、饭店或者市场会选择多倍的份额。

从第一季开始我们已经走过了一段很长的路。作为建立 CSA 的核心组成员，我们学到了很多并且认识到有更多要学的。与一群相互尊重并能够最好地利用集体特长和资源的人一起工作，同时熟悉并且适应不同人的个性和安排并不简单。但是，这个理念逻辑性强又简单、实用，帮助我们克服了这些困难。尽管我们有很多不同，但是我们创造了一个工作蓝本和可复制的 CSA 模型。四年后，我们分开了（一个相当可怕的过程）。但是，回头看，我能够如实地说，如果这个分裂容易一些的话，我就不能如此了解我自己、团队动态、CSA 的困难和潜力，以了解范围更大的本地和地区化的社区。

罗宾·范·恩

我写了第一版的 CSA 创建手册《创建 CSA 的基本原则》（*Basic Formula to Create Community Supported Agriculture*），大体上都是自问自答的形式，因为我当时花了大量时间在田地里、在电话中、在会议大厅中谈论我们在印第安线条农场的试验。我设计了这本手册，来帮助读者回答他们关于 CSA 的问题和根据他们自己不同情况的针对性问题。将 CSA 的理念传递给北美是一个挑战，因为北美在土地规模上、可获得资源上、文化上与日本、西欧都有很大的不同。CSA 包含着基本的逻辑点，不论在哪或者如何实现 CSA，这个逻辑都是相似的，但是，同时，这大体上是一个逐步展开的、高度适应本地情况的过程，因此我尝试通过基本原则的手册来分享和传递信息。

到 1996 年的春天，接近 600 个 CSA 项目开始播种，参与者至少遍及美国和加拿大的 10 万人口。一项由琼·皮埃尔·施瓦茨（Jean-Pierre Schwartz，第一个华盛顿地区 CSA 的创始人、北美 CSA 董事会的创始人）主持的带有预测性的社会学研究比较了目前的 CSA 的数量，它们每日的增长率以及它们潜在的增长，就像家庭度假旅馆的建立在全国兴起一样。从这一点，施瓦茨推断出到 2000 年将有 10 000 个 CSA 农场和菜园。这也就意味着在美国每个州和加拿大都有平均 200 个项目并且影响 200 万人，这标志着在主流意识之下的一个巨大变革。我们能够在这条路上朝着一个更好的趋势发展，同时有 2% 的总人口了解这种新的另类的购买新鲜食品的方式。人们甚至不用真正地成为一个 CSA 成员，只了解即可。如果我们能够达到在美国和加拿大那么大的认知程度，CSA 的存在一定会遍及全球。（CSA 并没有像罗宾预想的推广得那么快，可能因为这远远要比家庭度假旅馆复杂很多。2007 年，最好的预测数据是在美国有 1 700 个 CSA 以及大概 10 万个成员。——伊丽莎白·亨德森）由于印第安线条农场的模式与简在瑞士的经历有关，我也了解到与 CSA 类似的形式同样也在 1971 年的日本首先出现，由一组关注农药的使用、不断增长的加工和进口食品以及本地农村人口的减少的妇女发起。

这个妇女小组选择了与一个本地农民合作，达成了一个合作协议，于是teikei就诞生了。从字面上翻译，teikei意味着合伙关系或者合作，但是根据日本teikei的成员所述，哲学上的翻译是“在食物上面能看到农民的脸”。

Teikei哲学上的一面也代表着这些小组名字的用义，例如反思丢弃时代学会（Society for Reflecting the Throwaway Age）、年轻树叶学会（Young Leaf Society）、保护地球学会（Society Protecting the Earth）。这在北美CSA中也非常常见，例如慢步CSA（Walk Softly CSA）、双溪共享农场（Twin Creek Shared Farm）、从容生活CSA（Deliberate Living CSA）、相约农场（Gathering Together Farm）、守护者社区农场（Caretaker Community Farm）和心脏甜菜（Heartbeet）。

日本的teikei农场或菜园都非常小且耕作密集。这对于一群分散在乡村的农民来说，将他们的产品通过高速铁路运送到另一个城市中心的取货点，供给一大群城市的成员，是非常普遍的。同样普遍的是，一群1 500个家庭组成的网络通过与一组15个农民的合作得到持续的、多样的产品选择。特别是，成员可以每周收到蔬菜、香草、水果、鱼、家禽、鸡蛋、谷物和所需豆类产品，同时还有由社区支持的家庭手工制造的肥皂和蜡烛。[为了更深入地了解teikei，请看第22节凯西·希尔（Cayce Hill）和久保田浩子（Hiroko Kubota）写的简史。]

1992年，我有幸成为共同组织者之一，负责接待一个在美国和加拿大旅游的teikei小组。他们大体参观了一些有机农场并特别看了一些CSA项目。我非常惊讶，我们对CSA和teikei以及农业作为所有文化基础的未来有着非常相似的关注点和视角。这对于我来说确实是一个圆满的经历。

平等地赋予社区和农民权利，CSA提供了对于农民和社区普遍问题的解决方法。最后，关键在于这个概念能够吸引并使人们重新寻回并实践那些在“现代”世界遗失已久的能力。

罗宾·范·恩

于印第安线条农场

1996年12月

致谢

罗宾·范·恩本应该是本书的作者。她因为哮喘早逝不得不离开了她代表的社区支持农业的工作，并且没能完成这本书。我志愿帮助完成了一些章节并且给与了精神和技术上的支持。罗宾·范·恩去世之后，我继续对她的第一版手稿进行修饰。遗憾的是，我发现仅仅修饰是不够的，所以我重新改写了这本书，努力尽可能地保留了罗宾·范·恩的所有思想及其大部分的文字。对于第二版，我有幸重新回顾了数百个在第一版中谈及的、读到的、观察的人，了解了在这八年期间，他们都经历了哪些变化。

首先，我想感谢遍及全美国的许多 CSA 农民和份额成员，他们为本书的完成贡献了材料、想法、建议和热情并且允许我使用他们的故事。能够参与这场创新性的、给人以希望的运动确实是莫大的荣幸。

我希望我可以表达对 c. r. lawn 的感激之情，他反复阅读手稿并且尽全力使得本书内容就像费德蔻公司（Fedco）的种子目录一样更生动和明确。他在费德蔻的同事 Robin Sherman 建议这本书的名字为《分享收获》(*Sharing the Harvest*)。同样感谢 Marianne Simmons、Portia Weiskel、Jennifer Bokaer - Smith、Brenda Reeb 和 Patricia Mannix 能够阅读部分手稿并且给与了很有帮助的意见和鼓励。特别要感谢东北部地区可持续农业研究教育项目的交流专家 Beth Holtzman，感谢他指导关于丘陵低地农场的部分，并引导这个项目通过 SARE 的一些程序。我同样还要感谢切尔西·格林出版社的 Ben Watson 渊博的知识和得体的编辑。

这本书的出版也离不开 Fred Magdoff 和东北部 SARE 项目慷慨的资金资助和精神上的支持。东北部 SARE 管理委员会在 1995 年接受了我的项目申请书，为罗宾提供资金资助，以便于罗宾可以辞去她的两份兼职工作而专注于这本书的写作，并且同意在罗宾去世后将资助转给我。东北部 SARE 项目也同样也授予了切尔西·格林出版社出版此书的权利。

我也想感谢很多詹尼斯山谷有机社区支持农业项目（Genesee Valley Organic Community Supported Agriculture Project，GVOCSA）的成员，特别是 Alison Clarke，我们勇敢的组织者，感谢她加入到我们在本地食品生产的伟大的试验中来。感谢我在农场的搭档 Greg Palmer，Ammie Chickering 和 Katie Lavin，感谢很多年以来他们在农场一边锄草、收获、包装，一边与我交流和倾听；也要感谢我之前的搭档 David Stern，从他那里我学到了很多关于有机耕作的知识以及可能的风险。还有 Nancy Kasper 为我提供了完成本书第一版的具有艺术感的居所；还有我特别的朋友 Jack Bradigan Spula，他耐心地带我完成了很多 CSA 农场的参观旅程，作为一个作家和音乐家还带给我很多灵感。

最后，我想要感谢一直支持我的岳父、亲密的朋友、可信赖的顾问 Harry Henderson，感谢他在写作上给与我的帮助。直到他去世前，那是 2004 年他的 89 岁生日即将到来时，我一直都与他保持对话。

本书中所有错误，责任都归于本人。

目录

第一章　CSA的内涵

第1节　什么是社区支持农业

你想要在这个世界上看到的改变，从改变自己开始。

——圣雄甘地（Mahatma Gandhi）

社区支持农业是一种社区附近农民和吃这个农民生产的产品的人之间的联系。罗宾·范·恩总结它为"食品生产者＋食品消费者＋每一年度的彼此承诺＝CSA和无数的可能性"。这个相互承诺的关系的精华在于：农场养育了人；人支持农场并分担内在的风险和潜在的收益。听起来似乎并不新鲜——在人类大部分历史之中，人们都是与生养他们的土地紧密相连的。在居住地附近种植（或采集、打猎）食物是人类存在的基础，就像呼吸、喝水、性繁殖一样。如果这个基本的联系打破了，就一定会产生麻烦。

今天，对于绝大多数美国人来说，这个联系已经被打破了。大部分人并不知道他们的食品是从哪来的又是如何种植出来的。他们不触摸土壤或者不与种植的农民交流。食品都是从商店、饭店和自动售货机里出现。这些食品都被清洗过、加工过、包装过，甚至被放射线照射过，并经过长途运输。随着贸易变得"自由"，食品要经过更长距离的运输。在东北部的商店，过去冬天经常销售佛罗里达州的西红柿。今天，由于北美自由贸易协定（NAFTA），美国的西红柿专门从墨西哥运来。在世界贸易组织（WTO）的操纵下，政府支持的从其他国家进口的浓缩苹果汁以低于华盛顿州的果汁价格倾销，在这之前的几十年中使得纽约州的果园主将之前产不同品种果汁的果树替换为生产鲜食苹果的苹果树。农民独自承担了这个无情的不断增长的全球市场的风险，这个全球化的大市场已经使得数百万农民离开了土地。CSA针对这个螺旋式下降趋势提供了一种最有希望的替代方式，并且它也是少数的顾客自觉同意与农民承担风险和分享收益的农业耕作模式。

罗宾·范·恩在她短暂的生命之中，奉献了十年以传播CSA，她在会议和工作坊中演讲并且亲自或通过电话给与建议、解决纷争。她是北美CSA（CSA of North America，CSANA）的创始人和唯一的职员，北美CSA发布了罗宾在1988年写的一本小册子，名字叫《创建CSA的基本原则》（*Basic*

Formula to Create Community Supported Agriculture）。一个经常被人们使用、说明罗宾无私工作的词就是“不知疲倦”。其实，罗宾并不是不知疲倦。她经常疲惫和生病，缺氧使她变得迟钝，但却不能阻止她。在每一次哮喘或者支气管炎发作后，她都想让我相信这一次她可以控制住事情的进展。她为了一个公正的、可持续的社会与那些可以听取意见的人分享了她的乐观和广阔的视野。

就在她去世之前，罗宾向全国的 CSA 小组呼吁，希望他们寄给她一些各自的宣传单、信件和简报。我花了三天的时间阅读这些几乎从各个州和一些加拿大的省寄来的材料。12 年以前，当我开始帮助罗宾来完成这本书时，我们本以为我们可以访问每一个 CSA 农场中的其中一个人。伴随着每个种植季节 CSA 数量的激增，让我们不能再对所有的 CSA 都进行访谈了。

阅读那些宣传单是一件很振奋的事情——有那么多精彩的、富有思想的语言，陈述了人类种植食物的同时与自然保持和谐，以及为下一代保存土地的重要性。我把这些宣传单铺满了我屋子的地板，先根据地理分类，然后根据农场大小分类，再根据项目类型分类（是否需要劳动，是否有核心小组，是否机械化耕作，是送货还是自取，是预订项目还是社区农场），还会根据经营时间的长短分类。虽然有这么多可能的种类，这么多创造性的不同，但却统一在新鲜、本地化的食品上，就像日本的有机农民所说的那样，“在上面能看到农民的脸”。尽管有那么巨大的不平等和数不清的困难和障碍，我们仍抱有这么多的希望，如此的轻松和乐观，都是出于对目前巨大的主流食品系统的规模、生产率、破坏性的清晰认识。

吉尼西斯农场社区支持菜园（Genesis Farm Community Supported Garden）（新泽西州）

我们越来越多地了解到，不管是美国的还是世界的农耕现状都非常艰难。大型农业企业用密集型化学药品、工业化的粮食生产方法，日渐取代了小型的、多样性的、土地与社区之间彼此承诺的农业生产。

随着城市化的进程，许多人感觉到一种强烈的人与自然、土地的分离感。从童年时代到成人，我们感觉到一种深深的复归自然的迫切需要。丰富的生活、非同寻常的魅力以及农场给我的完整感是一份珍贵的礼物，让我们消除了精神上的荒芜。这个菜园提供给你一种方式来体验种子、土壤的奥秘，并且将你与无穷多的可能性重新连接起来，可以创造和友谊、社区那种强烈的联系，这种联系曾经在历史上将农民和社区、土地和谐地联系在一起。

戈伦森农场（Goranson Farm）（缅因州）

社区支持农业提供给农民和社区一种互利的安排。作为“份额成员”在春季提供给农场经济支持的回报，农民会承诺在种植季节提供健康、本地种植的食品。CSA的目标就是重新将人与土地联系起来并且使之可持续。份额成员知道他们吃的东西从哪来又是如何种植的，并且他们能够学着去了解提供这种食物的复杂性。

加入一个CSA就意味着要了解我们要相互依赖于彼此和土地。这帮助我们将乡村生活保留下来。我们的农场有能力种植并为一些家庭提供食品，与此同时不过度消耗地力。通过农场和社区的合作才使得一个可持续的本地食品供给成为可能。

和谐山谷农场（Harmony Valley Farm）（威斯康星州）

这一年，和谐山谷农场同样提供给你相同的、高质量的产品，你可以通过成为一个CSA成员获取这些低于零售价格的农场产品。你将会每周收到我们新鲜的、应季的产品，这些产品将会运输到离你比较近的取货点。你可以知道你的每一块钱都直接归于了那个种植、关心并且收获了你的食品的人。你还在支持有机的种植方法，这种方法可以保护土地资源和水质，并且保证生产健康、有营养的产品。对于每一个人，包括在农场的我们，CSA都是一个有意义的方式，可以将关心食物的人连接起来。

冬绿社区农场（Winter Green Community Farm）（俄勒冈州）

为了推动我们的梦想“农场与土地、人类彼此和谐”，我们希望建立与生产我们食品的人之间的联系，并且帮助重新建立农业在社区之中的角色。我们寻求提供一种自然环境，家人能够增强与生养他们的土地间的联系。我们相信为本地社区种植食品要比为远距离的市场种植产品更有意义。通过加入CSA项目，你可以收到本地生产的新鲜蔬菜并且与为你种植食品的人建立直接的联系。如果你喜欢，还可以来农场接触土地，在农场散步或者参与我们农场的活动。在诸多原因之中，我们参与到社区农场的最重要的原因是，社区农场是我们对于理想中的世界的一种选择。对于未来，这是具有正面意义的选择。

北极有机（Arctic Organics）（阿拉斯加州）

社区支持农业是对全球关注的问题的解答：生产和分配高质量、认真生产的食物。通过加入 CSA 项目，你可以直接支持为你生产食物的人，避免了中间环节（比如分销商和零售商）。你购买本地生产的有机食品，从而避免了付出环境和健康的高成本，以及令人质疑的农业化学品、化石燃料和其他长途运输所用的资源。因此，你可以每周收到高质量、高营养的、可口的产品，并且这些产品基本都是当天采摘当天送。

遍及全国的 CSA 成员对这些新鲜蔬菜感到满意的同时也了解到，与一个农场的联系意味着太多太多。他们的描述揭示了将人与土地重新联系起来的食品系统的力量。

密歇根州索拉斯农场（Solas Farm）的凯茜·扎科维希（Cathy Zarcovich）说：这不仅仅是蔬菜本身，这是他们呈现给我们的：社区、人、友谊和爱。你能在一篮子蔬菜中找到爱吗？我相信你能。

威斯康星州和谐山谷农场的成员说：我们感觉更好、更健康并且我们知道我们的食品从何而来。我的孩子了解如何及在哪得到我们的吃的东西。

佛蒙特州的七棵橡树农场（Seven Oaks Farm）的成员玛莎·罗森塔尔（Martha Rosenthal）写道：珍妮（Janii）和威利（Willy）是农耕中的艺术家，我感到很荣幸，当我吃他们的产品时就像在欣赏他们的“油画”作品一样。

缅因州的柳树池塘农场（Willow Pond Farm）成员马克·贾尔伯特（Marc Jalbert）评论：知道你的食品是在哪生长的感觉非常好。不像是在股票和债券中的符号投资，我们实际看到了我们投资的结果。这是非常直观的，它让我感觉非常安全。

科罗拉多州的欢乐之心农场（Happy Heart Farm）成员苏珊妮·埃德明斯特（Susanne Edminster）说：农场本身就是一个奇迹。你用自己的双手将一粒种子从播种到收获的这个过程棒极了。当你把一个水萝卜或者一片生菜叶子放到嘴里时，从来就不用担心是否有农药，那是天堂的味道。当我回家的时候，分类和处理蔬菜并不枯燥。知道谁种植了它们以及其中融入的努力让人有一种和谐的感觉。我狂热地希望再次成为份额成员。

艾奥瓦州的一个 CSA 成员宣称：我们成为成员来支持本地食物生产。我们家庭因为加入 CSA 收到了价值很高的产品。经济上和健康上，我们都感觉成为 CSA 成员改变了我们的饮食习惯，减少了我们到食品店购物的花费。

纽约州詹尼斯山谷有机 CSA 的成员乔希·特南鲍姆（Josh Tenenbaum）写信给我和我前任的搭档大卫：带着关心和爱去种植食品是不能被有机或者任何其他形式的认证所取代的，这些东西只能被记在我们的心中。你们都是有远见的人，虽然只是让我看到了一点你们的想法，但对我来说已经是赠与我的完美的礼物。这将是世界的未来而不仅仅是一个梦想，将是一个合作的、生活充满沃土的、遵循自然周期和轮回、日夜更替、万物生生不息的世界。谢谢你们给我的这个礼物。我在问我自己，我每天的行动是在创造还是阻碍着这个世界？

开始写作的时候，我并不确切地知道在美国或者北美有多少个 CSA 项目。罗宾·范·恩中心的 CSA 资源数据库显示有 1 208 个 CSA，Localharvest.org 网站显示有 1 294 个，管理这个清单的吉列尔莫·佩吉特（Guillermo Paget）告诉我，他估计实际上目前存在的有1 500到 2 000 个 CSA。在《21 世纪的社区农场：为另一波的增长做准备?》（*Community Farms in the 21st Century：Poised for Another Wave of Growth*?）一书中，作者史蒂文·麦克法登（Steven McFadden）预计 2004 年将有1 700个 CSA 服务将近 10 万个家庭。当我问他从哪里得到的这个数字时，他说是通过过去的数字和增长率推断的。CSA 农场份额成员的规模从 3 到 2 100 个份额不等。位置可能最北到阿拉斯加的帕默（甚至更北的加拿大），最南到佛罗里达的盖恩斯韦尔或者加利福尼亚的圣迭戈。最密集的地区在东北部的双城地区、中西部偏北的麦迪逊地区和加利福尼亚的海湾地区。CSA 的数量在快速地增长，例如艾奥瓦州，这个地区的食品行动者已经联合了合作社推广服务小组和大学来提供技术帮助。大部分的 CSA 在生产方式上是有机的或者是生物动力的，一部分已经在有机的转化期或者低剂量地使用化学品。CSA 的概念已经通过有机或者生物动力网络在农民和消费者口中传递开来，近来还有一些组织和推广办事处开始联系并将理念传递给常规耕作的农民。没有任何一个 CSA 的组织命令食品必须是有机的，但是大部分消费者想要成为成员的原因都是不想让一些潜在的有害合成化学品用在本地产的新鲜产品上。

美国最初的 CSA 是马萨诸塞州的印第安线条农场和新罕布什尔州的坦普尔·威尔顿社区农场（Temple-Wilton Community Farm），它们都是在 1986 年发起的，建立了社区农场的模式，这种农场将它全部的产出都分配给了成员或者份额所有者。印第安线条农场将它的产品平均分配，这样每一个份额所有者都可以收到相等的份额或者半份额。坦普尔·威尔顿允许份额成员拿走他们需要的数量而不计较他们付了多少钱。大概只有 25%的 CSA 农场采用了这样的模式。45 个佛蒙特州的 CSA 农场中只有一个是完全将产品销售给份额成员的，其他的都有一些别的营销方式。成员参与种植或者分配食品的方式在农场与农场之间也有很大差异。一个极端，例如纽约詹尼斯山谷 CSA（我就在这个农场工作），还有密苏里州的公平份额农场（Fair Share Farm），都需要所有的份额成员做相同的工作以支付他们份额费用的一部分。另一极端则是众所周知的预订形式的 CSA，在这种类型的农场里，农场工作人员做所有的工作，成员则每周收到一箱或者一袋产品。大部分 CSA 的操作方式介于这两者之间，成员将会在特定的工作日到农场义务劳动，帮助配送或者通过劳动支付他们部分的费用。

杰瑞德·劳森（Jered Lawson）从 1994 年到 1996 年创立“西部”CSA（CSA West）并在其中工作，期待 CSA 可以遵从社区农场的模式。最初，当大型有机的加利福尼亚农场将预定份额加入作为他们的一种销售渠道时，令他大失所望。他害怕这个模式将限制成员参加以及与农场的联系。在一个预定 CSA 中成员数量越多，当然也就减少了成员与农民之间的个人联系的密切程度。与部分地区的一些小型农场有着诸多不同的天气条件相比，加利福尼亚的 CSA 也就更少的会强调成员与农民共担风险。饱腹农场（Full Belly Farm）的德鲁·里弗斯（Dru Rivers）告诉我，她对于推动 CSA 的风险共担比较紧张，因为有机食品在加利福尼亚是很容易获得的，而且竞争很激烈。饱腹农场经历过一次这样的问题，一场罕见的暴风雪使得他们不能采摘和运输那一周的份额，只有少数几个人不愿要那一周的份额来拒绝共担风险。其他地方的农场通过购买别的农场的作物填补自己农场的份额数量来减少风险共担。

杰瑞德观察到，这些大型 CSA 的加入，远非增加了一个营销方式，社区支持的因素正在对农场的长期生存能力起着重要的贡献作用。杰瑞德勉强地承认，农民们已经根据他们的特殊情况有效地采纳 CSA 的方式。

> 甚至一个混合式的 CSA，或者一个没有整个农场预算放入组织架构的 CSA，仍然可以生存下来。农场的消费者成员逐步了解到，他们确实给与经济上的贡献使得农场存活下来，并且农民帮助建立起贡献的标准。因此，消费者可以说：“我们觉得心安理得，因为我们满足了农场生存所需要的付款额”，即使这与 CSA 最初的理念不同。

通过罗宾·范·恩和特劳杰·格罗（Trauger Groh）的传授和示范，形成了最初的 CSA 的理念。在这本书的引言中罗宾讲述了印第安线条农场 CSA 的形成过程。特劳杰退休之前很多年一直都是坦普尔·威尔顿社区农场三个农民团队中的一员。他也是《明日农庄》（*Farms of Tomorrow*，1990）、《重访明日农庄》（*Farms of Tomorrow Revisited*，1997）的作者之一，这些著作激发了很多 CSA 不断努力。在这两本书中，特劳杰和他的共同作者史蒂文·麦克法登概述了一系列的 CSA 农场，这些农场全部坚持生物动力（biodynamics）农耕方法，这种方法基于鲁道夫·斯坦纳（Rudolf Steiner）和他的跟随者的一些著作中的内容。我推荐每一个对 CSA 感兴趣的人都读一读《重访明日农庄》。生物动力的农业规则和那些应用这种方式的农场都有很多可以传授给我们的农业知识，尽管如此，你并不一定要坚持斯坦纳的戒律来实践社区支持农业。

罗宾和我认为这本书的目的应该是在意识形态、宗教背景或者耕作方式上，通过尽可能多地收集我们能找到的最好的范例帮助传播社区支持农业。我们不想建立一个狭猛的定义或者尝试建立标准来识别“真正的 CSA 农场”。在一定程度上，我们希望尊重这个年轻的，但是迅速传播的运动。就像应用 CSA 的农场一样，CSA 也有不同的规模和大小。种植食品的人对于如何做 CSA、效率是否重要、他们需要或者想要多少收入、他们需要多少帮手都有着不同的想法。我喜欢史蒂夫·吉尔曼（Steve Gilman）在“我们的故事”中谈论 CSA 多样性的方式：“就像葡萄或者大蒜，每一个 CSA 都因地制宜，呈现出与当地环境相适应的独特的味道。”参与者同意 CSA 意味着一种在特定小组的食客和一片特定的土地及其耕作的人之间的联系，你将会在这本书中听到很多关于“分担风险”、“社区”、“支持”甚至是“农业”的概念的辩论。

作为一个活跃于农场政策的有机农民，我习惯于身处充满了强势、善辩的人的屋子里或者田野里。有时，我们都会抢着说话。近来，我们一直学习建立一个议程表来使得每一项问题都有足够的时间来讨论，这样我们一次可以讨论一件事情并且锻炼了我们的倾听技巧。我计划在这本书中做一些类似的事情——让很多不同版本的 CSA 表达它们的观点。文章中罗宾书写的地方，我将会尽可能的忠于她的版本并让我的修改与之相一致。

一切在这里

我们播下种子，对天空祈求，滋润植物，饮下雨水，再还给土壤，诅咒寒冷，朝着太阳跳舞，随着微风起舞，由于经历过的东西而流泪，在月亮的陪伴下做梦。

> 我们张开我们的双手迎接另一个可能充满希望的季节，用祝福、石块和老鹰的羽毛平衡压力，带着收获回家。
>
> 听。鸟儿欢唱将地球唤醒。
>
> 旋转的宇宙突然打开了种子爬往阳光的道路。在我们的心中一丝喜悦的裂隙，被太阳点燃——那烈焰般的花朵。
>
> 听。植物将告诉你，它将根深深扎入土地中，为的是在干旱时存活。季节将告诉你，并没有东西消失了，只不过在不断地循环，就像祖先从云彩中露出的微笑，映在孩子们的脸上，通过雨水落在我们步行的小径上，溅起来落在石头上。
>
> 听。一切都在这里。
>
> ——谢里·米克尔（Sherrie Mickel），1995

第 2 节　CSA 和全球超级市场

美国未来将遍布州际型的购物中心。

所有这一切都因为你的父母不必再用罐装方式保存他们自己的西红柿。

——加里森·基莱（Garrison Keillor），《草原一家亲》（*A Prairie Home Companion*，1998－03－28）

在这个世界上，没有任何东西在自由市场中售出，即使是一粒谷物。自由市场只存在于政客的演讲中。

——德韦恩·安德烈亚斯（Dwayne Andreas），阿彻丹尼尔斯米德兰（Archer Daniels Midland，ADM）的首席执行官

我成长于哈得孙克罗顿，纽约的一个城郊住宅区。我的父母对世界和平和经济正义有着深刻认同。他们是彻底的城里人，我的祖父母也是，没人种过地，但是在餐桌上，我们的交谈会长时间围绕世界政治、饥饿、营养不良和不平等。哈得孙河上游几英里，政府在沿着河岸抛锚的货船里囤积数以百万吨的过剩谷物。有时我逃学出游，沿河骑车欣赏美丽风景，看到那些巨大而笨重的灰色船只时，我会感到困惑，并且幼稚地推想，既然所有这些过剩的粮食是一笔巨大开支，而又有许多正在挨饿的人，为何他们不将船开到那些食物短缺而发生饥饿的地方？这不合理的食品系统似乎让人难以琢磨。

45年之后，经过了大量的旅行、阅读和思考，我开始对一些问题有了清晰的认识。我并不声称自己是世界粮食和农业系统分析的专家，但是25年的有机农场生活和工作之后，我俨然是个专家了。没有吃的，我们可以生存一两天，甚至一周；然而，世界上的大部分人每天至少要吃一顿饭。正如康涅狄格州的一位有机教育家比尔·迪辛（Bill Duesing）在《生活在地球上》（*Living on Earth*）这一广播节目上所解释的："我们的身体，依靠植物收集的太阳能来运行。这些植物又是依靠水，空气，土壤来获取养分。"农民是"太阳能转化的管理者"（援引整体资源管理的一条术语）。在自然力量的协作中，农民和园艺工人确实创造了财富。人类历史的大部分时期，人类无法保障食物供给，将食物创造视为神圣的艺术，围绕着食物创造了向地球、天赐之物或者上帝表达祝福的宗教仪式。种植食物是对地球自然资源最基本的利用，通过食物生产，我们创造了我们自己的劳动风景线——从对种植了各种植物的小花园的修剪到大面积的单一作物种植。一个社会或国家如何生产和分配食物很大程度上决定了它的性质。

在农场办公会议上，我从康奈尔农业经济年鉴材料和纽约农业学会集中了解到，粮食产业的领导说美国的粮食系统是世界上最安全、最便宜和最好的。不仅因为美国的农民确实供养着日益增加的美国人口，还因为他们让世界其他地方的人免于饥饿。随着关贸总协定（GATT）和北美自由贸易协定被国际社会普遍认可，贸易障碍被清除，我们被告知，美国的农场将超过所有的其他竞争对手。那些预言家预言，农产品出口额在1997年有570亿美元。在不久的将来，随着中国人生活水平提高对购买美国谷物和肉类的促进，农产品出口额将攀升至750亿美元。1996年，美国的农民种植了3 700万英亩的转基因小麦、大豆和棉花。2005年转基因种植面积扩展到1.283亿英亩，这是影响深远的转基因商业化的第一年，并且仅仅是个开始。美国能源部太平洋西北国家实验室的一个研究团队预言农业遗传学，辅以植物控制的基因工程将降低农业对环境的影响。

图书馆有关基因的信息每12个月增加一倍：据《纽约时报》（*New York Times*）的巴纳比·费德（Barnaby Feder）报道：孟山都，这个"生命科学"公司，一年能够创造一万种新的基因组合产品。报道宣传，转基因谷物能够抵御虫害，减少农药使用，并且能够更有效率地吸收肥料，减少肥料需求。通过使用特定的转基因的种子品种、全球定位计算机和精确的农业技术，仅需5万农民和现有耕地的50%就能供应美国75%的农产品。雷·戈德堡（Ray Goldberg）写道，这些农民将根据其与垂直整合的分销商和处理商签署合同，像"农场技术管理者”一样工作。条码系统带来了巨大的关于消费者资金情况和购买行为的信息，借助条码系统，经销商将成为国内外粮食市场的调解者。

这些乐观的报告与我们粮食供给中的一些事实有多少契合呢？被我们粮食系统官员关于全球高效技术创新的预言感动的同时，我不断地接触到他们赞美的这个粮食供给系统不能为巨大的人口提供足够养分，不能对环境成本负责，并且有关粮食的决定权变得越来越趋于集中在少数人手里的证据。发达国家的粮食储备很充足，没有明显的短缺，然而，若是出现紧急情况，东北部城市手头上的粮食仅够维持 13 天。1996 年世界粮食峰会上，美国及其他 185 个国家签署了《罗马宣言》（Rome Declaration），保证在 2015 年时减少 50%营养不良的人口。然而，2004 年美国农业部报告显示，超过 3 800 万的美国家庭面临“粮食不安全”，比 1999 年增加了 700 万。2005 年年底，记录显示有 27 575 192 人使用了食物券（food stamps）。穷人粮食储备的数量——专门负责分发救灾和捐赠的食物的社区仓库，由 1980 年的 75 所增长到 1990 年的 225 所，分发的粮食重量也从 1980 年的2 750万磅增长到 2005 年的 20 亿磅。在其网站上，“第二次收获”（Second Harvest）报告指出，2 300万人，包括 900 万儿童，依靠他们的网络服务的紧急扶养计划。在 2005 年美国市长会议上，一份调查发现，需要紧急粮食援助的人群增长了 14%，其中被调查的 27 个城市增长了 96%。然而，议会却要求减少弱势群体的食物券基金。萨米尔·阿明（Samir Amin）估计世界范围内约有 30 亿人每日的食物花费少于 2 美元，这简直是无法想象的人道主义的灾难。

在仍然健在的人的记忆中，水果和蔬菜生长在大部分主要城市的郊区。跨越新泽西哈得孙河的农场市场供应了纽约居民的蔬菜，苹果果园在布朗克斯（Bronx）兴起。从那时起，城市、城郊的扩展已经将稻田改变，过去种植圆白菜的地方已经建起了房屋和高速公路。食物生产已经转移到那些所谓的最“高效”的地方，转移到更大机械可以发挥作用的更大、更平的土地上，转移到使用化学和技术而减少人力和畜力的模式。并且，食物生产的工作也转移到低报酬的迁徙工人群体身上，他们工作结束之后继续迁徙。

全球食品系统产生的利润越来越可观了，乡村却日益衰败。在 1950 年，一个农场主饲养 20 头牛就能养活一个家庭，今天勉强维持生活需要 200 头牛。曾经 160 英亩的土地就能产出足够一家人生活所需的粮食，今天 1 600 英亩土地，并且更高的产量才仅仅够维持一个农场的运作。巨大和专业化的农场生产着基本商品，农村地区却不再生产自身所需的食物。土地家庭社区食物计划（Field to Family Community Food Project）指出：“艾奥瓦州是高成本的工业食物体系效果的典型。该州的农业生产集中于谷物和牲畜，为了出口而高度专业化，并且因为该州只有少量的食品加工企业，所以该州28万市民的食品消费（包括该州生产的副食品所需的原料）几乎全部来自进口。该州几乎所有蔬菜和水果都依靠进口。”

直到20世纪，美国基本上还是一个农业社会。1910前后，1/3的人口，约有3 200万人居住在农场。沙尘暴、衰退和第二次世界大战使得900万人离开土地，但是与20世纪50年代重建农产品价格支持计划过程中失去土地的农业人口的数量相比，这些巨大的动乱都显得苍白。1937年有700万个农场，到1993年不到2%的人居住在仅有的220万个农场中——人口数量如此之少，以至于美国人口普查局宣布不再计算他们的数量。从那时起，农场数量减少的速度才放缓。农业普查报告显示在1997年有2 215 876个农场，2002年有2 128 982个农场。

非裔美国农场主被迫离开土地的速度快于白人农场主。尤其是在南部，政府金融部门的歧视政策和由白人农场主控制的县域农业理事会构成对每个家庭农场的经济压力。在1920年，1/7的农场主是黑人；在1982年，全美国失地农民基金会表示只有1/67的农场主是非裔美国人，并且只耕种1%的农场。

无论哪个城市，只要农场距城市的距离在公交车到达的范围内，城市扩展都正在加速侵蚀优质农田。1981年完成的全国农地研究显示美国每年流失100万英亩的基本农田，平均每天4平方英里。美国农田信托（American Farmland Trust）的朱莉娅·弗里德古德（Julia Freedgood）称，从20世纪90年代起土地就以每天3 000英亩的速度流失。在1987—1992年之间，佛蒙特州每天流失73英亩的农田。在20世纪80—90年代，纽约州农田消失的速度达到每周20个，每年农田流失10万英亩。在1996—1997年期间，8%的农村失去了奶牛场。2002年的农业普查发现在农耕地的面积比1997年少了2 150万英亩，平均每年减少420万英亩。

农民们有一个说法：农民按批发价格销售商品却按零售价格购买商品，这种交易形式越来越糟。农民所需的种子、工具和其他必需品的价格与1950年相比已经上涨了23%，然而农产品批发价格却降了60%。农场所产的基本产品的价值正在下降：在1978—1988年间，牛奶的批发价格降了11%，土豆降了9%，新鲜蔬菜降了23%，红肉降了37%。由于1996年《自由农业法案》（Freedom to Farm Act）的通过，支付农民国内农作物的价格跌到了保护价以下，政府不得不补足这个差额。在1981年奶牛场农民只能接受一英担[1]牛奶 13.76 美元的价格（全美国平均值），然而消费者的购买价格为每加仑 1.86 美元。纵观 2006 年，每英担牛奶的价格波动不超过 13 美元，低于 1981 年的价格波动幅度，这两组价格都未考虑通货膨胀的影响。奶牛场主香农·尼科尔斯（Shannon Nichols）告诉我，在扣除各项费用（包括支付给他们用以弥补之前的亏损的牛奶合作社的费用、合作社的股权费用、会费、偿还贷款费用、地方和全国的促销费）之后，2006 年她的家庭净收入为每担牛奶 10.74 美元，同时，消费者支付全脂奶的价格上涨到每加仑 2.47 美元。①

复杂和混乱的贷款、休耕补贴、贷款差额补贴等联邦系统导致农产品价格无法弥补成本。举一个例子：1993 年种植一英亩玉米的年度现金支出，按照美国农业部经济研究服务提供的计算方法，总计达到 177.89 美元。每英亩玉米的总售价为 227.36 美元，因此，表面上的收益达到每英亩 49.47 美元。但是，当政府的经济学家在成本中加上“所有者成本”（维持农场长期经济可行的成本，例如资本更新、营运资本、土地和未计入成本的家庭成员劳动），最低成本达到每英亩 59.74 美元，并且不包括为退休而储蓄的养老金。一英亩的燕麦的价值与最低成本差 51.18 美元，小麦差 52.87 美元，每英担牛奶差 2.02 美元。

计算之后让人吃惊的是，全国所有的农民都将失业。1979 年出版的一本小册子《我们家庭农场的流失》（*The Loss of Our Family Farms*），其作者马克·里奇（Mark Ritchie）是农业贸易与政策研究所（Institute for Agriculture and Trade Policy）的创建者，最近他在明尼苏达州被选为州务秘书，他询问道，失去土地是历史的必然，还是有意的政策安排导致的结果？他得出结论，认为如此多农场消失不仅是政策失败的结果，更是相互协调和持续驱动的农业企业、政府、银行和大学等各种力量通过减少农场价格支持、操纵税收结构以支持大型农业企业发展，并且认为他们的工作在“保护和强化社会的自由度”。

一年销售额在 10 000～99 999 美元之间的中等规模的农场，正在越来越快地消失。在 1997—2002 年的统计报告中，两种大小类别的农场数量明显有了实质的增长。有 33 000 多家农场的规模在 10 英亩～49 英亩之间，有超过 544 个农场的规模大于 2 000 英亩。但是中等规模的农场数量降到182 236

---

[1] 在美国习惯使用的单位，一英担（简称）定义为 100 磅（相当于 45.359 237 公斤）。——译者注

个，几乎减少了29%。在《家庭农耕：一个新的经济视角》(*Family Farming: A New Economic Vision*) 一书中，马蒂·斯特兰奇 (Marty Strange) 呈现出强有力的证据表明，中等规模的农场，尤其是收入在40 000～250 000美元的，相比大农场而言能够更好地利用它们的资源，更能细心地进行农地管理。相对家庭经营花费的每一美元，中型农场的边际收入更多。生产总成本平均占到大型农场收入的85%，而中型农场平均占到72% [在有机的CSA农场，例如和平工作农场 (Peacework Farm)，生产成本更低，仅占到总收入的40%～50%]。与里奇一样，斯特兰奇得出的结论是，这些农场生存的障碍部分来自公共政策，而不是农场管理不善或者缺乏效率。自从20世纪50年代，公共政策促使农场"要么变大，要么出局"。

1979年美国农业部一份报告《选择的时刻》(A Time to Choose) 中警告说："除非现有政策和计划改变，并且政策反对而不是加强农场规模越变越大的趋势，否则一些巨型的农场将在几年之后控制食物生产。" 18年过去了，超过30万农场消失之后，美国农业部重新召开小农场国家委员会 (National Commission on Small Farms)，调查农业的现状和农业在食品系统中的地位。委员会在农场举行了一系列的听证会，数以百计的农场主和农场主的支持者一接到临时通知就赶来作证。1998年1月，委员会发布了报告，名为《行动的时刻》(*A Time to Act*)。这份报告包括146条能够保护小农场主进入公平市场和重新导向的联邦计划，原来的计划都是目前普遍采用的为大型农业企业利益服务的倾斜政策。《行动的时刻》的作者是芭芭拉·迈斯特 (Barbara Meister)，她是全国可持续农业运动的活跃分子，该报告以活泼的语言把小农场的重要角色比喻成托马斯·杰斐逊 (Thomas Jefferson) 的理想化身，报告描写草根激进分子为了改变议员的提议而进行的游说也妙极了。这篇最新的报告将很有希望成为继19年前的《选择的时刻》之后受欢迎的一本书。

当所有的农场都在萎缩的时候，大型农场却变得更加工业化，并且付出了惊人的环境成本。这些尝试使用化学和机械技术来控制食物生长的生化过程，使工业化的农场获得了惊人的亩产量。使用化肥、合成除草剂和杀虫剂，以及巨大的、高成本的机械灌溉，小麦、玉米等基本农产品的产量翻了两倍甚至三倍。然而，当美国环保署 (Environmental Protection Agency, EPA) 检测河流、湖泊和乡村周围湿地时，就只有一半受检对象可以提供洁净的饮用、游泳和娱乐用水，可以提供安全食用的鱼类和贝类及健康的水生动物栖息场所。来自农业的污泥以及从农田中流失的过量的养分 (例如磷)

造成了严重的水体污染，它们对水域污染的“贡献率”达到72%。25个州的地下水发现了46种不同的农药和来自氮肥的氮素，以农业为主的州的残留最大，例如加利福尼亚州和艾奥瓦州。越来越多的证据支撑西奥·科尔伯恩（Theo Colburn）在《我们被偷走的未来》（*Our Stolen Future*）一书中提到的观点：杀虫剂引发的内分泌干扰物影响青蛙、海鸥、北极熊和人类荷尔蒙的正常分泌。正如《消费者报告》（*Consumer Reports*）中称，一项食物农药残留研究称："无人知晓一生中积累的农药将对人体产生何种作用。"但是关于这一点的最终证据仍然不足，这些普遍存在于环境和我们体内的化学物质将引发严重的伤害足以引起人们的行动。

在《土地上生根》（*Rooted in the Land*）这部文集中的一篇关于CSA的论文里，马萨诸塞州的一位农场主杰克·基特里奇（Jack Kittredge）总结了土壤侵蚀带来的损失：

> 美国北部那些生产率高得难以置信的工业化农场大多都使用了两个不可替代的资产：表层土和石油。当我们的祖先来到这个大陆时，数千年积累的天然土壤之上的产出是他们赖以生存的条件，这些土壤几乎未随着农业耕作而衰退。现代社会对保护土壤并不关心，由此导致了一半的土壤被水冲走或者被风吹走，每年每英亩土地平均流失7.7吨多的土壤。只有当这些史前祖先遗留的财产被冲进海里，我们与其他几个州处于“公平的竞争环境”的时候，我们才会意识到我们愚蠢行为的后果有多严重。

政治活动家吉姆·海托华（Jim Hightower）对工业农耕方式背后的逻辑有清晰的把握："如果粗暴的方式无效，可能是还不够粗暴。"1965年，昆虫、疾病和野草降低农作物的产量到34.9%。美国杀虫剂有效成分的总用量达到54 000万吨。直到1990年，国家食品与农业政策中心报告称尽管美国农场主使用了88 600万吨的杀虫剂，昆虫密度只下降了42.1%。1997年，杀虫剂公司的利润持续攀升。根据北美农药行动联盟（Pesticide Action Network of North America）的报告，诺华这个世界上最大的杀虫剂厂家，农药的销售额达到42亿美元，比1996年上涨了21%。在世界观察研究所（Worldwatch Institute）的1998年《世界形势报告》（*State of the World*）中，莱斯特·布朗（Lester Brown）声称世界为了增加农业产量而超越了环境限制条件：水土流失，地下水位下降，追肥，杀虫剂和基因工程加剧了全球气候失衡并且变暖。这是一个真实的“过饱和”的世界。

大型农场将越变越大，但是农业部门对食品系统的控制正让位于逐渐强大的跨国公司，如先正达种子公司（Syngenta）和阿彻丹尼尔斯米德兰公司（Archer Daniels Midland）❶。许多农场主变成了大农场的雇工，或者在农场的上游部门（种子、肥料、杀虫剂等）、加工环节和市场部门找到工作。这些部门将收入的18%用于投资，并从农场手中抢走了更多消费者的食物消费支出。农业经济学家、缅因州前农业理事斯图尔特·N·史密斯（Stewart N. Smith）描绘了农业下降的轨迹。②

根据史密斯的估算，若目前的趋势继续，到2020年小农场将完全消失。

1994成立的WTO和1997年通过的NAFTA将为数不多的保护美国农业生产者的条款解除了。在WTO框架下，农业出口减少了，同时进口增长了32%。WTO规则要求无论成员国是否需要，都必须进口国内农产品消费总量的5%。2005年美国进口了总值为487亿美元的食品，这些食品不全是咖啡、巧克力和香蕉，还包括了许多我们也可以生产的农产品——奶制品、谷物、肉类、水果和蔬菜。可对平衡贸易做出有利贡献的农产品出口几乎消失殆尽，2005年出口仅比进口多26亿美元。根据美国农业部经济研究服务提供的数据，2006年农场的净收入为544亿美元，比2005年下降了19.4亿美元，下降了26%，并且预计进口将把美国农场的产品挤出市场。

根据1997年美国农业部的研究，NAFTA对美国及其两个邻国的农业贸易平衡的经济影响为负的1亿美元。墨西哥的西红柿以比佛罗里达低的价格销售。然而，美国的粮食生产者支持NAFTA，因为这打开了墨西哥的市场，并使得粮食价格上涨。墨西哥开始承担代价，史蒂夫·苏潘（Steve Suppan）和卡伦·莱曼（Karen Lehman）在报告中指出，60万～100万的小粮农由于无法与进口粮食的低价竞争，已经无法在乡村生存而被迫进入欠发达城市的贫民窟，成为无业游民。拯救这些小规模农场主为时已晚，2006年和2007年的乙醇热潮使得粮食的价格翻倍，导致墨西哥穷人的“玉米饼危机”。③

当国际贸易升温时，最大的利润进入到那些控制市场的公司。据威廉·赫弗南（William Heffernan）称，不到5个公司控制了90%的玉米、小麦、咖啡、茶、菠萝、棉花、烟草、黄麻和林木产品的出口市场。那些差不多大的贸易商——嘉吉（Cargill）、大陆谷物（Continental Grain）、邦吉（Bunge）、路易·达孚（Luis Dreyfus）、安德烈（Andre）等公司，还有三井（Mitsui）和库克（Cook），控制了仓储、物流和食品加工。嘉吉的前执行官

❶ 财富500强公司之一，总部在美国，主营食品。——译者注

丹尼尔·阿姆斯特茨（Daniel Amstutz）在美国总统里根的授意下为GATT起草了美国农业提议。

美国内部对食品系统控制权的集中度稳步性增长。在食品系统中跟随兼并者的步伐是很困难的。汤姆·莱森（Tom Lyson）计算过，在美国为食物花的每一美元中有10%进入了大型企业集团奥驰亚集团（Altria）[前身是菲利普·莫里斯（Philip Morris）国际公司]，它拥有9个烟草品牌和米勒酿酒（Miller Brewing），七喜（7-Up），宝氏（Post Cereals），麦斯威尔咖啡（Maxwell House Coffee），三卡咖啡（Sanka），Jell-O果冻，奥斯卡迈耶（Oscar Mayer），Log Cabin Syrup，以及其他的品牌，1995年的销售收入达到360亿美元。奥驰亚拥有卡夫食品公司84%的股权，后者占有北美奶酪市场40%的份额，每年的销售额达到290亿美元。2006年的“大肠杆菌恐慌”揭露了两家公司就控制了美国超过70%的袋装什锦色拉市场份额。正如卡伦·莱曼和阿尔·克雷布斯（Al Krebs）指出的：

> 在1995年1月1日至1月31日之间，当大部分美国人还在考虑他们的新年计划时，菲利普·莫里斯兼并了卡夫和通用食品公司，组成卡夫食品；罗尔斯顿·普瑞纳（Ralston Purina）把大陆食品公司卖给了州际面包公司，后者是美国最大的面包制造商；珀杜农场（Perdue Farms），美国第四大家禽厂商，购买了社威尔农场（Showell Farm），后者是美国第十大家禽厂商；还有大都会公司计划收购宠物有限公司。大企业集团通过收购、合并这些品牌的小公司而占有这些品牌。

四大主要的流通商控制了83.5%的肉牛屠宰市场，这样的行业集中度是美国历史上最高的。这对于消费者和小农场主意味着什么？当只有一两个购买者时，农场主若想卖掉他们的农产品，买者将出怎样的价格。如果他们不与这些大型的流通商合作，农场主就找不到任何买家。在1979—1997年间，生产者在牛肉零售市场的份额从64%降到49%，原因是支付给农场主的价格降了50%。终端的消费者支付的价格略降了15%，然而流通企业享受了空前的利润。六大跨国公司控制了基因工程的农作物，它们正形成大麦和肉类的加工、零售的产业族群，“粮农正被合同，化学品和贷款等手段锁定在食物产业链中”。1890年《谢尔曼法》（Sherman Antitrust Act）规定，政府采取行动的条件是当4家公司控制住了一个市场60%的份额。由于公众对垄断的愤怒，这部法案通过了。法案假定，少数企业对一个行业或者市场的统治将损害公众利益，它们可以抬高价格，降低质量，放缓技术进步的速度。

很明显，政府并没有选择强制执行这一法案。

我们正在经历由跨国公司引领的世纪，例如奥驰亚、嘉吉、阿彻丹尼尔斯米德兰、沃尔玛和康尼格拉食品公司（ConAgra）。它们对任何国家或民族的利益都不关心，它们操纵WTO的规则来增加自己的力量，只要它们认为合适就会干涉任何国家的经济。欧盟禁止进口美国生产的使用过激素治疗的牛肉和转基因谷物，当这个贸易障碍被WTO驳回时，WTO才显现出威力。布什总统希望借用快速审批权扩展北美贸易协定，使其覆盖美洲自由贸易区（Free Trade Area of the Americas，FTAA）。按某些人的说法，这将是“在激素中的关贸总协定”，最重要的作用是秘密地形成和发展跨国公司。如果实施，美洲自由贸易区将赋予公司在任何国家不受政府控制的权利。如果一个政府反对一个干扰地方环境或者劳动法的跨国公司，跨国公司可以将政府告上世界法庭，并将由这个机构做出生效判决，这是一个未经选举产生的商业官僚。

家庭事务

一个女子和一条狗忍受着高温在草丛中除草，她俯身拔掉莴苣苗周围的杂草。野草很多，人在杂草中似乎要窒息，像野草这样令人讨厌的东西总是茁壮成长，而莴苣苗只能凭着天恩才能得到成长。为何有些事实闪闪发亮却脆弱不已，而阴影里的却如此易于掩盖而忽略？狗儿若有所思地挠着灰边儿耳朵，雾蒙蒙的棕色眼睛盯着地平线。以至于女子也抬起头来凝望，却什么也没有发现。她再一次自言自语，但是很安静，如流水般低语：“我唯一能理解的只有你，我的老狗。你和这烈日，可恶的飞虫，茂密的野草和莴苣苗。我知道要留下什么拔去什么，要把什么放在一起，在这个热天谁会陪伴在我身边把所有的活都干完。”

——谢里·米克尔，1997

农业和经济中都出现了日益加深的贫富差距。在美国和欧盟，70%的政府支付进入了总收入在前10%的农场，使得富者越富。那位自由贸易的拥护者，现已退休的美联储主席艾伦·格林斯潘（Alan Greenspan），在2005年6月举行的美国联席经济委员会上公开证明，最近的收入增长集中在财富居前20%的劳动力群体中。同时，其余80%的工人的收入几乎不变，而农业工人的工资实际上是下降的。格林斯潘警告说收入差距变大，并且这种差距拉大的速度加快，最终将威胁到民主资本主义自身的稳定。听到格林斯潘这样的警告真让人吃惊。他还评论道："正如我经常说的，这并非一个典型的民主社会—— 一个民主资本主义社会——可以毫不理会地接受的问题。"

从消费者的视角看，食物的来源被石油化工制品生产的塑料袋所遮蔽是难以接受的。多数商店不愿意给食品打上产地信息的标签。食品加工中原料价值只占到7%～10%，其余90%的价值分布在各加工环节——分割、混合、烹饪、包装、配货和营销。缅因州波特兰的汉纳福德兄弟公司（Hannaford Brothers）的蔬菜和花卉经理加里·阿尔吉罗普洛斯（Gary Argiropoulos）告诉我，在超市的消费者看来，"新鲜"的和"当地"的这两个概念指的是航空运输的距离在24小时以内的。我曾经听迈克尔·奥斯特霍姆（Michael Osterholm）在国家公共广播电台中谈论食品安全，他是明尼苏达州的流行病学家，他将日益严重的食品传播疾病部分归咎为食用了从低健康标准的国家运来的反季节蔬菜；也归咎为大部分农业工人的收入过低，文化水平低，并且缺乏合适的健康保障；还有微生物抗药性的增加，例如存在于用抗生素喂养的肉鸡中的弯曲菌。不能单单指责进口导致了食品安全问题，国内食品工业化的生产，还有肉类产品生意中数千公里长途贩运来自许多不同农场的产品也加剧了毒素的交差感染。朱迪思·霍夫曼（Judith Hoffman）很好地描绘了全球超市在生产者和消费者之间留下的巨大的鸿沟："相互依赖中的'相互'已经不存在了，剩下的只有依赖。这种依赖是危机的本质，因为依赖，所以需要别人提供服务。在消费者直接向农场主购买的年代，购买之外的花费仅仅需要几便士。到了农产品经过加工后再卖给消费者的年代，食物本原的香味经过一些神秘的化学香料的加工之后已经流失殆尽。世纪转换之际，所有的农场主和消费者看起来都处于焦虑之中。"

可持续食品体系运动

某种意义上，我们生活的每个小细节都为我们想要生活于中的世界在投票。

——弗朗西丝·穆尔·拉佩（Frances Moore Lappé）

回到1985年CSA起源的时候，当时的人们希望CSA能够提供一个好的解决办法来应对盛行的食品系统中一些不利的方面。简·范德图恩将其从瑞士获得的CSA的理念介绍给在马萨诸塞州印第安线条农场的罗宾·范·恩，他写了一篇文章叫《所有人的蔬菜》（*Vegetables for All*），描述了他在寻找生产高品质蔬菜的过程中遇到的挫折："卖相好的蔬菜通常都使用了农药和除草剂。新鲜则意味着在储存和运输途中使用了能源密集型的设备，甚至可能经过放射处理。有机生产通常意味着劳动繁重，工人报酬低。并且，消费者习惯认为合理的价格应该是越低越好，从不考虑隐性成本——政府补贴，市场操纵，对第三世界国家的开发和环境污染。”

简对能够体现农业工作价值的职位的寻找使他放弃了在美国的有机农场和全麦面包店的工作，转而去瑞士生产者—消费者联盟工作，这个机构为马萨诸塞州南部的波克夏提供 CSA 运作的灵感。CSA 很快传遍了北美，因为 CSA 是可持续食品系统这个更大的运动的一部分。

平民更具有人权意识，对社会正义也更有感觉。他们潜意识里就认为可持续农业和地区食品系统的运动不应与任何政党或者宗教组织有关联。这些理念根植于各地的有机农民之中；也被那些关心食物、农作、农业工人、社区食物安全、社会正义、公平贸易和饥饿人群的组织接受；还被支持动物人道主义和环保的消费者和宗教组织所接受。社区支持农业是这些运动的重要部分。

决定加入这样一场运动就像跳入湍流、冰冷的河中，并试图逆流游到对岸。然而，全国有数千人有着清醒的认识，并正在做这些事。刚开始只是少数孤立的农场主试图抵抗压力，放弃化学化和单一种植的生产方式，和一些孤单的少数消费者在寻找没有掺杂的、纯天然的食物，正是他们联合在一起组建了食物消费者合作社（co-ops）。在 20 世纪 70 年代，一些小草根组织从罗代尔（Rodale）和艾伯特·霍华德（Albert Howard）那得到灵感，在东北部组成了自然有机农民联盟（Natural Organic Farmers Association，20 世纪 90 年代更名为东北有机种植协会）；在内布拉斯加州沃尔特希尔的农村事务中心（Center for Rural Affairs）为减缓家庭农场衰败做出了贡献；南部合作社联盟（Federation of Southern Co-ops）也从保护黑人农场主和他们的土地的人权运动中浮现出来；还有很多其他的联盟相继建立。

过去的 20 年里，这些分散的当地组织汇聚成为一股重要的社会运动力量，拥有全国性的网络和高效的政策部门。1995 年，全国可持续农业合作运动联合了 500 多家会员组织和农场，一起为建立农场法案进行政策游说。为了 2007 年的农场法案的通过，更多的社会力量参与了进来，众多环保组织和市民团体交换了彼此的观点，并形成了联合体来谋求美国食物政策方面的改变。1998 年，当美国农业部提出全国统一有机农业标准时，超过 27.5 万人发表了评论，指出这个标准将使“有机”生产无法区别于常规工业化生产。全国范围内，本地购买运动的发展势头越来越大。国际“慢食”

我的农场合作者凯蒂·拉文（Katie Lavin）和我正在收蒜苗，一块劳动的还有詹尼斯山谷有机 CSA 的成员。

运动（Slow Food）正在挑战快速、便宜，但是低质量的饮食方式。并且“本地食客”（localvores）[1] 正在各地开花结果，这些人只吃离家 100 英里，或 50 英里，甚至 25 英里范围内生长的食物。高校、中学和医院也开始留心由本地农场食材制成的食物。在一些城市的中心，居民利用荒地和学校的空地创造了社区菜园和农场货摊。农村社会学家汤姆·莱森将这些运动定义为“市民农业”（civic agriculture），他的学生海蒂·莫伊里斯克丝-库泽曼（Heidi Mouillesseaux-Kunzman）列举了“市民农业”的一些特征：

> 食物公民（包括农业工人在内的生产者和来自农村与城市的消费者）是依靠食物来维持生计的，他们被视为“市民农业”的利益获得者，并有责任保证农场能获得土地，生产者和工人能够得到高工资。生产的食物是有营养的，人们容易得到并支付得起的，同时还具有文化契合性。同样，在食物生产体系中，大自然的角色不仅仅与其作为物质投入的提供者、产量的决定者（天气/土壤）和废弃物的吸纳者相关，而且作为系统中的一个重要因素，它与其他系统组成成分相互影响。自然是宝贵的，市民农业的支持者们很自觉地努力去保证食物生产系统对自然的影响健康的。

---

[1] localvores 指的是致力于吃当地的食物的人。——译者注

和平工作农场的实习生安迪·西蒙斯和农场主格雷格·帕尔默与CSA份额成员一起搭建大棚。

不管是在现实中还是在理念上抵抗主流体系的人们需要努力超越复古农业论调和机械看待农业问题的农业管理论调，而以系统共生的方式去思考可持续农业问题。生物动力农业和有机农业的农场主们，他们将农场视为综合生态系统中的一部分，进而对农场进行整体分析，还有永续生活设计与资源综合管理的实践者们，都对食物和农耕的“范例转变”（Paradigm Shift）做了贡献，这些转变方式也是我们所希望的。虽然至今仍被称为“可持续农业”，但这个概念已经涉及食物生产的各部分环境，包括农场的物理、社会和经济环境。在可持续农业研究和教育（Sustainable Agriculture Research and Education）的网站中，它给可持续农业提供了宽泛和交互式的定义：

> 可持续农业没有一套确定的行为规范。相反，这对生产者来说是个挑战，需要生产者思考长期的生产实践与动态的农业系统之间存在的广泛联系。这也使得消费者可以学习更多的农业知识，进而更多地参与到食物体系中。以生态观点理解农业的一个关键目标是：了解农业生态系统中的不断变化的营养，动力能源，植物、动物、昆虫和其他有机体的互动，进而在利润、社区和消费者需求之中取得平衡。

我的梦想是我们能够设法为可持续食物体系运动寻找到一个民主的参与方式，依靠我们的兄弟姐妹、地球上所有的人、所有的家畜和土壤中无数的居民这些整个地球的管理者，从而为我们的未来创造出一系列总体目标。

这是我们目标的初稿：

1. 生活的质量：和平的世界，合作和自力更生的社区。资源在社区之间公平地分配。没有饥饿，人人都有足够的营养，而提供这些营养的食物是他们喜爱的。获取充足的食物被认为是一项基本的人权，食物主权是国家主权的一部分，没有人为了寻找工作机会而被迫离家去到异国他乡。对他人的生活方式保持好奇，在平等的基础上进行文化交流，求同存异，富于灵性。

2. 生产模式：由家庭部落或者邻里经营的许多小规模的农场和花园，一起进行产销合作。

3. 本地生产、本地消费：多余产品的贸易定价需要覆盖生产者的成本，同时又不是对消费者的掠夺。

4. 未来的基本资源：干净的空气、水和自我更新的土壤。鱼儿可以自由自在游玩的海洋和河流。没有污染，没有侵蚀，没有排泄有毒物质的垃圾堆。能源来自可再生的资源——风能、太阳能和地热能。健康的农场和花园与区域生态系统相平衡。

在每一个社区CSA的蓬勃发展都将有助于这些目标的实现。1985年的第一个CSA提案就是一种宣言，宣扬了类似的农业愿景：

尊重

- 生机勃勃的地球
- 野生的动植物
- 驯养的动植物
- 环境条件限制
- 自然的循环，包括生长季节和哺育季节
- 农业工人的身心及社会交往需求

负责任的

- 使用有机/生物动力的耕作方法，包括自己留种/苗（或者进行本地交换）
- 配比平衡的厨余堆肥
- 留存品质好的种子

有能源意识的

- 生产和销售

- 最小限度的机械化
- 本地的销售网络
- 人力或者畜力

保持合适的工作条件

- 合适的工资，例如，6～7 美元/小时[④]（2007 年为 15 美元）
- 有限的工作时间，例如，35 小时～42 小时/每周
- 足够真诚的和有偿的实习生

重视农业耕作对身心健康的有益价值（对不从事农业的人而言）；

支持社区对土地的控制

- 平衡的土地利用计划
- 为农业而制定的特殊条款
- 消除投机

在信任的基础上创造本地社会/经济模式，表现在

- 鼓励首创精神和自力更生
- 分担农业种植风险
- 共享信息
- 以人为本、注重效率
- 根据需求/成本（而不是市场）收费
- 提供本地可控的金融服务（货币、信贷、保险等等）

全球化的思考，区域化的行动。

过程与目标一样重要

当我们在这本书中细数 CSA 取得的成就时，应该不时地回望之前的原则，检查有哪些理想实现了。

在《重访明日农庄》这本书中，特劳杰·格罗为了反抗公司化这股毒气而以动人的乌托邦式的景象表现未来，未来的农地不再是属于私人的不动产，农场主也不再是商人。正如特劳杰描绘的，“农场的明天”在于各具特征的生物体与宇宙节奏之间的调和，并基于三个原则：

1. 最丰富的生物多样性带来最高的生产率；

2. 整体和谐需要动物来平衡市场所需的农作物的种类和数量，以及休耕之前的固氮作物；

3. 农场是一个封闭系统，可以生产和循环自身肥料。

社区农场的形式“让农场主获得充分的自由，以发挥他们的灵感，而不是仅出于钱的考虑。”在特劳杰的观念中，这些社区农场的成员们聚在一起，分享所有的成本和风险，并且这些农场可依据流行的理论来组成“经济联合体”：

> 在一个经济联合体中，我们与伙伴相互联合——农场主中的积极分子，还有他们的家人，以及他们的社区农场。努力了解伙伴的真实需求并且了解如何满足这些需求。这意味着经济行为的动机不再是自我利益，而是满足伙伴的需求。我们确信这将给所有参与者带来最大的财富。

正如特劳杰所见，农场焕发生命能量的时期，也是生活给自然带来的压力逐渐减少的时期。他对 CSA 寄予很多希望：承担年轻人的教育，伦理规范的复兴，健康、文化、经济和社会生活的全面完善。

当我发现特劳杰想法的动人之处时，我相信我们能够成功转变人与人之间的关系，只要我们更多地从政治方面进行考虑，并且联合一切反对新自由主义和新殖民主义全球化压力的网络力量。在《其他的经济方式是可能的》（*Other Economies Are Possible*）一书中，伊桑·米勒（Ethan Miller）问了这样的问题：“是否有可能依靠全世界勇敢的、专注于草根经济的活动家，锻造出一条道路来满足他们社区需求的同时培育民主和正义，并且将另类经济的种子根植于我们之间？各种另类民主团体和社会改良团体的横向联合及相互承认和支持，这样的一种网络能否倡导社会运动来挑战全球资本主义秩序？”同时，伊桑·米勒回答道：“对这些大胆的问题，在世界范围内，围绕在合作社经济周围的那些活跃分子们将响亮地回答‘没问题！’”

温德尔·贝里（Wendell Berry），一位受人尊敬的农场主、诗人、小说家和可持续运动的精神领袖，痛斥了跨国公司不负责任的制度设置。贝里认为这些政党——左派、右派和中间派的作用都很有限。他建议，我们需要认识到这些政党都已经被公司收买了，而构建一个可持续的世界，只需要依靠一个政党——代表全球经济的，“大型的且人口规模适中，有强大力量，有自知之明，意志坚强，组织严密的政党。”该政党的所有代表都是普通人，来自农村和城市，有着共同的认识——赞赏睦邻的行为；积极行动来保护本地的土地、水源、空气和野生生物；需要在农民和社区中有思想的人之间搭建合作的平台。

我们似乎还不太明白这个政党，但是从事 CSA 的人们和我们更加保守的邻居都属于第二方，即贝里称为本地经济的一方。那些加入 CSA 的城里人，并没有考虑到 CSA 的那些深刻的意义，仅仅是简单地收获新鲜、有机的食物。我希望我们能够用开放的语言向世界传播社区支持农业。我们可能需要放弃一些我们喜欢说的行话——甚至是“可持续”这个词，而谈论如何使得农场经济长期可持续，确保每个人都能获得足够的食物，尊重我们周围的自然界。我们需要在保守的有机农业、保守狭隘的共和党人和民主党人与激进的“团结社会经济全球网络”（Global Network of the Solidarity Socio-economy）和“农民之路”（Via Campesina）[1]（世界范围内的农场主和农场工人的组织）之间寻求共同点。

本地食物的可持续生产和社区支持农业对于可持续发展来说是必不可少的。赫尔曼·E·戴利（Herman E. Daly）特别区分了“可持续发展”和“可持续增长”，他运用矛盾分析法指出：“一个经济体通过增加知识储备、完善组织结构、提高技术效率和提升智慧来达到可持续发展，并不依靠增加生态系统中物质能量的注入，而将生态系统维持在一个可以永续自我更新的状态。”

那些想要从事可持续发展的人将发现 CSA 正是农民和市民共同创造本地经济并符合戴利定义的模式：供给人们的需求，并且回收资源。一位接受杰克·基特里奇采访的农场主概括 CSA 的价值：

> CSA 似乎是最好的构建农场和消费者关系的方式。CSA 带来双方互相的感激，还有利于改变批发和杂货店销售模式造成的将地球视为工具、无度开发资源、使农业丧失人性的观念。CSA 帮助农场主拥有一个社区（尽管这些农场主的社区规模是如此小），还能帮助农民获得金融上的稳定性，因为农民可以了解一年的储蓄和现金流。从个人角度、农业角度和金融角度来看，我都欣赏 CSA。

《分享收获》将带你进入热情的社区支持农业的世界。这是一个信念坚定、劳动努力的世界。这个世界中的人来自不同背景，有着不同观念，但都努力学习如何合作去创造一个新的食品系统，这些系统是基于以下这些理念的：

- 与我们的食物和土地有着亲密的关系；

---

[1] Via Campesina——农民之路（从西班牙语农民之路而来，意指农民的方式），该组织成立于 1992 年，其总部设在比利时，然后转移到洪都拉斯的特古西加尔巴，之后又转移到印尼的雅加达，亨利·萨拉吉是现任秘书长。该组织在世界的 69 个国家有分支机构，资金来自各不同机构的捐款，该组织主要由小规模生产农民组织构成。包括来自亚洲、非洲、美洲、欧洲的农业劳动者、农村妇女以及土著社区。他们主张以家庭农场为基础的可持续农业，并且首先提出了“粮食主权”概念。——译者注（资料来源：维基百科）

- 对生命的敬畏;
- 合作;
- 正直;
- 欣赏农业风景的魅力;
- 人类在大自然面前保持谦逊。

CHAPTER 2 NOTES

①2.47美元是2006年9月在纽约罗彻斯特本地超市韦格曼(Wegman)一加仑全脂奶的价格。商店的价格经常变化,当然节俭的购物者总是跟随着促销价格。纽约农业局《草根》(*Grassroots*)月报引用"农标"(Agri-Mark)牛奶营销合作社的负责经济、协作和法律事务的高级副总经理罗伯特·韦林顿(Robert Wellington)的话,"到2007年,牛奶的价格预计还是比较低",他认为牛奶的价格在2006年平均为2.35美元每英担,低于2005年的价格,并且目前的这种状况可能会延续到2007年。

②"食品和农业系统这个世纪以来在工业化农业的统治下已经发生了巨大的变化,特别是将农场的经济活动转移到系统中的非农场要素中去。农民在1910年对整个系统活动的贡献率为41%(并且得到了41%的回报),但是到1990年就只有9%了。另外一方面,供给商将他们的比例从15%增加到了24%,营销商的比例从44%增加到了67%。"斯图尔特·N·史密斯(Stewart N. Smith),"农耕活动和家庭农场:如何正确理解这个概念"(Farming Activities and Family Farms: Getting the Concepts Right)。(1992年10月21日,华盛顿,联合经济委员会讨论会)

③除了这种替代,还有更加严重的对于传统玉米品种及其玉米品种多样性的威胁,即引进——合法或者不合法地——转基因玉米到墨西哥(墨西哥是玉米的原产地及品种多样化的中心)。

④记住,这是1985年的6美元或者7美元,现在的价格可能已翻了一倍。

第二章　准备启动

第 3 节　启动一个 CSA

一个只服务于跨国公司、政府和教育系统，并且被它们所控制的世界无疑是一个不利于农业的后农业世界。但是，正如我们开始逐步看到的，一个忽视农业的时代也必定会忽视民主、宗教与自然——换句话说，它将是泯灭人性，背离人道的世界。

——温德尔·贝里，《保护社区》（*Conserving Communities*）

启动一个社区支持农业的项目有点像生小孩——你释放出来的生物的和社会的能量，可能将你带到你从未想过的方向。CSA 以多种不同的形式存在：从现存的农场转化而来；单独的或者结社的存在；部分或者全部的产品以 CSA 的方式销售；由某个组织建立，如土地信托、宗教团体、食品银行（food banks）；由有意愿做农民的人或者消费者群体临时组成。它们有很多共同的因素，但是每一个都是独特的，下面是一些 CSA 产生的故事。

詹尼斯山谷有机 CSA 的起源要回溯到 1977 年夏天，当时我在法国，在我家台阶上发现了一箱有机蔬菜。我在普罗旺斯的卡地亚有套从朋友那里转租过来的房子。朋友告诉我他们曾经是毛主义者（Maoists），但是他们没有告诉我，他们的小房子在支持两个农民同志每周配送给他们一箱蔬菜。我一直在考虑商品蔬菜种植的问题，所以对这个菜箱的好奇心迅速引领我拜访了那个租用来的小农场。我印象最深的是黏胶一样的土壤和在我们车顶上的小山羊。这些农民并不是普罗旺斯紧密的农耕社区成员，当他们搬走后，他们的项目没有留下任何痕迹。25 年后，威伦（Vuillon）家族（他们的农场距离毛主义者租的房子只有几英里远）了解到 CSA 并且建立了第一个 AMAP 协会，由此在法国掀起了一场运动，波及范围超过 300 个农场（详见第 22 节）。

但是，建立 CSA 的想法一直伴随着我，当我 1988 年搬到玫瑰山谷并且听到关于印第安线条农场的情况后，我向我的搭档戴维建议我们应该尝试建立一个 CSA。在 1989 年的冬季，戴维和我与纽约州的罗切斯特市和平公正教育中心［Peace and Justice Education Center，PJEC；之后转变为食品政治组织（Politics of Food，POF），2005 年变为罗切斯特根部组织（Rochester Roots）］的艾莉森·克拉克（Alison Clarke），还有 PJEC 的成员——工程师吉姆·马克思（Jim Marks）召开了一次会议。我们达成了一个大致的项目提纲，并且决定发放一些传单，邀请人们来参加一次筹备会议。

以今天的标准来看，那份宣传单非常粗糙，一半是打印的，标题是我手写的，但是当张贴在詹尼斯山谷食品合作社和罗切斯特的臭氧兄弟商店（Ozone Brothers），并且邮寄到 PJEC 成员以及本地的人类生态行动同盟（Human Ecology Action League，HEAL）的分支机构后，吸引了 24 个人来参加。宣传单上写道：

> 你想要新鲜采摘的、有机种植的蔬菜吗？加入到社区支持农业吧，这是玫瑰山谷农场和罗切斯特和平公正教育中心的一个合作试验。通过签订一份六个月的农场新鲜有机蔬菜的合同来支持生态农业。每周能收到可供家庭享用的包装好的蔬菜，它们会被运送到罗切斯特市中心的一个取货点。志愿者通过从事收获、包装或者除草的劳动来帮助农场工作。建立与农场的联系——不要付钱给食品经销商！

在最初的组织会议上，我们强调这是一个试验。为了使之运行起来，每个人都要灵活，愿意参与并且做好重新调整的准备。共 24 个家庭签了合同并且愿意付出劳动。但是一些患有化学敏感症的 HEAL 成员除了平时打打电话外，没法做更多的工作。参与者填写了蔬菜订单表，使得我们确定了每周份额中的内容。素食家庭决定购买两份或者更多的份额，所以总数达到了 31 份。我们决定每个人都将收到相同的蔬菜品种，除非一些成员有“长寿饮食”（macrobiotic）的饮食习惯，他们会将芜青叶子和羽衣甘蓝替换成茄子和西红柿。我们按照比例设定每周 5～7 美元的费用，25 周内价格维持不变。但是在成员的要求下，我们采用比其他很多 CSA 要小得多的包装，并且为两个人的城市家庭特别设计了一个“食品单位”。我们没有选取在季节之初收取全部费用，而要求按月支付，为的是让那些低收入的成员可以负担得起。社会公平一直都被列在食品政治组织的重要位置，这是我们在成立大会上大家达成的一致承诺。

我们从第一个季节中犯的错误里学到了很多。食品的配送是最大的挑战。那些在农场收获日工作的成员开车一个小时，将食品运送到大部分成员居住的罗切斯特市，然后将蔬菜储存在一个教堂的冷库里。下午 6 点，两个指定的成员来到教堂，将产品分成不同份额。即使张贴出来了关键流程的细节的描述——比很多技术文档工程师写的都详细——但分配还总是不能很顺利地进行。我们推断分配工作需要一个熟练的协调者。一个叫做杰米·惠特贝克（Jamie Whitbeck）的人承担了整个季节所有成员的任务安排工作。杰米勤奋地、让人难以置信地完成了工作但也累垮了自己（他离开了这个小组，但是17年后又重新加入了）。我们认识到重要的工作需要由一些人来共同分担。项目的财务主管简·考克斯（Jan Cox），在不断地向行动迟缓的人提醒、打电话、发送卡片后，最终收齐了所有应得的款项。第二年，我们拟了一份合同，明确地规定了每周的费用和一个清晰的支付时间表。我们同时也停止了允许成员在他们不在家的一两周内取消份额的做法，因为这意味着每周份额的数量都是不一样的。

我们举办了一个宴会来庆祝种植季节的结束和一个快乐的年度开始的仪式。成员的一致出席是一次试验，尽管有一些组织上的缺陷，但这样的活动仍值得继续。除了三个家庭外，其他的家庭都签订了下一年的合同。

一篇在1989年的《地球母亲新闻》（*Mother Earth News*）中关于金伯顿CSA（Kimberton CSA）的文章鼓舞了琼·米尔斯（Jean Mills）和卡萝尔·艾克尔伯格（Carol Eichelberger），她们将自己亚拉巴马州的农场转变为一个CSA。这两位妇女已经在一个农场之外的生意中搭档了七年时间，与此同时住在琼从小长大的农场。她们想要找到一个待在家里的农场的理由并且可以拓展她们的有机菜园，所以她们将这篇文章与朋友和业务伙伴分享。最后，20个人参加了组织会议，有18个人加入。到1990年种植季节开始前，项目又吸引了29个成员。大部分成员都是在塔斯卡卢萨县大学城附近工作的人，连同少量当地的长期居民。他们讨论并决定了份额费用、收成和配送系统。为了得到更多运作CSA的信息，琼和卡萝尔参与了那年冬天宾夕法尼亚州金伯顿农场的第一次CSA会议。卡萝尔承认："当我想起启动这个CSA时我了解的有多么少就会觉得后怕。"但是第一个季节她们生存下来了，第二年还增长至70名成员。从那时到现在，她们的成员数量增加到了100个。在2006年的夏天，她们宣布决定不再继续这个CSA，因为一个毁灭性的诊断说卡萝尔患有亨廷顿氏舞蹈症。充满爱意的信息如流水般从成员那里涌入：

> 请记得我爱你们，我对你们的景仰早已溢于言表。向我生命中默默耕耘的幕后英雄致敬。
>
> ——KB

> 我喜欢把我自己当成你的一个粉丝。我永远无法像你一样做那些关

爱地球的体力劳动，而你却能通过每天的耕作活动、教育活动和拓展活动做得这么好。即使这个CSA停止了，你仍然是我崇拜的人。——SB

你家的蔬菜是我们喜欢生活在塔斯卡卢萨的首要原因，CSA的停止让我们非常伤心，我在内心中对你人生道路上的转折同样感到惊讶。

——LK

在过去的17年中，你为这个社区做了如此之多，这将留下一个难以超越的距离。我希望未来有可能让我们为你的生活做一小点贡献。

——E&S

这些成员的感情是如此强烈，他们无疑将找到一个方法来保持塔斯卡卢萨CSA（Tuscaloosa CSA）的继续运转。

听完马萨诸塞州农业委员格雷格·沃森（Greg Watson）的关于食品系统的全球化对本地农业的毁灭性影响的讲述后，萨拉·林肯-哈里森（Sarah Lincoln-Harrison）和她的丈夫理查德·哈里森（Richard Harrison）想要为此做点什么。与马萨诸塞州马布尔黑德小镇的其他五个家庭一起，他们决定支持一个本地有机农场。来自内蒂克社区农场（Natick Community Farm）的经理林达·辛普金斯（Lynda Simpkins）的一个建议将我们引向了约一小时车程外的伊迪丝·马克斯韦尔（Edith Maxwell）的一英亩大的农场。1993年，他们与伊迪丝签订协议，每份额付390美元，并且从农场自取产品。伊迪丝会在袋子里放上一份产品列表以及一到两份菜谱。“开始非常简单，”萨拉在1997年东北部CSA会议上讲解道，“没有任何特别的哲理，我们似乎是自然而然地进入其中。”在第一年结束时，这个小组想要增加成员数量。但伊迪丝不能种植更多农产品，因此她推荐了另一个农民迪克·罗森堡（Dick Rosenburgh），他有12年为农夫集市种植有机蔬菜的经验并且有扩大生产的潜力。从那一年之后，生态农场CSA（Eco-Farm CSA）经历了一系列的转型，直到最终确定为农场直接销售的合作社（Farm Direct Co-op），为在三个城镇里的345户家庭服务。

食品银行农场CSA（Food Bank Farm CSA）开始建立的时候是作为马萨诸塞州西部食品银行生产素食调料的一个项目。在连续10年协助政府补贴或捐赠（主要是加工过的）食品给低收入人群后，食品银行因此决定自己生产一些食物。迈克尔·多克特（Michael Docter）筹集了1万美金的项目款，并且开始在汉普夏学院（Hampshire College）种植素食调料。“这是一个非常好的想法，”1998年冬天，迈克尔在宾夕法尼亚可持续农业协会

(Pennsylvania Association for Sustainable Agriculture，PASA) 的一个工作坊中说，“但是过去没有人喜欢生产这种调料，它太耗费时间和精力了。”迈克尔从罗宾·范·恩那里听说了 CSA，又考察了一些农场之后决定采用这个模式并按比例扩大规模。他写了一份宣传单，并把它往食品银行的邮件列表上的所有地址以及本地环境组织发送，还在公告牌上张贴了一些宣传单。第一季有 100 个家庭加入。

与此同时，迈克尔在寻找可供耕种的土地。在第一轮寻找中，他选择的土地的面积似乎太大，在接下来的几个月的寻找中，农民们让他大开眼界——知道了可以使用拖拉机进行更大面积的耕种。在慈善家拉尔夫·泰勒 (Ralph Taylor) 的帮助下，食品银行得以借到 25 万美元购买了一个农场，这个农场的土质极佳，为海德雷黏土，并且通过说服马萨诸塞州联邦政府获取了更多的发展权。在 CSA 成员、食品银行捐助人以及各种基金的帮助下，农场在三年内还清了所有的贷款。2006 年，食品银行农场供给 500 个份额，同时还为食品银行提供相同数量的食物。

在加利福尼亚圣迭戈郊外耕作超过 300 英亩土地的比尔·布拉默 (Bill Brammer) 主要为批发市场种植西红柿、西葫芦和黄瓜。在加利福尼亚，智慧农场 (Wise Ranch) 是一个中等规模的农场。比尔焦虑地看着那些进行有机生产的“大家伙”——卡尔有机 (Cal Organics)、伯恩特家族农场 (Bornt Family Farm)、“帕维希”农场 (Pavich)、“地球境内”农场 (Earthbound) ——因为墨西哥有更便宜的土壤、水和劳动力，它们通过在墨西哥扩张生产来降低批发价格。他也担忧有机食品的批发商和分销商已经准备好不断搜寻最低价格的货源。1993 年，比尔将 CSA 作为社区服务内容加入到他的营销方式中，这已经成为一个在竞争中生存下来的重要有效的战略举措，同时，他尽可能多地使用直销方式。仅仅靠着口碑，他的 CSA 预订成员数量从 40 个增长到了 800 个。1997 年报纸的一篇报道给农场带来了 500 个电话，于是农场不得不建立一个等待列表。接下来的 8 年时间里，比尔与批发市场做斗争，直到开发者们逼近了他租用的土地。伴随着他的 80%的最好土地的消失，是 CSA 方式和农场购买方式使得智慧农场在 2006 年生存下来并且销量逐步增长。

与那些大型的 CSA 农场相比，卡伦·克尼 (Karen Kerney) 所经营的农场的面积是另一个极端了。她是本书的艺术指导，很多年来一直在纽约的詹姆斯维尔镇与一些亲密的女性朋友分享她半英亩菜园上的剩余产出。在 1993 年时，这些女性觉得有共同的需求，于是，将她们的食物供应与卡伦的 CSA 正式联系起来。那一年，这四个女人每周聚在一起，从早春开始起垄、移苗。当农作物成熟时，她们一起收获并且把所有的收获都分成四份。逐渐地，几年后，这个小组增长到五个成员，每个成员贡献 250 美元或者更多来支付农场的费用。卡伦做这个项目的目的并不包括谋生。她说，“我想要分享这种充足感：有足够的食物……带走你所需要的！我想要跳过以稀缺为乐的现存的食品供求系统，并且使得种植食品的过程不再神秘。”成员们学会了如何为冬季储备做罐头，冷冻、晾晒食品。如今，她们每个人都有自己的小园子了，因此卡伦承担的责任变小了，她只和搭档约翰·苏斯塔（John Sustare）一起种植玉米和冬季储存作物了。

形成一个 CSA 的决定

理想的 CSA 的图景是非常诱人的，它是目前消除由占据统治地位的全球超市产生的很多危害的良方。从来没有一点耕作经验的人听说了 CSA 之后决定要成为农民！梦想中的 CSA 是平稳地在有机或者生物动力农业中起作用，将农场全部的产出分给那些忠于农场的、并且与农民共担农业耕作风险和收益的支持者群体。由于市场和收入有保障了，农民就可以专注地生产高质量食品，并且实践细心、认真的土地耕作方式。成员可以吃到最新鲜、最可口、最富营养的食物，他们就好像是园艺师，而不需要付出太繁重的劳动。他们及其孩子可以学习有极大吸引力的食物生产的课程，并且通过吃应季蔬菜，与特别的一片土地深入地联系起来。他们尊重农民的熟练的技能与繁重的工作，并且通过友谊、资金支持、在农场帮忙干活来表达他们的感激之情。成员和农民相互交汇成一个生机勃勃、充满创意的社区，这个社区欣赏多样性，无论是社会的还是生态的，并且他们制造食品的同时考虑到现实生活中需要的公正与安全。本地化、地区化甚至是国际化的 CSA 和其他可持续食品事业网络供给成员一年的生态生产的并且是公平贸易的食物。

这就是罗宾·范·恩的梦想，就是这个梦想成为她每天早晨起床的动力。我们中的每一个人，无论是农民还是消费者都能够朝着这个梦想迈进自己的一步。尽管，没有一个现存的 CSA 能够达到这个目标，但每一个 CSA 都至少达到了其中的一小部分。无论是农民还是非农民，我们需要认真地考虑我们将要在什么时间以及如何参与进来。

新镇农场 CSA（New Town Farms CSA）的宣传单提供给我们一个很好

的讨论的摘要。

好的成果

在CSA的框架里，这个关系中的每一方都获利：CSA成员、农民、农地（地球）和社区。

CSA成员

● 收到当天采摘的新鲜的、无污染的蔬菜和香草

● 付接近超市的价钱购买新鲜的、经过认证的有机产品

● 知道食物是从哪来的，如何来的，又是谁种植的，并且有机会体验种植食物的奇妙

● 参与到这样一种模式中，通过这个模式他们可以支持不同类型的本地农业，保存本地农田并且促进本地经济的健康发展

● 有机会了解种植食物和守护地球的知识

● 更了解自己与土地、农场生活的关系并且明白处理好这些关系会使我们的生活更美好

农民

● 拥有了一个机会，用负责任的、和谐的方式种植食物，并且可以得到获取维持生计收入的机会，同时直接受消费者的支持——没有经销商

● 有幸知道自己的产品去了什么地方，也因此感到自己的工作得到了更多的关心和回报

● 减少了营销人员而能够更多地关注种植

农场

● 从开发中保留下来

● 从有害的农业实践中保留下来

● 被逐渐培育成为富饶的、物产丰富的土地

社区

● 保留公共空间及逐渐被发展主义和工业化迅速吞噬的重要的农业生产要素而受益——保留了多样性，社区变成一个更完整的令人满意的居住地

● 通过将那些关注自身未来健康的人们集合到一起，增强了社区的凝聚力

● 经济得以推动，因为购买食物的钱仍然保留在社区之内而不是支持了跨国大企业

职业生涯的成长

——汤姆·罗明坚（Tom Ruggieri）

我并不一直是农民。在20世纪的最后20年中，我曾经做过环境工程师、健康和安全专家、经理、私营业主……我就是过着这样一种生活，似乎每一步都是由人为的规定所控制的。时间表的每一分钟都充满了文件工作，很多方面不停地讨价还价。我总是在想象着过一种有更多乐趣的生活，但是，因为这就是我成长的环境，在我尝试着跳出去的人生旅程中有过很多次失败。

我最后的挣脱是在2000年的后半年。我遇到了我的妻子丽贝卡·格拉夫（Rebecca Graff），当时她正在我预订蔬菜的农场中工作。离开了白领的世界，最终发现了某个人在与我走向相同的方向，这对于我来说是一个信号，我走上了正确的轨道。所以我们就在这了，2007年，是我们种植有机蔬菜的第五年。

我花费了这么久才到达这一状态的一个原因，我认为是有机农业并没有被推广成一个全职的工作。但是，在这里，我要告诉你，这是一个需要很认真对待的职业，这是一种很好的生活方式。然而，在美国，耕作并没有出现在电视的工作招聘广告中，也不是一个被学校认真推荐的工作。我填了很多表格，在职业的一栏中总是选择“其他”。

成长的田野

我理解大多数人都有不能参与耕作的原因，但我不确定是否每个人都理解有机耕作的益处和福利。人们也不理解你是如何开始启动的。有机农业是需要经过培训、辛勤工作并且具备资金基础，但这也是其他生意所需要的。尽管你读过有关有机农业的东西并且对此感兴趣，但它也从没被当作一个职业来推广。

这样的情况会带给今天的农业什么呢？因为在过去，已经存在的成功的农场和农民会将知识、技术和热情都传递给那些希望学习的人，这需要教育和手把手的指导。

在今天的田野上，有一些大学的项目教授有机农业，同时也有一些个人的农场在做同样的事情。当我2000年离开公司时，我努力寻找在未来投资我的储蓄的最好的方式。我考虑去厨师学校并且交纳学费、住宿费——就像电影里开始一个新的职业那样。

但是，当我决定耕作后，我似乎可以将那笔钱存下来，并且通过实习得到免费教育。大部分的见习项目提供住房、食物、课程和一些津贴，而你要相应地在种植季节付出劳动。我发现这一年里自己几乎没有任何支出。不再有信用卡还款的账单寄给我（除了汽车保险外），就像上学时一样。

并且，有机农耕还需要很强的体力劳动，有很多对生活方式有益的方面。那些你用来去健身房、买减肥药的费用都不再需要了（尽管身体药膏和瑜伽可以帮忙）。锻炼和每天 7 种不同的水果和蔬菜将构建你的生活。你将通过晒太阳直接获得维生素 D。你可以说不，却不得不以让你的心得到满足的方式来吃东西。

早晨繁忙的交通时间将会被收获蔬菜所取代，高速公路的声音和气味将被新鲜的空气和鸟叫声取代，一个酸痛的屁股将被身上其他酸痛的肌肉所取代。经济上，你也不得不用更少量的收入代替原来的薪水，你的工作角色由原来的职员到现在的生意所有者。如果你对保护环境、健康以及社区感兴趣，并将耕作看作一个全职的工作而不是一个志愿者的活动，那么这个职业值得考虑。

挣钱的同时关注环境

我最近在一个本地的大学做了一个简短的报告，同时却吃惊于这些听讲座学生的现实。尽管他们来听讲座都是因为他们关注环境和我们的未来，却很少有人考虑将可持续农业当作未来可能的职业。他们对于保护土地、社区、孩子、健康的信仰非常强烈，但是缺乏对于将可持续农业作为他们的职业的认识。

对于这样的现状我很气馁。当我们的领袖发表关于企业家、食品安全和社区的演讲时，他们不谈论可持续农业，他们不谈论本地化种植的好处，他们不会提到将花在食品上的钱投资在本社区之内，保育城市及其周边的土壤、水质带给人们的好处。并且，即使他们那么发表了演讲，他们也不会讲谁来做这个工作，如何做，他们如何帮助使之成为现实。现在是该改变的时候了。

农民曾被当作美国偶像。然而今天，成为农民的想法变成了我们职业考虑列表中的最后几位。我选择成为有机农民的原因就是希望帮助推动它成为一种全职的生活方式。我希望证明美国就像是我们所相信的那么伟大，如果你花费一整天为社区种植食物而努力，社区将会支持你的生计。我希望我是对的。

要让新招募的成员持续参与，你必须呈现真实的运作情况，让人们有机会选择退出。在“CSA的网络中”，维基·达纳韦（Vicki Dunaway）很好地概述了那些可能会让人离去的原因：

> CSA包含着消费者一方的责任——要预付费用、在规定的日期取菜、有时需要还回篮子或者其他容器，并且还要承担一些农业生产中的风险。如果是个糟糕的西红柿的生产年，你可能得不到那些梦想中的红宝石一样的西红柿。如果你选择了不喷洒农药的产品，你可能会在玉米穗末端发现一只耳朵虫（农民通常就将末端切除，当它是一般玉米）。你可能会在你的土豆上发现一些泥土，因为这样可以保存更久。通常来说，蔬菜的品种和数量并不是由消费者决定的，你需要对你将收到的产品的种类保持开放的心态，并且愿意尝试新东西。你可能需要参加会议或者在种植季节到农场以劳动几个小时来换取部分份额。

对于那些拥有一块土地、一些设备并且有几年蔬菜种植市场经验的农民来说，将农场转变为CSA的运作模式是最简单不过的了。在这种情况之下，农民还要考虑是否愿意接受市场策略的改变和更多地与消费者的互动。有如下一些问题需要考虑：为一些预付费用的顾客种植是有更多的责任还是有更多的收益？我的农场是否坐落在一个能够吸引CSA成员的位置？这种改变将会如何影响我的种植系统？我能够满足多少户家庭的需求？我是否想要将CSA的元素与其他市场营销方式结合起来？我希望成员参与农场的程度有多大？我是否喜欢参加更多的会议或者是否有其他人可以代表农场？这个改变是可以稳定我的收入，还是会因为要服务成员而增加更多的工作？这是否与我对农场和生活的长期预期相适应？

对于那些没有土地的农民和有可能成为农民的人，这些障碍将要翻倍。然而，在美国，很多人一旦下了决心，也可以找到自己启动的方式。萨拉·史克（Sarah Sheikh）在她长大的地方——纽约的杜鲁门斯堡——有几年的做实习生的经验，还有很多当地的社会资源，但却没有土地。她劝说农民托尼·波坦察（Tony Potenza）让她使用一部分他的土地和设备来启动一个CSA。德布·德诺姆（Deb Denome）、萨莉·霍华德（Sally Howard）和他们的朋友得到了一些土地并且拥有很多组织技巧和干劲，但却没有耕作经验。他们在网络上登了广告，然后找到伍迪·伍德斯卡（Woody Wodraska），伍迪是一个种植能手，他愿意与他们一起接受在未开垦的牧草地上启动CSA的挑战。他们在弗吉尼亚州米纳勒尔地区的橡子社区已经拥有一些农田，在实施CSA项目之前，他们用了三年时间将种植工作、市场经营和团队组织准备就绪。数以百计未来有可能成为农民的年轻人正在寻找在CSA农场实习的机会，从而学习这种贸易方式，并且通过这种方式估量自己是否愿意与农业结缘一生。在越来越多的大学校园，从新泽西州的烹饪学院到密苏里州的蒙大拿大学，许多学生群体正在逐渐与可持续农业、食品系统或者营养学老师建立联系，并且使用学校的资源来建立一个CSA农场或者菜园。

对于本身不是农民的人来说，他们要做的很简单，找到一个本地CSA即可。很多机构都有一些通过地区或者州来分类的CSA农场的数据库。你可以访问罗宾·范·恩中心的网站来获取CSA的资源，也可以访问生物动力农业和园艺协会（Biodynamic Farming and Gardening Association），或者是通过本地收获（LocalHarvest）的网站来找到离你最近的CSA。迈克尔田野农业研究所（The Michael Fields Agricnltural Institute，电话是414642－3303）位于中西部偏北的地区；南部可持续农业工作小组（Southern Sustainable Agriculture Working Group，网址是www.ssawg.org）更关注南部地区；家庭农民社区联盟（Community Alliance with Family Farmers，CAFF）出版了《本地食品向导》（*Local Food Guide*）一书，列举了在加州中部沿海地区的CSA。克尔中心（Kerr Center）出版了在俄克拉何马州的CSA列表，缅因州有机农业和园艺联盟（Maine Organic Farming and Gardening Association，MOFGA）、卡罗来纳农场土地工作计划联盟（Carolina Farm Stewardship Association）和其他州及地区性的农民组织也同样在它们的网站上列出了CSA的列表。在没有CSA存在的地方，如博伊斯的爱达荷（Idaho），像哈里森一家（Harrisons）或者佩姬（Peggy）和马丁·丹纳（Martin Danner）这样的人，已经开始尝试由消费者和本地农民来发起一个新的CSA。丹纳一家资助一个致力于为在财富山谷地区（Treasure Valley）的CSA提供帮助的名为博伊斯食品联系（Boise Food Connection）的非营利机构。在蒂姆·莱尔德（Tim Laird）1993年对全美的CSA调查中发现：79%的CSA农场都是由农民发起的，农民和消费者共同发起的占6%，仅靠消费者发起的占5%。（蒂姆很慷慨地允许我使用他的研究结果作为本书的信息来源。）两个农场报告说某个机构帮助它们启动，还有一个农场由于一个实习生的努力而启动。在形成这些CSA之前，49%的农民原本并不从事农业，甚至多数人原先的工作与农业相去甚远。这些人之前的职业包括邮递员、农业顾问、管子工、图书馆技术人员、学生、记者、工程师、兽医诊所经理、采购员、护士、水下摄影师。有五个农民从兼职转为全职来运作CSA。

正在考虑要转型成为CSA的农民应该预见到在自己的工作方式上要有所改变。在蒂姆的调查中有67%的农民感到他们的工作任务加重了，之前有务农经验的农民则有55%也觉得如此。30%的人认为还像以前一样，而只有3%的人认为工作减轻了。在34个新农民中，85%的人说他们的工作时间增加了。种植大量不同品种的蔬菜是为了让每箱蔬菜的品种都更丰富，同时也是运行一个CSA组织的需求，但这也增加了工作量。蒂姆从他自己为市场耕作的经验中观察到，成员对于质量和品种的期待增加了CSA的生产压力。积极的一面是，79%的反馈者说他们的工作满意度提高了，17%的人说和以前一样，只有4%的人回答满意度降低了。两个回答满意度降低的新农民离开了，还有一个有经验的农民也离开了。可以很清楚地看到，CSA并非适合所有的人，但是对于马萨诸塞州的戴维·英格利斯（David Inglis）、亚拉巴马州的琼·米尔斯和卡萝尔·艾克尔伯格来说，CSA是他们唯一希望继续进行耕作的方式。琼告诉我，运作CSA可以享受相对独立和传统的生活，她说："CSA给我们的农场带来了整个世界。一些成员有特别大的布什的张贴画，还有一些人则痛击布什，但是CSA魔术般地将我们因某些共同点汇集到了一起。"多萝西·舒普特（Dorothy Suput）在她对马萨诸塞州CSA的研究摘要中写道："所有参与CSA的农民都认为CSA减少了他们与市场有关的压力，多余的时间可以培训实习生、教育消费者、社交、与家人共度时光、组织农业的教育项目，并且还可以更关注种植本身。"

拉里·哈尔西（Larry Halsey）告诉我，他原来在纽约市主要的农夫集市"绿色市场"（Greenmarket）销售，后来转移到以CSA的方式运作，并且在布鲁克林区和皇后区各有一个农场。这使他的工作时间从18小时减少到6小时，（毫不惊奇地）这改善了他的家庭生活。1996年，是CSA作为詹尼斯山谷有机农场在玫瑰山谷地区的最大销售渠道的第一年，我不再需要每周花费一些时间通过电话销售蔬菜给市场经理们（在新鲜蔬菜市场几乎没有任何合同，所以总是会担心有一周没有人会需要你要销售的东西）。我们的农场团队不用再紧张地采摘数百捆蔬菜和香草。无论阴天还是晴天，农场没有人再需要装满运货的卡车，载着沉重的箱子和一袋又一袋蔬菜，花上一个或一个半小时把它们运送到罗切斯特和伊萨卡的商店都由农场外的份额成员代劳。也不再有实习生打来的紧急电话，询问如何更换车胎或者车在半路抛锚了怎么办。警察也不会再打电话问我是否认识在拘留所的叫格雷格的人。

为GVOCSA种植食物的节奏更加放松。在每周二，我与安米、卡蒂和我们的实习生们商量这周可以配送哪些产品，然后我们会填好这周的收获单。之后，我们中的一个人将收获单转化成表格的形式，以指导配送的队伍如何装配蔬菜。我们将这些需求组合起来然后为工作的团队制定计划。一大早，我们切割、清洗生菜并将其储存在我们的冷藏室里边，以确保它们足够冷却以便运输到城里。（提前一天收割并且冷藏生菜确实可以延长它们在我们成员的冰箱里的存放时间。）大部分的周三和周日，我们要六七点起床采摘，确保在太阳太晒之前收获到最好的蔬菜。当CSA成员到达后，我们的工作节奏逐渐变慢。这些紧张的早晨混合着轻松的交谈和有目标的工作。我们的责任感的产生是离不开那些成员的高度自觉性的。

卡伦·克尼描述这个种植食物的过程是“生活的变革”，她说：“CSA最好的部分是让我能更多地关注在那些我知道谁是消费者的食物种植上，这些消费者像我们一样关注我们的食物是如何种植的。并且，可以让我从种植、包装和营销的大量能量消耗中脱离出来，我能够更关注艺术、科学和种植食物的手艺。”

缅因州沃尔多县贝尔蒙特地区回路农场（Wayback Farm）的保罗·博纳基（Paul Bernacky）在他的诗“现实与超越：农民的生活”中写到他的CSA，这个CSA拥有夏季和冬季的共20个份额，在它的第8年即1998年时改变了他的工作：

> 在平衡与和谐中组织有目标的生活，将压力转变为动力，让我的梦想再次点燃。

形成CSA的几个步骤

无论是农民还是消费者发起的CSA，开始的阶段都非常相似。首先，找出是否有足够的需求。你可以非正式地只是调查你的朋友和顾客，或者比较正式地召开一个会议。丹纳一家发布了这个招募会议通知：

> 这些蔬菜有什么特殊？它们是新鲜的、本地的、并且是为你种植的！如果你对如下某几点内容感兴趣：
>
> - 一个稳定的本地生长的新鲜食物的供给
> - 了解种植食物的人
> - 在所生产的食物和如何生产食品上直接投入
> - 在种植季节之初就固定下来的价格
> - 尝试本地生产的不同品种的蔬菜，并且获得如何烹饪这些食物的信息

- 支持本地的小农
- 通过草根的努力来直接与本地种植者和消费者建立联系

那么，请与我们联系获取更多的信息或者参加我们的第一次筹备会议。

第一次组织大会应该要为整个项目定好基调。如果你想要靠自己来完成大部分工作，可以将这些项目的相关信息展示给参与者并邀请他们加入。如果你希望让这个项目具有更多的参与性，则需要给那些将要参与这次会议的人更多的机会谈论：他们为什么要来，他们的期待是什么，他们计划贡献什么。议程可以从一些讨论开始，如什么是CSA、它的历史以及本地化情况如何。参与者需要了解为什么本地化的食品这么重要以及占统治地位的食品系统如何危害了本地的农场。在你提供了一些具有历史性和哲学性的观点后，可以讨论更具体问题。是否有足够的能量和责任来启动一个CSA？谁想参与？他们愿意参加哪些具体的工作？如果这次会议能形成最初的核心小组的话，那这次会议就已经很成功了。

在这次或者下一次会议上，需要就你们的CSA的价值以及因为这些价值形成的制度达成一致意见。这些成员想要有机种植还是生物动力农业法种植的食品？还是他们支持农场使用任何一种技术，只要农场是本地的就行？这个群体是否希望鼓励成员间存在部落的、种族的、经济的或者年龄的差异以及是否向饥饿的人贡献食品？儿童是否应该参与？除了食物，是否还应该有教育的因素在内？这个项目是要求每个成员都工作，还是允许一些成员用工作换取相对较低的价格？成员愿意与一个农场共担风险还是可以从不同的农场购买食物？CSA将会配送什么产品？一旦这些大一点的问题解决了，就可以解决CSA中运作的一些细节问题了。哪个农场或哪些农场将生产食品？每个份额要得到多少食物？每个份额多少钱？成员从什么地方领取他们的食物？将这些信息都掌握之后，你就可以草拟一份宣传单或者一个小册子，开始招募成员了。

建立一个CSA的几个步骤（从小规模开始，有机种植！）

1. 发起者（农民或者非农民小组）发布一个建立CSA的号召。你可以寻找成员：

a. 在朋友或者邻居之中

b. 在已形成的组织之中：托儿所、环保和消费者机构、教堂、公民组织、学校或者其他的机构、工作场所

2. 尝试举行潜在份额成员和CSA农民的会议。可能的议程：

a. 什么是CSA?

b. 为什么要吃本地种植的食品?

c. 为什么小农场需要得到支持?

d. 参与者可能承诺的级别

e. 如果有足够的人有兴趣，开始建立一个核心小组

3. 在这次会议或者接下来的会议上，在小组内的如下方面达成一致：

a. 这个小组是否希望有机食品?

b. 这个小组是否希望本地生产的食品?

c. 这个小组是否希望在成员中有不同的种族、部落以及经济情况的多样性?

d. 让孩子参与是否重要?

e. 是否所有的成员都劳动? 还是一些人劳动，另外不劳动的人多付费用?

f. 成员是否想要和农民共担风险?

g. 小组成员希望有什么产品?

h. 这个小组是否想要与其他小组共享邮件列表?

4. 组织核心小组：

a. 决定农民是谁

b. 决定种植地点

c. 决定如何和在哪里分配食物

d. 划分每个成员的责任

e. 决定农民提出的预算

f. 建立费用制度和付款计划

g. 阐明对于品种和食物质量的期待

h. 建立孩子参与的指导方针（如果需要的话）

i. 决定谁拥有购买的设备

5. 核心小组招募第一年的成员：

a. 张贴海报

b. 组织招募大会

c. 与朋友谈论想法

d. 在机构、教堂张贴信息，并将这些信息通过邮件发送给一些可能加入的群体

e. 发送新闻稿

f. 找到比较友好的记者来写故事

6. 成员做出承诺：

a. 不计较任何天气条件下的收到的食品的质量和数量；在收到产品前提前付费（不管通过季付、月付或者其他的方式）

b. 参加农场耕作、配送和其他的 CSA 工作

7. 建立 CSA 的法律地位。一些小组推迟一个或者两个季度才对 CSA 的法律构架做出决定，律师的建议可能会有帮助，可供的选择包括：

a. 消费者合作社

b. 农民独资经营或者合伙经营

c. 社团法人或者有限责任公司

d. 非营利组织（或者已经存在的组织的支部）

e. 农民所有的生产者合作社

8. 决定农场的资金来源。很多 CSA 都是通过最小限度地租借土地和设备来启动。长期来看，必须做出购买或者保留的决定。选项包括：

a. 农民自己筹资

b. 成员通过缴费筹资

c. 小组寻找赞助

d. 小组寻找贷款。可能的来源包括农场信贷（Farm Credit）、国家合作社银行（National Cooperative Bank）、成员、商业银行、循环贷款基金、预销售的农场产品礼券

土地所有权包括：

e. 私人拥有

f. 土地信托

g. 与土地所有者或者机构的租约

有自己顾客的农场往往更能成功转型。大部分 CSA 的成长都是通过口口相传的方式，那些从老成员那里了解到 CSA 的新成员对 CSA 的期待更加现实。在加州的饱腹农场说其 80% 的成员都来源于口口相传。每一年 GVOCSA 都要给目前的成员发出 2～3 盒的小册子并请求他们招募各自的朋友。逐渐地，一些单位的工作人员整体地加入。有一个做护士的成员在医院

员工会议上请大家品尝我们的沙拉，由此吸引了十多个医护人员加入。还有一位年轻人从学校课堂中招募到同学。在马萨诸塞州的守护者农场（Caretaker Farm），由于它已经建立起来的客户网络和良好的声誉，于是，在某一年从其他的营销方式完全转为了 CSA；1990 年 9 月份，125 个人参加了它的成立大会。很少有农场能够一次吸引那么多潜在的成员。

寻找成员的最好的方式是通过接近那些已经由于某种共同关注点组成的活跃的组织，比如学校，日间看护，教堂小组，联合会，环保的、政治的或者是农耕的组织，以及某个工作单位。GVOCSA 从 PJEC 和 HEAL 的成员开始，这些工作人员经常会在詹尼斯食品消费者合作社购买玫瑰山谷的蔬菜，然后 GVOCSA 通过吸收西拉俱乐部（Sierra Club）和柯珀斯基督教堂（Corpus Christi Church）的成员来扩展份额成员。金伯顿和布鲁克菲尔德农场（Brookfield Farm）的 CSA 是通过与华德福学校（Waldorf）的关系建立起来的。奥尔巴尼天主教（Albany Catholic）主管教区的成员，在纽约一个可持续农业工作小组的会议上，雄心勃勃地决心采取行动来支持本地的农场，他们向罗克斯伯里农场（Roxbury Farm）提出建立一个 CSA 小组的申请。乔 D 奥里亚（Joe D'Auria）通过东北部有机农业协会长岛分会的成员建立了 CSA。

化学品过敏者、癌症患者以及有患自闭症和高度过敏症的孩子的家庭都会被 CSA 吸引，并期待以此减轻他们孩子的病症。帮助成员改善他们的健康是件非常令人满意和高兴的事情。GVOCSA 的一个成员告诉我们，他的患自闭症的儿子吃了我们的蔬菜之后变得更平静并容易相处了。遗憾的是，新鲜食物疗法并不总是起作用，或者说是开始得太晚了：我们的财务主管乔·蒙特萨诺（Joe Montesano）死于癌症，在他去世前的最后几个月我们的核心小组成员都感到非常痛苦。总之，我想这应该也是为一个社区耕作的风险。

工作地点也同样是招募成员的一个来源地。卡斯·彼得森（Cass Peterson）和沃德·辛克莱（Ward Sinclair）将弗利克城小山农场（Flickerville Mountain Farm）和土拨鼠牧场（Groundhog Ranch）的产品销售给他们以前《华盛顿邮报》《*Washington Post*》的同事，六年来，他们每周一次运送产品到报社办公大楼。乔治·德沃尔特（George DeVault）的 CSA 的大部分成员由罗代尔公司的员工组成。1995 年，在锡拉丘兹，我们的邻居格伦达·内夫（Glenda Neff）在距离她农场 1 个小时的一个工作单位签订了 17 个份额。这个微型的 CSA 一直持续经营着，直到她离职才结束，并且由她负责每周的配送。在新罕布什尔州的内森康格农场（Nesenkeag Farm）的一位董事会成员将他公司的通讯录提供给了农场，来作为招募成员的途径，有两个办公室总共 30 个成员加入了。农民埃罗·路提拉（Eero Ruuttila）每周运送的份额被每 4～5 份地包装在一个泡沫塑料制成的冷藏箱里，这样这些产品能够保鲜，并且不会在办公楼里占据太多的空间，同时他把份额的大小缩小到能够装在一个塑料袋中被轻松地拎回家。

与成员的交流通过办公室电子邮件的使用而简化。在论文“工作单位社区支持农业：连接本地农场到本地商业雇员”中，丹尼丝·芬尼（Denise Finney），一个北卡罗来纳州立大学的研究助理提供了一个基于三角研究所（Research Triangle Institute）实验的指导（细节参见第 18 节）。在马萨诸塞州，社区参与可持续农业（Community Involved in Sustaining Agriculture，CISA）组织的“农场到城市”项目（Farm to City）劝说雇主允许 CSA 运送产品到他们的办公场所。

丹·冈瑟与他的家人在明尼阿波利斯市的共同收获农场（Common Harvest Farm）耕作，提议建立“教会会众支持农业”（Congregation Supported Agriculture）。在《耕种并保留：将教会会众与土地相联系起来的新模型》（*To Till It and keep It*：*New Models for Congregational Involvement with the Land*）中，冈瑟陈述他的观点：“《圣经》就是一本农业手册！”他列出了 16 种可以将教区与农场联系起来的方式，可以更好地教育他们的成员关于本地食品系统的问题，并且可以鼓励他们加入保护土地的工作。他的小册子由新路德教教堂资助，提供给人们很多不同的教堂资助 CSA 的例子。由于本地教堂的资助，使得共同收获农场 CSA 可以配送 15％的份额到低收入家庭。各个教区的情况不同，但是本地的教堂与一些积极地致力于社会公正的机构都是未来的 CSA 最好的土壤（参见本节的冈瑟的建立 CSA 与教堂联系的建议列表及第 21 节的“信仰社区支持农园”）。2006 年，MOFGA 和缅因州教堂的议会受到可持续农业研究和教育（Sustainable Agriculture Research and Education，SARE）项目的资助，开始将全国的大量的不同教堂的教区居民与附近的农场结盟。MOFGA 的理事长拉塞尔·利比（Russell Libby）希望能够将缅因州的 CSA 成员的数量加倍，使其所占比例从本地人口的 0.5％扩展到 1％。天使有机（Angelic Organics）的 CSA 学习中心采取了相似的方法，通过在芝加哥地区的教堂组织来招募成员。底下便是 CSA 的学习中心那份引人注目的邀请函：

我们邀请不同社区和不同信仰的教区会众来参加收获分享项目(Harvest Shares Program)。有共同价值观、共同教会会众和有共同信仰的组织，这些社区在一定程度上可以影响并改变健康食品的可获取性，并且可以发表对于饥饿与食品安全、家庭农场的破产及环境破坏之间关系的意见和看法。

总之，我们在信仰和公正的框架下探索食品和农耕问题，并且朝着一个更加公正和可持续的本地食品系统的目标采取有意义的、实践性的行动。分享收获项目正是为了推动你所在的教区的会众正在进行的关于社会公平、社区服务和减少饥饿的项目。

分享收获项目伙伴计划包括：

- 为低收入家庭创造直接从本地农场获得食品的机会
- 为本地食品生产增加城市和社区菜园
- 参观、学习或参与我们的城市项目点
- 创造并提供基础设施来支持一个公正、可持续的本地食品系统
- 为新一代的城市农民和家族农民提供培训和市场销售的支持
- 使得教区会众的食品、农耕和信仰主题的工作坊的开展及讨论更加方便
- 主办不同信仰和文化下的不同食品的烹饪和营养工作坊
- 在天使有机的 CSA 学习中心开发或者举办静修活动

我们能做点什么来回应土地的需要?

——丹·冈瑟(Dan Guenthner)

- 在教堂中介绍会众支持农业的概念
- 计划至少 6～9 个月时间，形成一个核心小组来帮助建立与一个本地种植者的全面的市场合作关系。
- 在你所在的地区找到已经存在的蔬菜、乳制品、水果和肉制品生产的农场，直接联系它们，看它们是不是对与你所在的教堂建立直接关系感兴趣。
- 如果找不到本地农民，考虑一个新手级别的农民，给他机会，通过直接的市场收益的保证，将关系建立起来。
- 教会会众可能有可耕种的土地。在教堂社区内部调查并且评估现存的资源。

● 教堂可以在最初启动 CSA 时提供很多的好处——一个彼此信任的社区中的人群，可以通过简报和广告板以及每周的联系获取配送信息。教堂可以帮助确定一个公平的价格体系。

● 教堂也可以在会众支持的农场购买份额并用在其他的地方，比如放在本地食品救济货架，或送给卧病在家的人以及艾滋病病毒携带者和其他因疾病不能获取新鲜食品的人。

● 联系你的会众办公室来调查是否其他拥有土地的教堂也可以做这方面的创新。

● 接触你所在地区的教堂收容所，看是否有教堂支持在收容所的可耕地上建立农场。蔬菜种植和收获可以成为一个收容所活动和暑期项目有意义的一部分。

● 具有创新性！这个新形式的食品分配方式中最有意思的一方面就是每个农场都是独特的，并且因地理位置、农场规模、社区和气候不同而不同。无论采用哪一种 CSA 模式，结果都是一样的：没有耕地的居民可以获取食品供给，而这些食品供给是对社会负责的，并且还是在他们对土地的关心帮助下建立的。

丹·冈瑟在靠近明尼苏达州明尼阿波利斯市的共同收获农场耕作。希望获取更多的关于会众支持农业的信息，请联系土地工作计划联盟（在 CSA 资源中列出）。

你不必为做广告而花钱。你可以用头脑风暴形式征集一系列的可以展示你的 CSA 宣传单的地方：健康食品商店、食品消费者合作社和素食饭店；健康俱乐部、推拿诊所或者其他可选择的医疗的单位；废品回收、瑜伽、太极或者精神康复中心；教堂和学校的告示板。而且，本地的电台和电视台的脱口秀总是渴望采访有趣的人。可以找一个本地报纸的记者，询问他是否可以写一篇关于你的 CSA 的报道。吸引主要报纸的关注可能会比较困难，但是小镇的报纸经常急需一篇带有照片的好故事。印第安纳州的地球工艺农场（Earthcraft Farm）被一份本地报纸报道后吸收了 20 个新成员。甚至那些普通的大型报纸也会关注 CSA。在沃德·辛克莱退休并成为一个农民几年后，《华盛顿邮报》出版了他的“卡车菜园”专栏。在 1997 年的夏天，《纽约时报》的食品编辑在一个 CSA 预定了一个份额并且写了一系列的故事。尽管这些故事大部分的用语都相当尖刻粗鲁，并且看起来对于什么是 CSA 和吃应季蔬菜的理解程度明显很低，但是它们仍然吸引了一些新的成员加入报中提到的 CSA 中。

当潜在的成员因为看到广告或者传单而打电话过来时，需要一个有经验的人来回答他们的问题。天使有机的办公室有一系列的成员愿意与新加入的成员聊天。请看如下一个颇具吸引力的由和谐山谷农场制作的传单：

和谐山谷农场

1984年被认证为有机生产

威斯康星州，韦罗奎，54665

608-483-2143 harmony@mwt.net

www.harmonyvalleyfarm.com

社 区 支 持 农 业

加入我们这个种植季节！

我们种植了一些最美味的产品，经过清洗、冷藏直接配送到家！

从1993年开始，我们这些年来提供了将近600个家庭的蔬菜。我们坚持自己的信念，并且收到了很多成员的评价，我们提供最干净的、最新鲜的和最可口的产品。这就像是吃东西历程中的一次探险！

今天就加入到和谐山谷农场CSA吧！

都可以收获什么？

当然都是关于产品的！

- 有机
- 可口
- 新鲜自产
- 负责任种植
- 本地生产
- 季节长
- 高质量
- 清洗并冷藏
- 冷藏运输

不，还有更多更多！

- 支持有机农业
- 支持本地经济
- 知道食品是在哪儿生产的
- 更健康的饮食
- 通过食物与季节联系起来
- 保护环境
- 可以创新性、探索性的烹饪
- 与种植食物的农民合作

在 1997 年的东北部 CSA 大会上，纽约州石头窗台农场（Stoneledge Farm）的一个活跃的 CSA 成员南希·肖夫勒（Nancy Schauffler），列出了他们在第一年尝试过的 7 条招募的技巧，并且列出了由于每一条技巧招募的成员的数量：

1. 一个“家长—教师—学生”组成的环境小组——6
2. 发送邮件给公平食物（Just Food）的成员，他们已经了解了这

农民丽贝卡·格拉夫在密苏里卡尼公平份额农场组织的份额成员会议。

个理念——5

3. 张贴带有可以撕下电话号码的传单——20

4. 直接与你认识的人联系——20

5. 在一个组织的简报中发布告示——5

6. 广播和报纸中的广告和文章——大量的成员足以形成另一个 CSA!

7. 招募会议——会议给了那些还在犹豫的人一个截止日期并且坚定了那些已经招募的小组成员的信念。

南希给出了另外一些招募会议上可以参考的要点："会议给了人们与农民、核心小组以及彼此见面的机会。会议上会有很多文献资料，可以考虑放映一段视频，并且放上一些合同，这样人们可以当场签订协议。传阅一个到会表，让大家写下他们希望志愿服务的领域，比如简报、会议、宣传、收集菜谱等等。"

各有两个介绍 CSA 的视频和幻灯片可用在这样的会议上。1986 年，罗宾·范·恩，简·范德图恩和马萨诸塞州的大巴林顿都会制片公司（Downtown Productions of Great Barrington）制作的名为《不仅仅是蔬菜》（*It's Not Just about Vegetables*）的视频，现在已经成为经典。最近，威尔森学院（Wilson Collage）的可持续生活 CSA 项目制作了一个视频［名为《CSA：你可以改变世界》（*CSA：Making a Difference*）］，以及两个版本的幻灯片［名为《CSA：一种解决方式》（*CSA：Be Part of the Solution*）］。其中一个版本仅有文本，你可以增加自己农场的信息，而另一个还含有 CSA 农场的信息。这些资料制作精良而且不贵。展示约翰·彼得森（John Peterson）的纪录片《农民约翰身上的泥土》（*The Real Dirt on Farmer John*）会让很多人对于加入一个 CSA 都很激动。

合作社原则——从思想意识到每天的实践（罗代尔原则）

下面这七个原则被全世界的合作社所接纳并采用。不管你采用的是哪种商业模式，它们都代表着合作社的几个基本特征。这些合作社原则是连接合作理论及其在经济制度中的应用的重要桥梁。

这些原则最初是由一些早期的合作社小组在 20 世纪中期形成的，并经过后期的修改提炼，于 1995 年被国际合作社联盟所采纳。

1. 开放的、志愿的会员制度

合作社不会因为任何社会的、政治的、宗教的原因强制会员参加，合作社是面向所有可以使用它们的服务并且愿意承担相应的责任的人。会员可以选择加入并参与合作社。

2. 民主化操作：一个成员一票

在合作社业务中，合作社会员是平等的共同拥有者。在一个会员一票的基础上运作事务，每个会员都具有投票和决策权力。在这种情况下，没有一个人可以通过投资的多少或者位置的高低获得控制权。

3. 剩余返还给会员

剩余或者利润属于会员（所有者）。这是对于支持者支持额度的返还，或者按照一个会员在合作社中的消费数量返还（或者基于成员对剩余的贡献度）。

4. 在投资上的有限回报

股份资本（会员或者所有者平等的现金投资）可以享受分红，但是有一定限度，这可以防止外部会员只是通过投资来获利。这个回报按照法律规定一般限定在 6%～8%之间。

5. 对会员和公众的持续的教育

合作社鼓励会员参与到合作社中，教给会员基本的原则以及合作的技巧。合作社也会对大众和会员举行与它们服务领域相关的消费者教育活动，比如说食品合作社就会有关于营养、食品系统的相关知识培训。

6. 与其他合作社合作

为了完成合作体系的循环，合作社与其他本地的、地区的、国家的甚至世界的合作社组织一起工作。合作社彼此合作，强化各自组织，并整合经济分工的网络。

7. 关心社区

在合作社关注会员的需求和期待的同时，也要为社区的可持续发展工作。

还有一些更富有创造性的促销方案，在康涅狄格州的约翰·克拉克（John Clark）的克拉克农场 CSA（Clark Farm CSA）和在马萨诸塞州戴维·德威特（David DeWitt）的第一线光有机农场（First Light Organic Farm）会安排工作人员带领学校的学生参观农场，这些学生的家长有时候就会加入。作为一个小组，佛蒙特地区的 CSA 农场提供尝试份额作为一项支持公共广播电台的公益活动。尽管这并没有带来很多新的份额，但使得 CSA 成为受欢迎的电台报道。纽约市的 CSA 通过举办一个在公共市场品尝 160 个品种的西红柿的活动吸引了很多人的注意力。纽约州伊萨卡生态村庄（Ithaca EcoVillage）的西部港口农场（West Haven Farm）要求那些要离家一周的成员将自己的份额送给朋友，这些人很有可能成为今后的成员。威斯康星州麦迪逊地区 CSA 同盟（Madison Area CSA Coalition，MACSAC）的伙伴分享计划（Partner Shares Program）资助“农场马拉松”项目，在这个项目中，志愿者申请他们在农场劳作的资金援助，收益将用来为低收入成员购买份额。

由格里·科恩（Gerry Cohn）、黛博拉·凯恩（Deborah Kane）和卢安妮·洛尔（Luanne Lohr）、罗谢尔·凯尔文（Rochelle Kelvin）、简·科洛金斯基（Jane Kolodinsky）和莱斯利·皮尔迟（Leslie Pelch），以及多萝西·舒普特做的那些研究项目中，他们调查了为什么人们要加入 CSA。所有的调查都表明成员希望获得本地农场的新鲜食品；一些调查表明有机食品是排在第一位的原因；其他的一些调查表明新鲜或者本地化排第一位，有机排第二位。支持本地农耕、对环境和健康的关注、产品质量、食品安全都居于列表的前列。季末的调查表明成员留下来的原因在于产品的质量、农场工作和简报。在一个 CSA 中，满足成员的期待是留住他们继续成为会员的关键。（见第 12 节关于成员维持的更多信息）

支持 CSA 的地区组织

“在合作社间合作”，这是全世界合作社的六个基本原则之一，取代彼此竞争的是将 CSA 农场以及农场的支持者组成小组一起为 CSA 做推广工作。就像 CSA 本身，没有两个农场是完全一样的形式。MACSAC 包括了服务麦迪逊地区的城市农场。中西部有机和可持续教育服务机构（Midwest Organic and Sustainable Education Service，MOSES）印发了《中西部偏北地区的农场目录》（*Upper Midwest Regional Directory*），其中包括了 12 个州的 CSA。马萨诸塞州西部地区和纽约州东部地区的 12 个左右的农场，其中很多的 CSA 都通过分享农民培训区域合作联盟（Collaborative Regional Alliance for Farmer Training，CRAFT）的资源来教育实习生，天使有机 CSA 学习中心协调另一个合作地区联盟在中西部北方各州的地区形成小组。纽约市的公平食物招募城市定居者，指导他们形成核心小组，并且将他们与大都市地区的农场匹配起来。在一个 SARE 项目的资助下，在艾奥瓦州的 CSA 农民形成了艾奥瓦州社区农业网络（Iowa Network for Community Agriculture，IN-CA），并且雇用 CSA 农民简·利比（Jan Libbey）作为教育协调者。在加拿大魁北克省，爱魁特基金会（Équiterre）[1] 工作涉及两个方面，为农民提供技术支持以及积极的为 CSA 招募份额成员（本节最后将有更多关于爱魁特基金会的内容）。在阿拉斯加州埃斯特的 7 个 CSA 的农民以非正式协会的形式聚在一起，交流想法并且组织一个年度的可持续农业会议。

MACSAC 在一个相当小的农村地区（并非特别进步的地区）招募到 1 700多个成员的成功，证明了合作要胜过竞争。就像马西·奥斯特罗姆（Marcy Ostrom）讲述的故事，在 1992 年的秋天，一个农场的一群食品活动家和农民决定是时候让更多的麦迪逊地区的消费者吃本地种植的食品了。他们没有立即组成一个 CSA，而是开始了大量的媒体宣传来宣传 CSA 的理念，并且安排了一个公众开放日，在那里，8 位农民可以招募成员。他们的第一个 CSA 集会吸引了将近 300 人；麦迪逊地区的 CSA 成员在一个季节中就从零增长到了 260 个。约翰·格林勒（John Greenler）说，CSA 农场的数量从零增长到了第二年的 10 个，到 1997 年达到 18 个。MACSAC 的网站在 2006 年列出了 24 个农场并且提供了每个农场位置的地图、份额的种类以及不同的付款方式，还有选择加入哪个 CSA 的向导。从 1992 年开始，这个开放日的房屋变成了一个年度的庆祝场所，吸引了 500 个人到这个城市的植物园，这里有很多的演讲者、很多农场在这里放映幻灯片，举办适合孩子们的活动

---

[1] 爱魁特基金会是一个非营利和非政府组织，总部设在加拿大的蒙特利尔。爱魁特基金会的使命是通过宣传在生态保护和社会公平的公民运动中作出贡献的个人和集体。通过 4 个项目——生态农业，公平贸易，生态交通，能源效率——制订计划，使市民和消费者行动起来，对环境和社会产生积极影响。资料来源：维基百科。——译者注

以及每个农场招募成员的信息。在威斯康星州农村发展中心（Wisconsin Rural Development Center）的帮助下，MACSAC参与到一个CSA农耕协会的交流项目中，将公众与农民的技术交流和相互支持结合起来。类似MOFGA或者东北部地区有机农业协会（Northeast Organic Farming Associations，NOFAs），MACSAC举办了一些指导农民的实践很重要的会议，例如有关设备、蔬菜生产以及CSA组织等主题。MACSAC没有尝试去定义一个CSA农场应该是什么样子，而是刻意让这些农场多样化发展，并且随时准备提供任何形式的帮助。

如果按照麦迪逊地区的CSA成员密度在纽约市推广的话，则意味着有25万个家庭成员，公平食物——纽约市可持续食品系统联盟（NYC Sustainable Food System Alliance）设定了要在10年内帮助建立30～50个CSA的目标，并且提前达到了这个目标。纽约市的如城堡一样的地形、噩梦般的交通条件，以及从农场到市场的距离使得这个挑战更加艰巨。罗宾·范·恩在开始的阶段鼓舞并且协助他们，从1994年开始组织市民的座谈会议。通过借用MACSAC开放日的经验，1996年冬天，公平食物的“纽约市CSA”项目举办了一个CSA招募会，有8个农民还有70个潜在的成员参加。农民做了关于各自农场的简单介绍，消费者和农民通过地理方位的接近程度匹配起来，并且逐步形成了核心小组。结果，1996年，6个新的CSA开始建立，份额的规模从50个到100个不等。

从那一年开始，这些CSA开始不断地增长，一些农场不断地增加取菜点和份额数量。琼-保罗·考特思（Jean-Paul Courtens）的罗克斯伯里农场，第一个运送份额到城市里的农场，提供了关于复杂物流管理的可靠的建议。萨拉·米尔斯坦（Sarah Milstein），一个非常具有奉献精神的罗克斯伯里农场CSA的核心小组成员，她是第一任公平食物CSA项目的协调者（此后，有三个有能力的继任者）。2006年4月，在纽约市CSA 10周年的纪念日上，目前的协调人葆拉·卢卡斯（Paula Lukats）发布说，2006年市里有42个CSA和1万个会员，由16个核心CSA农场和30个其他的农场配送它们的产品，2006年总的直接销售的净收益达到了1 700万美元。①

公平食物给每一个CSA固定一个已经成形的活跃成员核心小组。尽管不得不转到其他的农场，但这些核心小组中的大部分人已经有很强的适应能力。这些核心小组监督这42个农场的管理同样也负责成员的招募和参与。他们建立起一些相关制度，如份额的大小以及是否允许多种付款方式，以此来激励低收入成员加入。大部分的核心小组寻找方法将蔬菜以外的其他食物加入到份额中，并且提供关于如何使用这些食物的培训。在 2006 年公平食物 CSA 的小型会议上，我见到了一些 CSA 核心小组的成员，很明显地感觉到是紧密的友谊增进了他们的合作。

考虑到创新无止境。2005 年，MACSAC 与治疗者额外保险公司（Physicians Plus Insurance Company）合作提供一个试验性的折扣，如果成为麦迪逊地区的两个 CSA 农场中任意一个的份额成员，个人可以有 100 美元折扣，家庭可以享受 200 美元折扣。这家保险公司同时回报给保险客户一系列健康项目的折扣。2006 年，MACSAC 所有的 24 个 CSA 成员都参与了，结果是很有影响的——产生了超过 900 个的折扣。这家保险公司的市场部执行官凯斯尼·奥尔白克（Kathryne Auerback）和一个 CSA 成员告诉《资本时代》杂志（*Capital Times*）："我们希望找到一个方法将预防方面的健康营养学带到我们的项目中，以鼓励健康生活方式的选择。"

基于之前的 6 个农场的经验，纽约每一年都能新建立 5～7 个新的 CSA。公平食物的工作人员联盟与社区组织、办事处以及城市中的教堂一起来寻找潜在的核心小组的成员。一年又一年，工作人员提供每月的工作坊来培训 CSA 的协调人以及核心小组的成员。与此同时，仅是食品在寻找潜在的农场来供给 CSA，并由有经验的 CSA 农民组成委员会，引导份额成员如何选择农场。2004 年，公平食物出版了两本很有影响的著作：《纽约市 CSA 工具手册》（*The CSA in NYC Toolkit*）和《蔬菜贴士手册》（*Veggie Tip Sheet Book*）。《纽约市 CSA 工具手册》是一个建立 CSA 的综合性、实践性的指南，分为如下几章内容：准备开始、建立一个配送点、建立一个语音信箱、对外交流技巧、记录保存、配送系统、运作一个民主的核心小组、农场的参观准备、资金筹集以及评估。这本工具手册包括 CSA 宣传单的样本、对外交流的材料；利用食物券的信息；一本纽约市警察分局列表的资源目录；以及一份比较 CSA 的价格和其他来源的研究。公平食物设计了蔬菜贴士手册，这样其他 CSA 农场就可以不费力地复印这些资料配送给成员。

小种子种植园（Little Seeds Gardens）是 1998 年开始的一个新的 CSA，萨拉·米尔斯坦在这里工作，她向我们简要地描述了纽约城的 CSA 是如何运作的。1996 年，萨拉遇到了克劳迪娅·肯尼（Claudia Kenney）和威利·登纳（Willie Denner）这对被 CSA 耕作所吸引的年轻夫妇。萨拉与他们保持着联系，之后他们在租的土地上建立了小种子种植园。一年中，萨拉通过加入霍桑恩山谷（Hawthorne Valley）和罗克斯伯里 CSA 的方式更多地了解了 CSA，并且通过为农夫集市种植获得了更多的经验。威利说，如果没有之前的这些种植经验，我不可能想要进入 CSA。即使是在为市场种植了四年的蔬菜之后，我仍然是战战兢兢地开始的。

萨拉保持着她的热情，随时准备促成有潜力的人启动一个 CSA，她遇到了一个公平食物的成员杰茜卡·斯特雷顿（Jessica Stretton），后者想要在不同经济条件下的不同种族的周边地区开始一个 CSA，这个地区的交通非常方便。萨拉帮助杰茜卡设计了一个计划：他们发送出 35 份邀请函给仅是食品和罗克斯伯里 CSA 的成员（罗克斯伯里有一个成员加入等待列表并且可以分享一些成员）。有 6 个人成为核心小组成员，并且有 20 个人表达了对份额的兴趣。萨拉之后联系了克劳迪娅和威利，后者说他们已经准备好了在 1998 年做 50 个份额，并且 1999 年可能达到 100 个。他们与核心小组的成员见面，双方签订了一个两年的约定。萨拉提供给这个小组的农民和核心小组成员一系列的指导方针，包括提供预算的表格。核心小组成员找到了那个地区的一个公园作为配送点，农民为核心小组成员组织了一次农场参观。萨拉仍与大家保持联系，但仅仅提供一些有帮助的贴士，比如建立一个语音信箱来方便交流和咨询。

与此同时，克劳迪娅和威利努力地在纽约的施托伊弗桑特（Stuyvesant）发展小种子种植园。对于一个有两个小孩的家庭来说，实习很不方便，所以他们通过实际做事来学习农场经营，利用每一个机会参与工作坊以及从合作地区联盟的网络中获得建议。他们推迟了购买土地，将他们的资源用在最初四年的设备购买上，这样反而稳步地扩大种植面积，从 1 英亩到 1.5 英亩再到 8 英亩。通过家族的帮忙，他们在 2000 年购买了 87 英亩土地，并且将种植面积扩展到 20 英亩。2005 年，小种子种植园将其 CSA 城市地区的份额转移给了霍桑恩山谷和风花农场（Windflower Farms），仅提供产品给附近的城镇，有 50 个成员在农场取菜，50 个成员在附近的一个小镇取菜。到城市的长途行程，每段路都要一个半到两个小时，而同时需要为 260 户成员种植不同的作物，这些都让人筋疲力尽。小种子农场的农民解开了束缚自己的绳子，经过深思熟虑后做出决定，目标是提高社区满意度。

为了与“提高纽约城市健康、获得本地种植的食品，特别服务那些收入很少或者没有收入的人”的目标相协调，公平食物继续为 CSA 在这个大城市中探索新的视角。要整合中产阶级的会员已经不容易，公平食物更致力于探索如何同样为城市低收入群体服务。公平食物鼓励所有城市的 CSA 提供劳动份额并且捐赠多余的份额给食品储藏室（food pantries）或者流动厨房（soup kitchens）❶。从 1998 年开始，工作人员更多地致力于说服那些为低收入人群工作的机构将 CSA 纳入到它们的使命中去。向那些在纽约市残酷的社会现实中挣扎的人、低收入人群以及草根组织宣传 CSA 是一种挑战。对于白皮肤的中产阶级组织者来说，与其他种族或者收入群体建立信任需要克服很大障碍。但是，公平食物通过一些新的手段取得了成功，这些方法包括：

- 推动社区的基金筹集人来购买或者补贴一些份额，提供给那些不能支付份额费用的人。
- 建立周期性贷款基金，通过这个基金可以提前支付费用给种植者，而那些不能承担一次性付款的成员可以在一个季节里分期付款。如果这些成员搬家或者不能再为他们的份额付款了，农民也不会因此而两手空空。另一方面，如果农场收成不好，通过从其他农场购买食物的方式，这个基金可以分担成员将有限的食品预算花在 CSA 上的风险。
- 以 CSA 份额的方式补偿那些加入到营养教育项目中的父母。
- 通过都市农场项目，创建可以在城市社区菜园中生产食品的 CSA。

（如果想了解更多的关于公平食物和其他组织是如何在这个领域中工作的，请参考第 20 节。）

在加拿大的魁北克省，著名的非营利组织爱魁特基金会创造了一种支持 CSA 的组织机构模式，这个模式是值得其他地区效仿的。从 1995 年拥有一个农场和 20 个消费者的小规模试验开始，爱魁特基金会已经建立起了一个网络，2005 年，网络涵盖的农场数量达到 100 家，为 8 700 个家庭提供有机产品。其中，82 家农场提供蔬菜或者肉类的份额，其他的农场还提供额外产品，如蜂蜜、苹果或奶酪。爱魁特基金会利用网络为农场提供互助和技术培训，并在消费者群体中促进 CSA 关系的建立。为了帮助定价，爱魁特基金会提供每月有机蔬菜与常规蔬菜的价格对比。每个农场支付其 CSA 收入的 2%，一年最多支付 350 美元，为爱魁特基金会的服务提供财务资助。对

❶ 食品储藏室和流动厨房都是以低价或免费方式提供食品给有需求人群的地方。通常位于低收入人群居住区，一般由志愿者机构组织运营，如教会小组或社区小组。——译者注

可能进行 CSA 操作的农场，爱魁特基金会提供实践指导和一本法文的手册《我收获，你食用，我们共同分享》（*I Cultivate*，*You Eat*，*We Share*），由伊丽莎白·亨特（Elizabeth Hunter）编写，她是整个网络组建项目的执行官。（如果要了解更多关于爱魁特基金会的信息，请参考第 19 节。）

每一个新的 CSA 的开始都是一个有希望的运动。这种在一个农场销售或者购买份额的行为充满了希望并富有意义。然而，将这样一种行为转化为社区支持的活生生的现实是需要时间和改变的愿景的：改变我们如何吃，我们怎么看待食物，我们如何为食物付款，我们如何经营一个农场，以及农场如何与不同的人相互联系。我们越多地分享我们的发现，社区支持农业就会越快地朝这种农业支持的可持续的社区方向发展。通过教学我们了解到 CSA 农民和成员可能不会变成百万富翁，但是我们将会创造牢固的在地制度和社会资本，这将给与我们难以想象的未来。就像西班牙的蒙德拉贡的合作社，我们在沿着我们自己建设的道路上并肩前进。

CHAPTER 3 NOTES

①在个人的谈话中，葆拉告诉我，2007 年在纽约市有 50 个 CSA，由 18 个蔬菜种植者提供产品。成员们的总数超过 11 000 人，农民们的总收入超过 170 万元。50 个 CSA 中的 30 个使用低收入付款的策略。（2007 年 7 月 26 日）

第 4 节 选择一个农场还是一个农民

他提到了自己的观点……那些在原来只能种植一株玉米或者一片草的地方种植出两株玉米或者两片草的人，应该有更值得赞扬，并且与整个政客群体相比，他们对自己的国家根基做着更加必不可少的贡献。

——乔纳森·斯威夫特（Jonathan Swift），
《格列佛游记》（*Gulliver's Travels*）

古代法国国王评选宫廷园丁时，是依据他们全年提供芦笋的能力当作标准的，消费者也需要深思熟虑来选择他们的农民。然而，选择为你种植食物的人就像选择家庭医生、教堂的牧师、汽车的发动机一样重要。在美国的某些地区，你有很多的 CSA 可以选择；在另一些地区，你就不得不开始你自己的 CSA 了。

选择一个 CSA

伴随着本地食物运动理念的传播，越来越多的地区都有 CSA 农场可供选择。例如，有大量的 CSA 密集地环绕在威斯康星州的麦迪逊地区，佛蒙特州的伯灵顿地区，加利福尼亚州的伯克利地区，如何在这些 CSA 中做选择呢？

我询问了詹尼斯山谷有机 CSA 核心小组的成员为什么他们要加入，一些人回答说因为他们已经有朋友是其中的成员了。那些对他们要加入的 CSA 有了解的人才能成为好的成员，他们知道该有什么样的预期，所以答应朋友的邀约而加入 CSA 社区。苏珊娜·惠特克罗夫特（Suzanne Wheatcraft）是一位长达 15 年的核心小组成员，她给出了这个发人深省的答案：

> 我属于詹尼斯山谷有机 CSA，因为从我待在这个地区开始它就存在了。我感觉通过与一群已经耕作几十年并了解种植技术以及如何应对天气变化的农民一起，能够收获很多，可以获得一整个种植季节的蔬菜，更多不同品种的产品（与其他 CSA 相比）。我也认为詹尼斯山谷有机 CSA 做的一些事情可能其他的 CSA 没有做。比如，你必须参与农场劳动而购买份额，这是与我们是什么（这个是广义上的我们——人类）的一个很重要的联系。我们吃食物，食物生长在土地里，农耕使之成为现实。而耕种的人，正是农民。我衷心地感谢我们其中的一个农民是很棒的沟通者，但是当我听到其他的 CSA 中由农民在写每一期的简报，负责所有的社会活动，并且综合管理所有的事情时，我总是为我的消费者同伴感到有点羞愧，在社区支持农业中的“社区”究竟在哪呢？

大部分人加入 CSA 的最初目的都是为了新鲜的、本地的有机食品，不过有一些人更多地是想要一种体验。当有选择的时候，你可以选择那个与你所期待的东西相符的 CSA。但我们自己的 CSA 需要每一个人都参与劳动。当潜在的成员听到有劳动的要求而向负责咨询的核心小组成员打电话抱怨时，我们就会将这些人介绍给波特农场 CSA（Porter Farm CSA），这个 CSA 要求那些很少参与劳动的成员协助提供配送点。相反地，当一些人要求到波特农场工作时，他们会将这些人介绍给我们。

在有众多的 CSA 可以选择的地区，方便程度可能是最重要的因素。当我儿子在伯克利定居下来时，我决定送给他一份 CSA 的第一个月的份额作为礼物。我儿子和儿媳都在一所小学当全职老师，上下班的路上要花费一个半小时，自由支配的时间很少，而且他们还没有车。价格、份额的内容以及农民是否合适都不如一个方便的取菜点重要。“本地收获”的网站（localharvest.org）上按照不同的州列出了各地区的CSA，通过邮编就可以找到周边的CSA，我从网址上查找了所有可以配送到湾区的CSA农场并最终发现了一个距我儿子家最近的配送点。他们的好朋友格洛丽亚（Gloria）在西雅图也做了相似的选择，她没有汽车也没有太多的闲暇时间，所以就希望有直接上门配送有机食品的服务。在魁北克的爱魁特基金会和在纽约市的公平食物都提供配送点的地图，从中可以找到最方便的食物取货地点。

了解谁是你的农民，当然选择方便一点的CSA更好。麦迪逊地区的CSA联盟（MACSAC）资助一个年度的CSA开放日。每个农场都有一个展台，方便潜在的客户有机会与他们的农民沟通，这是一种与食物快速联姻的方式。在开放日，消费者可以阅读每一个农场的宣传单，与农民交流，比较价格和作物种植计划，做出更全面的选择。MACSAC的网站提供以下建议：

> 在有多种选择的情况下，有兴趣的食客很难从这么多的CSA农场中选择一个。所有加入麦迪逊地区CSA联盟的农场都遵守基本的CSA模式，种植多样的作物并且不使用人工合成的杀虫剂。除了这些相似点以外，每一个农场都有自己的独特之处。考虑哪一个农场最能够满足您的需要和期待是很重要的。浏览以下的内容并且找到那个对你最重要的因素。请仔细察看农场的列表并考虑哪一个农场最适合你。

更平易近人的方法是，在罗切斯特地区的三个CSA农场一起向可能成为份额成员的群体，比如素食主义者群体，作专题介绍。我们将宣传单分发给观众，每一个农民都简单地说明他的农场能提供什么。我们也会很幸运地请到本地的报纸和杂志来报道本地CSA，让更多人知道有哪些农场可以选择。三个CSA都从这个合作宣传中获益。

在和平工作农场，农民安米·奇克林和实习生安迪·西蒙斯在整理菜畦。防虫网可以保护寒冷中柔弱的幼苗，并防止野鹿来偷吃。

寻找一个农民

如果你居住在一个没有 CSA 的地区，你可能想要说服一个本地的农民开始运作 CSA。一个拥有土地的组织，比如土地信托机构、学校、教堂、州政府或者国家公园，甚至是一个小镇都可能想要雇用一个农民开始一个 CSA。

对任何申请工作的人，一定要询问他的推荐人。在面试之前，咨询他的推荐人可以节省时间。在你给推荐人打电话之前，准备一系列你想要问的问题，如果可能的话找到一些不在推荐人清单上的人，从这些人中了解他们的情况。

为了选到一个合适的候选人，可以在州内有机农业耕作机构、生物动力农耕和园艺联合会以及地区的 CSA 中心张贴一些信息。国家可持续农业信息服务（National Sustainable Agriculture Information Service，ATTRA）有一些可能有帮助的机构地址和网址。

雇用一个农民

当一个 CSA 已经具备土地，但欠缺耕作的农民人选时可以考虑如下信息——

之前的农耕经验：

- 合适的作物种类
- 相似的规模
- 相似的气候和种植条件
- 在 CSA 农场实习或者见习的经验
- 农耕或者园艺的背景
- 是否熟练于各种农用设备的功能、操作与维护
- 在有机蔬菜和水果生产中的正规的训练

了解有机和生物动力农耕或者园艺的方法：

- 对有机理念的信奉
- 了解资源的可获取性
- 成为国家或者地区的有机农耕联合会的会员

容易与人相处：

- 组织技巧的证明
- 教学能力的证明

- 参与 CSA 核心小组的会议的意愿

CSA 耕作成功所需要的个性特点：

- 做事有组织、有条理
- 遵守法律规章、习俗
- 坚定、勤奋、认真
- 努力工作
- 可以完成任务
- 主动性
- 可以自我控制

如果是一个耕作团队：

- 成员是否同心协力
- 是否合理的分担工作和责任
- 是否有清晰的决策程序
- 是否彼此尊重

遗憾的是，你可能发现没有多少合适的有经验的农民。大部分年长的农民都已经在他们自己的农场中安家。“寻找共同的土地”CSA（Seeking Common Ground CSA）通过网络找到了一个很合适的农民伍迪·伍德斯卡，这个农民有多年的生物动力耕作的经验。然而他只工作了一个种植季节，在第二年的 8 月份就离开了。在结束了与另一个农民的令人失望的合作后，这个小组将成员减少到了 20 个家庭并且大家共同来种植食物。

即使只有几年经验的农民也有一系列的工作可以选择。当锡拉丘兹食品银行（Syracuse Food Bank）经过一年的准备但终因经费问题破产而不能再运行时沙恩·拉布瑞克（Shane LaBrake）作为筹备人员中的农民沙恩发现有 16 个农场的职位在等待他。最近几年，我看到了数量惊人的招募农民运作 CSA 的广告。2006 年的冬天，在马萨诸塞州的阿普尔顿农场（Appleton Farms）发出了这样一条职位需求的描述：

> CSA 农民将帮助管理阿普尔顿农场 CSA 很多经营方面的事务，这个农场是属于“保护信托”（Trustees of Reservations，一个全国的环保组织）的财产。责任包括设备、设施和基础建设的管理，实施每天的 CSA 耕作任务，并且帮助农场建立 CSA 与公众、志愿者及其他地区的农民等方面的联系。这个 CSA 农民必须拥有对阿普尔顿农场的耕作、土地及其独特的农业和文化历史的崇敬和感激。这个 CSA 农民必须喜

欢与人共同工作，同时他还必须可以在最少的监督下独立工作并且愿意学习新的技术来满足宽泛的工作任务的需要，而且还需要善于与人交往，可以适应这个农场特殊的技术和实践方法。

一些雇用年轻农民的机构有较高的流失率。原因来自两个方面：农民可能没有经验与不同层次的运作 CSA 的机构打交道，另外，一些机构给员工分配了额外的任务，这些任务并不适合尝试耕作的每个人。[克里斯滕·马克利（Kristen Markley）在她宾夕法尼亚州的硕士论文《可持续农业和渴望》（*Sustainable Agriculture and Hunger*）中深入地分析了这个问题。] 一些机构远远低估了运作好一个小农场所需要的知识和承担的义务。他们提供低工资、不充分的居住条件以及很少的预算，于是，年轻人来一年或者两年之后就会很沮丧。五年前，费城桥农场（Phillies Bridge Farm）经历着快速的农民流失，所以他们请我作为顾问。通过访问农场，我发现他们仅仅提供给农民九个月的住房和薪水，而且农民支出 200 美元以上就必须要向董事会请示。

一些 CSA 一开始并没有很有技能的熟练的农民。巴瓦木海雅登协会（Bawa Muhaiyaddeen Fellowship），一个费城的伊斯兰教苏菲派的社区，将农场食品行业协会 CSA（Farm Food Guild CSA）坚持经营了三年时间，先由四个而后两个成员负责，并且其他人也尽可能地帮忙。伴随着 55 个家庭的加入，劳拉·德兰德（Laura DeLind），一个人类学教授，在密歇根找到了她在“社区种植”农场（Growing in Place Community Farm）中的位置，这里需要一个每周工作 30 个小时的种植者。她原本期待其他成员可以更多地参与，这样他们就可以“共同学习我们的食物是如何种植的”。这个 CSA 生存下来了，但是劳拉的经历是很不愉快的，紧张、巨大的压力差点让她倒下。在那艰难的一年结束后，这个小组才有人听说并回应了劳拉的挫败感。就像她所说的：

> CSA 的运作是因为我们每个人都承担了种植和学习的责任……学习如何共同工作（我认为比种菜要难）。成为会员需要缴纳 275 美元的费用和每个月至少 10 个小时的工作量，这 55 个家庭中的大部分都付出了更多……我们经营了 7 年。每一年，成员都更多地了解了种植和吃优质食物的现实，并且因此改变他们的生活；我们慢慢地变成了一个社区，通过在同一片土地上工作的责任感连接在一起，到 2003 年，CSA 已经成为我们自己的事情。在各自不同的初衷之下，成员们捐款，清洁工

具、楼房，除草，建一个草垛来储存燃料，同时参与日常的工作，比如给花园除草、浇灌、收割、除虫。遗憾的是，我们并不拥有我们耕种的土地（4 英亩），在我们所租借土地的公司宣告破产后，我们失去了这个农场。土壤、多年生的植物、步行的道路以及所有的记忆，现在都掩埋在一个柴油机修理店和一个新的连锁商店的下面。

其他合作形式的 CSA 也已经开始，例如在威斯康星州的沃基肖的詹尼斯社区农场（Genesee Community Farm）。“从种中学”是他们的座右铭，在宣传单上，他们强调了社区的构建以及成员的参与。因为只有 15 个份额，他们就可以避免社区管理农场的压力，并可以依此更加平衡地分配劳动力和责任。在每周接收蔬菜份额三年后，在纽约州詹姆斯维尔的卡伦·克尼的五名劳动份额 CSA 成员发现，他们自己的花园可以提供自己每天的所需。卡伦慢慢地转向种植大田作物，比如冬瓜、玉米、土豆，成员也减少了他们每周的工作量，转向临时性的种植和收获高峰时的工作。如果将来他们又回到每周的工作模式上，卡伦说她将坚持一个固定的工作时间表。尝试着满足每个人不同的需要太困难了。看这些非商业化运作的菜园如何参与、如何找到一条可长久合作的路径将会是很有意思的事情。

令人信服的是，一些人可以决定形成一个 CSA 来给一个新农民开始的机会。如果每一个加入的人都明白这个情况并且分担风险，那就可以启动。但是，如果农民不能够在几年内尽快地将农场运作起来，这些成员的好心将可能消失。一份宣传单宣告了宾夕法尼亚州格伦莫尔的梅塞兹农场 CSA（Maysie's Farm CSA）的启动，萨姆·坎特雷尔（Sam Cantrell）对其放弃田野生物学研究并且在他的家庭农场定居下来是这样解释的：

> 我们可以“种”房子，就像这个地区其他农场一样。或者我们可以将这块土地租出去……但是我们也可以接受拥有土地以及生态伦理的责任，并且实施一个管理的计划，可持续地利用可获得的资源。我们可以放弃自己的职业晋升，取而代之的是将能力转移到农场的复兴上来。这就是我所做的决定……让农场经营成为我的职业，利用这个美妙的资源来完成我对于环保和教育的贡献。

在萨姆的推广材料中，他将销售这些份额作为对土地生态保护的一个贡献。在冒险进入 CSA 之前，通过两年的本地商店的销售经验，萨姆确信他知道如何种植高质量的蔬菜。在当了几年农民之后，萨姆变得有能力雇用一个农民来继续他的工作了。

越来越多聪明的、充满活力的年轻人希望转向可持续的生活方式，CSA是最具有前景的道路之一。目前的很多努力将使之变得更简单：新的实习计划和实践操作项目；土地联系起可能成为农民的人以及已经退休的农民；CSA的资本信托基金（Equity Trust Fund）可以在资金和计划上有所帮助；社区食品安全项目介绍低收入的城市居民到食品生产和CSA之中；还有更多诸如此类的努力。可以期待的是，在不久的将来，需要农民的人将有更多的熟练的从业者可以选择，而那些希望耕种的人也有更多的方法来获得他们需要的资源和技术。

第5节　土地

无论何时，在任何国家出现荒废的土地及失业的穷人，这就说明财产法已经侵犯人们的自然权利。土地作为一种共同资产给人民带来工作和生活……小土地所有者是这个国家最宝贵的根基。

——托马斯·杰斐逊

没有一片肥沃的土地，一个CSA是不能生存发展的。正如伊娃·库亚德拉多沃登（Eva Cuadrado Worden）所言："美国目前的耕地情况使那些希望拥有土地的人却没有能力支付耕种的费用。"CSA项目可以通过不同的渠道获得土地的使用权。但是长远看来，为了确保土地的所有权，还有很多障碍需要我们去克服。农场可以转变其所有或部分产品为CSA项目产品。一个机构，例如教堂、医院、学校、州政府或国家公园、城镇、食品银行，可以将它们拥有或已经购买的土地交给CSA项目使用。新农民或者消费群体可以为CSA项目租用或购买土地。土地信托在这些转变中起到相当重要的作用：接受并保护土地使用权，购买土地然后将其租给CSA项目，或者赞助自己土地上的农场，以上每一项操作起来都颇具复杂性。

第一个CSA的提议是在1986年，来自印第安线条农场，当时称作"社区控制土地"，诉求是：均衡的土地使用计划，划出农业特定区并消除投机。通过让在农场中种植食物的成员参与，CSA项目已经开始向这些极具挑战性的目标迈了一大步。在《农业的梦想：加利福利亚有机农业情况》（*Agrarian Dreams：The Paradox of Organic Farming in California*）中，朱莉·格思曼（Julie Guthman）分析了激增的土地价值和有机农场发展之间的关系。

从这个方面讲，转向有机生产符合加州农民追求种植高价值的庄稼来支付他们的土地成本的传统习惯。在 1998—1999 年，格思曼按照从 1 分到 5 分的顺序标准评估了 144 个有机农场。“1 分给了那些没有采取积极有效措施，而且只是用被批准的有机资源投入替换不被允许的投入的农场。5 分给了那些为了用最小的外界投入获得最大的产出而努力的农场。”她同时也调查了有机农场里的运作，看它们和常规农场相比，是否使用有劳动签约的人，提供更多的薪水及更多的全职工作岗位。她的发现对 CSA 项目有重大意义。根据她的评估，“那些基本达到完整的有机农业的环境和社会目标的是多样化的农场，这些农场的作物和市场战略在根本上改变了产品的组成。”这其中的绝大多数是 CSA 农场。她还发现“这之中的某一些农场要么通过遗产继承，要么通过土地所有者的慷慨援助，要么通过基金和政府支持获得额外资金援助。”她得出一个结论：“对这些农场的自然改造显然是被食品和土地的去商品化需求所驱使的。在这种经济空间中，社会分工不再被强化而是逐渐削弱。”换言之，CSA 农场正展现出一个真正的可以在常规和有机农业中进行选择的过程。

在 CSA 的调查中，蒂姆·莱尔德发现 59％的 CSA 是那些完全或者部分从其他销售方式转变过来的农场。这其中，76％是通过购买或者继承得到土地，17％是以礼物或捐赠的方式获得土地。其他 41％的 CSA 使用的土地是从私人农场主或土地信托或营利性组织处租借来的。在某些情形下，租用费也是生产成本的一部分。一份更综合性的 1999 年和 2001 年的 CSA 调查公布，这两年分别有 27％（78 所农场）和 23％（69 所农场）的 CSA 并不拥有任何土地。在 1999 年，162 个 CSA 报告的数据显示，至少它们的部分土地是由私人所有，或从非营利性组织和其他机构处租赁来的。这表明，有惊人比例的 CSA 并不拥有它们耕种的土地。

CSA 农场规模较小。1997 年对美国农场进行的农业统计表明只有 30％农场的耕种面积少于 49 英亩，相比之下，有 72％的 CSA 面积小于 49 英亩。1999 年和 2001 年的 CSA 调查都表明 CSA 农场面积中位数是 15 英亩，作物用地面积的中位数是 7 英亩，用于 CSA 的农地面积中位数则是 3 英亩。（调查者强调了中位数的重要性，即 50％的农场规模比它小，50％的农场规模比它大。不过，这不是“平均数”的意思，因为一小部分超大型农场会提升整体平均数，这对于反映农场规模毫无意义。）在 2001 年，84％的农场 CSA 用地少于 10 英亩，65％的农场 CSA 用地少于 5 英亩。

1998 年，一群来自纽约州奥尔巴尼地区的人拜访了 E. F. 舒马赫学会，并听说了印第安线条 CSA，他们决定在纽约也创办一个。他们写了一篇有关食品合作社的通讯文章，欢迎人们参加会议，讨论有关寻找土地和农民的话题。有两个土地所有者参加了会议，并且都提供出了他们的土地。在纽约市中心的一个农场成长起来的珍妮特·布里特（Janet Britt）在科罗拉多州和密苏里州都耕种过，也曾在印第安线条 CSA 工作过。在此之前，她从来没有在自己的土地上耕种过，但是她成为了一个农民。

珍妮特考察了两块有潜力的土地，并建议这个组织另外选取施蒂科克（Schaghticoke）地区一个农场中的 5 英亩土地。土地的所有者都是医生，并且同意了一个适度的租金——在产出中分出一份分红。他们还购买了一辆二手的拖拉机并以 750 美元一年的价格租给了珍妮特。因为主人在其他地方，珍妮特便当起了他们土地的看管者并将农舍租了出去。哈得孙莫霍克 CSA（Hudson-Mohawk CSA）从 1988 年到 2004 年，平均每年有 100 份的份额，到 1996 年，已经没有了书面的租约。另一个农民将自己的干草场出租了 5 年，这是为了满足了地方对于农地财产税务的要求。当他停止租赁的时候，地主向珍妮特提供了一份五年的租约，这样他们就能够继续享受免税优惠了。2004 年，珍妮特从乳腺癌中康复，她将 CSA 交给了另一个农民布赖恩·丹尼森（Brian Denison）。珍妮特回想说："回首过往，明白当时应该做的事情，应该在 CSA 年度预算中规划一笔工地基金。"但是珍妮特对另一个农民继续为 CSA 工作而感到欣慰。

约翰·彼得森在伊利诺伊州卡里多尼亚的家庭农场长大，从小喂养奶牛、肉牛、鸡和猪并且种植玉米、大豆和谷物。1969 年他的父亲去世，他接管了 186 英亩大的农场，在之后的几十年，他将生产扩大到 800 英亩。接着灾难降临了。正如 20 世纪 80 年代的许多农场一样，约翰也负债累累，这让他不得不卖掉了绝大多数的土地、设备和牲口，最后只剩下 22 英亩的土地和农场建筑。他经历了几年的愤怒、绝望和疑惑，同时也写文章、采取行动、提供咨询服务给其他沮丧的农民。后来约翰回到了他的农场，决定种植有机蔬菜，于是天使有机农场诞生了。具备三年蔬菜批发，农夫集市的运作经验，约翰和他后来的农场合伙人金伯利·雷克托（Kimberely Rector）将他们绝大多数的土地转变成了 CSA 项目。到 1998 年，天使有机农场向芝加哥及其周边地区共提供了 800 份份额，他们还以2 500美元一年租用了 20 英亩邻边的土地；最终，他们在租借地北部购买了 38 英亩土地，这样可以每年让 30%～50%的土地得到休耕。为了不引发更多的债务，他们求助于 CSA 份额成员，让他们转变成了有限责任公司的投资者，这样就可以以

4 500 美元每公顷的价格购买土地，然后租借给天使有机农场 15 年，并承诺农场可以在任何时候以市值购买土地。虽然概念简单但却耗费极大的精力，为了完成农场的 80 页的法律文件，大伙付出了 5 个月的痛苦和 14 000 美元的代价。从此之后，份额增加到 1 200 份以上。约翰的故事现在成为了电影《农民约翰的幸福生活》（*The Real Dirt on Farmer John*）中的经典片段。

在租赁来的土地上耕种了两个季度，并具有在波士顿的市场上大规模销售的经历，汤姆·科林（Tom Cronin）和克里斯·尤多（Chris Yoder）愿意尝试直接销售。1994 年，他们创办了万佳顿 CSA（Vanguarden CSA），在马萨诸塞州多佛镇四块租来的土地上种植食物。1995—1997 年，苏·安德森（Sue Andersen）加入了这个团队，到 1996 年，他们为批发市场所生产的比已降低到 10%，但将份额增加到了 193 份。2001 年，汤姆也离开了农场，留下克里斯独自经营万佳顿农场。为了经营好农场，克里斯将份额数量降到了 100 份，并放弃了更贵的租赁来的土地。（2006 年 3 月，当我试图联系他时，他已经不再使用 CSA 的电话号码了，因为每天不停地有人打电话给他。）使用租来的土地是一项限制因素，让他无法投资例如果树类的多年生作物。价格昂贵也是一个因素，他的年预算包括4 000美元的租金。克里斯农场使用了三块土地，其中的两块都属于一个保护组织，所以他没有土地被出售的压力。他租赁的私人土地正好位于多佛镇上开放空间计划的枢纽位置。关于地主是否决定要卖出土地，克里斯认为有很大的可能土地会保存下来。他租来的房子在第四块土地上，在那里他已经建造了两个农舍。幸运的是，四块土地都在一英里距离内。可现实依旧是，克里斯无法承受购买土地的费用。

斯通布鲁克—米尔斯通华特山协会（Stony Brook-Millstone Watershed Association）在它新泽西州彭宁顿的土地上资助建起了一个农场。协会马上意识到，二英亩的蔬菜园是无法支付农民25 000美元的薪水的。当吉姆·金赛尔（Jim Kinsel）开始工作时，华特山协会依旧提供免费使用的土地、两居室的房子、设备、志愿劳动力，但是期望他能够从农场生意中赚到自己应得的工资。由于吉姆已经将农场转变成了哈尼布鲁克有机农场（Honey Brook Organic Farm），成功地拥有 2 100 个份额，协会决定要求最大化的财产回报，并且要求每年支付固定的租金。从 1997 年开始，农场有一个三年的土地流转合约。当时年租费是一英亩地 25 美金，房租 900 美金一个月，农场建筑费 3 000 美金，到 2000 年增到7 000美金。这些都是按市值的 75%计算的。华特山理事会每年都会改选，对农场的支持程度也起伏不定。几年来，吉姆和他的搭档谢里·杜达斯（Sherry Dudas）希望能够购买自己的农场。但是，新泽西州土地的价值却以400%的速度迅猛上升。同时，华特山理事会同意延长目前的租期。吉姆说，我仍旧希望从某个组织处租种土地。在组织的理事会中权力可以得到均衡，没有任何个人能够把我清理出去。

在位于艾奥瓦州索伦（Solon）的一个郊野小镇的占地80英亩的ZJ农场（ZJ Farm），苏珊·贾特（Susan Jutz）发现了一份罗宾·范·恩的《社区支持农业基本指南》（*Basic Guide to CSA*）的影印本。她和她的朋友西蒙娜·德拉提（Simone Delaty）在1996年的冬天认真研习了这个小册子，并决定尝试一下CSA项目。他们在1997年以18个份额成立了“本地收获”CSA。苏珊从一英亩的园子中供给蔬菜，西蒙娜提供面包、鸡蛋和花卉。当苏珊的丈夫去世后，她不得不一个人养活四个孩子，其中一个孩子还没上学，同时每月还要还1 000美元的抵押贷款。她的小儿子指出，应该采用机械化的办法来解决困境。他们购买了一辆“卡波国际”牌拖拉机，两个儿子成了拖拉机司机，这样，农场便能在两年内不用增加工作量的前提下扩大到140个份额。苏珊从来没有做过机械化生产，有一群非正式的核心小组成员从一开始就帮助苏珊维持当地交易网络并且为她提供精神支持和建议。她的孩子，四个实习生还有很多志愿者轮流工作，组成了农场的主要劳动力。在ZJ农场的实习经历让人沉醉其中，流连忘返。实习生和苏珊的家庭一起生活，种植蔬菜，喂养3只公羊、50只母羊以及30头猪。

在快速城市化的圣迭戈，土地对于开发者而不是农民来说具有极大价值，成员们在帮助智慧农场获得土地上起到了重要作用。比尔·布拉默拥有20英亩土地，并且租用了300英亩土地。一个资深的城市规划者在一位资深的CSA份额成员帮助下得到一份属于圣迭戈城的150英亩的时间长达15～20年的土地租赁。他其余租赁的土地都是短期的。1998年，比尔不得不放弃一片他耕种了20年的土地，迫使他不得不拆除然后重建各种建筑和设施。到2005年，他损失了如他所述的80%的优质土地。这些土地上的下一期“庄稼”就是房地产了。由于种植面积大幅减少，比尔计划放弃批发销售渠道，集中精力在直接销售、CSA以及农场摊位销售上。

获得土地

那些决定开始办CSA的人总是问：多少份额可以支持一个农场？那样的话需要多少土地？第二个问题比第一个问题更容易回答：很多农场每英亩

至少能够供给 20 份份额。规模的问题就更复杂了，并与生产的强度紧密相关。一个生物密集型种植者如果有足够人手，可以在 2 英亩土地上实现自给自足。更机械化的种植方式需要较少的帮手，但是需要更多的土地。如果 CSA 是唯一的营销手段的话，对于一个农民来说，为了赚取足够的生活费用，那么最小的份额数量大约是 100 份。在华盛顿州爱尔兰米德农场（Island Meadow Farm）的格莱格森（Gregsons）一家以 2 英亩的蔬菜产品维持生计，他们卖出了大约 30 份大小不等的份额，同时还有其他的销路。在"退出的 CSA"中（第 23 节），我发现他们放弃的主要原因是收入不足，很多 CSA 用了很多的劳动力，却只有 30 份或更少的份额。另一方面，一些机械化农场拥有 400 份份额甚至更多，这让他们的生活非常体面，并且有资金继续资本化运作他们的农场。但是没有人会用 400 份份额开始一个社区支持农业项目，那是我们逐渐要增长到的规模。超过 2 英亩的任何土地都需要机械化的设备。选择适当的科学技术和设备是决定你是为一份微薄的收入拼死工作会是经营一个有效率的农场企业的重要因素。

那些想要创建一个 CSA 的新农民或者消费者面临着寻找合适土地的挑战。幸运的是，有几本好书以具体的建议告诉我们如何在一个国家找到土地。书中会给出具体的建议，比如要问什么问题以及如何用最低的成本依法购买。莱斯·谢尔（Les Scher）写的《发现并将梦想买回家》（*Finding and Buying Your Dream Home in the Country*），尽管标题有些幼稚，但的确是一本有所助益的好书。强烈推荐维恩·格鲁宾格（Vern Grubinger）的《从起步到市场的可持续的蔬菜生产》（*Sustainable Vegetable Production from Start Up to Markets*）给新农民，书中包含了关于寻找蔬菜种植用地的精练总结。

正如格鲁宾格强调的，土壤的质量比建筑的状况更重要。土壤的质量对有机产品具有重要意义。尽管绝大多数的土壤可以通过使用堆肥、覆盖作物等增加有机含量的方法进行改善，但重金属污染和二氧化物、多氧联苯等的持续排放也是不可避免的。你应该尽可能地了解历史上关于土地使用的问题，因为试验的成本实在是太高了。种什么？如何生产？那苹果园中是否施用砷剂、DDT 或者汞？是否有优质的水源？邻居是否使用化学药剂，是否使用空气鼓风喷雾器或飞机喷撒？供应的水有多纯净？明确到底从哪些方面降低成本。与附近其他农民进行交流并在相关部门检查土壤质量，这将让你了解更多关于你的农场及邻近农场的信息。

杀虫剂的残余物是持久的。1996 年 8 月 15 日，康涅狄格州的消费者权益保护部门对霍尔科姆农场（Holcomb Farm）的产品进行了检查。农场经营者看到结果显示出有强效杀虫剂的残留物时震惊了。在20世纪70年代初期这种杀虫剂被禁止前，杀虫剂被用于霍尔科姆农场的烟叶。尽管杀虫剂的残留量很低（低于环境保护局制定的标准），监管霍尔科姆农场的哈特福德食品体系（Hartford Food System），仍给出了来自专家和各部门广泛的帮助和建议，并与CSA成员分享这个信息。中央疾控中心（Center for Disease Control，CDC）的毒理学家泰德·西蒙博士（Ted Simon）志愿来做一个正式的风险评估。他得出一个结论，“在20周配送周期中每天吃霍尔科姆农场80盎司的蔬菜，坚持30年，癌症的患病率为百万分之一”。根据威斯康星生物修复学专家约翰·库迪（John Cuddy）的观点，农场使用有机的耕作方法对刺激微生物活动来说可能是最有效的措施，而这种微生物活动能够将化学残留物降解为无害的化合物。同样，经过了30年的有机管理，在康涅狄格州的另一个有机农场也发现了杀虫剂残留物。

土地的选择对CSA的农场来说有特殊的意义。比如，土地的位置是一个很重要的考虑因素。如果你计划在农场中进行提货，你的农场必须让你服务的人群在一个半小时的车程内能到达。CSA农场如果运送产品到城镇上的配送点则可以选择较远的地方。德卡特一家（Decaters）用货车将他们的产品运送到距离生命能量社区农场（Live Power Community Farm）三个半小时车程的旧金山。一些农场报告说很难在乡村地区招募到CSA成员，但是在艾奥瓦州的乡村地区，连农场家庭都加入了新的CSA组织。城市和郊区的居住者更有可能成为潜在客户。

在距城市半小时车程内购买土地将是极其昂贵的，租借是一种不错的选择。如果你找到了你可以租借的土地，土地所有者必须了解CSA并非按常规的农业方式运行。农业租用合同通常以常规的合作方式达成，在这种方式中，农民耕种土地，种植作物，喷洒除草剂，然后在几个月后回来收割。CSA方式蕴涵了每天照顾作物以及一大群在农场来来去去的潜在人群。一个来找我谈论关于土地出租问题的土地所有者当听说我拥有200多个帮手时，口气由热情转为了冰冷，礼貌表明了如果农场主居住在距离CSA较近的地方，每天车辆的来往因素可能会成为合同中的一部分。

为有机管理开发土地是一项长远的投资，环境管理是许多土地所有者的诉求。如果他们想在几年中卖掉土地，即使是最低的租金也无法让你在土壤改善方面的投资变得很有价值，除非你愿意放手一搏，就像比尔·布拉默一样，在圣迭戈已经预定要开发的土地上耕种。最好的安排是一份三至五年的租约，CSA有优先的土地购买权，租用土地直到最终购买土地。租约还应考虑到社区支持农业给此处地产带来的各项改善。E. F. 舒马赫学会已出版了一本题为《新型农地租约》（*A New Lease on Farmland*）的小册子，其中指出了如何给这些土地改良估价以使双方的交易公平合理。

如果租借是最好的抑或是唯一的选择，社区支持农业团队应该考虑寻求一个长期的循环租约，以确保他们在被赶走之前有足够的反应时间。珍妮弗（Jennifer）和约翰·布克-史密斯（John Bokaer-Smith）与伊萨卡镇生态村有限公司签订了一份5年的循环租约。有关租约的条款如下：

1. 此租约是一份5年期的循环租约。

2. 此租约自1997年5月1日始，至2002年5月1日结束，期间享有充分效力。

3. 此租约每年5月1日将自动续约一年，至多为五年。

4. 租约的终止唯有书面通知才生效，此书面通知应至少在重新订约日期前的六个月发出。此终止将在通知发出日期的五年后才发生效力。

起锚农场的标志。该农场由宾夕法尼亚州赖茨顿城拥有，由塔里·阿迪尼和乔恩·索恩从市政当局租用。

美国农业部第2163期农民公告——“你的农场租约清单”，包含了所有你应想到的和必须包括的条款。宾夕法尼亚州的合作推广部《关于租用美国东北部农场地产的指引》（*Guidelines for Renting Farm Real Estate in the Northeastern United States*）的公告中，有关于如何计算租用费用的工作表。美国的其他地区也可能有关于农业租金的类似的指导方针。

虽然欠债不是个好主意，但向银行借钱就可能是一些农场集资买地的唯一方法了。许多农业社区有专门从事农业借贷的银行。当地的农民或是合作社推广部都可以告诉你哪些银行有这些业务。一份谨慎详细的商业计划是任何一份商业贷款的基本要求。同时一份社区支持农业份额成员（承诺要购买你农场产品的人）的名单，将成为你有市场的证明。一些可获取的资源可以帮助你形成商业计划。在一些州，推广部有专门的经济专家来帮助你。退休经理人服务公司（Service Corps of Retired Executives，SCORE）是一个全国性的商业经理人和专业人士志愿者的合作网络，为农场等小型商业提供技术和管理方面的咨询服务。美国农业部可持续性农业研究与教育实体（SARE）手册《构建可持续性农场经济》（*Building a Sustainable Farm Business*）是关于书写商业计划的一个详尽的指引。马萨诸塞州的新英格兰小型农场研究所（New England Small Farm Institute，NESFI）提供诸如“探求小型农场之梦想”等优秀课程。一项管理整体资源方面的高级课程可以帮助你建立一个既能说服借贷人又能真正对你农场的决策过程有帮助的规划。

如果商业银行拒绝了你的贷款申请，那么联邦农场服务机构（Federal Farm Service Agency，FSA）可以作为你最后求助的贷款方。FSA保留了一些资金作为新农民（经验不足十年的农民）的贷款。另外，在像艾奥瓦州和内布拉斯加州的一些州，有“农校契约”项目来帮助新农民贷款。丹·卢克尔（Dan Looker）的《未来的农民》（*Farmers for the Future*）一书中记录了各种富于创意的方法，几个意志坚定的人正是通过这样的方法进入农业领域的。安德烈·沃洛斯塔克（Andrea Woloschuk），安妮特·希格比（Annette Higby）与凯西·洛夫（Kathy Ruhf）在他们所著的《拥抱大地——东北农业土地责任期与管理工作指南》（*Holding Ground：A Guide to Northeast Farmland Tenure and Stewardship*）中提供了丰富的信息，包括：获得常规土地所有权的其他途径，很多案例分析，为农民和土地所有者提供的决策图表，还有长期租借样本。他们迫切强调需要“重新思考农业土地使用权”。

我们需要能够利于农业土地的可获取性、安全性、可负担性及投资的新的社会道德准则……新方式与工具可以在我们的区域内以三种方式拯救农业并促进耕种：第一，除了购买土地增加其他各种取得土地的方式，可以为新兴的正在发展中的农民们提供经济上的安全性，取消大量的订金要求和大量债务使得一个正在发展中的农业运营更具经济的可行性。第二，为农民获得土地提供其他替代的方法也可以帮助保护农业文化景观以及相关的农业设施。第三，明确的责任制协议有助于农业财产中自然资源的长期管理。

保护农地

保持农业土地的长期可耕是一个困扰各种规模和各种所有制形式的农场的问题。据美国农业土地信托基金会报告，在1982—1992年间有430万公顷的原始良田以将近每小时50英亩的速度在经济发展与城镇化中流失了。即使是CSA的农民们，尽管他们的土地没有按揭和债务并且自己享有绝对权利，他们仍然在寻找方法来确保土地在未来仍然可用作农业用途。进行有机以及生物动力耕种的农民们希望能够保持他们现在耕种的土地不受化学物品污染。目前可选的法律工具包括地役权保护、土地信托以及发展权利的购买或转让，但是这些途径都没有提供一种快捷简便的方法。

查克·马太（Chuck Matthei）是已逝的原“公平信托”（Equity Trust）的主席，他也是一位在房地产市场通胀压力下探索农业土地保护的先锋。他在《获取土地：CSA如何得到、持有并且交接土地》（*Gaining Ground: How CSA Can Acquire, Hold and Pass On Land*）中写道：找到为农业土地保护提供资金支持的关键在于“将土地财产中核心关键的个人利益与固有的公共利益分清楚，定义并且保护公共利益可以使慈善或公共基金对土地购买的申请合法化，同时保证农民负担得起并拥有足够的机会获取土地。”

在《这块土地将永远可耕作》（*This Land Shall Be Forever Stewarded*）一书中，杰瑞德·劳森这样描述个人利益与公共利益：

农业工作中个人利益可能包括：

1. 农民们享有安全长期的使用权；

2. 财产上的公平，财产可以通过务农收入支付的，并且可以继承，同时可以自由买卖；

3. 享有管理土地的自由和灵活性。

农业土地的公共利益可能包括：

1. 不断提供优质食物的来源（保持土地良好的生产能力）；

2. 对于农场土地长期肥沃的保护（预防农业生产的污染以及环境破坏）；

3. 保证可持续农业的可行性和可负担性以及预防无主状态的负面作用。

特别是在很多农地都消失了的美国东北部地区，许多人都有强烈的保护剩余土地的要求。除了农场地貌的价值，关于公共服务的研究也确实证明了公众通过投资农地以及限制发展可以节约资金。国家以及各州政府都出台了发展权购买（purchase of development rights，PDR）及发展权转让（transfer of development rights，TDR）项目。不过这些项目在各州的运行都是不同的，基本上，PDR 项目按照农业用地价值以及房地产价值为农场估值并且向农民们支付差价。作为回报，州、镇或是指定地点的土地信托会接受地役权，而此地役权会被写进财产证书里并且取消所有未来的发展权。在大多数的情况下，PDR 的作用是用来减少被保护地产的价值，以使它们作为农业土地仍然可以负担得起。PDR 并不保护农业活动也不保证任何特定的农耕方法。马萨诸塞州的 PDR 项目修正了地役权条件要求该土地必须维持农业使用。马萨诸塞州的食品银行 CSA 能够以合理的价格得到土地就是因为麻州政府已经购买了发展权。

TDR 更加复杂：通过分区，社区划分成为“供应”区及“接收”区。为了在接收区更加大力度地开发，建设者必须从一个供应区购买发展权。将开发权转让出去的地主可以获得税赋优惠，但是管理以及法律上的复杂性限制了这种方法的使用。

佛蒙特州采取了拯救农业土地最为强烈的方法：对于任何获得地产税优惠或其他州政府补贴的农场，住房与保护委员会（Housing and Conservation Board）在其被卖出或被更改生产用途之前，拥有法定的否决权。佛蒙特委员会也通过建立州税收资助的基金为地方土地信托提供财政支持。

土地信托提供了一个非政府性的替代选择。有两种土地信托：土地保护信托以及社区土地信托。通常这两种信托，都是被会员控制的地方性的非营利性公司。对于这两种信托可用的法律及财政工具都是相同的。尽管它们中的 10%对农场及林地有极大兴趣，但大多数的保护信托都旨在保护野外环境。保护信托通常在土地上持有地役权而将费用利息或权益留在农场主名下。

社区土地信托主要在市内并且旨在为被房地产市场所淘汰的低收入人群提供重要的产权。一些社区土地信托，例如马萨诸塞州的先锋谷社区土地信托（Pioneer Valley Community Land Trust）也拥有农场土地，它们保持土地的权益并把土地租赁给当地居民。社区经济研究所（Institute for Community Economics）的《社区土地指南》（*Community Land Trust Handbook*）就介绍了对这种形式的土地信托，同时还包括全美国的实例和组织管理方面的指导。这种租赁周期经常是 99 年，并且可以继承，承租者拥有建筑物以及其他改良的物件。先锋谷社区土地信托要求对所持土地进行环保管理。

在寻找保护您土地的途径时，在保护信托及社区土地信托之间做出选择更多地取决于在当地可以找到什么样的组织。查克·马太说过，“个人持有的权益与土地信托之间的差异似乎非常重要，其实并不是这样的。”更重要的是对租赁及地役权的细节进行法律上的约定。

在《保护地役权指南》（*The Conservation Easement Handbook*）中，珍妮特·迪尔（Janet Diehl）将地役权保护定义为“一个财产所有者为了限制可能在其财产上出现的发展类型和规模而制定的法律协议……每一个地役权协议的约束条件都为特定的财产和所有者的个人利益量身定制……所有者以及未来的地役权持有者分清使用上的权责，这些权责对于保护财产是有必要的——可以或不可以对财产做什么。然后所有者移交权利，将这些约束施用于一个合格的接受者，比如说一个公共代理处、一个土地信托或是一个历史保护组织。

迪尔的小册子对于理解和制定保护地役权具有导向性作用，它在提供监督案例和建议的同时也提供关于税法的信息。我听说查克等人将财产权比作一揽子包括所有权、获得土地以及地下开矿等此类权利束。由保护地役权控制的发展权只是权利束中的一项，你可以卖掉这一根而继续持有其他的棍子。

尽管公平信托愿意持有 CSA 农场上的保护地役权，查克建议农场主们与当地土地信托建立关系。从信托基金获得地役权并且接受基金的监管需要双方长期相互沟通。但是，相比为保护一个农场而新建一个信托组所耗费的精力而言，这个相互沟通过程又更省事。开始研究这些问题的时候，我向美国农业土地信托（American Farmland Trust ，AFT）咨询其是否愿意拥有玫瑰山谷农场（Rose Valley Farm）的地役权。我的伙伴戴维和我拥有这块土地，但是我们都希望我们离开之后能够保证这块土地被环保地管理。主管 AFT 纽约办公室的杰里·科斯格罗夫（Jerry Cosgrove）告诉我，AFT 会接受一个保护性的地役权但是没有能力确保农场的管理一定会保持有机方式。他建议我去找一个当地组织。

通过他们的大力帮助，加利福尼亚州的生命能量农场和公平远景农场，威斯康星州的共同收获农场，新罕布什尔州的坦普尔·威尔顿社区农场，马萨诸塞州的印第安线条农场和守护者社区农场，纽约的罗克斯伯里农场以及我的和平工作农场都从租赁权状态转变到“永久保护”状态。生命能量农场的格洛丽亚和斯蒂芬·德卡特（Stephen Decater）在借来的土地上耕种20年之后面对着这样的可能性：所有者理查德·威尔逊（Richard Wilson）可能需要卖掉这块地，而他们没有能力按照市场价买下这块地。一年四季每周供应的蔬菜已经吸引了科夫洛（Covelo）和洛杉矶一批忠实的农场成员，于是德卡特夫妇向他们求助并且询问意见。这个小组的成员热情高涨：大家都认同德卡特夫妇是人人都想要的土地管理者并且德卡特夫妇应该拥有更可靠的土地的安全性。但是这个小组在所有权问题上产生了分歧：一部分人赞成私有制，但另一些人倾向于非营利的安排。

德卡特夫妇自己更关心管理者的责任甚于私人财产权利。斯蒂芬说道：

> 当我们在考虑私有制的时候我们有两方面考虑。一是取得全部的私人所有权可能会让我们在很长一段时间内债务缠身，即使可以找到借债人，我们不愿意身陷债务并且不愿通过信用交易，我们一直是用现金交易的。二是我们将人与土地的关系划入道德范畴，我们并非将土地看做一块可以对其肆意妄为的商品，而是视为一个需要明智公平的使用和管理并且土地所用权肩负着某种固有的责任。我们将土地看做属于后代的资源，无论与现行法律是一致还是相背，我们都没有权力去随意破坏和侵占这些资源。我们想要确定我们采用的这种合法所有制的形式可以反映这种道德观念。

四年的会议，资金筹集，希望与绝望交替出现，最后实现了公有与私有成功结合的所有制。德卡特夫妇可以按照当地典型土地农业收入的价格标准买下他们40英亩的农业土地，这笔投资大约需要69 000美元，同时CSA成员们筹集了90 000美元购买发展权以及所有其他非农业用途权利来抵消地役权支出。他们不能和当地的土地信托在条款上达成一致，于是马萨诸塞州的公平信托掌握这块土地的各项保育地役权持有这些权利。这个地役权文件是一个非常详细的文件，尝试预见了所有的可能性。这个地役权的条款给与了公平信托（或者接替它的机构）永久的负责照管土地的责任。地役权的“目标”条款如下：

> 这个地役权的目的就是保证土地会永远使用生物动力方式耕种或者有机耕种，对于那些作农业用途的土地，要保证绝大多数处于自然、生态、开放的状态，禁止任何可能会对财产造成损坏、降低、扰乱其保存价值的用途。在没有限制地役权总体目的的情况下，下面是关于这个地役权的具体的目的：
>
> (a) 保护财产的农业、自然、环境价值并且防止由农用化学品引起的环境污染；
>
> (b) 保护农业用地不用于城市化和非农业用途；
>
> (c) 保证将会使用有机和生物动力的方法耕种，保证产品的生产用于商业或慈善用途。

为了能够使公平信托监督这些目标，地役权要求德卡特夫妇或是他们的继承人报告农场中可能会发生的所有改变以及每年有机、生物动力农业耕作方法的证明。地役权注明土地所有者至少一半的收入必须来自于农业，德卡特夫妇必须递交一份他们收入税返还的证明。公平信托也有权在 48 小时之内监管财产。如果德卡特夫妇或者是他们的继承者违反了地役权，公平信托有权要求更正和修补。如果德卡特夫妇停止耕种或是试图以超过其农业价值的价格卖掉土地，公平信托有买下土地的优先权。

德卡特夫妇自己也参与了地役权的制定，地役权保证了在任何将来的财产买卖中，基于土地价值的地产价格将依据农业收入的潜力来估算，以帮助农民凭借农业收入就能筹措足够的资金。这并不是州政府向他们或者任何农场主们强加的规定。每一个采取相似方法的农场都有自由选择保护地役权的条款来满足他们自己的需要以及未来的要求。就像斯蒂芬说的，这个地役权“可以成为在个人与一个非政府公共代表之间伙伴关系的沟通工具”。德卡特夫妇的地役权开创了农民长期可负担的农业用地形式，在承诺守护土地而不是资本积累的基础上，让土地为人所用。

其他的农场主则结合了社区成员与管理组织之间的联系来保护他们的农用土地。

在明尼阿波利斯圣保罗地区，丹·冈瑟和玛格丽特·彭宁斯(Margaret Pennings) 从 1989 年起就在租来的土地上经营着共同收获农场的一个 CSA。为了购买自己的土地，他们求助于他们 CSA 中的 170 名成员以获得贷款或是捐赠方面的帮助。40%的成员都回应了他们这个要求，捐款或贷款给他们，数额从 10 美元到几千美元不等。成员们以提前付讫未来 5 年内份额费用的形式借给他们 12 000 美元。而捐赠的28 000美元被用于向威斯康星州农业用地管理委员会购买农业土地的发展权。"当我们与管理委员会的领导汤姆·奎因（Tom Quinn）会面以研究地役权的细节问题时，我们意识到这个文件相当于是我们对这土地将要做什么的公开声明，"丹注意到，"和结婚生子不同，这是我们迄今为止做出的最重要的承诺。从各个层面上——精神、感情、社会——来讲我们都像是在与这块土地共结连理。"丹说保护地役权使得农场不因市场的变动而分神并且可以做长期的决定。共同收获农场的例子也激励了邻居们意识到要保护自己的土地不受开发带来的影响。在他们农场 4 到 5 英里的范围内，有 7 个土地所有者都有土地地役权并且有 1 400 英亩的土地信托。

为了加利福尼亚州戈利塔市的公平远景农场的未来，迈克尔·艾伯曼（Michael Ableman）选择放弃对财产的任何有可能的个人权利而建立了一个非营利性机构。艾伯曼首先作为一个雇员然后作为一个独立的承包商耕种这块 12 英亩大的土地，最后进行多种形式的转租。同时，郊区关闭了一个约 100 年历史的农场，这个旧址曾经是一个在圣巴巴拉地区很典型的工人棚屋区，那是在那时很普遍的土地用处。对于艾伯曼来说，选择非营利的道路是一个艰难的选择："这就是我的生活，17 年来流血流汗，这里也是我自己和我的家庭学习和成长的地方。我将不会有货币形式上的所有权。"

1992 年，在其中一个所有者去世之后，艾伯曼认识到是时候采取更积极的措施来保护农场了。这 12 英亩土地的市值大概 100 多万美元，几乎是一个不太可能筹集到的数目。艾伯曼的策略是让社会关注公平远景农场固有的公共价值，他开始推动一个包括食物生产和公共教育的使命。这个使命宣言包括：

- 保护这所百岁农场的农业传承；
- 通过农场上的教育项目、公共活动来丰富人们的精神；
- 展示小型农场农业可持续发展的经济可行性；
- 研究并且解读食物、土地管理、公共健康之间的关系；
- 为当地社区提供新鲜、无化学物培养的水果与蔬菜。

艾伯曼向圣巴巴拉土地信托求助以持有并且监管公平远景农场的地役权。就像德卡特夫妇一样，明确农业的持续性并且坚持有机方法的地役权对当地的土地信托是一个挑战。圣巴巴拉土地信托犹豫是否要作出承诺，但是公平信托的查克·马太的及时干预帮助他们重新坚定了监管农场是他们的分内之事。公平远景农场地役权提出了一个附加的难题，因为它要求非营利性的教育工作也要永远保持下去。这是关于土地保护信托的新领域。

令人惊叹的社区鼎力支持，精明的组织以及非常努力的工作让他们在1997年10月公平远景农场的购买中获胜。

在两个最初建立的CSA中的坦普尔·威尔顿社区农场经过曲折漫长的发展，最终也找到归宿，创立农场的三个家庭是在两块租赁的土地上白手起家的。在搬家两次并且发现自己毫无购买农场希望而转租"四角农场"（Four Corners Farm）时，农场主安东尼·格雷厄姆（Anthony Graham）觉得没有继续的必要了。他和他的同伴林肯·盖格（Lincoln Geiger）都感受到了压力。对地主唯一可能行得通的方法就是带"一箱钱"去他的办公室。因为缺钱，安东尼做了一些较小的改变，他在农场边买了栋房子，在家对面又买了块5英亩的土地。毗邻的土地属于某位农场成员，另一个成员可以另外买6英亩土地。尽管这个农场有一个非正式的核心组织——"星期四小组"，但安东尼和林肯认为他们需要一个更加正规的组织来推进土地购买的事宜。他们与其CSA的成员们一道建立了作为新罕布什尔州非营利性的教育社区农场（Educational Community Farm）。一个理事会成员曾经在新罕布什尔州土地与公共遗产投资项目（Land and Community Heritage Investment Program，LCHIP）上有过经验，这个项目购买了发展权。当距这个农场42英亩的一个果园出售时，理事会决定购买这个果园并筹集一半的钱而成员们筹集另外的一半。就像安东尼决定建造新仓库并且搬迁农场总部一样，一个开发商的确带着一箱钱来到了四角农场的所有者那里，但是已经明白这系统是怎样运作的教育社区农场的理事会将州、联邦、以及镇政府的钱汇集起来购买了四角农场上的各种开发权。

这个开发商提出以99美元给他们60英亩地99年的租借期。2005年，为了庆祝农场建立20周年，坦普尔·威尔顿农场最终获得了土地的全部使用权和长期使用权。付出没有白费，出色的努力为农场带来了极大的关注并吸引了许多年轻的家庭。2006年，这儿有104个成员家庭而在候选名单上还有95个家庭。就像安东尼说的，他们成功地建立了一个保护性的"法律疆界的围栏"，于是这些从事农作的人可以尽可能地灵活工作。

当我和我的伙伴租的18英亩土地的所有者向我们卖148英亩的农场而不是去银行做抵押时，我们决定联系当地的土地信托。那时，我们有一个与卡莱（Kraai）家族签订的5年租约，他们家在伊萨卡生态村庄西港农场

（West Heaven Farm）上是被作为蓝本的。我们向一个保护信托——詹尼斯土地信托（Genesee Land Trust，GLT）寻求帮助，并且向其提议由他们持有我们的农场的保护地役权。GLT 的宗旨是“维持并且保护河道、湿地、农田、自然，及有特点的生物栖息地、景观及娱乐用地。”我们想要复制德卡特夫妇在生命能量农场的经验。

我们想请求我们 CSA 的成员们来融资购买地役权，这样我们就可以以它的农业价值买农业土地了。在我们这里，农业土地每英亩售价是 1 000～1 200 美元并且开发价值占了这价值的一半。令我们惊讶的是，土地信托一反常规，同意购买农场并且将它长期返租给我们。做这些的同时，GLT 正在革新地尝试类似于社区土地信托的做法。我们农场购买了土地上的附加物——一个农仓以及一个包装棚，但是并不包括它们下面的土地。

在公平信托、E. F. 舒马赫学会和一个罗切斯特律师乔治·帕克（George Parker）提供的技术指导下，我们与 GLT 商议了一个土地租赁的合约。这个土地信托理事会的成员们认同我们的观点，认为这块土地是值得永远保存下去的。但是他们中几乎没有人有有机农业的经验，也都不会处理类似的情况。直到我们解释花了多久我们才能更新土壤，种下的多年生植物却不能看它开花结果是多么地令人心碎，他们中的一些人才明白为什么一个长期的租赁合约对我们来说是这么重要。他们也可以理解除非我们可以确定它可以用很多年，否则我们不能负担翻新陈旧农仓的投资。

我们对多少是合适的租赁费用进行了很长时间的讨论。在他们不盈利状况的条件下，他们不满意我们提供的租赁费用。他们让我们去调查一下，在我们县农场主们租一英亩地要花多少钱。我们惊讶地发现，现在的价格从 35 美元/英亩到 50 美元/英亩不等，刚刚涵盖了土地税。结果我们同意农场支付土地税及所有保险还有其他费用，但只负担土地信托的管理费中的很小一部分。

因为卡莱一家卖了亨伯特（Humbert）的农场房屋并且只保留土地，这个不动产上已没有任何房子。我觉得能买到就在这块土地旁边的房子很幸运了；安米和格雷格从另一个镇来的话要 30 分钟，凯蒂（Katie）从一个邻居那里租了房。我们询问 GLT 我们是否可以腾出农场的两角来给农民们盖房子。起初，理事会拒绝了：他们不喜欢做房东并且想象出拥有农村房业会有的所有问题。威廉姆斯镇乡村土地基金会（Williamstown Rural Lands Foundation，WRLF）是与守护者农场相似安排的土地信托，它的领导莱斯利·里德·埃文斯（Leslie Reed-Evans）写了一封信劝他们从不同的角度看待这件事。信中说："WRLF 需要保持农场，而保持农场的关键在于农民们负担得起土地和公共设施。守护者农场的项目给了 WRLF 这个机会来从农业土地保护跨越到农场保护。这是一个关键的不同并且对于小家庭农场是十分重要的。" GLT 委员会意识到，只有允许在土地上为农民们盖房子并且控制这些房屋将来的售价，他们才能确保农民们可以负担得起那里的农场。

"大地和天空"：纽约州阿卡迪亚和平工作农场的仓库和土地。

为了给 148 英亩的农场筹集资金，詹尼斯山谷有机 CSA（GVOCSA）的核心委员会与 GLT 合力建立了一个特殊的"保护和平工作"的理事会来筹集资金。包括土地购买的所有相关花费：财产调查费用及允许土地信托每年监督土地使用情况的管理资金等等，筹集的目标是 15 万美元。在叙述完正在进行中的购买和租赁工作后，保护和平工作委员会向 GVOCSA 成员们发出了请求：

> 那么，这对我们来说意味着什么？它意味着我们的 CSA 将通过知晓土地所有权的成本而获益，而关于土地买卖的问题将不是我们 CSA 处理的问题，农民们也不需要担心地主会卖掉他们脚下的土地。简单说来，得到和平工作农场——"我们的农场"——将有一个稳定的家，CSA 也将成为永久高品质有机土、瓜那拉瓜小溪湿地、冲积平原以及有着重要野生动植物栖息地和漂亮野花的硬木林的一个重要伙伴。

只用了 14 个月，保护和平工作委员会就筹集了购买农场的钱款，CSA 成员们提供了 14 万美元。GLT 在 2006 年一月时完成了土地的收购，在 3 月的时候跟和平工作农场签订了一个25年的循环租约。最早的一笔25 000美元的捐款是匿名的，上面附着一封感人至深的短信：

我相信现在我们的地球正处于人造的因贪婪而存在、因无知而持续的生态危机之中。因为GVOCSA及和平工作有机农场的存在，我能够享受到食用干净的本地食物的特权及好运气……我捐出的25 000美元引起了一些人的不理解和相当多的惊讶。常规的金融建议，即"为穷困的日子而存蓄钱财。"亲爱的同志们，现在正是穷困的日子啊，并且已经持续了不是一天两天。能得到加入这么一个合作良好的事业中的机会实在太不容易了。因为农民们、GVOCSA以及GLT的道德规范，我有足够的信心这么做。我以乐趣和信心参与进来，因此我的孙子们就能在美丽的有机农场上食用安全的蔬菜了。

在过去的几年里，公平信托和E. F. 舒马赫学会帮着另外三个CSA农场（印第安线条农场、马萨诸塞州的守护者农场以及纽约的罗克斯伯里农场）完成了类似的交易。我们希望能一起创造出一套维护农场和农田的新模式。这些目标是相关联的：我们希望使像我们一样靠做农活生活的人能负担得起生计的同时，使农田得到维护以持续的发展。在租用的土地上做农活，我们能够使用从CSA成员和其他捐助者处捐来的钱，把农场建成为社区财产，并把它们跟房地产区别开来。这些故事的相同思路就是你需要不同实体间的合作，好的法律建议是很关键的，而且耐心会得到回报的。

把土地传下去

虽然CSA农民整体趋向年轻化（平均年龄是43.6岁，比美国农民的平均年龄年轻13岁），但在我们五六十岁的人中，有12.5%的人都在想怎么能把我们的农场传给年轻人。

在和平工作农场，我们通过把松散的合作关系转化成一个有限责任公司来解决问题。我的合伙人格雷格和安米，两人年龄都在50岁左右，我也快要到60岁了。几年以前，我们开始增加宣传来招收那些可能会成为农场合伙人的学徒。老天对我们太眷顾了，凯蒂·拉文来应聘了。她在2003年的种植季成为我们的学徒并度过了她的25岁的夏天。她打算学到足够的农场知识后回去经营她祖父母在纽约富尔顿的土地，并在那里建一个新的农场。

那个秋天，我推荐凯蒂去罗切斯特一个正在进行CSA项目的农场任经理一职。第二年春天，她来向我们请教经验。虽然她很喜欢现在这份工作，但人事情况变得让她难以忍受。虽然她的头衔是农场经理，但她的主管却从不提她应该花多少钱。她发现需要为储备物品自掏腰包，还要用自己的车做农场的载货卡车。负责市场的人不负责任而且一次又一次地对她说谎。我们建议凯蒂与自己的主管谈谈，若希望她继续留在这个岗位农场需要做出的改变，并且设一个最后期限，否则就辞职。虽然这个主管说她很器重凯蒂，但是她并不能够或是并不愿意来完成这些必需的改变，所以凯蒂失业了。我和安米不到 30 秒就知道我们要做什么了。我们邀请她回来，并建议她考虑，在学徒的第二年再试验一年，然后就和我们永远待在一起。

从 2004 年到 2005 年，我们一直跟詹尼斯土地信托（GLT）一起合作项目——GLT 筹钱买我们的耕地，然后再租给我们。因为土地信托的租约有时是长期并可继承的，与其让继承问题把租约弄得复杂，我们决定把我们的农场变成一个有限责任公司，这样继承的问题就能够在法律合同的控制之下了。与农业工人所有的消费合作社相似，作为我们有限责任公司的成员，你也必须成为一名管理者、一个积极参与到农场运作中的合作者。我们订立了合同，要求我们在做主要决定时要取得一致意见，例如选择新的合伙人。经过一年考验，凯蒂作为一名两年期的全职合伙人，在 2005 年成为了我们有限责任公司的一员。通过凯蒂在农场积累普通股的方式，我们就能够管理好我们有限责任公司的股本金。遗憾的是，在 2006 年年末的时候，凯蒂告诉我们，因为未付清的大学贷款造成的经济压力使她不得不去别处找一份薪水更高的工作。所以，我们开始又一次地寻找年轻的合伙人。我们的目标是找 40 多岁的合伙人，如果幸运的话，和平工作农场将在下一代继续下去。

在建立起了金伯顿 CSA（美国最早的 CSA 之一）后，芭芭拉和克里·沙利文（Kerry Sullivan）想要搬到离他们的家更近些地方工作。经过一些调查，他们在 2002 年把农场传给了他们的一个学徒。他们只卖掉了那些属于自己资产的设备，像珍妮特·布里特一样，他们没有向农场要一分钱，因为他们相信农场是属于社区的。芭芭拉告诉我，他们一直很清楚自己不可能无限期地待在农场的：

> 几年来我们已经在找寻接替者了。有三个学徒是我们放心把农场交给他们的。前两个拒绝了，但是波吉特·兰德文（Birgit Landowne）答应了我们。一开始没有那么顺利，不过最后她答应了。在这中间，我们把农场事务交给了一对之前没有共事过的年轻夫妇。最终证明那是一个错误，还好他们在培训中途改变了想法使得我们摆脱了愁苦。波吉特之

前跟着我们做了几年的学徒，后来又回来工作。这次她已经有家了。她在新罕布什尔州的坦普尔·威尔顿社区农场工作时遇到了她的丈夫——也在那里工作的埃瑞克·兰德文（Erik Landowne）。他俩都很喜欢生物动力学，而生物动力学又对我们很重要，所以他俩对金伯顿 CSA 来说是再合适不过的。因为波吉特对这里的运作已经知道不少了，所以培训还是很容易的。那年剩余的时间里，我们跟他俩一起工作，并把所有财务管理权和信息都转交给了他们。在我们离开农场后，我们还是随时准备好给他们答疑解惑的。他们的工作十分出色，现在这个 CSA 仍然保持着巨大的活力。

（关于金伯顿的沙利文家庭耕作的故事，见《重访明日农场》）

当把农场传给年轻一代时，马萨诸塞州守护者农场的萨姆和伊丽莎白·史密斯希望保留土地作为永久的农田，以便能负担得起农场的基础设施费用，并保证自己有个体面的退休方式——不用再做些小活计了。当他们清楚自己的孩子们不可能接管这个农场的时候（虽然有一个女儿从事农活，但是远在科罗拉多州），史密斯夫妇开始寻找年轻的接班人。最初，他们邀请一个过去的学徒，这个学徒和他的全家搬到农场来，跟史密斯夫妇一起耕作了两年半。经过双方的协商，这个交易最终没有达成。2004 年，史密斯夫妇在《自然农民》（*The Natural Farmer*）和其他的出版物上登广告，也开始面试那些挑选过的合格的夫妇。唐·扎萨达（Don Zasada）和布丽奇特·斯潘（Bridget Spann）夫妇就是申请人之一。史密斯夫妇对于唐的耕作和社交技巧印象深刻。唐曾跟着布鲁克菲尔德农场的丹·卡普兰做学徒，而丹·卡普兰就曾经带过史密斯夫妇做学徒。在波士顿的食品项目待了七年多的唐做过很多不同的工作，并且成为了一个富有经验的农民。经过面试，他要求先来工作一天以对守护者农场的工作有一个全面的感知。布丽奇特在她的社会工作领域研究出了令人满意的结果。因为有两栋还不错的房子，史密斯夫妇将继续住在农场里，所以两个家庭间的和睦相处将是非常重要的。2004 年 9 月他们决定唐和布丽奇特就是他们的首选，于是就寄出了意向书。在一起工作了 18 个月，并对交接的复杂条款进行了谈判后，唐在 2006 年接手了守护者农场。农场核心小组的前任成员萨姆·比特曼（Sam Bittman），一个 CSA 的推进者和顾问，通过跟他的会面，交接的过程变得更加顺利。

马萨诸塞州“多手有机农场”（Many Hands Organic Farm）的朱莉·罗森（Julie Rawson）和杰克·基特里奇（Jack Kittredge）准备以一种

传统的方式来传承他们的农场——传给孩子们。他们四个已经长大成人的孩子都同意土地就应该一直被耕作，并且他们不打算变卖土地以获得继承的财产。最大的孩子丹（Dan）已经跟爸妈和妻子罗西妮（Roshni）一起耕作三年了，他打算建一个房子以便他们能在那里永久定居并继续从事耕作。

威斯康星州佛蒙特社区农场的芭芭拉和戴维·珀金斯（David Perkins）夫妇25岁的儿子杰西（Jessie），已经成为了农场的全职合伙人。他和他父亲做了农场所有的机械工作，而他母亲芭芭拉就带领成员们进行收割工作。2006年时，另外两个小点的孩子第一次义务地在农场工作，但他们还没有决定要不要安定下来做农民。

如果我们的农业生产将给当地社区带来帮助，我们就必须在保护农田方面变得更有技巧。就像查克·马太所指出的，"虽然我们给公平下了两种定义：既定义为财产方面的经济利益，又定义为平等的道德原则，但我们好像经常忘记这两者间的必要关系。"这可能正是我们已经忘记了的，也许这种联系是我们在建设CSA的社区方面需要重新学习的众多课程之一。

第三章　准备组织起来

第6节　培育一个稳固的核心小组

在某一地方，有一些我们能与之随心热情交谈的人；在某一地方，有一群伸开双臂迎接我们的人，我们的加入能使他们眼前一亮；无论何时，只要我们有所成就，都会有欢呼声萦绕不绝。社区意味着力量，它把我们的力量汇聚在一起去完成那些需要完成的工作。在我们蹒跚时有一双双接住我们的臂膀，抚慰着我们的心灵。这里有一群朋友，在这里，我们得到自由。

——斯塔霍克（Starhawk）

CSA不只是另一个直销方案，种植者和成员们需要合作去建立一个他们可以彼此分享的制度。在一个由消费者发起的或者机构发起的CSA中，被雇用的种植者必须体会到他们不只是服务于理事会的临时工。如果一个农场招募份额成员订购产品，种植者就必须舍弃他们为自己农场生意做决定的一部分自主权。按传统，我们管“种植者—份额成员”组成的委员会叫做“核心小组”（core group），在这里我们共同经营我们的CSA。

可以肯定的是，不是每一个CSA都有一个核心小组。事实上，在1999年的CSA调查中发现72%的CSA没有核心小组。天使有机是在CSA成立后农民们都有多余精力时才组织了核心小组。许多农民，比如在“玛海威收获”农场（Mahaiwe Harvest）的戴维·英格利斯坚持称他们不需要其他成员提供管理或者耕作方面的帮助。戴维说他和他的家人做农活、做簿记，相关的努力都在掌控之下。CSA成员们，按照戴维的说法，在农场中仍比在其他食品商店中积极。许多农场主都会嫉妒戴维的自信和应对能力。事实上，农场主们给出的自己退出CSA的一大主要原因就是他们找不到能帮自己的份额成员。

从本质上说，不管是谁发起，不管它采用什么样的合法形式，CSA是农民与成员间的合作团体。作为一个合作体，CSA是一个综合管理员工和客户两方的混合体企业。在创建CSA过程中，没有一个统一的形式或者公式，但是组织者可以学习和利用过去丰富的经验及案例。它的源头可以追溯到1844年英格兰的罗代尔合作社（Rochdale Cooperative）。罗代尔尝试提供给成员们百货商店、住房、衣物、生产加工场所、工作和一个自给自足的家园领地。弗兰西斯·摩尔拉佩（Frances Moore Lappé）给出过令人鼓舞的统计数据，比起那些握有上市公司股票的人们，全球范围内有更多的合作社成员。

建立合作社的参考资料

如果你没有经验，举办会议或创建核心小组或理事会可能看上去令人怯步。如果你决心想学，后面的材料可以帮助你提升组织能力。

一本基础性的参考书是乔尔·戴维·韦尔蒂（Joel David Welty）的《会议、董事会、委员会的程序》（*Procedures for Meetings, Boards, Committees and officers*），中央贸易图书有限公司（Midpoint Traok Books lnc.）出版，售价 9.95 美元。

英国哥伦比亚的新社会出版社（New Society Publisher）（网址：www. newsociety. com）提供组织处理、决策方面的资料和书籍，像《组织推动者的说明手册》、《生存革命的说明手册》、《小团体中的民主》。

在 E. F. 舒马赫（如《小的是美的》）、理查德·博索迪（Richard Borsodi）、乔治·班尼罗（George Benello）、黑兹尔·亨德森（Hazel Henderson）和芭芭拉·勃兰特（Barbara Brandt）的作品中，你可以探索出小规模经济实体和合作性企业的组织原理。

E. F. 舒马赫学会有一整个图书馆的资源来支持“去中心化主义”（decentrism）方面的研究。“经济民主中心”（the Center for Economic Democracy）正在编译一批基础的合作社组织方面的文件。

“食物非炸弹”出版社（Food Not Bombs Publishing）出版了 C. T. 巴特勒（Butler）的书《冲突、一致性认识与食物不是炸弹：如何去喂养饥民和建立社区》（*On Conflict and Concensus and Food Not Bombs: How to Feed the Hungry and Build Community*）和其他一些书。

国家合作商业协会（the National Cooperative Business Association）提供了建议和法律支持。

美国农业部农业合作服务中心（the USDA Agricultural Cooperative Service）提供了合作社成立初期的支持服务和现有的农业合作服务，还出版了一本名为《农民合作社》（*Farmer Cooperatives*）的月刊，来帮助合作社如何取得合法资格。

创建核心小组的第一步是找到一些可以对项目达成一致意见的人们。我们的詹尼斯山谷有机 CSA（GVOCSA）在建立初期是幸运的。我们开始是作为和平公正教育中心〔后来转变为“食品政策”（Food Policy)〕的互助小组，致力于罗切斯特市和纽约市食品事务的讨论，戴维和我是农场主。我们很快吸引了在和平运动、天主教工人运动、教堂和家庭教育团体、环境保护组织、商业团体上有着几年组织经验的人，同时被吸引的还有参与社区工作的新手们。这个小组比起戴维和我两个人的力量，可以给组织方面的任何问题提出更好的解决方案。在 18 年后，当核心小组已经发展为 29 个成员时，情况依然如此。当核心小组创建起来后，接下来的一个重点是分配给小组成员权力并赋予其真正的职责。在 GVOCSA 中，我们一开始就同意农场主们可以为农场做所有的生产决定：如何种植作物，使用什么样的种子、肥料或其他物质，种植的时间计划，收获什么以及何时收获，购买什么设备。核心小组不会在任何方面干涉农场，不会凌驾于他们的最初决定做决策。我们这一决策的一个重要基础是我们决心做有机认证。成员通过填写每年的调查问卷和对最喜爱的作物提出建议来指导我们决定每周收获的份额的种类和数量。尽管一些 CSA 核心小组讨论每年的预算，而且我听说一个农民退出是因为他觉得其他成员的过分干预，但我没有听说过哪家 CSA 事实上是由成员来经营农场的。

GVOCSA 核心小组被赋予权力对食物离开农场后的任何事情做决策。在其他成员的同意下，核心小组建立了组织的基本价值观：强调本地农场的生态种植，和农场主们分担食物生产的风险，最大程度上让儿童参与，促进社会公正。从订立份额的价格到决定使用什么样的包装，以及安排农场的工作计划和管理银行账户，这些都是核心小组成员的职责。此外，他们还要负责农场日常的工作细节。核心小组决定给成员提供其他什么类型的产品，像有机草莓、枫糖浆、红酒、奶酪和有机种植的苹果，它也建立了质量标准。经常有人建议我们高价提供非劳动份额，核心小组总是否决掉这一提案。

大概在我们建立 GVOCSA 四年后，组织内部悄然发生了变化。在项目的第一年，我担任主席和每月例会的组织者。拥有大概 35 年组织经验的我十分善于通过一长串议程来使组织活跃起来，所以人们常常让我担任这一职务。在我头脑中，小组成员们为我的农场做了许多了不起的工作——但是这是“我的”农场。于是，我的人生中出现了一段未曾预料到的搞笑的插曲，在东北部有机种植协会治理委员会的一次会议上，我将我的《生活革命资源手册》（*The Resource Manual for a Living Revolution*）中的一份章程提交给了大会丹尼斯·莱曼（Dennis Lehmann）——GVOCSA 的一个成员，在会议上分发了同一份章程。他用轻柔但是坚定的方式建议我们应该轮流组织会议，小组确立议程，给每一项议程分配一定量的时间。核心小组迅速一致地同意了他的提案。这的确曾经是我个人的农场，结果变成了大家的 CSA。

GVOCSA 核心小组除了集体表决责任项目的分配外，还有了无须言表的默契。我们不需要同意每一件事情，我们没有 GVOCSA 的党派路线，我们不认可政治性的候选人，我们没有关于流产、枪支控制或同性恋权益的政策。我们采取行动支持在乳制品上标识出重组牛生长激素并反对食物放射线照射（以延长保存期）。我们的简报提供关于 NOFA、纽约可持续性发展农业工作组（New York Sustainable Agriculture Working Group）和国家可持续性发展农业项目（National Campaign for Sustainable Agriculture）的信息。目前为止，我们所有的议程都是向每个成员公开的。如果情况发生变化了，我们将需要一个更加明确的协议。

随着 CSA 的发展，你不得不决定雇用多少人，他们可以完成怎样的工作，什么工作是交由志愿者完成的。1989 年和 1990 年我们的份额成员数量分别为 29 个和 45 个，1991 年农场建议 GVOCSA 应该发展到 100 个份额。在一次晚餐会议上，我们向成员们展示了两条选择：CSA 可以选择雇用一部分人做管理，或者扩大我们志愿者队伍的规模。团队压倒性地选择了自己完成工作，更加广泛地分配工作以防止核心小组成员筋疲力尽。这是 1991 年冬季呼吁成员成为志愿者的一封信：

> 我们可以建立一个强大的社区，一个富有责任感的组织 GVOCSA 将会经过我们努力变得更好。我们中的每个人都是这个社区中的一分子。如果我们分配工作任务，那么它们将被大家愉快安全地肩负起来。请考虑作为一个计划员，流程管理人员、外展服务人员、配送人员或者儿童委员会成员加入我们的核心小组。这样我们可以持续地培养 CSA 的土壤，以种植更多更好的食物。

2006 年我们的核心小组由 30 人组成：2 个农场代表、1 个职员、1 个网络主管、2 个流程管理人员、1 个农场工作的计划员、1 个配送工作的计划员、9 个配送协调者和 1 个配送协调总管、2 个外展服务人员、2 个内务协调人员、1 个社交主管、2 个特殊命令协调者、1 个简报人员。流程管理人员负责电话咨询、收发邮件、保存成员名单以及观察成员间的交流。1995 年，我们增加了社交主管的职位，来开发加强成员的团队感的方法。到目前为止，工作内容包括了给成员准备野餐，在分发日安排一个月一次的会议，帮助组织季后晚餐会。内务协调人员是最新增加的，他们负责两项工作：联系所有新成员确保他们了解我们的体系，走访费用晚交一个月以上的所有成员。我们的 30 个成员不是每个月都来开会的，但出勤率从来没有低于 40%。明确工作职责是必要的，我们有每个职能的职位描述，还有一个小册子，上面写着我们的职位和每年核心职责的安排。

GVOCSA 核心小组通过一致表决做决策。在会议中，我们讨论每个新的问题。如果我们当时不能很快达成统一意见，通常会暂时搁置这个问题，到它再次被提出时（有些问题再被提出前就自行解决了），经常都会很快达成统一意见。我们尽量使会议简短，一个月两小时，包括聚餐和社交活动。尽管我们必须处理各种细节和琐事，但 19 年来，我们保持语调轻松，避免出现不必要的误会。有些核心小组成员具有良好的沟通技巧，大部分则保持幽默感。成员的稳定性是对小组运行是否良好的试金石。

尽管我们努力均衡地分配我们的工作，但 19 年中的每一年里，总有些人会有超负荷工作的时候，但却少有人累垮过。每一年，多余的负担都会被分配给不同的人。我们的工作需求和农场与多数成员距离约为 33 英里，使得我们需要一个更加精细的结构，比那些有着更近距离的农场所要求得更加精细。所以，我们是一个活生生的实例，就是我们与成员的距离并不影响成员的参与。

组织一个有效的核心小组需花费更多时间和精力，这点是毋庸置疑的。位于佛蒙特罗亚尔顿南部的月亮花纹农场（Luna Bleu Farm）的苏珊娜·朗（Susanne Long）写道：

> 当开始我们的 CSA 时，我们一直没有解决的最大的问题是如何建立和维护一个活跃的核心小组。在初期，我们花费了很多心血建立一个核心小组。我们总是努力地去做好各项事宜，但还是感觉不对。核心小组面临的一个问题是 CSA 仅仅是我们农场的一小部分，不是一个核心业务。如何让一个核心小组不需要我们的推动就可以顺利运行，这从初期开始就是个问题。核心小组成员需要我们成为他们的领导，但在他们最需要我的时候，我却在忙种植季节的生产而无暇顾及他们。

在“成员活动和参与”的工作坊中，马萨诸塞州威廉城的守护者农场的伊丽莎白·史密斯表达了自己的伤感：“从我们建立农场，再逐渐脱离并让成员接手农场还是比较困难的。我们觉得很有负疚感，因为我们要求所有人都承担起各自职责。”守护者农场的“成员手册”描述了他们复杂的组织结构：

指导委员会：这个委员会是由农民和其他想决定农场发展方向的人组成的……直属委员会统筹管理下面五个小组来壮大、维护 CSA。

农场：这个小组由伊丽莎白、萨姆和所有学徒组成。他们对农场每天的决策负责。

农场经济：财务主管和直属委员会做出每年的财政预算，监管收支。

社区支持：责任包括招募分配食物的协助者，农场的工作支援，计划各种收获季，制作新闻简报和成员手册，增进成员间的交流。

组织活动：责任包括整合年度活动提案并跟踪进度，做好直属委员会的工作备忘录，调整 CSA 的组织结构。

未来/长期计划：这个小组负责讨论调整农场使命，与其他 CSA 的相互联络，组织对外联络。

CSA 结构与工作

农民

- 列出农场预算并公布给核心小组成员
- 准备作物
- 土地准备
- 选种
- 种植
- 收成
- 机械工作
- 修理工具和建筑物
- 购买农场必需品（肥料、杀虫剂、种子、燃料、袋子）
- 买农场保险和缴税
- 集资和财务管理

簿记

- 财务记录
- 生产记录
- 认证
- 指导份额成员耕种
- 监督份额成员耕种情况

农场份额成员

决定法律结构

决定共同购买的商品

协调一致价值观（比如：有机、本地种植，是否纳入低收入家庭以及保持社会阶层的多样性、是否让儿童参与）

选择核心小组成员

参与 CSA

准时付工资

做农场工作

做配送工作

帮助招募成员

取菜和分享食物

季末调查以评估项目

核心小组整体任务

选择农民

选择土地

选择作物

制定费用政策

设定交费时间

决定工作分工（成员参与的程度）

设定分配点

制定分配程序

监督项目进程

工作分配

财务

收取费用

支付农民费用

记账

维护银行账户

联络协调人

记录新闻通讯和通知

处理电话、网站及邮件事务

咨询答复（电话或邮件）

设立邮政信箱

成员名单

教育资料

每年的合同

推广协调人

招募新成员

宣传

和其他CSA、农场、合作社及相关组织保持联系

募集奖金

成员参与的安排

农场工作

分配工作

配送组织者

管理配送点

统筹其他成员的工作

处理从其他农场来的大宗订单

社会部主管

组织团体活动（野餐、会餐、庆祝）

监管儿童的参与

规划田间游戏区域

为亲子活动制定要遵守的章程

备注：依据农民、份额成员的才干和能力，这些工作可以用多种方式组合起来。

萨姆说，在这几年，不同的委员会都碰到让人伤脑筋的问题，这就需要定期追踪这些问题，直属委员会有需要时就转变为咨询小组，尤其是回顾每年的财政项目的时候。当萨姆、伊丽莎白接近退休年纪时，他们通过信托方式把农场转变为一种全新的所有权方式，长期计划小组转变成替守护者农场筹资的领头人。接手农场的丹和布丽奇特没有组成另一个直属委员会，但是农场继续运营，就像它在史密斯夫妇在时那样。

当我问艾奥瓦银溪（Silver Creek）农场的莫莉·巴特利特（Molly Bartlett）什么是她做过的关于CSA的最难的决定时，她回答说是如何决定核心小组成员的人选。她的丈夫特德也表示认同。放手一部分农场的职责是很难的，但是银溪却有着我所见过的CSA中最活跃的核心小组。两个核心小组成员加上 特德和莫莉从旁协助，就可以将主要工作完全分配下去。一个也是成员的主协调人考察其他核心小组成员的工作。核心小组成员都受到了很好的培训，在特德心脏病发作时，他们都有能力使农场运转下去。尽管有训练，当巴特利特夫妇决定中止在农场做CSA而专注于教育项目时，核心小组仍然无法放心自己是否能完全负起对农场的责任。

在农场距离成员远于一个小时车程的情况下，CSA依靠它们的城市核心小组来负责分配工作。在纽约金德胡克的罗克斯伯里农场里，每四个运送区域由一个独立的核心小组负责。每个核心小组决定自己的管理、配送的成本预算，其中包括给那些进行协调工作的成员免费份额的开销。那些核心小组成员组织分配工作、监管每周的工作轮换、招募新成员和帮助计划农场项目。起初，他们也处理成员的数据管理、收费和工作。每年两次，核心小组成员们和农场工人见面讨论每年的财务预算和农场的总体发展方向。许多年后，农场减轻了核心小组大多数的管理工作和收费的工作。农场主琼-保罗·考特思解释了这样重新安排的原因，“那和我们开始的方法很不一样。它增加了我们的开销，坦白说，我们不太喜欢这样做，但是我们觉得没有另一个选择了。”

像罗克斯伯里一样，仅是食品在纽约建立起的其他CSA都有城市核心小组（参照第6节“培育一个稳固的核心小组”）。缅因州有机农耕和园艺协会（MOFGA）采用核心小组模式来扩展在缅因州CSA的数量，并且联合了缅因州教会的力量。协会组织教堂小组，将其与附近的农场主配对联系起来。

生命能量社区农场的大多数核心小组成员都住在旧金山，距农场三个半小时的车程。作为一个长期的计划委员会，这一核心小组肩负了筹集9万美元以支持农场发展的责任（更多详情参看第五节）。部分核心小组成员负责区域划分工作，他们根据成员的居住地方划分不同的取菜点，以方便送货和取货。两个核心小组成员确保成员间有很好的交流。格洛丽亚·德卡特强调核心小组的角色就是使整个农场变成相互关联的经济体：

> 幸运的是，我们有一个活跃的志愿者核心小组，其中有10～20个核心小组成员来帮忙组织、分配、联络、网站维护、调查成员意见、筹备会议和农场活动。这个核心小组也作为一个研究和咨询委员会为农场

计划、项目发展、农地取得与保护、经营决策及资金筹集提供服务。成员们把需求的种类和数量正确传达给我们，使整个生产计划得以获得平衡。尽管困难重重，我们的份额成员提供给了我们所需要的种植上的经济和感情支持，也帮助了我们自己。我们相信用这种新型的且在经济上相互依存的形式来工作并发展 CSA 是十分必要的，其目的是帮助社会上的更多人和我们的农业。我们只有在拥有一个真正可持续的基础性的经济体系下，才可以成就真正可持续的农业。

天使有机核心小组简报的第一期中，汤姆·斯波尔丁（Tom Spaulding）解释说核心小组成员是由受这种特殊的社区支持农场而鼓舞的志愿者组成的。我们投入时间、精力、智慧、资源来帮助农场实现它的使命。我们作为份额成员来帮助完成的非农场事务越多，我们热心的农场主们就会有越多时间专注于生产可口、丰富、有营养的蔬菜和水果，这些都是我们每年从 6 月到 11 月必须依赖的养分的来源。像生命能量农场的核心小组一样，天使有机核心小组采用更有策略的计划和财政规划，方便成员与农场联络并在城市配送上协助农场员工。

经历了一年的热心参与后，汤姆搬到了农场，建立了 CSA 学习中心，一个与天使有机合作的非营利性组织。他们的宗旨是这样写道的："CSA 学习中心教导人们去创建可持续的社区，立足点包括土地、植物、动物以及人类。我们与天使有机农场合作，为大家提供相关的教育及富有创造性、经验性的课程。"中心提供半价的份额给低收入者，筹集资金来支付份额的差价；组织拜访农场，卖出像干辣椒和 T 恤这样的产品；协调中西部农民培训地区合作联盟（CRAFT）；给芝加哥地区的青少年、成年人及其家庭提供在农场劳作机会。[①]

在耶鲁枫树小溪农场（Maple Creek Farm）的米歇尔·卢茨（Michelle Lutz）却是另一种情形，因为她感觉她和丈夫丹尼（Danny）在孤军奋战，维持他们农场的运转。在 2004 年密歇根 CSA 大会上，她听说了我和约翰彼得森的农场如何激发成员加入的故事。在几近绝望的情况下，她决定试一试。冬天，她和丹尼给他们的成员写了一封长信，用数据列出了具体细节，陈述了他们奋斗的历史、承担的风险，以及在诸多困难下他们得到的小小成长，他们呼吁成员投入时间和资源来做志愿者。成员们的回复是及时而肯定的。一个成员为农场购买了一个犁，成员们召开会议讨论他们能做的事：他们自愿成立一个核心小组，接管社区事务的组织工作，为简报写稿，帮助农场分配和农场主们的市场销售。一个志愿者负责统筹所有事务。一年后，米歇尔回顾认为这一年是最好的一年。一个好的生长季和一群有技术经验的工人能起到了帮助作用，重要的是成员们的加入扩大了农场规模。有两次，当米歇尔和丹尼不能一起来装配份额时，一个发向成员的求救讯息给他们带来了所需的帮助。2006 年的季前会议吸引了 60 个成员在季前加入。

不是所有核心小组都为 CSA 完成后勤或管理任务，其中一些是资讯或者建议类型的帮助。事实上，斯科特·查斯基（Scott Chaskey）在他的《这个共同的土地》（*This Common Ground*）一书中回忆，“正是 10 个家庭组成的核心小组，种下了社区农业的第一颗种子。这个小组是‘生产者与消费者’[最近使用‘消费者’这个词常获得不好的回应，在一个进步的丹麦籍农民及思想家托马斯·哈特唐（Thomas Harttung）的建议下，我用‘公民’这个词来替换‘消费者’] 连接的载体。这个小组的角色，有点像一个咨询和指导委员会，在季节的变动中为农场提供所需的方向和指导。”

要建立小型组织，正如任何 CSA，我们都在把自己转变为可以倾听别人、善于合作的人。将独立的公司模式的农场改造为社区支持的农场是不可能一夜发生的。我们要去克服各种各样内在的惰性、经济上的问题性，还要学习很多新技术。但是，我们在互相尊重的环境中一起工作时，所具备的创造力是无限的。在全球范围内，下一个十年对农业来讲将是非常关键的十年。依靠于农民和消费者直接建立联系的本地食品系统与国际市场截然不同，全球化只能使嘉吉、雀巢和奥驰亚集团等公司从中获益。每一个新的 CSA 都是另一片自由的领土，都是朝着可持续发展的世界迈进一步，它才是我们唯一可能的未来。

CHAPTER 6 NOTES

①关于天使有机 CSA 学习中心的全部项目，请参考网站 csalearningcenter. org。

第 7 节　劳动力

公平原则

有机农业应该建立在共有环境及生存机会之公平性的基础上。

公平是以公正、尊重、合理以及共同管理世界为特征，这种公平既存在于人们之间，也存在于人与其他生物的关系之中。这一原则强调有机农业应该引导人类关系以一种能够确保各群体（农民、农产品加工者、食物分销者、交易商以及消费者）的公平性的方式而存在。有机农业应为参与其中的所有人提供高质量的生活，为粮食主权和减少贫困作出贡献。

——摘自《有机农业的准则》，国际有机农业运动联盟（International Federation of Organic Agriculture Movements，IFOAM）2005 基本标准

小型农场没有那么多人手来做所有的工作，也总是缺乏足够的资金。小型农场的迷人之处在于其工作复杂性以及在不同季节从事户外工作的机会。虽然经验和技巧能大大影响工作的速度，但有些工作是需要技能训练的；其余的则比较简单、不断重复。在美国文化里，人们吃东西时很少会想到那些为了种植、培育、收割、包装、运送以及分配这些食物的那些人所付出的时间和精力。通过参与到 CSA 中，更多的市民消费者了解到别人为他们食物所付出的辛苦；因为知道了在食物生产系统中忙碌的工人们有丰厚的工资和安全的工作环境，消费者对食物感到很放心，因此觉得食物更可口了。

成员工作

据美国农业部统计数据显示，农业之外的经营收入帮助了美国 84％的农场。农场家庭成员不计报酬的劳动力至关重要，当劳动量扩大到超过了家庭所能承担的量时，农场就必须为雇用工人或实习生支付费用。CSA 农场也不例外，但它们有特殊的机会从新的来源获得帮助——CSA 的成员们。

一切都取决于你如何开口提要求。当你做调查时，CSA 的成员或是潜在成员会称他们没有时间参与，但是人们说的不总是与他们想的一致。如果调查中问，“你愿意在农场上劳作或者在核心小组里工作吗？”大多数人都会用一个自我防御性的“不”字作为回答。至少有另外两个方法可以获得更好的效果。如果从一开始，农民和他们的成员们就讨论如何才能尽可能地使份额的价格降下来，劳动参与无疑会成为减少用现金支付食物的好方法。没有人认为这个工作是“义务的”。如果 CSA 能够把工作要求阐明，与成员们签订好工作时间和工作任务，成员们是能够找到时间的。如果你作为一个农民发现你正处于需要找帮手的窘境，号召成员们来帮助你吧，向他们解释说你应付不了 CSA 的所有工作。一些 CSA 已经在使用这本书里的 CSA 工作清单，并且成功地动员了它们的成员。詹尼斯山谷有机 CSA（GVOCSA）的那些来做农活的成员们常常发现他们很享受这份工作。当他们兴高采烈地采摘和包

装蔬菜时，觉得就像汤姆·索亚（Tom Sawyer）在粉刷着他的篱笆一样（参照第6节和第8节，以得到更多动员成员参与的信息）。

家庭工作

很多的CSA都是在非常小的农场上开展的，农场从半英亩到十英亩大小的都有，而且少的只有六个份额。最小的CSA是由园丁或小农场主来运作的，他们跟朋友和邻居大方地分享自己的收获。他们对于时间以及工效的计算与商业运作中的不同。当我第一次搬到马萨诸塞州吉尔镇的一个农场时，我的一个目标就是摆脱超级市场。八年来，我自己种植、灌装、冷藏并和他人交换我的食物。有一年我甚至自己在地里种起了小麦，然后用人工收割，用联合收割机脱粒。有风的天气里我就把麦子摊到房顶上以吹走麦壳，然后收集到了足够多的麦子，并用它们焙烤出了五条我曾烤出的最香甜的面包。这样能叫有效率吗？你会认为这是开玩笑吧？但这有关系吗？当然没有。对于我和我儿子来说，在他五年级的整整一年，能够吃上抹着自家蜂箱里产出的蜂蜜的面包，所有的努力和付出就都值得了。

农场的生活模糊了生活和工作的界限——这是一种生活方式，意味着更少的现金、更少的消费性娱乐以及更多的体力劳动。想要务农的人们需要明白这些，以免当他们发现在这里不比其他职业赚得多也无法享有外地带薪假期时感到惊讶和失望。同其他的小本经营一样，农民需要自付健康保险以及为自己的退休作打算。更重要的是，要学会怎样尽可能高效地巧干、用好你的体力。

大波斯菊与野苋草

有时，这份工作似乎已经失去上天的眷顾。

不再有蜂鸣的陪伴或阳光的抚摸、鹰鸟的盘旋，

只剩下蚊蝇的嗡嗡声与扎手的荨麻。

汗水流到了眼中，展开想象的翅膀，在水晶般析透分明的光束中，繁花如星，笑看甘蓝、生菜和茴香——

然而，现在只有野苋草，

薯甲虫和多棘刺，

不知名的小草扎破手掌。

该怎么办?

小心一点。

> 休息、喝水、吃饭、散步。
> 享受这个过程，
> 唱歌、呼吸、伸展，
> 同野苋草和薯甲虫对话。
>
> 谢里·米克尔，1992

自亚当和夏娃以来，农民就是举家劳作。然而正是不需支付薪水的家庭劳动力最让农业经济学家们烦恼。家庭劳动力很少被计算或以时薪计酬，但它是整个农场经济的基础，而在此经济中，“人”是其产品的一部分。当然，很多人在农场长大，当他们回首自己辛苦工作的童年时光会感到害怕，会发誓“我不要再来一次”。他们把自己固守于办公室的生活或者其他任何形式的生活，只要能远离那个摘豆子的农场。但是很多在农场长大的人，在回忆起工作中掺杂的那些声音和味道时，都对与父母共度的那些时光表现出深深的怀念。做家务以及被期望能承担责任对孩子来说是好事情。当你真需要他们的时候，他们就能承担起自己的责任。这听起来可能太老土了，但是劳动的确能成就人的性格。我们是要抚养终日懒散在家里的懒汉，还是培养出更加积极活跃的公民呢？对孩子们来说，知道体力劳动对身体、心灵有好处并且看着父母从事有意义的活动，永远不会是坏事。

小型农场的局限是，经济压力常常迫使农民和他们的家庭超负荷工作。在这种市场竞争的压力下，很多爱情关系开始出现问题。那我们是否就可以推断说这是工作本身的问题？或者是我们需要改变经济状况并且学会如何把工作安排得更好？在一次关于把人们从小农场的苦差事里拯救出来的谈话中，温德尔·贝里如是说：

> 干农活是一个苦差事，这是那些农村社会学家一开始就在讨论的问题。这是苦日子，因此没有人应该过这样的生活。多么不寻常的结论！这样的说法忽略了一些重要环节：是什么导致了这种艰难？自由是从其中而来的吗？家庭的骄傲与和谐是否随之而来？某种社区的理念是否孕育其中？是否有某种信仰，某种基本且责无旁贷的奉献精神，同样根源于此？以及关于情感、爱、忠诚与忠贞的观念是否同样存在其中？最基本的问题就是，你究竟愿意为自由付出多少艰辛的劳作？

有很多写在农场上一起工作的男人和女人们的文章与书籍。要在工作和责任之间找到一个清晰的划分是极具挑战性的。我意识到这是一个太过于简单化的说法，但是经年的观察使我相信大多数男人和女人们确实想的不是一回事。理想上，男女互补应该是工作搭档的一个力量之源。现实中，男女差异却是摩擦的根源。我曾经跟那些把家庭农场经营得十分成功的农民们交谈，当我问他们同亲友一起工作时什么最重要？他们的回答是相似的：宽恕的能力，以及要把家庭的位置放在农场的前面。

理想中的家庭农场，丈夫和妻子、父母和孩子、朋友和邻居应该是在和谐、合作中一起工作。相互的尊重和感激影响着两性与两代人间的关系。当存在不同意见时，人们会坐下来商量出一个大家都能接受的解决办法。如果我们能活在这样的理想状态中该多好！现实中，经常就会有人大发雷霆；在倍感压力的情况下，即使是深深关爱着对方的人也会说出愤怒的不经思考的话，结果就会伤了感情。我们该如何使得现实更向理想靠近呢？

在 1999 年美国东北部 CSA 会议，一个由不同人组成的小组坐到一起讨论起“男女共同工作”这个话题。其中我与另一位参与者皆在伴侣关系结束后，离开了先前经营的农场；两个年轻男士正想跟他们的女性搭档开始农场的生活；两个年轻女士跟男搭档一起劳作；一位已经跟她的男搭档一起经营农场好多年的女士；还有一位女士人仍然在跟她前夫一起经营农场，虽然他们已经不住在一起了。每个人都参与到我们热烈而积极的讨论中。我们通过拟定一些建议结束了会议，这些建议能够帮助我们与他人一起更和谐有效地共同工作：

- 不要让不高兴和分歧积聚到不得不爆发。当不同意见出现时，要注意说话的语气语调、切忌泛泛而谈。使用冲突消解法并召开例会讨论问题与解决方案。
- 敏感度的不同是恼怒不断积聚、增加的原因。要尊重别人的看法。
- 在专业技能和领导技巧间取得平衡。掌管不同的区域并在可能的时候与别人互换一下工作职责，以了解身处不同角色时所具有的看法。
- 订一位合作协议书（Nolo 出版社有可以帮助你的模板，见 www.nolo. com ）。
- 一天结束前就把问题解决了，不要把愤怒和伤害带上床。
- 学习好的教育的技巧——怎样给与足够的信息又能留出时间和空间让人消化吸收。
- 不要总让技巧好的搭档来教技巧差的那位而使伙伴关系过于沉

重。向其他的人提供指导帮助。我们的社区需要提供这些关键技巧的培训。

- 我们把这农活看得太严肃了。让事情从玩耍与社交的乐趣中自然发生吧，好好享受！

在玫瑰山谷，我和戴维以一种很传统的方式来分工。戴维负责机器、现场准备以及短期和长期的维护。他是个经验丰富的木匠，对机器也有足够的维护经验。我父亲甚至连保险丝都不会换，因此我从小到大对关于机器的技能一无所知。我所知道的是，作为一个成年人，我学这些学得很痛苦。在农场，我负责计划作物生产、订种子、记账、管理温室、运作市场（包括参与到 GVOCSA 的核心小组里）以及监督作物的采摘、包装和配送。我们俩一起锄地、除草，并带着学徒们一起耕作。我每周跟 CSA 成员们一起劳作，周日会有一大群人，我独自管不过来，戴维就会来帮我。对责任的分工明确可以减少矛盾的发生。春天的时候，戴维会判断什么时候地已经干到可以耕种了，他跟从自己的直觉，不需要来找我商量。我为食物采摘制定了质量标准，在他看来我可能会有点大惊小怪，但他坦然接受了这些标准并且在学徒中推广。我和他的技能在很多方面是互补的。有什么错了吗？我想当个人的和专业的问题不可避免地纠结在一起时，问题就常常出现了：一个关于架子高度的偶然的评价很容易引起深层苦恼和不满。

威斯康星州靠近维洛奎的和谐山谷农场，理查德·德·怀尔德（Richard de Wilde）和他的搭档琳达·哈雷（Linda Halley），对责任没有明确的分工。1997 年时理查德告诉我他和琳达是可以“互相替换”的。他包揽了一半以上的农活：维护、修理、实地工作以及使用斯丹黑牌播种机种植。琳达帮助他制订种植计划、用播种机种植、有时开开拖拉机，同时协调着忙活收获的一大群人。当农场开始用电脑后，琳达就收集关于 CSA 的资料，并制作每周的通讯。两人共同管账，并轮流开卡车去麦迪逊，还在麦迪逊的威斯康星大学当顾问。琳达在 2005 年离开了和谐山谷，理查德认为她之所以离开是因为两人在农事管理上产生了矛盾。从我的经验来看，我很想知道他为何会如此肯定。但可以肯定的一点是，他们的 CSA 成员会很难过，就像我离开玫瑰山谷时一样。当你在 CSA 简报里讲述你的故事并邀请成员到你农场时，你就把自己农场情侣的生活置于公众视野之中了，此时，你没有办法阻止他们会产生那种上当的感觉，即家庭农场的理想生活只能从肥皂剧里看到了。理查德说一名成员顾问安慰他说：“我们中有一半人都离过婚，我们理解你!”

在和平工作农场，我们四个人搭档。我们的目标是每个人都掌握所有的技能，以确保没有哪个人是必不可少的。受到迈克尔·E·格伯（Michael E·Gerber）的《重访E神话：多数小企业不可持续的原因及对策》（*The E-Myth Revisited: Why Most Small Businesses Don't Work and What to Do about It*）的启发，我们列出了一个农场需要做的所有工作清单。每个冬天格雷格和我就会微调我们彼此负责的工作项目。当我们多了两个合伙人时，我们把负责的事情又分了出去。最初两年，格雷格负责向商店推销、农场田间管理以及收入管理，我负责与GVOCSA核心小组的交流、支出管理、温室工作、生产计划以及收获后的相关事情，我们一起种植、除草、防治虫害以及跟CSA成员们一起工作。

1998年我和格雷格开始建立和平工作农场的时候，我们两人都没有犁过地或是耕过地，也没施过肥，为种植准备耕地、用凿式犁和铲子建造永久苗圃更是没干过，我决心学习如何耕地。开始时，我们从土地业主道格·克莱（Doug Kraai）那里租借了两台几乎全新的福特拖拉机，他教会我们如何使用拖拉机（他不知道我和格雷格从事农活的时间还不如那些闪亮的拖拉机使用的时间长呢）。我们俩学会了使用五英尺宽的Celli犁耕机，这个机器是我们从成员们捐给我们的投资基金里拿出5 000美元买的。格雷格开装料机，我就用施肥机施肥。因为我去年在玫瑰山谷做过一些耕地的活，所以这几年我承担了大部分耕地的活。我把在拍卖会上买来的腹式除草机装在我们的阿里斯查莫斯牌拖拉机上，格雷格负起了大部分除草的职责。2000年的严重干旱逼得格雷格学会如何设计和管理滴灌式灌溉，然后再教给其余的人。安米加入我们后，就承担起了很多除草、除虫的工作，以及代替我负责包装棚和质量控制的任务。2004年她学会了使用铲子，2005年她可以开安装了水轮移植机的拖拉机了。那年，凯蒂第一次做一个全职农民，她接替了我负责的温室工作，跟安米一起负责包装棚，同时还跟格雷格一起学习耕地。她在我们的新项目——药草上走在了前面。现在和平工作农场已经变成了一个有限责任公司，安米负责管理大部分的账目。我2007年的目标之一就是教会安米和凯蒂进行机械耕地，格雷格想让我们三个来负责一部分拖拉机维护工作。在CSA收获日，我们四个人和我们的两个实习生，跟成员们肩并肩地一起工作。

马萨诸塞州的多手有机农场上大多数帮手都是来自洛逊·基特里奇的家庭成员。茱莉和杰克的四个孩子从小就跟他们一起工作，现在他们已经长大成人，最大的孩子丹已经跟父母一起住在农场上，他们三个人一起工作。茱莉说，他们的做法已经从以前的大喊大叫演变到“愉快合作”。这么多年，他们已经清楚知道每个人擅长做什么以及愿意做什么。茱莉说这样的结果就是“我们每天都毫无压力并且喜欢在这里。”丹是要拿工资的，而他的父母靠着东北有机种植协会生活，他们只从农场上获得食物。杰克负责编制预算、管理果园以及农庄的建筑方面的事情，丹和茱莉负责蔬菜生产并负责大部分的动物饲养工作，其中，母亲负责照看日间的工人，儿子照管设备、晾晒干草。他们把肉卖给拿薪水付税的妇女，并且付薪水给一个业务通讯编辑。他们有 10 个参与工作的份额成员，大部分是跟茱莉同龄的妇女，他们以 80 个小时的工作来换份额，每小时薪水为 6.5～9 美元。每一年，茱莉还会训练 4 个刚毕业的高中生。这可真是集齐了各种各样的工作人员了。

卡萝尔·艾克尔伯格（Carol Eichelberger）和琼·米尔斯这两个女性合伙人的经历还是很有趣的。据卡萝尔说，她们俩分担大部分的工作，但她们依据各人更喜欢什么和不太讨厌什么来划分责任。卡萝尔负责种植计划、防治病虫害、温室和灌溉。琼负责组织工作、除草以及收获工作而且每隔一周还写简报。她们一起制作堆肥，保养维护拖拉机，准备土壤并且施绿肥。卡萝尔说她们具有一定的机械知识，并对她们那台还比较新的拖拉机感到相当满意。

在纽约蒂拉农场（Tierra Farm）的几年里，冈瑟·菲什戈尔德（Gunther Fishgold）和布鲁斯·谢德尔（Bruce Schader）是两个男性合伙人，他们的责任分工很像戴维和我在玫瑰山谷农场的分工。从小务农的布鲁斯负责机械农场运营。有环境组织和游说经验的冈瑟掌管市场营销、招新、与 CSA 成员们的交流，还管种植计划并与学徒一起完成布鲁斯指定的工作。

在一封电子邮件中，琼-保罗·考特思简述了需要用多少人来经营罗克斯伯里农场，这个农场提供了 1 000 多份份额并且限制了非 CSA 方式的销售：

> 我们有 4 个学徒和 4 个小时工。这些学徒每周工作 40 到 45 小时，获得 1 000 美元加上免费食宿。学徒们和我们工作 5 到 8 个月，平均起来是 7 个月，小时工和我们工作 5 到 7 个月，平均起来是 6 个月。每个工人每周工作大致 40 小时，这就意味着学徒们大概投入 4 800 小时以及小时工投入 4 000 小时。乔迪（Jody）和我每年各花2 400小时，其中有 2/3 都用来培养作物，1 000 小时用来做管理工作，在淡季里用 1 600 小

时来规划农场、会见客人并且进行农场旅行。所以，我们农场用 13 600 小时来种植 30 公顷蔬菜、40 英亩覆土作物加上 3 次播种和养殖 10 只肉用小猪。除了这些农业工人之外，我们还雇用了一个每周工作两天的会计和一个旺季时所需的司机。

雇用人手

如果你决定招聘工人，你就遇到了美国州和联邦条例的迷宫。尼尔·汉密尔顿（Neil Hamilton）的《农场直销的法律指导》（*The Legal Guide for Direct Farm Marketing*）是一个对于招聘和其他问题都有帮助的资源，但是要记住，尼尔是一个律师，所以他对每一种情况的法律解释都比较缜密与保守。就像道格·鲍恩（Doug Bowne）在 1997 年东北 CSA 大会的一个专题讨论会上关于这个话题所说的一样，你会从六七个代理处那里得到答案，但这些代理处对 CSA 农场却没法给出清楚的答案。“我们是诉讼体系中的先锋，”鲍恩提醒道。对于那些从没有雇过员工的人们来讲，第一步应该参考《农场雇主的税务指南》（*Agricultural Employer's Tax Guide*），它是农业雇主的税收指导，这个文件会引领你做你该做的事。你可以打电话，然后他们就会择日给你寄来你想要的东西。经济研究服务站提供了杰克·L·鲁尼恩（Jack L. Runyan）写的详尽的《2000 年版农业雇主联邦法规概述》（*Summary of Federal Laws and Regulations Affecting Agricultural Employers, 2000*），里面包括了国家对农业雇主的雇用以及安全要求，对雇用移民和季节性农业工人的法律规定以及税收的要求。在很多州，合作推广服务站或者是州劳工部的分支机构能给你提供信息。在纽约，一个以康奈尔大学为大本营并以税收为支撑的非营利性机构（名为 FarmNet）为农民提供财务咨询以及心理咨询。其他州也有类似的服务。

最简单的方法就是向一个与雇员签订了合同的邻近的农场主咨询，有些州还为新企业提供税收指导。对于所有年收入超过 150 美元的雇员来说，雇主为其社会保障和医疗保险的扣缴负责，两者加起来为净现金工资的 15.3%。雇主从雇员们的工资中扣除应缴费用的一半并且自己支付另一半。雇主会被要求定期存入所有的社保、医保费用并且让一个被承认的银行扣下收入税。联邦法要求所有雇主必须购买公认的赔偿保险，这些保险的价钱在每个州都是不一样的。尽管费用多少是州政府规定的，但不同的农场有着不同的风险要承担，一个没有支付保险的雇主可能要为员工工伤付费或是为未投保而支付罚款。

为了合格地填写这些表格，你必须有一个雇主认证号码，这个号码就像一个社会安全号码一样，通过系统可以追踪到你。要得到一个雇主认证号码，需要填写税务部的表单，你可以通过电话在几分钟里就完成这个过程。有特殊的法律规定对16岁以下不是您直接亲属的年轻人的招聘条件，你必须确定他们有工作执照并且不能要求他们做违法的工作，违反这些规章的罚款是很重的。

找到确实好的并且稳定的帮手并不容易，美国公民中愿意干农活的人非常少。理想的雇员是一个可以培养并且用很长时间的当地人。在玫瑰山谷我们很幸运地找到一个叫做格雷格·帕默的朋友，他住得离我们非常近而且是学徒出身，先成为了我们的初步伙伴，最后成为了我在和平工作农场的合伙人。

很少CSA足够大到可以供养超过1到2个全职工人。就算是经营农场的农民也没法一年到头都能得到薪酬。在CSA销售占了农场销售一半、拥有800个CSA份额的和谐山谷农场，除了2个农场合伙人还有10个全职工作的雇员，雇员们都是在农场上待了很多年的当地人。夏天人手会增加15人，既有当地的年轻人、住在这里的年轻的墨西哥人，也有其他从远处来的人。曾有老挝人在这里干过，有一年还有个从加纳来的人来学有机农业。由于对劳动人手的需求增长了，和谐山谷增加了10个H2A移民。H2A是一个有着严格工资、住宿、交通花费条件限定的联邦项目，它允许农场引进合法工人，在每个农忙季节结束后，这些移民必须返乡。这个项目并不受农场工人的欢迎，因为它有很多弊端。比如说，如果一个工人不喜欢农场的环境，他没有更换雇主的自由。除了这些问题以外，理查德·德·怀尔德说他的工人非常高兴回家，而且没有H2A的话他们会担心再也不能回来了。为了给他们提供健康保险，理查德找到了一家公司来办理这些来自墨西哥的工人的健康保险，并且他们从墨西哥回来后能够续保。

和谐山谷CSA的一些成员工作了一个夏天，甚至有一个成员想辞掉自己的大学教师工作到农场里来定居。按照每小时9到12美元计算，他一年工资总共是5万美元。小一点的农场对和谐山谷招聘了一个全职厨师非常羡慕，这个人除了准备饭菜外还为CSA简报提供菜谱。

在新罕布什尔州韦尔的健康地球农场（Good Earth Farm），戴维·特朗布尔（David Trumble）在一个成年人和三个青少年工人的帮助下，用三英亩的蔬菜地和一英亩果园满足80户家庭所需。他招工的经验十分有益：

> 这么些年来我们很幸运地雇用了几十个人并且和他们所有人都保持着良好的关系。他们在大学假期时回来拜访我们，而且帮我们照看孩子。我们听他们讲他们个人生活中的大事，或到当地高中数不清的校园戏剧里去看看他们。我们给工人很体面的工资，花时间教给他们作为一个好农民应该掌握的技巧，并且像对待成年人一样对待他们。我们跟当地的劳动力合作，我们认为跟从外地招聘实习生比起来，这更接近社区支持农业的概念。我们影响着他们、他们的朋友以及他们的家庭。另外，跟我们待在一起的成人们，不管是多长时间，都像我们的合伙人一样，因为我们总是询问他们关于农业的意见和建议。

现实是，那些农业移民雇工们做了大部分的除草、采摘和包装蔬菜的工作。美国劳动法特别地未给与农业移民雇工在结社和加班费上的保障（其他行业的工人享有）。当小规模的有机农民扩张超过了一个农民负责1公顷～5公顷农田的规模（这是一个农民或是一个家庭能管顾过来的规模），他们发现在大多数情况下，熟练的农业雇工比那些不情不愿的城郊的青少年和大学生要干得更快、更可靠。作为老板，很多CSA农民尽他们所能来保持一种社会公平感，他们试图用很紧张的预算来为大家营造尽可能体面的工作条件。罗克斯伯里的农民们将劳动标准紧放在有机操作标准后，并将力图实现这两种标准作为他们的首要责任；琼-保罗说道："我们很有兴趣创造公平的工作环境并提供不错的工资给我们的工人，因为我们感觉这与对土地实施有机耕作方法同样重要。"①

加利福尼亚州的很多CSA农场提供整年份额以给他们的农业雇工提供稳定的工作。威利（T and D Willey）农场网站放上了农场工人的照片并号召、推动他们的顾客们感激工人们通过辛苦劳动而得来的食品。这个网站解释了整年雇用劳工的重要性：

> 农场的劳动是辛苦的，但是为此付出努力的人却未收获到足够的报偿或是尊重。我们所做的改进，尽管适中，但对农场的劳动者来说是不够的。我们的农场在这个地区以是个工作的好地方而闻名，我们最终能吸引来高素质的劳动力。我们工资最低的员工的年薪也差不多是加利福尼亚农场工人的两倍。整年雇用制使得他们能成为我们社区稳定的成员。当家庭有了稳定的工作，孩子接受教育的机会就会提升。在农场得到了长期的职位后，他们就能得到年终的奖励和付薪假期。

加州沃森维尔马里奎塔农场（Mariquita Farm）的朱莉亚·威利（Julia

Wiley）告诉我们说，有些抱歉的是，当我们不能给我们的工人提供高工资时，我们就提供整年期的工作、发奖金以及给一些雇工的家庭提供贷款，让他们能在这里建一栋体面点的房子。

由四个合伙人一起共有并经营的加州古因达的250英亩的饱腹农场，那里800个份额只构成三分之一的收入。就像马里奎塔农场、饱腹农场一样，他们给雇用的一些农业劳工提供整年期的工作。除了四个合伙人以外，另外还有四到五个雇员生活和工作在农场上，还有15个当地的人做整年工。负责收获的团队成员扩大到了40个。饱腹农场还雇用一些全日制工人来协调和管理送到伯克利的450个份额。合伙人轮班监管白天的收获。2006年，饱腹农场获得了可持续农业研究和教育项目颁发的帕特里克麦登奖（Patrick Madden Award）。

为了帮自己耕作从新泽西彭宁顿斯通布鲁克—米尔斯通华特山协会租借来的30英亩地，吉姆·金赛尔雇用了一些季节性的全日制工人。他的有着2 200个份额的哈尼布鲁克有机农场是我所知道的最大的CSA。吉姆的妻子和农场的策划者雪莉·杜达斯（Sherry Dudas）把这一成功归功于他们的工人，是他们在自己原先的墨西哥农场里学到的经验起的作用。自从1993年起，吉姆就跟墨西哥的萨卡特卡斯州的卡马乔（Camacho）家族建立了密切的工作关系。此家族最大的兄长戴维（David），已经成了他不可缺少的田间管理者。戴维曾经营过自己的家族农场并在冬天回到那里去种植辣椒和花豆。两个年轻一点的弟弟，和戴维的儿子埃米利奥（Emilio）也是农场的正式工人。戴维和埃米利奥会两种语言，所以他们管得了工人并能跟会说西班牙语的吉姆交流。

吉姆全盘管理农场，买设备、招聘、做CSA推广、订购种子、帮助华特山协会管理它的830英亩土地，如果有时间他就去田里干活儿。卡马乔兄弟们主要负责收获工作。在农场最鼎盛的时期，哈尼布鲁克有机农场有10个田间工作者而且让他们住在租来的5人间里。在安排住宿方面，工人们发明了一个方法，他们分成两队，轮流做饭。农场还给他们提供了货车。初始工资是每小时9.29美元。因为卡马乔兄弟一年只工作9～10个月，雪莉无法帮他们找到愿意提供健康保险的公司。2006年雪莉和吉姆开始为戴维准备一个退休计划。当工人们在11月离开时，吉姆和雪莉不知道他们中的哪些人第二年春天会回来。吉姆说，“某种程度上，我把家庭分开了，这两兄弟是有妻子的，但我也把他们俩聚到了一起。”

当我问比尔·布拉默（他的CSA在1998年已经扩大到了800个份额，

而且仍然在扩张）他的会员是否工作时，他说，“如果所有人都在农场的话我会疯掉的。”然后他就告诉我他聘请了1个农场经理，2个办公室工人，4个工头，还有110个田间工人，他们大部分都是墨西哥人。换句话说，比尔和我管着相同数量的人。如果我必须当这么多人的老板，我会疯掉的！

实习生

雇用实习生（法律意义上的说法叫学徒，实习生这个说法在CSA的环境中更恰当）是一个用更少的钱给农场带来劳动力的好方法。为了更好地管理实习生，一个主要的责任就是教给他们并分享你所知道的东西。如果你不想花时间解释你为什么要做你正做的事情，只是想快点训练好他们并安排工作，你就不应该考虑招募实习生。

过去的五年里，新英格兰小农场研究所（New England Small Farm Institute，NESFI）在为新农民培训提供高质量的资源方面处于领先地位。它创造性地提供的首门课程就是“农场顾问职业形象”。MOFGA的罗素·利比（Russell Libby）已经做实习生项目很多年了，他跟11个农民一起训练实习生，花了两天时间列出了指导过程中涉及的所有任务和责任。还有就是凯瑟琳·海斯（Kathryn Hayes）写的《耕种新农民：农场顾问是否适合你和你的农场?》（*Cultivating a New Crop of Farmers*：*Is On-Farm Mentoring Right for You and Your Farm*?）（NESFI，2005），一本决策工作簿，帮助农民弄清楚他们能否招聘实习生以及他们还需要做什么才能使之成功。一系列的工作册能够引导你的思考和评估过程。米兰达·史密斯（Miranda Smith）结合她五年的论证和经历写了一本《农场顾问指导——农场培训的实践方法》（*The On-Farm Mentor's Guide —— Practical Approaches to Teaching on the Farm*）（NESFI，2006），这是本系列教材的最后一本。这本书应该是农民们用来训练实习生的必读书。

在《可持续农业的实习生：农民手册》（*Internships in Sustainable Farming*：*A Handbook for Farmers*）一书的初稿中，道格·琼斯（Doug Jones）总结出雇用工人和实习生之间的区别：

> 工人们通常在农场做专门领域的工作；他们经常有过去的经历；他们挣的是小时工资并通常不跟你住在一起。州和联邦政府有很多的条款和被任命的官员们在保护工人名免受剥削。雇主与雇员间实质上的敌对关系是存在的。

从另一方面，对实习生来说，你有更大的责任来指导他们。他们期望你来告诉他们“为什么”，不仅仅是“怎样做”。他们应该通过尽可能做更多不同的工作，同时也通过频繁的关于目标、方法和农场体系的讨论以得到多样化的学习经验。他们准备自己有个假期或者起码学习应该怎么种食物。实习生们通常住在农场，以期望多跟你交流，也可能想学习多种多样的农村生活技巧……大多数的工作安排上，实习生得到的现金薪俸并不直接跟工作的时间挂钩。有可能的话，他们会和你分享人生的理想和抱负，这样，一个友善互动的而非敌对的关系就会占优势了。（注记：这也是对如何获得与雇员的友好的、有成效的关系的好的描述）

所以，如果你愿意并且能够在你工作时教导实习生，他们就可能解决你的劳动力短缺问题。艾瑞克·托斯梅耶（Eric Toensmeier）为《农场顾问指导》做的调查最后证明了，无论这种关系对你而言多么特别，权威都会认为你的实习生或是学徒都是你的雇员。《农场顾问指导》提供了你应该遵从的管理农业雇员的法律和规则等方面的信息。

我的经验是，当你找到了正确的人选，实习生不仅能减轻你的工作量，而且也使得工作更加愉快。跟那些乐于了解你在干些什么的人一起工作可以使那些僵化的工作得到转变。需要告诉你的实习生们这样重复性的工作是如何融入到农场的体系当中的，这可以让经营可持续性农场的重要人际关系能持续保持活力。我仍然跟我之前的大多数实习者保持着联系，一些人已经有自己的农场了，其中六个在经营 CSA，因此我们仍然以一种互帮互助的方式联系着。

雇用实习生还有着更深远的意义。如果我们想要 CSA 持续壮大，有经验的农民必须学习如何使自己的知识得以传承。“我们需要几千个、几万个新农民!”这可能是罗宾·范·恩说过的一句话，但也出现在保罗·博纳基（Paul Bernacky）在 1997 年东北部 CSA 会议上关于学徒身份的演讲里。关于农场劳作的实用技巧，特别是关于管理 CSA 农场的技巧不在一些学校的课程范围内。一些机构开始跟上了对于这种学习的强烈需求。同时，正在做这件事的人需要从零开始来训练一整代人关于当地的、可持续的食物生产及其包括的所有技能。

大多数对学习农场知识感兴趣的人都是没有农场经验的。他们有两套课程：“学习如何做体力活”以及“如何经营农场”。沙恩·拉布瑞克（Shane LaBrake）经营着由阿科基克基金资助的在马里兰生态系统农场（Ecosystem

Farm）的两年期的实习项目，他把这些分为不同的三个方面的挑战：体力，精神和情感。就像卡斯·彼得森在她给潜在实习生的信里写到的那样："学习那些大多数现代人认为是'没有技术含量'的基本农场技巧是要花时间的。那不是'没技巧的劳动'，锄地需要敏捷性和练习，收割需要判断力和速度，市场工作需要交流技巧和经验。"

达到良好的体能状态是首要准备。在不伤害自己的前提下使用自己的身体并且用最少的力气来完成任务，这需要练习和经验。在体力任务上跟他人合作又增加了另一重的复杂性，这是一种大多数人都没有的天生直觉。当我和搭档一同捡起一个板子时，我就会马上知道当想用最简便的方法来移动这个板子时对方需要什么配合。如果你像我一样在城市长大，你就可能需要一些指导来掌握那些农场的孩子们认为是常识的东西了。

沙恩的目标不仅仅是训练农业雇工，而是还要使得人们能在自己的农场上耕作。为了达到这个目标，他需要获得技能与自信。训练的第一年他主要关注在技能、身体和精神上。第二年他计划给实习生们提供管理经历以及认知问题解决问题的更大的信心。长时间劳作、低薪水、疲惫、干旱、洪水、虫疫——在每个经营农场的现实生活中都会遇到的情感上的挑战。要知道你是否能达到这些要求的唯一方法就是去尝试。至少经过实习，你可以利用在别的农场所学到的东西着手开始自己去做了。

在招募实习生时，告诉他们在你的农场上工作的真实情况以及打破外界关于农场田园生活的浪漫想象是极重要的。天使有机农场的小册子让实习生一起来关注农活中的团队纪律：

> 农场就像一张网。每件事都会影响到其他的事情。如果因为开始时延误了或是使用了低效率的工具抑或是因为交流中产生了误解，而使时间不够了的话，这些工作仍然要靠其他时间来做完，而不会消失，还需要在下午或是晚上完成，或者我们还要找更多的帮手。要不然，就不能除草了，或是不能在下雨前完成收割，或是移植被耽误了，要不就是庄稼受到了损害，使得我们的 CSA 成员们得不到足够的食物。

卡斯·彼得森尽全力将那些不现实的东西吓跑：

> 农场的工作是不容易的，有时它需要很长的时间，还伴随有肌肉疼痛、昆虫叮咬、流汗以及寒冷、炽热和大雨的侵害。虽然不是每样工作都要求高度的体力，但你仍应具有良好的耐力。如果你期望有熏肠、干草车和在深水潭里嬉闹的夏日露营，请再考虑做其他的事以度过你的夏

日。我们努力来度过个好时光，在一天结束时喝杯冰啤酒。但是我们的成功是依靠我们对于自己正在做的事情的执著以及对于计划安排的不懈坚持。

要使得实习关系对于农民和实习生来说都是成功的，双方都需要明确预期和责任。《农场顾问指导》为实习生的招募、面试、申请表以及合同等方面提供了建议。很多农场让申请者填写了申请表格，包括他们为什么想要经营农场的陈述、工作推荐信以及面试的日期。萨姆·史密斯（Sam Smith）20年来每年带四个实习生，他强调团队合作和让实习生们负责特别的任务很重要，这样实习生们就会有做决策的经验。比如可以每周一起走过农场分享观察到的事物，拟订每周的工作计划，并就重要的话题开展每周学习小组。萨姆和伊丽莎白对于实习生有一个类似于最终测试的东西——他们离开一周，把农场留给实习生们来照料。就我的经验，没有农场经验的实习生需要六到八周才能进入状态。在这一点上，是一个好时机来让他们拟定一个学习契约，列出他们尤其想要获得的农事技能。季中和季末，你可以做一个双向的测评，看看双方的合同——实习生来学习，农民负责教导——完成得怎么样。

很多雇用了实习生的农民担心费用支付问题，法律规定了受雇者的最低工资以及社会保障、医疗保险和雇员赔偿保险。但这些规定并未考虑农民教学的价值。（讽刺的是，你向实习生收费将比你付给他们钱带来更少的麻烦！）为了使农场能负担得起费用，农场可以向实习生收取房屋和伙食费，也还可以向他们收取指导费，但这些钱必须要算作农民收入的一部分。

全国有很多实习生的供需列表和培训项目，在那里农场可以打广告寻找候选人，潜在的实习生也可以寻找职位。农村地区适用技术转移项目（Appropriate Technology Transfer for Rural Areas，ATTRA）已收集了有关个体农场以及组织培训项目的最全面的清单。如果你拨打免费电话（800）346-9190，他们会马上给你发送一份复印件，他们的列表里包括了CSA农场。有机志愿者网站（OrganicVolunteer.org），也有一份全国的列表，虽然大多数使用它的人都是在寻找短期的就业机会。

很多CSA农场接收实习生，但是只有少数项目是特别为训练CSA农民而设的。在加州圣克鲁斯大学（University of California Santa Cruz），38名实习生在“农业生态学与可持续性食物体系中心”完成6个月的关于生态园艺的密集训练，这个项目还包括经营拥有100个成员的CSA。在约翰·比伦鲍姆（John Biernbaum）的推动下，密歇根州立大学从2006年开始，在农业及自然资源学院的农业技术研究所建立有机农业认证课程——提供40学分的有机农业与特殊作物栽培课程，其中包括一年在学生有机CSA农场的实践机会。第一年，15个学生通过他们48周的共同课程来学习如何管理整年期的CSA农业生产，为满足大学的需要，整个课程分成了三个学期，每学期16周。

农民凯蒂·拉文和实习生安迪·西蒙斯用水车移植植物幼苗。

沙恩·拉布瑞克在阿科基克生态农场（Accokeek Eco-Farm）开展两年期的实习课程；俄勒冈州的苏未岛有机（Sauvie Island Organics）农场的实习生们花上两个种植季节实际参与，两个种植季节中间的冬季则可以上课并计划农场第二年的项目。希尔营村金伯顿桑卡那克CSA（Camphill Village Kimberton Sankanac CSA）的塞巴斯蒂安·克雷奇默（Sebastian Kretschmer）提供生物动力学的训练，他还是田间导师课程开发的主要负责人；克罗拉多快乐之心农场提供一个三年期的项目；迈克尔田野农业学会（Michael Fields Agricultural Institute Internship）的实习项目提供七个半月的训练，其中包括了课堂学习以及动手项目。迈克尔田野农业学会的一组学生启动了斯特拉花园CSA（Stella Gardens CSA），它现在仍然作为生物动力学农业训练项目的一部分。

马萨诸塞州西部的食品银行农场的迈克尔·多克特在琳达·希尔德布兰德（Linda Hildebrand）离开后把他的管理架构进行调整，把农场分成几个权责明确的责任区。他鼓励实习生们在农场待上三到四年，把他们的工资从每月 700 美元增加到 1 200 美元，另外还包括食宿。迈克尔说这个安排对他来说更有压力，因为每几年他都会失去一些优秀的人才；但是这个安排对那些想以后经营自己农场的实习生们有更好的效果。最近两个实习生接管了马萨诸塞州的左眼乌龟农场（Ol' Turtle Farm），另外两个在明尼苏达州开始了自己的 CSA 农场。面向那些目前还是农业雇工的说西班牙语的准农民们，加州萨利纳斯的农业和土地基础的培训联盟（the Agriculture and Land-Based Training Association，ALBA）为其中二三十个农民学徒提供六个月的包括有机种植实践、商业和管理技能以及英语在内的课程。ALBA 的任务是提升那些资源有限的有抱负的农民的经济生存能力及生态土地管理能力。六个月后，农民们可以在三年内继续使用农村发展中心的最多五英亩的土地。他们可以通过 ALBA 有机农场及其 CSA 来推销他们的农作物。此项目的毕业生玛利亚·因斯·卡特兰（Maria Inés Catalán），已经经营她的大笑洋葱 CSA 农场（Laughing Onion Farm）九年了（见第 20 节更多关于卡特兰的细节描写）。

农民培训区域合作联盟（The Collaborative Regional Alliance for Farmer Training，CRAFT）是由纽约东部和马萨诸塞州西部的一群农民创造的一个示范项目，这些农民中的很多人都经营 CSA。天使有机农场的 CSA 学习中心负责中西部偏北地区，马萨诸塞州东部小组和宾夕法尼亚州梅西农场的萨姆·坎特雷尔负责可持续农业实习培训联盟（Sustainable Agriculture Internship Training Alliance）。据凯蒂·史密斯说，在她还在罗克斯伯里农场实习时，琼-保罗·考特思每周六早晨的 6 点到 8 点来跟她分享经验。用凯蒂的话说，“我渐渐开始明白这对琼-保罗来说是多大的负担，每周要单独为我准备两个小时的课程……我觉得太幸运了！两年后，我有能力离开并开展自己的事业，而且现在很成功。但对他来说这可是很辛苦的一段经历。”为了减轻负担，他们开始去参观学习本地区的其他农场。在 1995 年的冬天，这些农场聚在一起并决定让实习生参观不同的农场，提供给他们更多接触各种各样的技术和设计，甚至是有机以及生物动力学农场的机会。创建者之一的萨姆·史密斯这样写道：“这样做的目的是让这些实习生能够体验到形成紧密联合以及相互支持的社区的重要性和巨大的能量。”

加入了 CRAFT 的十三个农场各主办了一次巡回参观，农民就一个受欢迎的话题进行讲演。萨姆说：“1997 年度的论题包括：拖拉机维护以及农场安全、整合性的农牧生产、牧场实践经验、覆盖作物、耕耘、水源管理、入门准备、土地结构、财务管理、种子生产和存储、果园管理、温室运行以及土壤肥力与和测试。”每周或每两周这些会议进行一次，每次半天；他们尝试过整天和两天的会议，但都证明太累人了。从大家的反馈中得知，CRAFT在增进实习生的经验方面以及加强双方的团队感方面取得了很大成功。萨姆的一个实习生注意到，“当发现我们的农民们（萨姆和伊丽莎白）是一个更大的播种、耕耘、分享信念的农民圈子的一部分时，我们备受鼓舞。”

毕业后成为CSA农民的实习生

对于老一代的CSA农民来说，看到自己之前的实习生创办的CSA是非常满意和欣慰的。有一些非常出色的例子：丹·卡普兰在萨姆和伊丽莎白·史密斯那实习结束后，将布鲁克菲尔德农场带出困境并将它建成了示范性的CSA。凯蒂·史密斯与她的丈夫克里斯·卡申（Chris Cashen）一起经营米勒渡口农场（The Farm at Miller′s Crossing），他们曾经与琼-保罗·考特思一道工作过。波吉特·兰德文和她的丈夫埃瑞克从其农场导师芭芭拉和克里·沙利文那里接手了金伯顿CSA农场。萨姆和伊丽莎白·史密斯可以放心地将他们的农场传给唐·扎萨达，因为后者已经跟他们的学生丹·卡普兰学习了一段时间。下面是一些和平工作农场之前的实习生情况的简要介绍：

1996年，德比（Deb）和斯度·里奇（Stew Ritchie）跟着我和我前搭档在玫瑰山谷农场实习。今天，他们在纽约的小山谷拥有本地供给农场（Native Offerings Farm），面积为180英亩。他们有3个全职的实习生和大量的志愿者，他们的CSA有250个夏季份额，100个冬季份额，180个水果份额，同时他们还养猪和牛。CSA稳定的收入帮助他们说服了一个银行给他们提供农场贷款。然而，他们最棒的“产品”是他们的三个孩子。周日是家庭日，他们的目标是每周休息两天。德比和斯度将农场看做是送给孩子的成长礼物。他们的管理模式是非常整体的和深思熟虑的，目标在于降低风险。为了减少压力，斯度经常打坐，德比练习瑜伽。

2002年，丽贝卡·格拉夫和汤姆·罗明坚在密苏里卡尼开始了公平份额农场，土地属于丽贝卡的父亲。丽贝卡放弃了在旧金山经济适用房非营利项目管理志愿者的工作，来到和平工作学习有机耕作，同时准备定居在密苏里。在她加入我们之前的那个冬天，GVOCSA成员汤姆·罗明坚也放弃了他环境工程师的职业，希望寻找一份更有意义的工作。在那年春天的首次取菜时，他看到了丽贝卡，他的生活从此就改变了。2006 年他们有 75 个成员到密苏里的堪萨斯城或者自由城或者农场取菜。在和平工作农场，每个人都参与农场或核心委员会的工作。有时，丽贝卡和汤姆打电话来问我们问题，但更多时候是我们打电话给他们。

做 NESFI 的农场顾问项目的五年来，我们一次又一次地问自己提高指导者技能的高效方法是什么以及如何确保这些准农民们获得经营农场时应该有的训练和支持。一些评估性的指南就从这些讨论中总结出来。我们的结论是，我们需要一个官方的指导机构以提供给农民开展课程的框架，以及为农民指导者建立起专业的标准（以德国和英国的生物动力学训练项目为范本的标准）。2006 年 1 月一组经验丰富的指导者以及其他人士聚到一起来启动一个经过法律批准的机构并选出筹划指导委员会。接下来，我们将持续观察这个机构如何演进以及这个机构能否达到创建者们的高度的期望。

我们将农场的劳动作为一种可以与地球结合的方式。GVOCSA 的一员乔希·特南鲍姆写道，“当我们把手伸进那褐色的、潮湿的土壤中，这整个地球会颤抖吗？当我们种植种子并吃那些绿色的有生命的食物，这些阳光没有跟我们混合在一起吗？无论我们的政治信仰是什么，种植、除草，并打造一个可持续的农业社区，将是最根本的和平工作。”但我们也可以把这种劳动经历视为折磨意志、永无止境的苦差事，一切就在于我们如何看待这个问题。

CHAPTER 7 NOTES

①琼·保罗·考特思的《我为什么要进行有机耕作?》(*Why Do I Farm Organically?*)。琼·保罗慷慨地将这篇文章的副本发送给我，在这篇文章中他回忆了那些引导他成为一个有机农民并反映了他的价值观的生活经历。你可以在网站上（www. satyacenter. com/why-farm-organically）找到这些信息。

第 8 节　农场的份额

要想成为受压迫者抑或是施压者之外的另一种人，唯一可能的选择就是志愿性合作。

——恩里克·马拉特斯塔（Enrico Malatesta）

时间管理专家们会告诉你，最高效的收割系统是指能够在最短时间内以最少的人力完成蔬菜的收割、清洗以及包装。如果你追求这样的高效，你只需要精简劳力，安排经验丰富的工作人员来进行所有的收割工作，就像马萨诸塞州的食品银行农场以及加利福尼亚州的聪明英亩农场（Wise Acre Farm）一样。不过，你也许想考虑一下其他的衡量标准，像是社区、教育以及分享。如果你把这些因素排在了效率的前面并且你天生喜欢社交，你或许会选择将你的份额成员也纳入到收割的活动中。我的经验告诉我，在农场上工作的成员们会对项目有更深刻的归属感并且会对食物种植有更清楚的了解。

罗宾·范·恩是这样写的：

> 每周一次的收获日是让 CSA 的成员们都参与到劳作活动中的好时机。除了特殊情形，农场的员工们都会一直陪着成员们。这是让成员们贴近农场或是田园的大好机会。几乎没有什么能够比得上在田野里度过的早晨，庄稼上载满的露水，鸟儿的欢唱清鸣。那些从工作中抽出时间来帮助收割并感到乐趣的成员们常常会成为固定的志愿者。当大家都精力充沛地拾捡青豆时，那些深刻的富有哲思的对话就会冒出来。团队精神是很明显的。众人拾柴火焰高，而参与其中的人们不由自主地就会生出一种成就感。
>
> 如果你打算让成员们来帮忙做农活，那就让成员的参与变得尽可能的容易。在说明会上或是在业务通讯里，列出所需工作的清单。说明每周工作的天数、收割的时间、除草季节的关键时间点、作物移植时间以及类似的事情，让成员们了解哪些工作需要俯首跟泥土打交道，哪些工作可以戴着围裙保持干净整洁。

在詹尼斯山谷有机 CSA，我们和一些成员签订了“特别蔬菜行动组”（Special Vegetable Action Teams，SVAT）合同。这些成员会做些如种植洋葱、修筑豌豆篱笆以及收割笋瓜和大蒜这类的工作。

每个 CSA 的项目都有机会让成员们加入进来。甚至有些 CSA 根本不要求成员们做什么事情。更通常的情况是，CSA 为成员们提供不多的薪酬，作为他们每个季节工作一段时间的报酬。据蒂姆·莱尔德的调查，只有 22%的 CSA 要求他们的成员加入进来，更多的则是请求给与志愿性的帮助。根据他的研究，对工时的要求从 3 小时到 80 小时不等，平均达到 20 小时。工作完成率达 70%，14 个农场中有 4 个声称达到了 100%，而其他为 5%～90%不等。这些农场中有几个不要求成员来工作，而是设定了自己采摘的制度。邀请成员们到农场来自采自用，是一个完成像豌豆、蚕豆、浆果以及圣女果等这类需要密集劳动力的采摘工作的好方法。詹尼斯山谷有机 CSA 把劳作算在每个份额的费用里，威斯康星州的黑莓山农场（每人 1 个工作日）、罗得岛州的卡西农场（Casey Farm）（每个份额 8 小时）、康涅狄格州的霍尔库姆农场（每个家庭份额 4 小时，机构份额 50 小时）、马萨诸塞州的多手有机农场（每个份额 4 小时）以及明尼苏达州的山谷小溪社区农场（Valley Creek Community Farm）（每个份额完成一次收获或运送工作）也是这样做的。威斯康星州的詹尼斯社区农场和纽约的寻找共同土地农场运行起来更像是公社，每位成员每周要工作 3 小时。很多农场提供劳动份额（Working Share），即成员通过做农活来支付份额费用。

在纽约的南安普顿的奎尔山农场，成员承担了大部分的采摘工作。奎尔山一次采摘日的录像展现了让人印象深刻的生动场面——好多人在收割芦笋和菠菜。这些成员们在镜头前接受采访时表示，他们很高兴能有这样的机会自采蔬菜。为了使成员们为他们的收割日做好准备，农场的员工们会在春天拿出三天来进行"感受田野日"的训练。他们教给成员们在哪里能找到庄稼、如何采摘或收割以及如何绕着菜地行走。经验丰富的成员们经常自愿帮助新来者，而且农场员工们在成员们进行收割时时刻做好为他们解疑的准备。地图、标识一应俱全以防出现混乱。

一个 CSA 农场建立了劳动信贷制度，每小时劳动可抵 6 美元的份额价格。纽约伊萨卡镇生态村的西港农场，为当季帮助收割两个月的成员提供免费的份额。宾夕法尼亚州的收获农场请求成员提供邮递、写简报、分工协作、分配包装、配送以及一周或两周一次的 6 个工时等方面的帮助，许诺以折扣价或"采多少就带回家多少"为交换。加利福尼亚州科维罗的生命能量社区农场将它的份额递送到 3 小时外的旧金山，成员们几乎不用到农场上去帮工，但是他们对产品在其市内的分配负有全责。纽约斯提尔沃特的拉克塔克斯（Ruckytucks Farm）农场给了成员们工作的选择权但是会给那些缺工时的成员寄去账单。北卡罗来纳州的沃克斯华的新镇农场（New Town Farm）要求参加农场工作的成员们先付全 375 美元的份额费用，但当他们完成工时后，就返还他们 50 美元。

威斯康星州的佛蒙特山谷 CSA（Vermont Valley CSA），种植以及收获 950 份份额所需的劳动力，大多数由 56 个劳动份额成员组成。农民芭芭拉·珀金斯（Barbara Perkins）管理着这个不寻常的体系。她是主修社会学专业的毕业生，喜欢对每个成员的长处和短处进行评判，然后安排他们去做他们擅长的工作。每位劳动份额成员都为20周的收获季签订了4个小时为一班的轮班合约。成员每周在农场工作5个早晨和3个下午，主要负责收割、清洗、包装以及其他的一些工作，比如移植、除草、搭格子架或是护根，他们不做机械工作。芭芭拉说成员们的工作质量惊人地好。没有农活经验的人可以在芭芭拉的技能培训中迅速掌握相关知识。佛蒙特山谷的网站上不断强调农场工作的艰辛，“困难”一词被重复了至少3次。即便如此，仍有50%～60%的成员们年复一年地来，其中最小的一位只有9岁。80小时的工作可以交换到价值470美元的标准份额，或者每小时5.88美元的报酬。芭芭拉的先生戴夫，对我们说美国国税局（Internal Revenue Service，IRS）允许他们捐赠农产品来抵税。

弗吉尼亚州的格伦生态农场CSA（Glen Eco Farm CSA）以如下条件吸引成员们自愿参加劳动：“去年劳动份额的参与者们十分享受这种打破了僵化工作程序并投身到宁静愉悦的户外景致中的状态，与人交往，将自己与他人以及食物来源地联系起来。每小时劳作可以获得5.5美元，一个份额可以在一个26周的种植季里用52个工时（每周两小时）付清。”签约表格上列出了各种工作选项，包括除臭虫工作在内。

在我们这个项目运转的第一年，我们的小核心团体——戴维、我以及另外两个成员——决定把“要求做农活”作为一项试验。我们不确定人们会不会喜欢这样，但我们想要尝试一下。我们推断那些即使不工作也能买得起食品的人已经由当地食品合作社或健康食品店负责供给了。为了使CSA的花费更少，成员们帮助管理项目并提供劳力，特别在采摘和包装上。对于那些既无力在商店购物又因疾病或身体残疾而不能工作的人，我们组建了一个小型的采购站。站长负责接收订单、收费并将她的家作为一个取菜点，这样她可以获得一份免费份额。经过18个种植季节，我们已经有了超过300户的会员，现在我们可以自信地说要求成员做农活是一个极大的成功，使我们能够将份额的价格保持在低价位——每周14～20美元。成员们也认为干农活是有益的，他们的季末评测在两件事情的认可上达到了完全一致：食品质量和农活。

我们的CSA每周分配两次。在每个种植季节之初，成员们约定好一个特定的日子来做农活、配送以及每周采摘。每周的两个早晨，份额成员就会开车到农场。我们认为每十个份额成员配备一个帮手就足够完成所要求的工作，并可以将食物从农场运到罗切斯特的富足合作社市场（Abundance Cooperative Market）的取菜点。每个份额成员需要在农场干满三次、每次四小时的工时，以及在配送中心的两次、每次两个半个小时的工时。

我们为做农活的份额成员准备好了详细的建议，像是根据季节该穿什么和带什么东西。我们的会员指南和 GVOCSA.org 网站都包括了这些信息。份额成员穿着靴子戴着帽子，带着水瓶、防晒霜和花露水来到农场。有些人还很有先见之明，带来了工作的手套、保暖手套、用来洗菜的胶皮手套以及雨衣、御寒服和换洗的衣物。很多女士在满是泥泞的回家路上讲着她们在咖啡店接待处的有趣故事。有时，当我在 CSA 工作日醒来发现那是一个坏天气时，我的心就会一沉。一个大雪覆盖的 10 月清晨，当我正为这坏天气向第一个到来的成员道歉时，紧接而来的金·克里斯多普洛斯（Kim Christopoulos）从车里跳出来，叫着："啊哈！既然这天气没法骑摩托车去玩，大伙就来工作吧！"道歉其实是多余的。

签约后，每个份额成员都会收到一份当季的工作安排表。有需要更改工作时间的成员事先找好愿意与之调换的人并通知安排农活的调度员。CSA 电邮邮寄名单服务程序可以帮助大家完成调换。小部分人通常愿意对紧急事件的临时通知随叫随到。有些时候成员们会在非安排时间内出现或是带他们的朋友和亲戚一起过来。签到记录到现在为止非常好，18 年中只有一次，在工作日那天没有一个人来。那一次，是因为一位成员视网膜脱落，而另两位成员的车在来农场的路上刹车失灵了。

我们对每个工作日进行了详细规划，希望能做到使每个人都从容应对自己的工作。成员们从罗切斯特出发，花整整一个小时后，在早晨 8 点到达农场。我们根据将要收割的作物来定成员的数量，每个早晨 9～15 个工作人员。当人们到来后，我们把他们分成两组——田地工人和包装工人。通常，我们花两三个小时对当天的份额进行挑选、清洗并包装。除了极少数例外，完全没有技巧的人也能学会如何捆扎绿叶蔬菜、挖胡萝卜以及挑选蚕豆、豌豆、玉米、辣椒、西红柿和浆果。正确的计数是最难的部分，我们提前就数出橡皮筋以使我们在挑拣时不必再数了。通常我们（农民）在成员来的那天清晨或是前一天收割那些需要丰富经验来辨别的蔬菜——芦笋、莴苣、花椰菜。当所有的东西都挑拣好并放到了冰箱后，我们利用差不多最后一小时来除草或锄地。秋天的时候，份额成员洗净洋葱、大蒜、马铃薯以及南瓜并进行分类。我们和保险公司商定好在农场里不使用化学杀虫剂并且只有农民才使用机械或梯子等工具。

那些从来没有到过农场甚至是从未接触过园艺的 CSA 新成员们，总会担心他们会做错事情或是踏进不该走的地方。我们会向他们解释如何绕着农作物走以及我们为什么要这样种植，以消除他们的担忧并帮助他们建立信心。大多数任务都很简单清楚，因此人们很快就明白他们能做得很好。经过一两年，我们的一些份额成员已经变成了只需要一点点指导的老手了，我们相信他们能仔细地做好工作。很显然，他们不会像熟练工人做得那么快，但是我们的成员们可以说是十分积极和尽职的。我只记得一个例外。那是一位男士，我发现他把杂草和瑞士甜菜叶各一半地混扎到一起，我对他说这些食物也是要给他吃的。他恍然大悟，对我说："哦，我明白你的意思了。你们是内行，我得尊重这些工作。"

我学会了不要做任何的推断，也不要去嘲笑任何成员的提问。有一次，当我向一个小组宣布我们将要为一个圃的胡萝卜除草后，一位女士问我："什么是杂草?"她从未接触过园艺，而且在她作为一位年轻医生和两个孩子的妈妈的角色里也从未遇到这种挑战，她甚至从未想过自己会种植作物。我抑制住自己的惊讶，向她再一次展示了哪些是杂草哪些是胡萝卜，并且在远处看着她缓慢而细致地从胡萝卜里挑出杂草。

威斯康星州斯托顿的微风农场（Zephyr Farm）成员瓦莱丽·沃武特（Valerie Vervoort）很喜欢在劳作时进行社交，要知道如果独自弯腰劳作可是很无聊的。她说："豆子地是个结交他人的好地方。枝条上有好多的豆子，你就会一直坐在水桶上采摘它们。你会参与到政治以及各种议题的讨论中，讨论涵盖从你是否喜欢州长到社会中男女角色分工等各种各样的事情。当小组很小的时候，成员之间的关系网络就会更加紧密。"

卡罗拉多的欢乐之心农场有大约20%的成员以每周工作3小时来获取份额50%的折扣。丹尼斯·斯滕森（Dennis Stenson）是这样描述份额成员的帮助的："当成员们与你一同工作时，就会有种让人想舞动的节奏感（但不是疯狂舞动的那种），成员们就这样和我们以及实习者们一起分享劳动的喜悦。监管和规划在使这些帮手的帮助最大化上扮演着主要的角色；他们是同我们一起工作而非为我们工作的。安排每一个新任务以及向新成员演示何时、何地以及如何劳作都是需要花时间的。持续地工作也很重要，因为忽视任何事情都有可能造成遗憾。"

1992年时，在詹尼斯山谷有机CSA的种植季考验了成员们跟我们共担风险的承诺。跟美国东北部的其余地区一样，我们遭遇了寒冷潮湿的生长季节。更糟的是我们还遭受了暴雨的袭击，刚开始一下午就达到5.5英寸的降雨量，后来的35天里降雨量达到了25英寸，平均每天0.75英寸的降雨量。我们一半的庄稼被泡死了，其余的只能勉强维持正常水平的 1/2 或 1/3 的产出率。站在高至我们长筒靴的泥泞里，我们在 7 月底时询问核心小组成员们是否希望我们把钱退给他们并在剩下来的农忙时间里关闭农场。他们惊人一致地回答说他们根本不在乎，哪怕我们每周就给他们一种农产品；他们决定跟我们一起渡过难关。比起能收获多少粮食，份额成员们更为我们着急，他们给我们打电话、写信鼓励我们，甚至还要主动捐钱。他们在工作日时准时出现，同我们一起在泥泞里艰难前行。在同我们度过了一个上午后，肖恩·乔斯格鲁夫（Sean Cosgrove）写道：

> 今天从农场开车回家后，我们讨论着我们是多么享受在农场度过的时间——甚至都没管还下着雨呢。我想再次感谢你们的盛情招待，感谢你们分享种植的经验以及你们正在做的这项工作。
>
> 我知道现在事情看起来是挺糟糕，但是 CSA 项目是这样重要。近来我对于我们所选择的食品体系很是绝望——因此当我看到还有其他选择，虽然现在是很艰难的，我仍然感到信心倍增并振作起来。除了可口的午饭、亲切的伙伴以及在农场上劳作所得到的乐趣，你们给了我些许希望。因此——我也将一些希望回赠你们，同时深表感谢。我期待着再次回到农场去，并希望是在个阳光明媚的日子里。

我们的成员激励着我们一路前行。参加我们季末晚餐会的 150 个人送给我们一件多数农民不会从他们的食物购买者那里得到的东西——长时间的起立与鼓掌。

蒂姆·莱尔德调查的一些农民担心，如果要求成员们工作的话他们就不会加入 CSA 了，另外一些农民说他们对志愿性农活那种低程度的参与或是要唠唠叨叨却又不得不催促成员们去完成他们分内之事感到失望。从不要求成员参与劳动到要求他们劳动可能是相当困难的。然而，一旦成员们参与进来，他们对农场强烈的认同感以及对农民工作的感恩之情就会戏剧性地增加。K·布兰登·朗（K. Brandon Lang）做过一个关于亚特兰大中部地区五个 CSA 农场成员满意度的调查，调查显示了参与劳作的成员们更能从 CSA 经历中得到满足。就像丹尼斯·斯滕森写的，“这么多年来我们发现了，正是这些份额成员们让我们更深地理解了 CSA 所具有的经济和社会性概念。他们的家庭成为了长期的、忠实的、热情的传播口碑的宣传人员，相较于每年来来去去的份额成员，他们才是农场经营的中流砥柱。”

帕特·曼尼克丝（Pat Mannix），GVOCSA 的创始成员之一，在完成了她初次的农场工作后，写下了她深刻的体验与感激：

我们工作了4个小时，采摘花椰菜、玉米、豆子、绿叶蔬菜以及药草。我们把它们洗干净、装好以便运输。我们用双手除草、锄地，为籽苗从土丘中犁出一条沟。太阳烤着我们，蚊虫叮咬我们，汗水不停地流淌。我的皮肤发痒，肩膀酸疼，两颊疼痛，干渴的嗓子也痒痒的。但是这一切又是那么美好！

和平工作农场的成员莱斯利·肖穿得很像农场工作的样子：里外很多层衣服、手套和防水鞋。

在我煮饭时，我注意到开始产生了一种不同的情绪，不同的想法。我感到自己以一种充满爱意、满怀谦恭的心情来准备这顿饭。我充满激情地准备着，因此没有浪费任何东西。当我第一次吃着自己收获的蔬菜时，一种神秘、敬畏之感似乎被唤醒。我清楚地知道了这些食物是如何变成我身体的一部分的；它们牺牲了自己而使我的生命得到延续，就是这样。这一切仿佛注定如此，也因此显得更加神圣。我明白了大地是活的，它给了我们生命并使之不断延续。我明白了蔬菜和我都是大地的孩子，同根相连。从此以后，食物对我来说意义就不同了。

对大多数农民来说，成员的支持使得让社群参与农场活动这样麻烦的事变得值得。朱莉·罗森（Julie Rawson）有4个成年后离家在外闯荡的孩子（老大丹已经回到农场跟他们住在一起），在她同7个份额成员忙完了第一个种植季后，她这样写道："我对这个许多人参与的日复一日的项目很有信心。8月我们离开了农场一周并让参与工作的份额成员管理所有的工作，当时我心里是极为平静的。"

安德烈娅（Andrea）和戴维·克拉克斯通（David Craxton）在新罕布什尔州达尔顿的根与果实农场（Roots and Fruits Farm），写下了对他们成员工作的评价：

我们有很多回头客，向别人传授田间工作的经验和技能。我们的项目日益变成了一部高效率的机器。由于了解了我们的工作程序，老手们很快就向新手们提供指导和帮助，我们很快成为了一个由17个家庭组成的幸福的、不断成长的大族群。我们周五上午的收割活动对很多人来说就是一周内最快乐的时候。我们都无法用言语充分描绘出大家投入到其中的热情和善意，这些热情善意使我们的CSA获得了极大成功。

我在和平工作农场时，我与成员们从分享农活中建立的亲密关系远超过彼此间的商业联系。同顾客们一起工作也能丰富社交生活。我很享受CSA带给我的这种能认识吃我们食物的人们的机会。当我们的双手在程式化地采摘和除草时，我们却能很自由而热烈地进行长时间的对话。成员们也彼此熟识，当一个工程师和一个幸福的妈妈，或是一个营养护理师和一个记者在一起做农活时，令人惊讶的交流就会不时地出现。年复一年定期地照看那些来农场帮忙的孩子，我们高兴地看着他们茁壮成长。我们不仅仅卖食物给我们的成员，我们被这个日益扩大的朋友群接受，他们认为和平工作是他们的农场，而我们也是他们的农民。

农场上的孩子们

大多数的CSA农场都很欢迎孩子们。缅因州的柳树池塘农场有一个专门提供给孩子们的园子。马蒂·格雷迪（Marty Grady），一个充满感激的母亲这样写道：

> 我们去农场的时候，就会在农场野餐，免得来回折腾。我们去的第一个地方就是孩子们的园子。每周我们的孩子看着园子里一点一点的变化和他们最喜欢的南瓜的长势，就会完全融入在植物的生长过程中。吉尔（Jill）很外向——她很信任孩子们和他们的各种探索，孩子们可以在田地里随意走动……还可以用盥洗室呢！孩子们在里面玩得湿透了。这太棒了！

在和平工作农场，孩子们可以自由地参与到农活里或者在规划好的区域里玩耍：沙箱、秋千以及专供雨天里使用的包装棚。我们对于触摸设备和在工棚及建筑物里随意走动有明确的规定。虽然我们现在最多时会有19个孩子（为了开生日派对），也没有人违反过这些规定。我们鼓励有小孩的家庭报名参加“儿童日”，以便特别安排一两个大人来照看他们。儿童日的上午，我们的朋友——退休理科教员、博物学家兼作家罗兰·米克勒姆（Roland Micklem），会带着孩子们进行大自然漫步。

在每个有儿童到来的农场工作日我们都会安排一个人吸引孩子们的注意力并向他们解释农场的规则（参照第10节）。孩子们第一次来农场会有点害羞，但他们第二次来时就把这里当成了自己的地盘。好多孩子划分了工作和玩耍的时间。有些四五岁大的孩子帮我们干了整整四小时，中途只休息过一两次吃点小点心。有些孩子喜欢除草，但很多都喜欢参与到清洗、分类，采摘蚕豆、豌豆、玉米，以及拔萝卜和甜菜等工作中。一个上午，有一位父亲在紧要关头无法完成自己的工作任务，他妻子劝说两个分别为四岁和六岁的儿子，让他们帮助自己爸爸干活。这两个孩子就兴高采烈地投入到工作中了——他们数起了皮筋，洗莴苣还开始采摘豆子。干到一半的时候，他俩对他们的妈妈说："你知道吗？我们已经干了超过爸爸应该干的活了！"

另一个上午，我们安排一大群来访的孩子挖土豆。你如果曾管过一群挖土豆的青少年，你就会明白要让他们干活可比自己挖土豆困难得多。CSA 成员的那些二至六岁的孩子们还从没见过收获土豆的场面。当看到挖掘机把那些红皮土豆从地里挖出来并把它们丢成一排时，他们都高兴地尖叫起来。从远处看，人们可能会认为我们在赛马呢。孩子们在挖掘机后跑着，迅速抓起那些就像从彩罐里掉出的糖一样的土豆。从那时起，我们就尽力把儿童日跟收土豆日安排在同一天。

守护者农场在它的 CSA 手册里列明了父母应注意的事项：

> 农场是孩子们探索并学习动植物知识以及了解他们的食物是如何生长出来的好地方。这也是一个让孩子们学会敬畏为我们提供食物与快乐的土地。我们希望孩子们能把农场当成自己的家一样，也希望他们能够安全。
>
> 父母们应该随时知道他们的孩子在哪里。
>
> 我们制订了下面的这些安全守则：
>
> 1. 池塘。孩子们必须在一个会游泳的成人的陪同下才能去池塘玩。
>
> 2. 电围墙。围墙时刻通电以防止郊狼和野鹿来袭击他们。所有的电线都是"滚烫的"，也包括临时的塑料围墙。虽然触摸它不危险，但也绝对不让人舒服。我们最关心那些太小还不懂保护自己的婴幼儿，请教育您的孩子们小心。
>
> 3. 动物。为了保护孩子和动物，除非有农场工作人员的陪同，请不要进入畜栏、鸡舍以及牧草地。
>
> 4. 农场建筑物。除非有农场工作人员或是成人的陪同，孩子不允许进入牲口棚、车间、拖拉机棚以及温室。
>
> 5. 孩子的花园。这是为孩子们来农场时准备的特殊地方。有兴趣参与的家庭夏天时可以租张床。

在决定是否让成员们参与农场工作时需要考虑的因素

- 农民的交际爱好
- 与配送点的距离
- 成本分摊的灵活性
- 收获时效率会低，但得到长期的成员（成员保持率）
- 交换信息以及广交朋友的机会

如果成员们劳动的话，你需要：

- 确保农场是安全的——杂草里没有诸如生锈的钉子之类的东西
- 清楚的农场交通指南
- 农场上有清楚明确的指示
- 在农场通讯或是网站上对工作做详细明确的描述，以使成员们为劳动（换班）做好穿戴准备。
- 天气预报
- 提供好的工具
- 弹性的安排——在 CSA 网站上或是电子邮件中让成员们能获得改期消息
- 设计特殊而有趣的工作项目

农场上的孩子：

- 提供清楚简明的参与规则
- 对于由谁来照顾孩子必须做到权责明确——是父母还是看护孩子的工人
- 提供孩子喜欢的工作——如拔胡萝卜，采摘圣女果，挖土豆等
- 休息时间
- 点心
- 设计一个给孩子们的小花园
- 有向导的大自然徒步行

不利植物生长的天气对孩子们来说却有相反的效果。我们不得不承认，孩子们都喜欢在泥地里玩耍。孩子们尤其感谢 1992 年这个大水之年带给他们的机会。路德会教堂的牧师帕姆·亨特（Pam Hunter）为我们操持了几年的取菜点事务，他的儿子内森（Nathan），那年夏天还只有两岁，光着身子用他那两条小腿蹒跚而行。帕姆从秋千那边走来加入我们的采摘行列时有些

担忧。在他前面不到三尺处，内森结结实实地脸朝下摔倒在泥里，他挣扎着站起来，拉下自己的雨帽，然后哈哈大笑。最坏的事不过如此，帕姆放下心来。另外一个下雨天，快到中午时分，三个大一点的孩子在包装棚附近徘徊着，犹豫着不想进他们家的汽车。他们围着我，脸上都是泥巴，然后很兴奋地问我，“你每天都能这么脏吗?”

那些选择让孩子在家里上学的家庭认为让孩子参与到农活中是对他们教育的一个极为重要的补充。安·贝尔（Ann Bayer）希望她的四个孩子能了解他们的食物是从哪里来的。她自己成长在城市里，因此不希望自己的孩子像她曾认为的那样，食物都是从杂货店的里屋里长出来的。

其他地方的CSA成员们也都表示了与农场的联系、无农药食物以及关于食物从何而来的教育对于他们的孩子是多么重要。很多家庭说他们的孩子在去了农场并自己采摘蔬菜以后，开始吃更多的蔬菜了。简·科洛金斯基和莱斯利·皮尔迟在他们一项名为“影响加入CSA农场的因素”的社会学研究中，对三个佛蒙特CSA农场的所有成员以及周边的非成员进行了电话采访。他们得出了一个令人困惑的结论，即有小孩的家庭更不愿意加入CSA。这些“科学研究”跟我所知道的现实情况大相径庭，现实中有孩子的家庭占了大部分，并且很多父母说他们加入CSA正是为了孩子。和谐山谷农场的一位成员写下了这样的评论：“最大的益处就是我们的孩子可以看到我们的蔬菜是从哪里来的，我相信这会激励他们将蔬菜视为一个绝好的礼物并因此而更加愿意吃菜。”

在世界各地，有许多孩子被迫劳作从而失去了欢乐的童年和接受教育的机会。然而这一可悲的现实不应成为借口，使得孩子不能参加到这种健康的、富有教益的农活中。通过跟着大人一起劳作，农场上的孩子们可以学习怎样做一个农民。如果他们永远不去挖土豆或拔胡萝卜的话，这些从非农民家庭成长的孩子将永远不知道他们是否想要务农，而我们的社会需要更多新一代的年轻农民。

第9节　社区支持农业的资金问题

当事物被标上价格，就没有什么是神圣不可侵犯的。

——E. F. 舒马赫，《小的是美好的》

尽管社区支持农业在土地和人工方面优点突出，但是它必须成为切实可行的小型企业。想要长期存活的话，务必需要一个财务管理系统来处理预算、标价、记账以及与成员签订合约等各项事务。CSA 可持续发展的核心是给与在农场工作的人一个体面的生活，并推荐足够的现金流以支付年生产及再生产的花销——也就是给维护、改进、转手给下一代以及退休所做的投资。

记住特劳杰·格罗对于社区支持农业的想法——农民们再不需要对经济问题加以考虑。对我来说，运营一个像成功的小型企业一样的农场还是很重要的。我希望我的农场能够作为我那些同样从事农业的邻居们的榜样，他们都是很保守的人，我想向他们展示生态农业的可能性。我了解到那些我认识的传统农民们觉得我运营良好的 CSA 是一个特例，与此同时，他们也认识到它具有非常有创意的市场营销方式，他们也赞赏我与客户合作的能力。尽管我所做的一切与众不同，它依然是可以接受的本地农业模式。这与它十年前被对待的情况相比已经是一大进步了。向一个相互帮助的经济［世界社会论坛（World Social Forum）将其称为“团结经济”］迈进，将我们所有的成员改造为活跃的“合作生产者”，推广卡尔洛·佩特里尼（Carlo Petrini）创建的慢食运动（Slow Foods），需要相当多的时间和教育。只有这样才能打下坚实的基础，使农民和农场的成员相互理解、相互满足对方的需要。

美国政府的廉价食品政策是对食物收取其真正成本费用的一大障碍。在其他的国家，国民的食物支出可高达其收入的 35%，而美国的中产阶级食物支出只占收入的 12%～13%，甚至更少。根据美国农业部的统计，84%的农场靠非农业收入维持。一些农场由于直接向顾客销售产品得以存活，因为，找到一些忠实的顾客可以使它们逃离全球市场的无情打击。决心继续农业生产的人们找到了许多创造性的方式来直接向顾客销售产品：农夫集市、农场销售，或者通过产品目录与网络邮购。这样看来，社区支持农业只是这一长期潮流中最新出现的亮点。

根据 2001 年 CSA 的调查，CSA 农民中依靠非农业收入的人的比例比非 CSA 农民要低。将全部或部分农田转换为 CSA 生产，对很多农民而言是一个非常有吸引力的选择。越来越多的人认识到：你得到的与你所支付的成正比。于是，那些真正关注食物的人更愿意为高质量、新鲜、当地生产的食物付更高的价格。通过在 CSA 中设立比较公道的价格，以及减少经销商，农民们可以还清债务并平衡收入。那些采用 CSA 方式的人发现 CSA 的意义不仅仅是一种让农场存活的方式，更提供了许多其他的好处。

份额费用

关于明年的合约：我们每个份额将提高 15 美元。我们为在 12 月 10 日前注册的每个人提供 15 美元的折扣；你大概能够猜到我们提前了多久开始筹备这项工作，我们就是希望能够早点销售掉我们的份额。（你也许会注意到：我们已经在准备 1996 年的土地了，所以这个提早的计划其实是依照耕作计划做出的。）有些人建议我们为了平衡生产成本而提价。我们了解高价格将会失去一部分现有的份额成员；价格不能轻易地变得太高，人们称这为“要价太高把自己搞歇业了”。

我们明白，对于一些人来说，更新一个基本份额的价格并不是件难事。但是，如果你想帮助天使有机农场解决问题，给钱并不是你应该做的，另外一种方法来参与天使有机是鼓励你的朋友们加入——最好是在这个秋天。我们希望让你的朋友加入进来对你来说是一件乐事而不是工作；然后你就可以比较食谱，搭车来参加我们的农场日，并且让你的朋友更加健康！对我们来说，当我们全心全力投入耕作时，说服新成员加入我们是一件非常耗费时间及成本的事。大部分人会认为不管他们从谁手上买东西都不过是一场交易而已。但对我们而言，绝非如此。首先，我们不是商业行为，其次，我们不会只给你寄无聊的广告。如果你觉得你的朋友会喜欢我们做的事，就请鼓励他们加入——这对天使有机的影响巨大。注意：我们只希望那些认可 CSA 模式的人加入；请求那些认为我们只不过是个商店的人勿入。我们是个地地道道的农场。

资料来源：引自约翰·彼得森，天使有机农场，伊利诺伊州，经授权使用。

份额费用及 CSA 预算

根据每份份额价格与产品数量之间关系的紧密程度，CSA 大致可分为三个类型。

第一类是极少数的社区农场，像宾夕法尼亚州金伯顿 CSA 和新罕布什尔州的坦普尔·威尔顿社区农场，完全打破了产品与价格之间的联系。农民会先向成员们递交一份成本预算，然后，向成员们募款。如果第一轮募集达不到预期，就会进行第二轮的预算讨论和调整，直到双方达成目标。不管成员们支付多少钱，每个人都会拿到自己所需数量的食物。

第二类 CSA 部分地打破了价格与产品之间的联系。农民交给核心小组成员一份预算。为了达到预算值，这些 CSA 农场将生产总量按照人员数量分摊。同时，它们关注经济状况的差异，允许份额成员根据不同等级标准付款。还有一些农场向成年会员收取费用而对孩子们免费。

即使是第三类的订购方式的 CSA 也减弱了价格联系。他们既不给产品单独标价，也不必要保证每周都有同等重量的份额。农民为每一份份额收取一个给定的周价格，但并不给出价格产生的方式。收成好的周与收成差的周相抵消，这样可以达到年平均值。

特劳杰·格罗，曾经在坦普尔·威尔顿社区农场工作，现在已经退休了。他是 CSA 作为一种新式“关联经济”（associative economy）的最具说服力的代言人，特劳杰的逻辑是：农民忙于耕种以至于没有时间想赚钱的事，所以其他人应该支持他们。他对关联经济所下的定义是：用我们的行为动机来为别人服务的一种经济形式；农场所做的是——农民的动机是满足成员们对产品的需求，而小组的动机是满足农民的需求。在另一个例子里，琼-保罗·考特思斯解释了为什么有机农业是对传统商业伦理的一记重击：“我的愿望是作为有组织性的尝试的一部分，旧的商业获利模式可以被有机农业的可持续性模式所取代。”的凯伦·克尔尼（Karen Kerney）所说：“我相信，当你耕种食物的时候，你就是在耕种食物，不是在赚钱。钱是通过收获和管理而得来的。”在我看来，收获和管理也是耕种的一部分。也许把从播种到售出的整个过程看做一门需要高超技巧的手艺会有所帮助，这种技巧应该得到合理的报酬，像其他可以与之相比的手艺一样，就如木工、石工或助产术。

2001 年 CSA 调查

农民通过以下方面，对 CSA 运转的整体效果的评估：

	人数	极差	变差	改变	提高	很大提高
		接受调查者的比例				
支付年运作花销的财务能力	293	2.4	7.5	16.7	48.8	24.6
对农民的补贴	289	3.1	10.0	32.5	39.5	14.5
农民的金融保障包括健康保险、退休等	285	8.1	16.1	53.0	17.5	5.3
创建并维修农场建筑的财务能力	281	3.9	10.7	43.4	35.9	6.1
农民的压力值/生活质量	285	2.1	14.4	26.7	41.4	15.4
土壤质量的维持或提高	290	1.0	3.1	43.4	33.1	19.3
农民的工作量	284	3.9	22.2	40.5	27.5	6.0
对其他工人的补偿	257	2.3	9.7	51.4	31.9	4.7
其他工人的工作量	251	2.4	9.6	59.8	24.3	4.0
社区参与	284	2.1	3.9	29.6	40.5	23.9

另外，CSA在公开它们的预算时也有所不同。北美洲最早期的CSA采取了印第安线条农场的模式，通过发放印制了预算的小册子来招收新成员。在美国东北部，一些CSA继续采用这种方式，但是美国其他地区很少有农场使用这种方式。当玫瑰山谷农场成立了詹尼斯山谷有机CSA时，我们并不将预算信息与大众分享，甚至都不会给我们的核心小组。因为我们觉得这没有必要，31份份额仅占农场份额总数的很小的比例。蒂姆·莱尔德在1993年做过的CSA农场的调查中提到，仅有26%的农场对它们的成员提供预算。8年后，2001年的CSA调查发现只有16%的农场是百分之百CSA模式。金伯顿和坦普尔·威尔顿这两个CSA农场是在这16%之内的，农场成员与农民一起讨论花销。他们最初的设想是在这种社区类的农场中让所有的成员都分工合作，通过个人能力的不同分配任务、以及承担不同的管理和财务责任。坦普尔·威尔顿社区农场的农民安东尼·格拉汉姆（Anthony Graham）回忆说：

> 回到1985年，和特劳杰讨论后我们决定了我们的经营方式。我们要求我们的成员捐款，而不是在收获季节每个人交一个份额的费用就算了。我们了解到，我们的成员的需求和收入非常不同，简单地设置一个价格对所有家庭来说不是很公平……我们的方式成功了。它要求忠实和良好的意愿，但它成功了。最近的四五年，我们每年与成员间的预算会议大概只要45分钟就能搞定。它快速、超前，而且大家都能立刻理解。

不是所有的CSA都要求成员分担农场的预算。像在玫瑰山谷，很多农民最初将CSA看做另类的农场营销方式。食品银行农场的迈克尔·多克特从实用的角度来看，他认为成员们会更关心他们所收到的食物的质量而不是农场的财务状况。他认为，要让CSA更广泛地传播，必须更加有效率地生产食物同时保证食物的质量。大多数的CSA希望有更多的成员参与进来并给与支持，但必须小心地向这一方向推进以防止将现有成员吓跑。

马萨诸塞州CSA农场2005年的收入和支出

项目 （年运营费用）	金额（美元）
CSA收入 （500美元/份×106份）	53 000.00
批发收入	9 047.80
冬季份额收入 （100美元/份×85份）	8 500.00

续前表

马萨诸塞州 CSA 农场 2005 年的收入和支出	
项目 （年运营费用）	金额（美元）
销售总额 （3.5 英亩～4 英亩的收割量）	70 547.80
租金	4 600.00
季节性劳力	5 545.00
肥沃土地（动物粪肥、袋装肥料、盆栽土、干草堆、覆盖用的作物种子）	4 178.50
种子（包含：番茄种子和甘薯插条）	2 720.96
设备（卡车、拖拉机花销：汽油、过滤器、保险、维修）	2 170.99
燃料	2 212.42
生物柴油处理器（未完成）	489.55
DLCT 土地改良	475.00
联合收割打谷机	750.00
泵和蓄水池	954.19
新温室和地窖电扇	2 271.57
小计，资本支出	4 940.31
2005 年全部支出	30 582.29
2005 年农民全部的现金收入 （销售总额减去全部支出） （大约每小时 20 美元或 22.50 美元，名义上每年工作 2 000 小时。如果持久性资产的购入可以算作“资产收入”——尽管资产折旧稍后也应该在其中扣除，但我把握不好这一点。）	39 965.51
债务总量（无外部债务）	0.00

只有当詹尼斯山谷有机 CSA 逐渐发展成为一个真正的支持性的社区，并在我们的销售中占有一个更大的份额时，我们才能开始与农场的成员分享更多信息，将它视为一个公司那样。1996 年，我们的产量减少并失去了大部分的市场后，我们开始在詹尼斯山谷有机 CSA 的简报上发布农场的预算。1998 年，我和格雷格·帕默建立了和平工作农场，詹尼斯山谷有机 CSA 买断了我们 90%的蔬菜。每年一月，我们和核心小组的成员一起讨论年预算计划，并将它作为设定份额价格和份数的基础。在 3 月的简报上，我们印上下一年预算计划以及前一年的实际支出。

不管你是否将之公开，农场的预算需要包含确定的基本支出。当地 CSA 推广办公室或者农场服务机构能够提供给你预算的范本。美国国税局（Internal Revenue Service，IRS）的F计划表（表1040：农场的利润和损失）可以给你一个便利的指南。当你开始记账的时候使用这个表格，这可以帮助你解决报税过程中的很多麻烦。这是美国国税局列出的农场合法支出项目：

- 汽车及卡车花费（表4562）
- 化学品
- 水土保持花费（表8645）
- 定期雇用（机械操作工作）
- 折旧和在别处没有被扣除的第179项规定的费用
- 除第25行外的雇员的福利
- 饲料购买
- 肥料和石灰
- 船运和陆运
- 汽油、燃料和油
- 保险（除健康保险外）
- 利息
  ⓐ 抵押（房贷或其他）
  ⓑ 其他
- 临时雇用的劳力（较少雇用信贷）
- 津贴和利润分配
- 租用或出租
  ⓐ 机动车、机械和设备
  ⓑ 其他（土地、动物等）
- 维修和维护
- 种子和植物的购买
- 储存和仓库
- 补给品购买
- 税务
- 水电费
- 兽医，繁殖和药品
- 其他花销——包含对土地改进的投资，捐赠财物，法律和专业费用，广告，工作坊和小型规划（包括认证），害虫防控和其他。

CSA宣传手册中的预算，经常把花销分成劳力、资本和运营费用。劳力花销包括农民、助手、实习生和额外的小时工的薪金，以及保险和税收。将份额价格与成员劳动相交换的农场会将此费用划入劳力这一项里（更多关于工作分享的信息，请看第 8 节）。我只看见过很少的预算中加入了农民的津贴。运营费用可以被分成独立的部分，分为农场运营配送、CSA 管理费用。科罗拉多州欢乐之心农场 1996 年发布的预算包括了一项需要通过募集来补足的差额。在资本花销中，CSA 包含了工具、装备、围栏的购买，建造冷却器的费用，以及其他耐用材料的花费。大笔花销，如拖拉机购买和温室建造，经常被分成好几年的成本预算。CSA 手册提供了有用的表格用以同时计算农场的花销和份额的费用。

注意，美国国税局通常不把农民的工资及健康保险纳入计算。官方的税收观点是，农民得到是毛收入与支出间的差额——利润。

农民的收入

柳树池塘农场的吉尔·阿格纽（Jill Agnew）指出，"这个国家大部分的食物都是由那些收入在标准工资以下的人们提供的。付给从事农业工作的人可以维持生计的工资也是 CSA 理念中重要的一环。"发布的预算总是将农民的薪金与其他劳力的花销放在一起。在一些例子中，CSA 的成员会惊讶于农民收入竟如此之低，并且坚持提高每份额的价格来提供给农民一个可供生存的薪水。蒂姆·莱尔德和丹尼尔·赖斯（Daniel Lass）发现他们调查过的很多 CSA 农场在其预算里并不包括农民的工资或资本花销。莱尔德所调查的农民，他们的平均年薪是11 225美元，浮动范围从 0～30 000 美元不等。

那些拥有 200 名以上会员的 CSA 农场成长为成熟的信誉卓著的社区农场，他们每年付给农民 30 000～45 000 美元年薪，同时还为他们提供健康保险甚至是退休金。这些收入并不惊人，CSA 农场比其他类型的农场做得要好。它们很大程度上是严肃的企业，而不仅仅是消遣性的农场。根据 2001 年 CSA 的调查，63％的 CSA 农场的总收入超过 20 000 美元，而 30％的美国农场的总收入超过 24 999 美元。

另外，1999 年的 CSA 调查发现 28％拥有核心小组的 CSA 农场每年的份额收入比无核心小组的农场大概平均高 10 000 美元。拥有核心小组的农场卖出了更多份额，并且份额价格比较高。1998 年丹尼尔·莱斯、萨米特·拉坦（Sumeet Rattan）和南顿·撒奈（Njundu Sanneh）的"美国东北部 CSA 的经济可行性"调查，分析了不同类型的 CSA 农场在三个种植季节的不同数据，研究结果显示：核心小组提供了一个运作良好的组织架构，使农民可以在份额成员的善意和帮助之下获得较高的利润。

将长期的经济可行性作为农场一系列活动的基本目标，爱魁特基金会在2000—2004年做了两个研究，仔细分析了从精心挑选的合作农场获得的经济数据。在发布的第一个关于11个农场的研究“CSA农场管理指南”（2002年12月）中，作者以农场中实际情况为基础，展示了5种预算示例。因为样例组的农场规模都不大，而且魁北克2000年的气候很糟糕，研究只进行了一年，没有得到真正的结论。然而，这个研究还是非常有用，提供给我们五个非常不同的CSA的经济情况介绍：

1. 一个中等大小的农场平均拥有144个份额
2. 一个非常有经验并成功建立的农场拥有300个份额及一些小额债务
3. 一个有45个份额的建立在租用土地上的商品菜园（market garden）
4. 一个加入生物农业联盟（Federation d'agriculture biologique）的农场，拥有80个份额，但其只占农场生产量的16%
5. 一个较为机械化的农场，并且也有较高的债务

第二项研究，“四个可持续并值得羡慕的CSA的经济模式”（2005年12月），在一个天气条件比较稳定的季节进行，得到了有说服力的数据。这项研究显示，被调查的农场绝大多数收支平衡，并且得到一些盈余得以做更多投资或归还债务。而11个在2000年平均每份亏损46美元的农场在2004年平均每份净赚17美元。懂得法语的农民可以在细查这些精细的现代农场预算及农场土地和装备资源的总结时学到很多。

2002—2004年，约翰·亨德里克森（John Hendrickson），一名研究员同时也是麦迪逊地区CSA联盟的董事，对19名威斯康星州的蔬菜种植农民进行调查，收集关于销售、劳力和运营支出的数据。这项名为“从种植者到种植者：在新鲜的商品蔬菜农场上找到生存之路”的研究项目的目标是帮助农民在经济可行性模式间进行比较，找出帮助他们提高自己的生存能力的方法。研究结论中对CSA的经济优势做出了评论：“CSA可以帮助农民稳定收入，其他的经营模式都会受制于市场和天气的多变。”CSA农场也拥有较高的净现金收入与总花销的比率。比率超过50%的9个农场中，8个经营CSA。亨德里克森推测：“CSA农场精心制作一份预算并在季节开始时有更多的钱在手，会使农民们更谨慎地花钱。”然而，这些农民每小时的收入可

不怎么好。最大同时也是效率最高的农场每小时也只付给农民 11.36 美元。最小的农场，只有 3 英亩的种植物，而且大部分工作靠手工进行，支付农民每小时 4.96 美元。

新罕布什尔州的农民特蕾西·史密斯（Tracie Smith）描述她在自己喜欢的工作上如何努力赚钱谋生："毕业那年，我与 15 名成员一起开始了我第一年的 CSA 生活，5 年后，我有了大概 90 名成员。我依然努力想办法希望可以赚到足以养活自己的薪水。把所有的开支都刨去，我每年赚的少于 10 000 美元。但是我周围的人觉得农场成功并值得尊敬。我相信我们应该可以得到更为公平的薪水，足够让我们买下我们正在种植的土地，但现在我还办不到。"在 2005 年 9 月的简报中，她详述了自己的努力："为了让农场继续下去，6 个月我每周工作 60～80 个小时，3 月和 4 月我每周工作 20 小时，同时还有许多时间花在做计划、订购物资和广告宣传上。一年又一年，我的工作效率越来越高，投资了很多工具设备，土地每年都变得更好……还是有希望的。我不会放弃，但我需要重新好好计划一下，因为我工作太累而且没有得到相应的报酬，更别说还能付费用请人帮忙了。"

资金投入

为了避免过多使用他们自己的私人存款或从银行贷款来做重大升级或扩张，一些 CSA 农场向它们的成员游说募款，用一个农场通过优质服务积累的无形社会资本兑换成实际资本。就像地球工艺农场的塞恩·瓦勒（Signe Waller）和吉姆·罗斯（Jim Rose）给他们最忠实的成员写的募款信上说的："为了可持续的运营，地球工艺农场需要来自除了我们自身以外的资源的补助。"除了列出年度预算之外，他们加入了需要用"永续基金"购买的项目，包括土壤改良、家畜和装备。欢乐之心农场邀请人们加入"农场之友"，让他们支助"资本额需求"项目。它的小册子上列举了 4 个级别的捐助：根——25 美元，茎——50 美元，叶——100 美元，花——500 美元以上。另一个科罗拉多州的铁匠岭农场（Blacksmith Ridge），也有类似的计划表。2004 年，马萨诸塞州的布鲁克菲尔德农场成功地向成员募集了修建新谷仓和农场中心的 15 万美元。竟然有 340 个成员参加了这次筹款！明尼苏达州的共同收获农场的成员提前支付了 7 年的份额费用以提供给农场足够的资金来建造谷仓以及购买燃料节约型机动车。1997 年，天使有机邀请成员投资一个有限责任公司来为农场购买另外的 38 英亩土地。

计算份额价格

怎样才能制定一个公平的份额价格？这个问题对于CSA的农民来说是最困惑的问题之一。这个国家的食品廉价政策使得所有试图以售销食物来维生的农场步履维艰。与为份额价格道歉相反，汤姆和德内斯·威利（Denesse Willey）直接宣布："你的钱将直接付给家庭农场。你每份额中的每一美元都直接进入农场。而在超市中类似的购买可能只会有20％的费用会进入农民的口袋。通过参加汤姆和德内斯·威利的CSA，你在支持一个农场社区，它可以每年付给雇员平稳并且合理的薪水。你的经济支持是对以有机、家庭为基础的农场的投票，而这种农场是我们的农业生产系统的脊梁。"在没有足够运营资金的情况下，独自努力了3年的金伯顿CSA农场的芭芭拉和凯利·沙利文要求大幅提高份额价格。芭芭拉描述了这个改变：

> 4年前，在我们提高了价格后，成员们的心态都改变了。最终我们留下了严肃的、能履行承诺的人们，他们真正赞赏我们的农场。我们失去了那些只是寻找廉价蔬菜的人。这是我们最重要的进步，如果我们不作出这个决定是不可能生存下去的。你可以像我们一样开始，或早或晚，你一定可以找到一群支持CSA模式的人。我们现在是真正的社区农场了。我们可以离开，而金伯顿CSA农场还能继续下去，这是真正的大家的菜园。

几年后，沙利文夫妇离开了，而金伯顿农场则继续繁荣着。

我一直在找更多的计算份额价格的方法。那些公开他们预算的CSA农场经常把所有的花销按照份额的数量分摊到价格。有些CSA把份额分为不同的大小和质量，像是：整份、半份、单人份、物物交换份额、美食份额、延寿饮食法份额，以及冬季份额、夏季份额。琼·米尔斯和卡罗·艾克尔伯格将他们的份额分为秋季、春季和夏季份额，他们在夏天的几个星期里收费更高，因为亚拉巴马州的高温使生产变得更为困难。佛蒙特州卡斯尔顿的达切斯农场（Dutchess Farm）在冬季提供给佛蒙特州北部地区的人为期五周的蔬菜份额，因为这个时节多数人都难以自己种植蔬菜。CSA通常都有半份额，大概比整份额的一半价格还高一些，因为生产每份额都包含一些额外的一些工作。

那些有其他市场的农民倾向于根据市场价格来估算每份的价格。一般会根据市场的承受能力收取一定的费用。加利福尼亚州的威利农场给它的蔬菜

詹尼斯山谷有机 CSA 成员收获绿叶蔬菜。

估价时会用批发价，但是会加上其他的一些非食物项目——特殊服务、简报、农场活动和其他——的费用。1989 年，在玫瑰山谷，我开始把工人们每一天的工资加起来，从早春、夏季、晚夏、再到秋季。然后再算出平均每周的价格。玛丽安娜·西蒙斯（Marianne Simmons），一名曾经监管了 16 年配送工作的核心小组成员，她提到曾有成员抱怨份额价格，而且这些偶尔有关于价格的抱怨，主要来自那些最有钱的成员。但当她指出，她还未成年的儿子做保姆的时薪比农民还多时，抱怨平息了。

一些农民根据他们每周平均给出的产品的重量来设定价格。他们决定好每磅产品值多少钱，然后再乘上他们决定给出的磅数。年终的时候，计算后发现，成员一整年只为他们的有机食物付出了平均每磅 0.79～0.99 美元的费用。

而其他的一些计算价格的方法被多种多样的 CSA 使用，如单位计价。这一方法的目的是确保不同的农场都能获得比较公平合理的报酬，因为有些植物要求更多的照料，农民们达成共识将所有的产品定成一个标准单位。举个例子来说，一捆甜菜等于一磅番茄或一品脱草莓，然后为这个标准单位制定出价格，最后，两者相乘就可以得到份额价格。

这些年来，守护者农场试着计算出他们可以供养的人数，然后用预估的年度成本除以供养人数，以得出对每一位成年人的收费标准，孩子们是免费的。1996—1997 年，每个成年人付了 310 美元来支付农场 72 657 美元的成本预算。萨姆·史密斯说这一方法容易让人产生误解，到了 1998 年，他们又回到了原来的价格计算方式。

印第安纳州地球工艺农场的吉姆·罗斯和塞恩·沃勒拥有一个新颖的运作方式。农场卖给成员们一组共180个单位，而不是一份。单位的组成可以让他们根据每个季节的收获来随意组合。成员们可以自由分配自己的单位，比如每星期12个，下一个星期没有，或者把一部分赠给朋友。农场每星期的菜单根据产品的价值来选定。一单位可能包含一磅豆子、两磅甘蓝、一捆葱、一品脱覆盆子或者一棵白菜，视可供应的蔬菜而定。塞恩告诉给我，这一方式只对到地球工艺农场的市场摊位领取份额的成员有效。对于在该州首府印第安纳波利斯的成员，农场会为他们包装好每周的食物。塞恩说他们可以明显地感觉到成员不同的回应：那些更加靠近本地区的成员更加满足、忠诚，更可能长久地留在他们的这种运作方式中。

2001年的CSA调查显示，一份份额的平均价为400美元，50%的农场收取340～500美元，最高价是4 000美元。那些少数要价高的农场几乎要供应给他们的成员一整年的食物需要，包括肉类、蛋和其他产品。莱尔德的研究中，65个CSA农场中的19个提供半份额，均价为244美元，这些农场大部分要价比整份额的一半要多。半份的平均价在2001年稍有减少，为200美元，50%要价从200美元到320美元，最高价1 200美元。丘陵河畔社区农场（Intervale Community Farm）和奎尔山农场对他们的半份额收取非常高的额外费用，希望人们不要购买它们。1995年的时候，奎尔山取消了半份额，只提供单一的整份额。

成员的加入可以影响份额价格。一些CSA农场提供给成员在农场工作的机会来减少每份的价格。减少的价格为5～6美元/每小时。在加拿大安大略的见面地点农场（Meeting Place Farm），工作10小时整份额价格减少50美元，工作5小时半份额的价格减少25美元。新镇农场每小时工作可以抵扣5美元，但是要求20个小时的工作时间。华盛顿的盐溪农场（Salt Creek Farm）每小时只减少3.50美元。詹尼斯山谷有机CSA保持价格低廉的份额，要求所有的成员都必须参加田间劳作或是行政工作。我计算过，如果我们不要求成员劳动而另外聘用工人，我们应该把每份份额提高200美元（参看第8节，更多关于劳动份额的介绍）。

为了吸引更多的低收入成员，一些CSA农场会减价。华盛顿的上升之河农场（Rising River Farm）的整份额价格在425～500美元间变动，半份额价格在212.50～250美元间变动。詹尼斯山谷有机CSA开始是每周5～7美元，在2006年逐渐升高到了14～25美元。成员们选择可以自己可承受的价格付款，没有CSA试图证实他们的收入。在CSA的册子上以及最初的介绍会上，核心小组成员说明了每周的实际价值是17美元，并且要求成员们如果可能的话，至少要付这个价格。付得多的成员明白他们在补偿那些付得少的成员。几乎每年，像是某种奇迹，高付款额平衡了我们的低付款额。

本地收获CSA在2006年制定了一个浮动价格，给我们提供了一个很好的范例：

> 苏珊和西蒙尼，本地收获的奠基人，一直坚持着使农场持续发展的三项原则——为了未来的子孙建设并保护我们的土地和环境；建设并且关怀我们的社区，以及为我们的产品定价以使我们得到可以维持生计的薪金。随着花费的逐渐增加，最后这一项变得越来越具有挑战性。当我们提升蔬菜的价格来反映我们真实的成本时，我们依然坚持着我们的信念：每个人都应该可以得到新鲜的、有益健康的食物。
>
> 为了回应这样的困境，我们决定给你们一份可供选择的浮动价格，你们可以在其中选择合适的价位以平衡你们自己的预算。最低价格反映了我们真正的成本，为了满足我们的家庭和与我们一起工作的人的基本需要——住宿、食物、衣服以及交通等等。而高一点的价格显示了我们为了达到一个更加持久的目标所需要的花销，包括医疗保险和退休计划。

苏珊告诉给我，让她欣慰和惊讶的是，大部分成员都付了最高价！

奖学金基金是另外一种提供给低收入成员的方法。很多CSA农场以年度承诺的模式从会员那里募集资金。马萨诸塞州的前卫者CSA（Vanguarden CSA）解释了他们的要求："我们这些在前卫者农场的人都很严肃地保证没有人会因为经济障碍而无法得到新鲜、健康的产品。你们的捐款使这一切成为可能。谢谢。"前卫者的106份额中的20个份额都流向了"妇女经济合作"组织，半价给那些低收入家庭。克里斯·尤德（Chris Yoder）从他CSA农场的其他成员那里筹得了5 000美元来支持这类份额。

詹尼斯山谷有机CSA的很多成员属于罗切斯特教堂，他们非常慷慨地给了这份奖学金基金很多捐助。每本《食品手册》（*FoodBook*）（包括玫瑰山谷农场作物描述和食谱）所得的一部分也流向了奖学金。因此，2006年，有10名成员每星期只付了8美元，其中一部分费用是以食物券支付。这个费用与最低价格（17美元）的差价是来自奖学金的（参看第10节，更多关于食物券介绍；第20节，更多关于低收入群体加入的介绍）。

为了鼓动早期注册的成员找来更多的新人，一些 CSA 农场会给他们的份额一个折扣。如果你在考虑这个做法，你可以问问你的成员们是否想要得到这些折扣。你会发现他们可能会因为财务原因决定更早加入或者招募盟友们加入。天使有机给出一个 100 美元的折扣，而詹尼斯山谷有机 CSA 的核心小组决定不给那些在每一季前付全价的成员打折，因为他们觉得给那些最不需要的人经济上的折扣反而不公平。加利福尼亚州的饱腹农场给那些愿意把他们的车库或前院作为一个配送点的成员一份免费的份额。

证据显示价钱对大多数成员来说并不是一个严重的加入障碍。1995 年，盖里·科思在加利福尼亚做了一个关于消费者加入 CSA 的动机的研究。在 4 个农场的帮助下，他做出了一个 4 页的调查表，包括以下问题：人们为什么加入，对份额的大小和价格有何偏爱，其他获得产品的途径，与农场互动的程度，核心小组的参与。他总共收到了 10 个 CSA 农场的 235 名成员的回复，发现大部分成员都有相当高的收入和受教育程度。价格不是决定人们是否加入 CSA 农场的主要因素。在这些接受调查的成员中，64%的人愿意捐助奖学金给低收入成员。

研究者杰克·库利（Jack Cooley）和丹尼尔·莱斯决定开始研究 CSA 是否帮助顾客们省了钱。在他们对马萨诸塞州西部的阿莫斯特地区的 4 个农场的 250 名成员的调查中，他们发现大概有一半的人相信他们付的价钱和在本地商店里为同样的产品付的价钱一样或者更多。为了证明这是不是真的，杰克找出每个星期每份额包含了什么，然后把这些产品与本地三个不同类型的杂货店（一个全国连锁店、一个区域性的连锁店以及一个本地商店）进行比较。其中只有区域性的连锁店出售有机产品。80 个产品中，14 种在这些商店里根本找不到，于是这些研究者通过将市场价格乘以 1.5122 来定价，这一数字是他们推算的有机食品对传统食品价格的平均比例。他们在其中排除了草药和花卉两种产品。两个农场对整份额收取 450 美元，一家每星期提供 24.7 磅的产品，另一家 27 磅。这两家农场都用机械来种植、灌溉大部分的农地。第三家农场，一个更小的农场，没有使用机械种植和灌溉，收取 250 美元，每星期提供 8.5 磅产品。当与有机食物零售价相比较时，第一家的成员节省了 548 美元，第二家的成员节省了 682 美元，而第三家的成员节省了 149 美元。有时候即使是与传统食物的价格相比较，CSA 农场产品的价格也更为低廉。

一个 1.5 英亩的商品菜园一年的销售和支出		一个 4.5 英亩的商品菜园一年的销售与支出	
总销售		**总销售**	**46 460 美元**
CSA（45 名成员）	14 415 美元	**现金花费**	
直接批发	9 896 美元	雇用劳动力	5 068 美元
销售总额	24 284 美元	种子	3 361 美元
年现金消费		房地产税	2 558 美元
银行服务费	48 美元	肥料	2 206 美元
雇用劳动力	4 400 美元	服务	2 010 美元
CSA 农作物购买	300 美元	燃料	1 983 美元
设备燃料（耕种机、收割机、机动车）	200 美元	农场和机动车保险	1 716 美元
温室的液化石油气	320 美元	温室补给	1 300 美元
温室的补给品	590 美元	保养	1 285 美元
保险	310 美元	电话	650 美元
会员/应付款	130 美元	电	630 美元
杂费	301 美元	小工具和杂费，补给品	590 美元
有机认证	520 美元	交流（打印、复印）	531 美元
邮资、印刷和复印	160 美元	CSA 供给品	435 美元
修缮	580 美元	雇佣税	250 美元
种子	820 美元	包装	222 美元
土壤改良	520 美元	办公用品	122 美元
补给	1 490 美元	**所有花销**	24 917 美元
税务	400 美元	**净现款收入**	21 543 美元
电话和水电	940 美元		
总花销	12 029 美元		
净现金收入	**12 255 美元**		

资料来源：约翰·亨德里克森：《从种植者到种植者》（Grower To Grower）。

一个对价格敏感的詹尼斯山谷有机 CSA 的成员也做了相似的对比，并得到了相似的结果。2000 年，在仅是食品工作的科琳娜·汉克斯（Corinna Hawkes）将 CSA 的价格与纽约的一些杂货店、熟食店、超市和有机食品店做了比较。即使是在那个食品短缺的秋天，与有机食品店的价位比较，开端 CSA（Threshold CSA）的成员还是节省了钱。

一小部分农场使用这些价格优势来宣传加入 CSA 的好处。佳肴农场（Cate Farm）的宣传册上宣传可以让成员以 450 美元的价格获得价值 700 美元的产品。达切斯农场招揽顾客说，可以以 320 美元得到价值 430 美元的产品。

一个 16 英亩的商品菜园一年的销售额与花费	
总销售	250 000 美元
现金花销项目	
汽车花销	3 800 美元
化学物品	800 美元
雇用临时劳动力	150 美元
购买装备	43 000 美元
雇员津贴	7 000 美元
肥料	2 600 美元
货车运输	500 美元
燃料	2 400 美元
保险	2 900 美元
抵押	7 300 美元
其他利息	500 美元
雇用劳动力	40 000 美元
租用设备	1 900 美元
租用场地	1 900 美元
修缮	2 400 美元
种子	5 000 美元
杂物	16 000 美元
税务	1 900 美元
实用品	2 400 美元
办公用品	2 000 美元
营销	3 300 美元
订金	300 美元
员工训练	900 美元
专业服务	1 200 美元
总现金花销	150 150 美元
净现金收入	99 850 美元

资料来源：约翰·亨德里克森：《从种植者到种植者》。

提供物廉价美产品当然是值得称赞的，但是一些调研人员指出很多 CSA 农场不能给种植者提供合适的薪水。在“美国东北部 CSA 的经济可行性”这个用了三年作出的 CSA 经济研究中，丹尼尔·莱斯总结道：农场可以为他们所提供的东西而收取更多费用。

只有那些真正充分消费或使用了份额产品的人，才算是真正的受惠者。对于那些不喜欢做饭或者是经常出去吃的人来说，那些蔬菜可能会变成一堆昂贵的肥料。在莱斯-库利（Lass-Cooley）做出这个研究之前，大概有一半受访者都不知道他们在省钱。这一观点可能来源于一次性付一大笔费用，而不是零零碎碎地付钱，后者就是到商店购物的做法。一年，在詹尼斯山谷有机 CSA 登记会议上，一个律师成员宣布他将一次性付完所有的份额费用。他坚持让我来见证他的慷慨之举。让我吃惊的是，我发现他付的是浮动价格范围中最低的价格。当我笑着指出那个份额的真实价值比他每星期实付的要高出 3.50 美元时，他保证说他以后会弥补上这一差额。人们对于金钱方面的态度有时候是蛮可笑的。

簿记

使用像是“快记”（Quicken or QuickBooks）一类的电脑程序可以使簿记变得更为简单，尽管那些不太会使用电脑的人会不大认同。在詹尼斯山谷有机 CSA 的核心小组里，两个人分担这个簿记的工作：很多年来，丹尼斯·莱曼手写了一份详细的记录，而朱迪·埃默森使用电脑记账软件来记录；每一季的季末，他们比较这两种结果。当丹尼斯和他的妻儿搬去南达科他州以便照顾他母亲，而朱迪坦诚对这一工作厌倦了的时候，我们非常紧张，希望很快能找到其他愿意做会计工作的 CSA 成员。很神奇的是，一名图书管理员和一名受过训练的会计师——诺拉·迪默克（Nora Dimmock）和苏珊·斯托尔（Susan Stoll），代替了丹尼斯和朱迪。他们追踪成员的缴费、税金和运营经费。我们将和平工作农场单独作簿记（参看第 11 节，关于农场需要注意的其他种类的记录）。

马萨诸塞州的布鲁克菲尔德农场的丹·卡普兰为 CSA 农场的簿记提供了一系列的软件，可以记录从份额的价格到每种植物的种植收成比（row feet）（见 www. brookfieldfarm. com）。

吉尔·阿格纽有一种简单的方法来计算成员的缴费。在农场里，她有一个存放索引卡片的小盒，保存着每一位成员的信息。成员们在这种系统下可以追踪他们自己的付款记录并在方便的时候付款。当接到支票，吉尔把它们记录在一个表中保存，这样她就有了一个复式簿记系统。她说她从来没有见过不缴费的人。威斯康星的和谐山谷农场和银行达成协议，每月自动从成员的账户里转款。CSA 年合同书里约定了这种自动型转款服务。

合同

CSA 小册子、年度合同或保证书是成员们首次得知份额价格的地方。典型的合同书有：填写名字、住址和电话的地方；每份额的周或季收费以及额外份额的收费（比如鸡蛋和鲜花）；合适的领取份额的时间与站点、签名以及签署日期。一些合约同时再次强调，加入 CSA 表示愿意与农民们一起承担风险。华盛顿的共同土地农场将这种双重的责任详细地写出来：

> 我了解我正在和共同土地 CSA 农场签订协议，并且知道对于我的份额将要得到的产品数量并没有确切保证。CSA 的收获是靠可持续性及有机的方法来保障的，像是有机土壤改良，农作物循环和灌溉。我会和其他成员以及种植者一起分享种植季的收益并共担风险。在预定的领取时间领取我的份额是我的责任。如果没有领取，我明白它可能会被捐赠到其他地方。

农作物保险

让你的农作物多样化并招募愿意和你一起分担风险的成员是最有效的给农作物上保险的方式。当你购买农作物保险时，你向保险公司提供了巨额利润。即使是最优惠的保险政策也比不上一个小型的多样化种植的农场。2005 年，卖农作物保险给农民的公司得到了 9 270 万美元的利润，同时还从政府那里得到了 8 270 万美元的支助。与此同时，卖保险者只为农民提供了 7 520 万美元。很讽刺、就算 CSA 什么都不是，他们也成为了让保险公司更富有的另类选择。

启动资金

“如果你想在农业上得到一小部分财富，就必须从大处做起。”农民们的谚语如是说。想要开一个 CSA 农场你到底需要多少钱取决于很多因素：你是不是需要把土地买下来；你准备耕种的土地上或旁边是否已经建好了建筑物；你是否想用密集耕作方式；你是否需要灌溉；有多少可用的志愿者劳力。预估的资金从 1.1 万美元到 2.5 万美元不等。对你来说适合你的技术，你想要的生活方式都是你需要做的最重要的选择。

那个 1.1 万美元的估算来自鲍勃（Bob）和邦尼·格里森（Bonnie Gregson）的《一个小型家庭农场的重生：通过 CSA 来开始一个成功的有机农场指南》（*The Rebirth of the Small Family Farm ：A Handbook for Starting a Successful Organic Fram Based on the Community Supported Agriculture Concept*）。任何想要进入农业领域的人都应该先读一读这本的根据格里森家的实际情况写成的实用指南书。他们列出了你可能会需要的用在一个两英亩的商品菜园的设备和物资，其中大部分的工作都是由手工完成的。他们的收入是从出售给中高收入顾客的美食产品中得到的。

1998年，一个由迈克尔·多克特、琳达·希尔德布兰德和丹·卡普兰组成的CSA工作咨询小组（CSA Works），建议人们如果使用机械除草系统耕种5英亩及更多土地的话，可以投资大概1.5万美元到2万美元购买农场设备。他们建议购买一台带耕种工具的阿里斯·查尔姆G牌拖拉机和一台小行星牌播种机。安妮·摩根（Anne Morgan）[明尼苏达州湖与山谷CSA（Lakes and Valley CSA）的农民]提醒说：只有那些有机械使用经验的农民才能以旧型设备开始。她建议你最好买一台经销商就在你附近的拖拉机。2万美元的预算并不包含建筑或是想自己犁地以及大面积施肥时使用的大型拖拉机。尽管食品银行农场在很多方面都可被效仿，但它的肥料是不能自足的；如果那是你的目标，那么你的装备可能要更贵。

一个1.5英亩的商品菜园的设备范例

项目	购买价格	现在的价值
温室和相关供给品	1 700美元	1 000美元
二手手推的拖拉机	2 700美元	1 600美元
二手收割机	250美元	100美元
二手可进人的小型冷库	900美元	700美元
花园小推车	350美元	150美元
各种花园工具，收割的板条箱，灌溉水管	750美元	300美元
总计	6 650美元	3 850美元

资料来源：本数据来源于一个参与式的商品菜园。约翰·亨德里克森：《从种植者到种植者》。

一个5英亩的商品菜园的工具列表范例

项目	购买价格	现在的价值
拖拉机和机动车		
25马力的拖拉机和装货机	8 500美元	6 500美元
全地形车辆（ATV）	2 500美元	2 000美元
载货卡车	5 500美元	5 000美元
工具		
3品脱 旋转型割草机	1 000美元	800美元
3品脱 耕作机	1 400美元	500美元
3品脱 挖掘机（土地耕种机）	250美元	250美元
3品脱 凿式犁	250美元	250美元
3品脱 工具柄钳	150美元	100美元
3品脱 喷雾机	750美元	750美元
6英尺 谷物条播机	50美元	0美元

续前表

一个5英亩的商品菜园的工具列表示例		
项目	**购买价格**	**现在的价值**
撒肥机	50美元	25美元
4×6 拖车	500美元	100美元
雷利弹齿式中耕器	1 400美元	500美元
干草切割器	350美元	350美元
灌溉		
5.5 家用泵	550美元	300美元
地上水管（约3 000英尺）	1 000美元	100美元
篷头和连接器	500美元	100美元
温室		
1 000平方英尺温室	4 500美元	1 000美元
长凳	200美元	0美元
加热器	650美元	100美元
16′×96′ 温室	1 400美元	500美元
收割用的手工工具		
小行星播种机	250美元	100美元
各种工具	500美元	250美元
各种销售中需使用的工具	1 500美元	500美元
电脑和打印机	200美元	0美元
50个收割桶	600美元	200美元
锯木架	100美元	0美元
冲洗桶	300美元	30美元
压力冲洗装置	500美元	300美元
总计	35 400美元	20 355美元

资料来源：约翰·亨德里克森：《从种植者到种植者》。

琼-保罗·考特思列出了罗克斯伯里农场所需的设备列表和预估资金。不包含土地和家畜，他预估投资2.5万美元给：谷仓；带有真空降雨或土壤营养机和平台的温室；一台施肥机；可以耕种、栽培、移植、播种、割草的拖拉机装备；一台收割机或一辆平板货车；一辆运货卡车；一个块根作物清洗机；灌溉工具；可进人的小型冷库；斗式装载机和一台叉车。我想琼-保罗都计算的是新装备的费用。在玫瑰山谷农场，我们做了一个对比，通过自己建造和购买大量二手设备我们只花了不到琼-保罗的四分之一。像其他一些小农场一样，我们也是逐渐购买，每年添加一到两件我们可以承担的关键设备。

布鲁克林菲尔德农场设备列表	
车辆	替代价格
1985 福特 F350 仓栅式货车	7 500 美元
1988 雪佛兰 S10 4wd 货车	3 000 美元
1965 雪佛兰 3/4 吨 货车	750 美元
1978 雪佛兰 3/4 吨 货车	500 美元
1978 雪佛兰 垃圾车	500 美元
拖拉机	
Massey Ferguson 35	3 000 美元
Case 1410	6 000 美元
机械/工具	
皮特堡 6′disc 耙子	500 美元
JD KB 8′耙子	1 000 美元
JD 3 底部耙子	1 000 美元
Bezzecchi 撒肥机	200 美元
JD 小麦种植机	150 美元
机械移植 2—列 移植机	400 美元
钢铁世纪土豆种植机	500 美元
皮特堡 3 品脱 上提栽培机	200 美元
6′Buddingh 篮状除草机	300 美元
Lely 尖头除草机	1 000 美元
Lilliston 栽培机	500 美元
5 列挖洞器	100 美元
Hardi 6′ 喷管式喷雾器	300 美元
土豆挖掘机	200 美元
土豆挖掘机	200 美元
土豆捡拾机	200 美元
Bush-hog 除草机	400 美元
IH 160 撒肥机	100 美元
新式 467 撒肥机(共有)	1 700 美元
2 台货车	500 美元
6′实用拖车	250 美元
Kohler 14 马力 灌溉泵	1 500 美元
B & S 5 马力 灌溉泵	200 美元
800′2″铝制灌溉管—钩和闩	400 美元
600′3″铝制灌溉管—摩擦	300 美元
800′ 3″铝制灌溉管—钩和闩	600 美元
车辆	
2000′3″地上灌溉管	500 美元
30 Nelson 洒水车	160 美元

续前表

布鲁克林菲尔德农场设备列表	
车辆	
块根清洗机	750 美元
丙烷温室加热器	800 美元
30′萌芽垫	100 美元
8 个弯曲的电力栅栏	200 美元
8 个农场大门	80 美元
草地除草机	150 美元
Husqvarna 链锯	200 美元
杂草搅碎机	150 美元
手工用具	400 美元
工厂工具	500 美元
小计	37 940 美元
补给品	
20～50 蒲式耳木桶	500 美元
220 土豆托盘	1 100 美元
400 3/4 蒲式耳加蜡盒子	150 美元
500 1/2 蒲式耳加蜡盒子	100 美元
50 1 3/4 蒲式耳塑料产品桶	250 美元
80 1 1/9 蒲式耳塑料产品桶	400 美元
500 Pro Tray 72s—温室托盘	100 美元
50 十行 发芽托盘	10 美元
1100 承装托盘	200 美元
电力围栏供给品	1 500 美元
4000 番茄桩	400 美元
	4 710 美元
小计	42 650 美元
租用的设备（来自丹·卡普兰）	
柴油车	2 500 美元
载货架	500 美元
Allis Chalmer“g”收获机	3 000 美元
Allis Chalmer“g”收获机	3 000 美元
5 列小行星播种机	500 美元
尖头除草机	300 美元
5′Buddirgh 篮状除草机	500 美元
小计	10 300 美元

智慧农场的比尔·布拉默 20 年来每年都扩大他的运营，从 0.75 英亩土地、一台旋转式耕耘机到 300 英亩土地和好几台拖拉机。1998 年添加了一台

机器，它可以卷起并重新使用滴灌的带子5到6次。将滴灌和移植整合到一起，比尔使某些作物的用水量从3英亩-英尺减少到到1英亩-英尺❶，这个主要的节水措施每英亩-英尺节约了640美元。规模变大的一个好处，比尔说，是增加的销售量提供了资金来购买合适的装备。尽管之前他靠肥料来改善比较岩质、黏土质的土壤，在其他农场这一种土地主要被用来养牛，他等到了1997年才买了撒肥机来将这一工作机械化。

为了很好地使用器材，需要技术、经验和仔细规划。你作为农民的经验越丰富，你越能发现方法来提高效率，节约能源（包括需要购买的资源和人力资源）。美国中西部偏北地区的有机食品会议的一个研讨会比较了两个CSA农场的经济"现状"和"收支比"。他们比较了份额的数量、英亩数、总收入和净收入以及所有支出。约翰·亨德里克森在《从种植者到种植者》中引用了这样的比较、这些可以让农民们学到很多，而且很多农民立刻将其用在农场上实际使用。整体管理的学习给所有的农场提高决策能力和获利能力提供了一套有力的工具。研讨会和工作坊中，CSA农场的农民们的大方交流有着巨大的价值。如果每个人把自己最好的发现拿出来，就可以更好地运营我们的农场。

尽管CSA有崇高的目标，目前没有证据表明它们保证会给农民们带来丰厚的收入。两个小研究发现大概有一半的农民报告说，当从传统模式转变为CSA时收入有所提高。对于另一半农民来说，收入还是一样。但是几乎所有的农民都感觉有更多的安全感，并且表示对他们未来的收入相当看好。这种希望被戈洛和麦克法登《重访明日农场》中介绍的农场所证实：尽管不像强盗和银行家挣得那么多，经过了7年的发展，农民们的经济都有了好转。2001年CSA的调查同样发现CSA给了农民对他们的经济前景的乐观看法。

1993年，杰克·基特里奇采访了一个农民和25个CSA成员，他们都分享了关于这个农场的经济状况的反思：

> 小规模更有生态意义，我希望有更多的CSA农场。一个本地的农场今年破产了，因为它为了土地、抵押和设备欠了太多钱。一个成功的CSA农场需要小心经营，它需要成为一种生活方式的选择而不是一种赚钱的方式。如果我欠钱的话，我可能就不会这么干了。我们拥有我们的

❶ 1英亩-英尺=1233.48184m³。——译者注

土地和房子而没有抵押贷款，每年的税务少于500美元。我不知道大部分的农民们怎么生活，特别是当他们想要活得像我理解的“普通的美国人”那样。

你介不介意给那个吱吱作响的松土机加一点光泽？

——约翰·庞德尔斯（John Ponders）的“机械与肌肉”

我们在这座农场上有33台机械设备。它们都有名字，像是：盘子，培土机，耙子，挖掘机，土壤覆盖机，场地培植机，碎土镇压器，洗桶机等等。这些机器帮我们完成粉碎、干燥、培土、耕种、除草、混合、弄平、冷冻等各种工作。它们有柄、刀片、轴承、齿状物、刮刀、刷子、车床、带子、轮子、弯曲的弹簧。它们需要上油、磨快、充气、平整、焊接、用铆钉固定、加紧、填隙、加油。

这是一个小农场，有很多机械支撑起它。它们大部分都是用过的。有些是古老的，像我们的钢铁时代牌土豆种植器——原本的用途是拴在马后使用的。很多都是被扩张的农场扔掉的，也有被倒闭的农场遗留的。

这里很大一部分的工作都是由按小时付费的体力劳动者手工完成的。我一直在寻找“减少劳力”的装置来创造机械和人工的平衡。我阅读广告留意销售出库单。我开车去密歇根州，在到威斯康星州的一路上，我希望可以找到已快要消失的特殊的工具，来减少我们体力活的负担。想象一下这一蜕变过程所需要的不同动作——获得温室土壤的成分：混合、筛选、种植、浇水；准备土地：施肥、耕种、移植；照料农作物：除草、浇水、间苗、增加叶片肥料；收割：分辨、切割、挖掘、去皮、分离、晾晒、烘干、整理、运送、洗涤、再分类、平均分配。

我对机械有一种天生的喜好。一台机器有时候可以做20个劳工做的活，它永远不会大早上在田地中央打盹，它总在我放它的地方。如果它坏了，我几乎每次都能修好它，而且我永远都不会看见一个喝醉的凿式松土机。

但在另一方面，那个566富农拖拉机从来不会给我做午饭。我从未和那个轮式耕耘机调情，而且我从未与一个耕种机分享一块白俄罗斯软糖。

（我本来想删了这两段，但是吉尔和辛迪要求我留下它们。编辑能力是我的另外一个欠缺。）

农场上的手工劳动者的其他的品质给了他们在农场特殊的地位。他们种植并浇灌幼苗，清扫并整理房间，除草，分辨植物是否成熟，维护器械，储存我们的食物，而且包装并运送那一盒盒的食物给大家，那些蔬菜是他们完全手工收割、洗净并分类的。

到星期六晚上，那些工人们在农场晚会上穿着亮丽服饰，欢声谈笑直至衣服上的亮片都掉下来了。而我的耕作用的工具们在农场的满月下，听话地、安静地歇息着。

资料来源：约翰·彼得森，伊利诺伊州，天使有机农场，经授权使用。

我们不应该将 CSA 与它们所存在的世界分离开。就像吉姆·罗斯和塞恩·沃勒在他们的“五年的展望与回想”里说的：“整个的食品系统，从最个人层面的购买和受广告影响的饮食习惯到世界食品价格被小部分公司控制的宏观经济层面，对小型和中型农场的农民形成了一个并不友好的环境。它使得以务农为生变成了一个不理智的选择。”不可思议的是，CSA 就是在帮助农民们联合起来实现自己的梦想！当 2007 年 8 月，肆虐的洪水毁坏了和谐山谷一半以上的作物时，成员们给农民理查德·德·怀尔德打电话表达他们的关心，并寄给他支票——大概有 4.5 万美元——让农场继续下去。

第 10 节 法律

所谓个性是责任感的内化。当我们谈论本地食品系统或者是 CSA 的时候，我们所谈论的是一个更加依赖于其个性特征的而不是依赖于法律的、官僚的或者是商业的程序的本地食品系统或 CSA。

——温德尔·贝里，引用自《安全食品新闻》(*Safe Food News*)

像其他农民一样，CSA 农民不喜欢复杂的法律结构和政府规制。让它保持简单（keep it simple）是我们所喜欢的。在这本书中，我们仅能提供非常概括性的关于 CSA 法律方面的信息。每个州和县的法律都有所不同，你需要咨询本地的律师。更好的是，招募一个律师作为成员并以物物交换的形式换来咨询建议。第一步，一定从其他农民那里或者区域合作社中寻找律师，他们会有更多的相关经验。这一节至少将给你足够的信息让你能够提出正确的、有用的问题。

CSA 法律结构

CSA 可以采用多种形式的法律结构，不同的 CSA 需要决定哪一种形式是最合适自己的。一些 CSA 是个人所有制或者合伙制，也就是说，农场和 CSA 的生意都属于农民个人所有。一些 CSA 农场将 CSA 运营部分和土地的所有制分离开了，土地可以作为私有财产、合伙制或者公司制，而 CSA 部分作为不入股形式的联盟或者是作为非营利机构入股。农民可以组织共同合作团体，通常是以合作社形式。在法律中对于食品消费者合作社或者团购俱乐部没有规定固定的结构，因此，消费者可以选择适合的 CSA，包括一个由成员所有的合作社。公共机构的 CSA 通常会拥有土地并将 CSA 作为非营利机构的部分。每一种形式都有优势和不足，法律政策的具体情况在州与州之间也有所不同。

罗宾·范·恩根据马萨诸塞州的法律草拟了如下的信息：

个人所有制：

- 没有州法令的规制；因此建立时没有法律帮助的必要。
- 所有者有责任负担起经营的债务和义务。
- 所有制收入可以在所有者个人的税务返还计划表上显示出来。
- 所有者付一半的社会保险、医疗，雇员付另一半。
- 最基本的簿记工作是必要的。

合伙制

● 与个人所有制相似，但是需要在当地政府进行合伙制登记，在形成合伙制过程中，签订一个合伙协议是明智的做法，其中包括伙伴关系的解除。《合伙手册》（*The Partnership Book*，Berkeley，CA ：Nolo Press，1995）一书中写明了如何形成合伙关系的相关讯息及指引。

有限责任公司

● 合伙人一起经营并且拥有合伙关系中所有的权利和义务。

● 有限责任合伙人有管理权，并且只承担他们所投资额度的有限责任。有限责任合伙人基本上都是投资者。

非法人团体

- 不受州政府的规制；无登记费用。
- 管理者个人要为责任和债务负责。
- 所有的劳动力都可能是合同制，并且合同签订人为自己的税务和保险负责。

法人团体

● 需要支付登记费用（一般约为500美元，还要加上可能的相关衍生费用）。所有的活动都是由州政府负责监管。

● 成立一个法人，与股东分开，那样可以抵押贷款或者长期租借。

● 法律程序会直接对准公司的资产而不是个人。所有者（股东）不承担法律责任。

● 必须要分别地计账并且填写返税表格。

● 董事会成员必须经过选举或者挑选，由其负责管理公司，职责包括雇用和解雇职员。

● 股东投资并期待投资的资金回报。

● 对雇员减免税金，包括同时是雇员的份额成员。

农民所有的合作社企业

1992年的凯波-沃尔森特法案（Capper-Volstead Act）[1]，一个联邦法律，批准农民合作社的组成。美国农业部农村发展办公室将会提供如何形成农民合作社的信息，其中包括法律文件、政策以及美国合作社的历史情况。

● 结构和权利义务与以上描述的公司类似。对于一个合作社应拥有的最少农民数量在各个州有所不同，大部分的州需要合作社有办公人员、名称、年度会员大会和邮政地址。

● 有如下五个原则将合作社与其他类型的私人企业区分开：

1. 所有权由会员所有。
2. 控制权是来自会员一人一票的决定，或是参照会员的意见。
3. 有一个按照成本价（非营利性）的经营目标。
4. 成员资本有限分红。
5. 对于获得理解和支持来说，会员教育是必须的。

非营利企业

● 组织一个非营利公司的过程与形成一个公司的过程非常相似，最大的不同点是非营利机构可以接受赞助。

● 投资者不期待经济上的回报。没有股权或者股东。

---

[1] 该法案对股本（Capital Stock）农业合作实行反垄断豁免。——译者注

- 非营利组织的税务状况与慈善捐赠税法一致，这样可以减免税收。
- 当组织停止运作时，资产能够被转移给另外一个非营利机构。
- 如果这个非营利机构适合 501（c）（3）[1] 的要求，所有的活动都是可以在联邦和州的税务中免税的。

非法人团体或者是个人所有制形式最适合于刚成立或是第一年左右的 CSA。很多农场，虽然由家庭成员共同经营，仍会成立法人或是有限责任公司。

哈德森-莫霍克 CSA 的成员邀请珍妮特·布里特作为他们的农民，随后选择将这个 CSA 变成她个人所有。在《收获时代》（*Harvest Times*）的一篇文章中，珍妮特解释他们的这个决定："那些聚到一起的启动农场的人希望能够努力把农场组织起来，并且诚恳地想来购买农场份额，但没有准备好为这个项目承担法律责任。我愿意承担这个责任，因为我希望我们的 CSA 能够建立，并且在将来可能发生的法律问题中尽可能不发生个人资产的损失。"虽然农场在法律上是个人所有制，如果小组赞成合作社所有的理念，也就意味着珍妮拥有所有的资本投资，但是当她离开时要将这个 CSA 的所有权留下。

和平工作农场的四个农民是伙伴关系，和平工作农场为詹尼斯山谷有机 CSA 生产大部分的食品。在准备与詹尼斯土地信托签订一个长期的租赁协议时，我们依照纽约州法律成立了一个有限责任公司。有限责任公司与官方的合伙制相似。有限责任公司必须向州政府缴纳年费，我们必须有办公人员，记录我们的年度会议，并且有一个书面的经营协议。为了避免权力集中，由凯蒂·拉文担任首席执行官，安米担任首席财务官，格雷格担任首席战略官，而我担任首席运营官。在我们的协议中，我们确定有限责任公司的农民为农场经理，不提供此职位给外部投资者，并且同意所有的决定需要达成一致再通过。我们必须公布每个合伙人的投资额以及决定如何分配利润，我们的私有财产受法律的保护，与农场的权责相分离。有限责任公司本身不用纳税，但是要将农场的利润和损失交由有限责任公司的成员来承担，然后我们每个人作为个人来纳税。

---

[1] 501（c）（3）是美国国内税务法中有关免税的条例，一般适用于社区组织、基金会，特别是有宗教、慈善、科学、公共安全、文化、教育目的的。——译者注

GVOCSA 作为一个共同定组织形式的社团不赚取利润。它是一个共同购买俱乐部，将每年度所有的会员费用包括管理费用都转移给农场。从多种授权的角度来看，GVOCSA 与农场达成购买农作的协议，并且负责收获和配送食品。当会员们在农场工作，他们并不是农场的雇员。我们不用填写 900 份基本税务表格。农场的生意和设备都属于和平工作有限责任公司，只有用于配送的冷藏设备属于 GVOCSA。

非营利组织的资格认定十分微妙。完全由州或联邦法规来认定这类组织是否符合标准以及活动是否可接受。比起一个新的 CSA 建立它自己的非营利机构来说，一个已经存在的非营利机构能够更容易地在它的工作中开展 CSA 业务。非营利机构获得的捐赠必须要花在被认可的活动上，比如对公众开放的教育项目和宗教、科学活动。一个以供给和教育它自己成员为目的的 CSA 很难符合 501（c）（3）对非营利组织的规定要求：一般说来，收益都要返回社会，而不是给与一个有限的组织。一个与 CSA 使命相符的非营利机构可能会为某个 CSA 管理资金，同时收取部分费用作为服务费，并且还会要求 CSA 完成一些必要的文书工作。GVOCSA 与罗切斯特根部组织在社区食品安全工作以及城乡联系工作上配合得非常好，但是一致同意彼此之间保持独立。

保险

大部分的 CSA 都会采纳标准的责任保险。如果作为一个独立的部分，责任保险的价格可能会非常贵；作为农场保险一部分的话，价格会更合理。你应该设法找到在打官司前就可以对部分损失进行偿付的保险业务。一些“自己采摘”形式的 CSA 有额外的责任保险。如果你详细说明你的农场不使用化学杀虫剂并且成员不使用器械、畜力或者梯子，“自己采摘”的保险费用会低一些。花时间向你的保险代理人、解释你的 CSA 与一个一般的采摘园的经营方式不同，并且提供一些文件，比如一份你的宣传单的复印件或者是简报。一旦事故发生了，你的保险代理人不能够声称不知道你的经营性质。

自己采摘将允许成员手工帮助农场收获。保留一个随手可拿到的急救药包是很有必要的，并鼓励经常来劳动的成员注射一个破伤风针以减少受伤可能造成的风险。

如果你欢迎小孩子来农场的话，你必须有清晰的农场管理条例。除非你提供孩子的托管服务，家长和监护人必须明白他们要为自己的孩子负责。在和平工作农场，当孩子们来了，我们就把他们集中起来，认真听我们解释农场的四条规定：

1. 除非有一个农场工作人员跟随，孩子们不能接近仓库、牲畜棚或者任何农场设备。

2. 孩子们不能在没有成年人的跟随下靠近刚那加拉小溪。

3. 他们必须学会认识有毒的藤类作物并且远离它们，但是如果他们认为自己真的触摸了这些植物，要告诉农场工作人员，帮助他们将毒素洗掉（这个时候孩子们都看起来很紧张和认真）。

4. 一定要玩得高兴！（孩子们一下就笑了）

银溪农场有一个池塘，农民们和成员们都可以游泳。莫莉·巴特利特告知所有的参观者不允许一个人独自游泳，孩子必须要有人照看，并且有固定的游泳时间。

在这个机械化的时代，孩子们喜欢驾驶农场的设备。满足这个愿望具有极大的诱惑性，孩子们将会通过尖叫来表达他们的快乐。在保险方面，没有任何便宜的保险会赔付在这种状况下发生的意外。

如果你想要欢迎外来人员参观农场，你需要尽可能地减少危险。清理垃圾堆，拣起生锈的钉子、旧的带尖的板子、各种碎片以及周围其他有可能刺到、夹到或者割到参观者的东西。设置一些警告标识，例如在设备边上或者工具房门口写上“仅雇员可用”。向来农场访客发放一份农场的地图，明确标明哪些区域是严格禁止进入的。一个保险代理人罗宾说：“你最好的保护就是提前警告来参观的人。”

健康保险

如果你成功地建立起一个真正的社区支持农业的模式，你就不太需要健康保险了，因为你的社区将提供某些你所需要的社会关系或者资助。遗憾的是，我们中的大部分 CSA 距离这样的水平都还有一段路要走。同时，CSA 必须要决定是否为农民考虑健康保险，是将保险放到年度预算还是让他们自己来付。

CSA 的法律结构将决定健康保险如何处理。如果你的 CSA 是个人所有制或者合伙制，农民就需要为自我雇用购买保险。你可以在你周围的区域内找到一个合作机构，比如一个公司允许小公司的雇员加入，这样可以购买优惠的团体健康保险。如果这个 CSA 是公司制（可能是一个非营利或者营利的公司），并且雇用农民作为雇员，健康保险应该作为福利的一部分。如果农民是一个独立的承包人，那么这个责任就又落回到个体上了。

发给失业者或者贫民的食物券

从美国农业部获得许可，接受以食物券支付农产品可能会吸引更多的低收入群体加入。在成为 CSA 之前，很多在农夫集市或者摆摊销售的农场都获得了这个许可，当它们变成 CSA 后，仍然可以继续接受这种支付方式。不过，美国农业部最近拒绝了一些 CSA 的食物券授权申请，这些 CSA 都是一些可以自行动作的农场。在 1994 年的政策备忘录中，美国农业部规定那些在种植季节之初就可以收到款项的 CSA 是不适合使用食物券的。而 CSA 如果是非营利性质的并且在收到付款的两周之内运送食品的仍然可以接受食物券。如果一个 CSA 愿意每两周接受一次付款，美国农业部就更可能给与食物券的授权。

与此同时，电子福利转账（EBT）使得小型农场接受食物券变得更复杂了。取代发放食物券的方式，美国农业部给低收入者一张塑料的卡片，类似于信用卡，人们可以使用这张卡片在收款台的电子设备上刷卡付款。对于主要的食品供应商来说，他们已经有这些基础设备，EBT 只需要做一个简单的设备更新；对于小农场来说，购买这些设备是昂贵的。一个变通的做法就是与为食物券使用配备了服务人员和设备的农夫集市或者本地的非营利机构合作。如果你的农场只是偶尔收到食物券，你可以在摩根大通银行（JPMorgan Bank）注册一个特别的账户。这个账户让你不需要特别购买 EBT 机器；不过，你每次收到食物券都需要给银行打电话，授权其帮你自动转账。

如需申请食物券的授权，可以拨打电话或者写信至最近的美国农业部分部办公室要求一张申请表，一般需要几周的时间来处理申请。美国农业部要求每过几年都需重新授权，这个过程要比首次申请更复杂。办公室工作人员建议我尽可能详细地填写好这个表格。几天之后，摩根大通银行发给我一封信，上面写明了银行转账的详细流程。一旦你收到了授权许可，就可以在广告中加入食物券支付的宣传以鼓励低收入群体的参与。为了安排低收入群体的成员，你需要允许多次地小额支付。食物券每月发放一次，并且规定只能支付间隔两周的提前购买。

罗宾总结她关于 CSA 合法性的观点，并且反思未来的增长和对 CSA 精神可能会有的威胁：

正如我写的，CSA 仍然是一个很少人知道的另类模式，但是具有极大的潜质来扩展这种理念并让更多人了解它。真正的CSA，成员有机会经常与农民和生产方互动交流，但对于传统农业企业来说，这是很难办到的。而如常见的“自然”这个词，已被过度使用，其真正的内涵已被曲解，在金钱的推动之下有可能被更进一步的损害。扩大CSA的规模对于供应中心城市的百万人口来说非常有必要。挑战在于保持真诚、高品质以及核心的理念。我相信随着我们不断摸索，一切都会明朗的。若从CSA这个词最肤浅的角度来看，CSA只不过是一个营销手段。每个社区都有责任宣扬我们都很熟悉并热爱的更微妙也更重要的价值取向和精神性的东西，并让它们永远存在。

第11节　是否认证

健康的原则

有机农业应该维护并且增进土壤、植物、动物、人类和地球的健康，将他们视为不可分割的整体。

生态的原则

有机农业应该以自然界中的生态系统和物质循环为基础，效仿它们，并且帮助它们可持续发展。

公平的原则

有机农业应该以尊重公有的环境和生存机会为前提，建立公平的关系网络。

关怀的原则

有机农业应该在一种谨慎和负责任的态度下经营，来确保今后的子孙后代的健康与环境的良好。

——摘自《有机农业原则》(*The Principles of Organic Agriculture*)，2005年国际有机农业运动联盟（IFOAM）基本准则

美国农业部国家有机计划令（National Organic Program，NOP）保障的仅仅是一小部分的有机农业。对于这个国家成千上万的人口以及世界数百万的家庭农场来说，有机农业是一种基于合作和与自然和谐相处的生活方式：建设更多的公平公正和可持续的社区；生产健康的、安全的、有营养的、加工程度最小的食品；减少食品运输、能量消耗和污染；与邻居或外地的人进行公平交易。有机农业是追求人与人之间以及人类与其他生物间的和平的一

部分。在另一方面，美国农业部的"有机"标签则是一种营销工具，认证某个农场的产品是否为有机主要是基于商业考量。

然而，有机认证对于CSA来说并不是法律上必需的，如果你的农场确实是有机的或者是生物动力的，对于是否要加入认证你应该认真考虑以下几点。认证可以帮助招募新的成员，因为正在寻找有机食品的消费者并不认识CSA农民。最大的好处是，认证过程可以成为一个机会，来每年一次地审视农场工作，并有益于评估和建立健康的土壤与生物的多样性，更可帮助你做好各种记录。农民或者农民与消费者经营的协会资助很多认证项目，成为它们的会员可以获得许多丰富而及时的信息，认识更多的农民。认证的消极方面主要在于它的成本和文书工作。一些农民不希望被规制，即使他们认同这些制度。

在《有机食品生产法案》（Organic Foods Production Act，OFPA）出台12年后，2002年10月美国农业部出台了NOP，它改变了有机市场的景象。NOP控制了"有机"标签，而之前，农民可以自由选择是否称他的农场为有机农场。今天，如果你希望称你的产品为有机产品，你必须被美国农业部许可的有机认证项目认证。据各种统计资料显示，这让将近一半CSA农场无法使用有机标识。农民对此有几种不同的应对措施：一些人开始认证他们的农场；一些退出了他们的认证；还有一些人加入了一个替代性的项目——"自然种植认证"（Certified Naturally Grown）。就我所了解的，对于CSA成员是否真的在意他们的农场能否采用政府的"有机"标签这件事，还没人做过专门的研究。

有机认证

我和我搭档安米的友谊要追溯到1984年或者1985年的美国东北有机农耕联合会马萨诸塞州分会（NOFA-MA）认证委员会会议上，我们一起帮助NOFA-MA启动了有机认证项目。那时我的"尤纳迪拉"农场（Unadilla）是被认证的有机农场之一。制定NOFA认证的标准具有很高的参与度并且令人兴奋。一旦我们的委员会制定出一个标准的草案，我们就会将它在有机社区的成员中传递——包括农民和消费者——并且在州内举办一系列的公开讨论会。任何人都可以来参加并且为支持或者反对任何一条标准而争论，或者还可以提出新的主张。参与者对以下主题高度关注：是否允许农民使用植物杀虫剂？这个标准是否允许任何的化学物质残留在土壤中或作物上？谁来为测试付费？我们是否允许使用那些从数千英里外运来的有机原材料，比如蝙蝠粪？我们是否允许使用硝酸钠？出现的一个特别激烈的争论是关于一个农场是否能够同时拥有有机耕作和常规耕作的田地。（我们最后同意允许“混合”形式农场的存在，条件是它们必须朝向完全有机经营模式转型。）每年的标准修订也给与了农民和消费者一个共同学习和不断改善现有体系的机会。在NOP颁布的前几年，我总是很期待认证员每年的例行访查，因为在这个过程中，我可以向那些了解更多有机种植和营销知识的人学习。

NOP改变了以上很多。对于NOFA这样小型的非营利性认证项目来说，NOP的认证既昂贵又耗时。NOP停止了认证工作人员的教育工作，将他们转变为的纯粹而简单的监管者。原先每年参与式的访查总是充满活力，现在各项国家法令却把它变得死气沉沉。

然而，有机农场的管理标准在OFPA中是非常稳固的，而且是那些“拼凑”起来的认证标准的基础。遍及全国的有机农民比较了我们在1989年制定的规范，我们都惊讶并且高兴地发现我们有90%的相同点，不同点大都是程序上的。追溯到30年前，这些规范最初由IFOAM提供的指引而形成，数以百计的志愿者的参与、农民辛勤的努力、消费者的集思广益才形成了这些简洁而实用的有机标准。OFPA的部分材料的措辞来源于有机农民联合会委员会（Organic Farmers Associations Council，OFAC）的成员们，特别是林恩·库迪（Lynn Coody），他努力草拟标准，让各种材料在有机农业中的定位有了依据，他的工作清楚地融入了其以往认证项目的经验。如果这些标准在NOP的实施中得到尊重，那么通过有机认证、鉴定合格的各项材料，就不会对生态环境带来影响。有机材料评论研究所（Organic Materials Review Institute，OMRI），1997年在大部分当时已经存在的私人认证项目的支持基础上建立起来，也使用这些标准作为其材料清单的蓝本。

NOFA纽约认证项目通过农民咨询委员会来保持农民的参与度，并且工作人员非常负责任地处理农民的各种需求。虽然NOP认为NOFA的有限责任公司是它的办事处，但我们仍然感觉这个项目像是属于我们自己的。“自然种植”认证在它的网站上宣称，现在的书面工作要比NOP存在以前的负担小，并且项目所依赖的汇报系统是有效率的，特别是对于我们这些种植上百种不同作物的农场来说。

关于NOP是否毁坏了有机标签完整性的争论仍然在全国范围内持续。在我心中毫无疑问，USDA习惯性的角色是作为“农商业公司部”（Department of Agribusiness），而且那些贪婪的大型食品公司的逐利本性也可能破坏有机认证制度。如果认证提升到USDA的标准，这种破坏性可能瞬间就发生了。然而，OFPA建立了一个“公众/个人合作制”，将认证留在了已经存在的认证机构手中。大部分这样的项目存活下来并且以一种专业的、尽职的方式起作用。应承认的是，有一些新出现的认证机构的认证资质有问题。作为认证者的角色来说，USDA本应该查清楚这些，但是它没有公平和高质量地执行认证，这是最严重的问题之一。幸运的是，目前为止，有机运动和它的很多非营利消费者、环境及信仰小组联盟阻止了生产标准的严重降低。监控USDA需要持续的警惕性，但是正如温德尔·菲利普斯（Wendell Phillips）在1852年所说的："自由的代价是时刻保持警惕。"[①]这个斗争的结果是高度政治性的，并且依赖于大众的参与度以及有机运动和有机产业维持一个统一战线的能力。这个统一战线组织在2004年举行游行来维持100%有机饲料的提供并且取消NOP的"官方指令"。一个不可避免的分裂发生在2005年，由有机贸易联盟（Organic Trade Association）"付款游戏（pay-to-play）"成员推动OFPA的改变，他们决定在加工食品中保持化学合成材料。尽管如此我们暂且继续认证和平工作农场。

在OFPA之下，最基本的认证文件就是记录在最初申请表格中的有机农场计划。由农民创建，这个计划描述土壤和牲畜管理、病虫害控制以及水资源利用，并且为这些区域的持续改善设定目标。如果一个农民之前从没经历过认证，填写这些表格是一个严密的并且花费时间的过程。它可能需要花费两周的时间，完成各种需准备的文件，如：轮作与收成记录，保持土壤肥力和病虫害控制的所有的资料，核实农场与使用化学品农场的缓冲边界等等。农场必须保留所有已收获作物的记录以及从种子到消费者的查账索引，以便检察员回顾。在接下来的几年，这些资料更新会简单很多。

取决于你在什么地方耕作，认证的代价可能很昂贵。私人项目收取一个基本费、检查成本以及销售额的一部分。由于联邦的资助，很多州提供70%的年度认证费用补贴，最多可能达到500美元。第一轮USDA的认证资质项目是免费的，但第二轮会非常贵。在2007年冬天，NOP发送给认证者一个1.5万～2万美元的账单，这的确带来很大影响。刚开始经营的CSA大多数都承担不起这个费用。

蒂姆·莱尔德写道：有机认证对于他耕作过的CSA来说都是一个问题。丘陵河畔社区农场认为认证对于每年招募50个左右的成员是至关重要的。奎尔山社区农场决定只认证几年。以下是莱尔德列出的原因：

- 在成员应付份额费用之外，我们还希望在财务上支持NOFA纽约分会。因此，我们将认证预算加入到我们的成本中。这样，可以让整个社群意识到，通过加入CSA他们不仅在支持我们的农场，同时也在支持整个有机农业运动。

● 作为农民，我们希望更多的感觉到我们是有机农业社区的一分子。因此，让农场加入认证是达到这个目标的好方法。

● 我们希望了解和借力NOFA纽约分会提供的技术支持。

无论是否认证，长期的计划和认真地做记录是有序管理一个CSA农场的基本工作。

如下的记录有必要进行保存：

● 种子和种植物的购买

● 购买土壤改良剂、杀虫剂（包括植物性药物、害虫的天敌、信息素等）和其他耕作所需

● 施用杀虫剂的日期、数量以及目的

● 设备购买、维护和修理的日期

● 牲畜和饲料的购买和销售

● 牲畜健康治疗的日期、数量和用途

● 展现轮作、土壤改良的农场地图，种植的日期，收获的时间和数量

● 定期的土壤检测

● 水的使用和检测

● 堆肥制作的配料、时间以及使用

由于认证程序需要这种详细的记录，做一个认证可能是一个很好的推动来完成所有的书面工作，因为这些工作并不是所有的农场都喜欢做的。通过成为一个农民咨询委员会的成员或者是以加入评论小组的方式加入一个认证项目，是一个非常好的方式来了解更多的有机实践。大部分的认证项目每年都会进行访查，积极参与也能确保CSA农场的特殊需求获得重视。

不再认证

我们没有统计当2002年NOP开始执行时，有多少有机农场退出了它们原有的认证。是一些CSA农民告诉我，他们退出的原因是不能承担有机认证规定使用的高价种子或是他们无法根据NOP的规定制作堆肥，而他们并不想隐瞒他们的农事，因此他们离开了认证项目。迈克尔·艾伯曼从来没有认证过公平远景农场，他明确地表明他的目标是要“超越有机”。纽约的高

兹尼斯基有机农场（Gorzynski Organic Farm）的约翰·高兹尼斯基（John Gorzynski）在 20 年有机耕作之后，当联邦计划开始实施时，他痛苦地决定放弃认证。约翰说：

> NOP 缩小了“有机”这个词一直以来的含义。计划令先是允许使用人工合成物比如链霉素和四环素来应对苹果和梨树的火疫病，其后，随着越来越多人工合成剂的加入，这个项目可能会继续降级。对于有机这个词来说，允许广谱抗生素喷洒在树上，暴露在整个环境、空气和水中，根本就是荒唐的。对于我来说，这就和转基因产品和下水道淤泥一样差劲。在看到这个计划令之前，我曾一直充满热情地希望能够有一个全国性的认证项目。但现在我不清楚我们该如何拯救“有机”这个标识。我只想让自己与它分离。我已将 20 年的岁月投入到使有机更有意义的事业中——这可不是一个轻率的决定，它确实是我人生的转折。下一个问题就是与有机社群、NOFA 和我所有的朋友之间的关系该如何拿捏。我认为真正的“有机”仍然存在，我心中一直都有一把衡量的尺子：你是一个仅仅想从中赚钱的有机公司，还是一个这么多年来想要尽全力努力投入的社群中的一员？

约翰接下来重新命名了他的农场——高兹尼斯基劣等农场（Gorzynski Ornery Farm）。

替代方案：参与式认证

在过去 30 年出现的精细化认证及鉴定系统是适应于全球市场的。农场正在直接销售产品给顾客，无论是个人、饭店、以及本地商店，都不需要一个第三方来认证他们的产品。除了这个原因以外，大部分世界上的有机农场都太小而不能承担认证。这些农场为家庭提供生存之道，并且能够通过销售换取现金。全世界不同的有机农业小组一直都在发展那些适应于这些小的、直销的农场的更好的形式。尽管每一个替代性的项目都是独特的并且具有特定的社会的内涵，它们都有核心的原则，这些原则基于可持续、生态实践、社会公正、平等以及性别平衡。大部分项目都有一些文件，但是保证有机的试金石是农民的诚恳正直以及农民与消费者之间的信任。共同的目标是增强那些甚至是最弱小的农民的力量，使他们也成为本地可持续发展农业的活跃的贡献者和受益者，并且为这个系统的农民和其他相关者提供不间断的教育。文档工作和开支要保持在最小量，这样，即使是没受过教育的农民也能参与。关键是通过农夫集市、消费者合作社、CSA、teikei、农场摊位以及农民控制的商店销售。

有一些令人振奋的例子。在过去的5年中，在巴西的南部，里德艾克维达农业生态联盟（Rede Ecovida de Agroecologica）已经将它的分散式网络覆盖到生产者联盟，包括超过1万个的生产者、消费者合作社以及农业技师。取代了检查和报告，里德艾克维达断言它的有机的保证是信任的结果，这种信任是由一群农民和生产者日益坚定的理念，即生产不能破坏自然。“艾克维达网络”（Ecovida Network）形成了21个核心组织，每一个都包含着6～8个本地小组，这些小组包括农民联合会、非营利机构以及消费者合作社。每个小组都以它自己的方式工作来加强农民以及消费者对有机生产的认知和技术设备需求，以及建设本地市场。取代了检查，这些小组，包括其他的农民、技师以及一些消费者合作社成员，到农场访查并且与农民讨论进展、问题和新的发现。

在新西兰有机领域的利益相关者成立了新西兰有机农场参与认证（OrganicFarmNZ），为小农场主提供一个可靠的保证，因为对于小农场主来说现有的认证方式太昂贵了。仅仅两年之后，2 000个极小的农场中的200个组织形成了12个地区小组，7到40个农民相互检查彼此的农田。他们使用一个公认的新西兰有机农业标准。被选举的地区小组管理这个项目，并且得到了土壤和健康协会以及新西兰政府的支持。通过小组的方式耕作，农民彼此学习并且形成了信任的关系，以此形成了联合购销，一起提供有机保证的产品。

自从1992年，印度马哈拉施特拉邦的奥兰加巴德（Aurangabad，Maharashtra）的综合农村发展研究所（Institute for Integrated Rural Development，IIRD）建立了有机集市，有1 250个有机农民销售他们的产品。45个生态志愿者以及进行过3年有机农耕培训项目的妇女，每个月会拜访这些农场一次，宣传最新技术资讯，并确保坚持有机方法。加强女性农民的社会位置是IIRD项目的一个主要关注点。

在乌干达，传统农民基本上仍然使用传统简易的有机技术，乌干达国家有机农业运动（National Organic Agricultural Movement of Uganda，NOGAMU）迅速发展，成立了82个协会，其中包括了25 000个农民。只要有一个本地销售官员检查其符合国家有机标准，加入到NOGAMU的农场就能够以有机方式销售它们的产品。这个系统是非正式的，没有文件需要填写，但是却在坎帕拉（Kampala，乌干达首都）的购物者中形成了很高的满意度。

由于不满意有机认证的复杂性，纽约州的新 CSA 农民罗恩·科斯拉（Ron Khosla）在 20 世纪 90 年代末努力重建天然食品协会（Natural Foods Association，NFA）的认证项目。随着 NOP 的实施，他意识到 NFA 不具有鉴定的资质。正如他所说的，一想到他的农场以及这些朋友和邻居都不能再被允许使用有机标签，他就感觉到恐慌。在 2002 年的夏天，这些农民形成的一个小组决定创建一个新的标签——天然种植（Certified Naturally Grown，CNG）。

罗恩自己设计了一个流程简单的认证申请网站。为了符合免费商标注册，农民们需要填写一个申请表并签署一个相互理解的声明。之后，另一个农民检查他们的农场并且填写一份简短的检查意见和检查单。每个参与的农场都承诺做一次检查，申请书、声明书以及每个农场的检查单都被发布在网站上。对于标准，CNG 采用了国家有机项目的基本的条款，并且增加了抽样检查化学物残留的要求，费用由项目来付。没有强制的费用，项目邀请农民成员“自由捐赠”。这个项目的管理人艾丽斯·万隆（Alice Varron）告诉我，每个农民每年约付 54 美元。

CNG 引起了一致的反响。不到一年，全国就有超过 200 个农场加入了。这个数字还在继续增长，到 2006 年秋天，CNG 已经接受了 500 多个农场的申请并且将申请放在了 CNG 的网站上。罗恩·科斯拉解释 CNG 项目如下：

> CNG 项目鼓励并且支持本地的未被认证的有机农民，这些农民不会参加任何认证项目，既然他们自己的农场不再被允许称为“有机农场”，那就给与他们一个低成本或者没有成本（并且合法的）的生态标签。有一个公众可获取的并且可接受的与标签相联系的系列标准，也可以保持农民种植方法上的“诚实”（他们自己的词语）。当你公然地同意做某种事情……并且由你的邻居来检查，你有更少的想要犯错误的可能……CNG 项目也降低了很多小农场花费在美国农业部国家有机计划上的不必要支出。加入了 CNG 项目的本地农民也不会再去过多反对 USDA 的项目……他们不用再对“政府和工业”带走了他们使用了 25 年多的一个词语感觉愤怒和挫败。

由于 CNG 的快速增长以及缺少员工和资金，CNG 没有资源确保农民之间的相互检查或者寻找到消费者小组来检查独立的农场。2007 年 3 月份，在网站上列出的农场中，一半以上的农场都没能在网站上放上自己的检查表格。

弗雷德里克斯堡地区的 CSA 项目（Fredericksburg Area CSA Project），一个由 5 个农场参加的合作项目，是农场加入 CNG 的一个好例子。它在弗吉尼亚地区为300个家庭提供蔬菜。2006年，它庆祝了自己的第10个年头。在这5个农场中，有两个比较大的家庭农场，分别是坎宁农场（Canning Farm）和弗农山庄农场（Mount Vernon Farm）；一个较大的家庭菜园，滚石小溪农场（Rock Run Creek Farm）；一个1英亩大的夏季阳光菜园（Summerbeam Garden），种植蔬菜、香草、花，属于艾特（Eitt）家庭，以及一个社区绿色空地，城市菜园（Downtown Gardens），一个致力于本地年轻人教育的非营利机构。经营谷物、牛以及木材的坎宁农场贡献了6英亩地给CSA。弗农山庄农场供给草食牛肉、羊肉以及猪肉。滚石小溪农场的主要目标是养育恩戈（Ngoh）家的4个男孩，盈余的东西以及一种特产的香菇，都进入到CSA中。它的宣传单说明这些种植者都是依据CNG的原则经营，但只有夏季阳光出现在CNG的网站上。

大家的共识是：NOP可能破坏没有认证的有机农民的生计。这导致NOFA纽约分会提供了一个可选择的USDA之外的认证项目：农民的保证（Farmer's Pledge）。我是编制这份保证书的小组成员。我希望能够引起人们关注大部分农民和他们的顾客所共享的价值，这些价值远远超过NOP的标准。不同于CNG，“农民的保证”项目没有任何的检查。项目的参加者同意顾客每年参观一次他们的农场，但是这个保证的基础是农民个人的人品。和平工作农场和其他的CSA农场，比如罗克斯伯里农场，停止鸣笛菜园（Whistle Stop Gardens）和纽约的姐妹山农场（Sisters Hill Farm）都加入了这个项目。其他的NOFA部门正在提供这个服务给它们的成员。

每个加入项目者都收到一个塑封过的誓言书，可在农场或者农夫集市上展示。加入了这个项目的农场信息将被放在NOFA纽约分会的网站上，并且印制在州年度有机农场的名单中。这个项目已经在NOFA纽约分会的简报和《自然农民》中宣传。每个农场交50美元为誓言书及以上这些宣传费用付费。签署这份誓言不会带来超额的金钱报酬，所以也不太可能有人会舞弊。

这套誓言机制的巨大的力量在于它包含了广泛的价值观。NOFA希望它能够帮助人们认识到具备很强的生态耕作方法的小农场主的数量，这些农民以一种对社会负责的方式对待并且支付他们的工作人员，同时他们还再次承诺使耕作成为社区整体的一部分。随着进一步的宣传，这个项目可以帮助小型有机农场的农民在市场上将他们的产品与工业化生产的有机食品区分开来，这样，被告知的消费者可以用手中的钱化作选票，支持他们喜欢的农场。

无论CNG还是农民保障计划都超越了第一阶段的参与式的有机保证系

统的方式。它们被农民快速地采用，同时食品消费者合作社和农民市场也都乐于展示这些标章，这反映出市场上对这类特殊价值的需求确实存在。

自从 1999 年开始，我一直与美国农村进步国际基金会（Rural Advancement Foundation International，RAFI-USA）的迈克尔·斯莱（Michael Sligh）和农场工作人员支持委员会（Farmworkers Support Committee，CATA）的理查德·曼德尔鲍姆（Richard Mandelbaum）一起工作来创建有机农业的社会监督标准。这些标准都是基于农民和合作社工作人员之间公平、互补的原则，结果形成的是三方共赢的局面，工人、农民和购买者以及最后消费者几方都获利。这个过程的目标是透明性以及工人、农民、经销商以及购买者的全面参与。农业公正项目（Agricultural Justice Project，AJP）长期的目标是转变现有的不公正的食品系统。我们理想中的食品系统是以兴旺的、生态的家庭规模的农场为基础，可以为农民提供福利以及为靠工资收入的劳动者提供有尊严的工作，并且将它的收益在各个环节公平地分配。作为走向这个雄伟目标的第一小步，在 2007 年，AJP 为社会公正商标实施了一个小项目——“本地公平贸易”（Local Fair Trade），在中西部偏北地区允许家庭农场与食品合作社做贸易时将它们的产品与工业化有机产品做出区分。消费者会如何回应这套识别机制，十分令人期待。

2006 年，AJP、“有机山谷”（Organic Valley），“公平交换”（Equal Exchange）以及其他的组织形成了一个全国范围的美国公平贸易协会（Domestic Fair Trade Association）。CSA 农场的增加证明在美国有人愿意公平地交换他们的食品。

不论是否认证，CSA 农场都从与其他的有机农场的结盟中受益。在美国很多地区的有机农业协会，比如 NOFA、缅因州有机农耕及园艺协会、华盛顿和俄勒冈州耕作（Washington and Oregon Tilth）、卡罗来纳州农场工作联盟（Carolina Farm Stewardship Association），以及生物动力农耕和园艺协会，都发起了认证，它们同时也作为农民的教育网络，提供工作坊、会议、简报以及每个种植者的联系方式。在支持性的大学、拓展办公室或者其他政府项目都缺失的情况下，这些耕作协会成为了有机耕作信息的首要来源。

2008 年农民誓言（Farmer's Pledge）

了解你的农民是最好的保证你所购买的食品是被负责任耕种的方式。NOFA 纽约分会认为农民应该在与自然的和谐相处中工作，并且为世界留下一小块地方，把它们管理得比他们发现这片土地时的情况要好。

为了进一步使消费者知道他们的食物开销是在支持哪些农场，NOFA纽约分会发起了一个农民誓言项目，区别于USD有机认证。愿意遵循如下誓言的农民和市场园艺者已经签署了一个宣言书，这个宣言书将展示给消费者和同伴。

这个誓言是基于农民和园艺耕作者的正直。参加这个项目的农民同意消费者可以检查他们的农场或者菜园来判断这誓言是否被落实。NOFA纽约分会并不调查或者保证农场是否都遵守了这个誓言。这个誓言产生于农民的表达需求，因为他们极度反对USDA控制和篡夺“有机”这个词语，这些农民想要对他们种植方式赋予另一种理念的陈述。

我们保证在我们的耕作、加工和营销中将：

通过每年轮耕作物，使用堆肥、覆盖作物、绿肥以及免耕构建耕作技术的应用，开发、保持健康的土壤；

保障土壤、人和自然的健康，拒绝使用合成杀虫剂、除草剂、杀菌剂以及化肥；

拒绝在耕作中使用GMO、化学处理的种子、合成的有毒材料、放射物、淤泥污物，也拒绝在收获后的加工过程中使用任何合成物质；

人道饲养家畜，通过提供可以在户外运动、有新鲜空气的反刍动物的牧场，禁止残忍的改造，并且在饲料中不使用荷尔蒙、GMO或者抗生素；

小心处理未经加工的粪便以及土壤改良剂；

支持可以使小农场生存的农业市场和基础设施；

保护自然资源，减少空气、水、土壤的污染和侵蚀；

通过收获后的仔细处理，最大化食品、饲料的营养价值；

进行最少的食品加工来保护食品的自然营养价值：不使用放射加工方法、超高温灭菌法、防腐剂、GMO加工制剂或者添加剂，并在食品标签上标明所有原料及成分；

保证食品健康，使用饮用水清洗作物；

通过限制能源使用和使用可再生能源以减少农场和家庭的生态足迹；

通过本地化、地区化销售减少食品运输里程（food miles）；

创造有利于野生动物的栖息地并且鼓励生物多样性；

帮助保护农地；

分享、发展农耕技术；

使用合乎道德的商业模式；

付给所有的农场工作人员一个生存工资并且认可他们结社的自由以及集体谈判的权利；

尊重家庭成员和农场工作人员，保证他们在农场的安全；

与其他的农民、附近的社区协作来创建一个更可持续的生活方式；

鼓励将那些未能售出的但是仍可食用的食品给那些需要的人；为了子孙后代维持土地的健康状态。

纽约东北有机农耕协会

网址：www.nofany.org

每一个 CSA 都必须自行决定是否进行有机认证，衡量优势和劣势。当市场达到了理想的状态，在每个食品的标签上都详细标明产地，如何生产的，生产者使用的材料以及生产中消耗了多少能量；当每一个购买者都可以足够熟练地阅读并且理解这些标签，我们就不再需要认证了。我们还有很长的一段路要走……

CHAPTER 11 NOTES

①温德尔·菲利普斯（Wendell Phillips）1852 年 1 月 28 日在马萨诸塞州针对反奴隶制社团成员的演讲。这些话来源于托马斯·杰弗逊，但是在他的著作中却没有找到相关内容。一些人认为来源于帕特里克·亨利（Patrick Henry）的言论。

第 12 节　社区和交流

社区是由相互合作的人们所组成的。

——《分享同一种皮肤》(*Sharing One Skin*)，吉纳特·阿姆斯特朗（Jeannette Armstrong)

社区支持农业的短暂历史只能追溯到 1985 年的印第安线条农场的“苹果份额”(Apple Shares)。所以，一切还处于开拓性阶段：任何想要进入这个前沿领域的人都要做好冒风险的准备。成立了有 19 年或 13 年或者甚至只有 9 年的 CSA，在这个领域中都已经算得上是令人敬仰的老前辈了。是什么使得这些 CSA 能够紧密团结起来呢？尽管经历了例如搬迁，不可调和的核心群体的分裂，以及金融危机等一系列令人痛苦难忘的剧变，许多早期的 CSA 却仍然屹立不倒而且还在不断发展前进。它们所共有的一个特点就是，它们有能力且随时准备好了借鉴和应用彼此最好的发明创新。它们所树立的榜样与 CSA 概念的影响力吸引了许多带着令人兴奋想法的新人。对于由这些新人所创建的新 CSA 来说，该如何让它们拥有如黍属植物根茎一样的坚韧或是能够如牛膝菊的种子一样传播四方呢?

令人惊讶的是，当我回顾这 20 年来 CSA 的发展历程时，我无法归纳出一个通则来断定何种经营规模、经营手段，或者该与成员们保持多远的地理位置，才能保持一个理想的社群关系。对于遵循社区模式的或预定模式的农场，对于那些卡车往来运输超过三小时的农场以及对那些有着超过 2 000 份额的 CSA 农场，所有的 CSA 成员都表现出行动上和言语上的热情与忠诚。由此看来，对他们来说，最重要的并不是农场的大小或远近，而是那种生动的彼此相同的经历。

詹尼斯山谷有机 CSA（GVOCSA）的故事就像其他创业故事一样跌宕起伏。这个项目经历过一次严重的洪涝和一次干旱，一场不可调解的两位主要农场经营者的矛盾、散伙和一次农场的搬迁却依然存活了下来。作为参与其中的一个农场经营者，我最为欣赏 CSA 的是它的减少农业生产中商业化的一面。直接向我认识的人销售蔬菜使得我和整个农场都能够避免国际市场中的非人性和冷漠的一面。我所遇到过的由超级市场所孕育出的那些经营者们，与对农场种植的关心相比，他们更加关注怎样在一棵莴苣菜上省钱。CSA 的成员们却恰恰相反，他们经常会给我们写热情洋溢的信，比如科琳·福格蒂（Colleen Fogarty）给农场寄来的一封信中就这样说："我常常带着敬意、钦佩和深切的感恩之情想到在玫瑰山谷中耕作的您。就在今年的第一次配送时，我欣喜地得到了新鲜的蔬菜，有莴苣、菠菜、芝麻菜，还有两种颜色的小萝卜。那是个十分寒冷的冬天，本来看起来好像什么菜都长不起来了，但是这些意外收获的第一批蔬菜却给我带来了整整几周的奇妙感觉。我实在是无法用任何语言来表达我对您的感谢，感谢您用自己的爱心和关怀使土地产出如此美妙的食物。"这样的语言大大抵消了我身上肌肉的酸疼与蚊虫叮咬过的痛痒。正是我与成员之间的亲密关系使得我即便必须要离开玫瑰山谷，却仍然希望自己能留在 CSA。

就在我做年终调查的时候，我发现了两项重要的因素帮助 GVOCSA 的成员们团结在一起，一是蔬菜的质量，另一个则是农场的工作。以下是在调查中节选的非常典型的几段话：

蔬菜的质量简直棒极了！当我们熟悉门道之后，我们几乎每周都能将它们吃光，它们的品种也很好。这使得我现在能够尝试烹任一些我从来没有做过的菜式。

我非常享受农场的工作，特别是你要做许多不同种类的工作。我很喜欢这种温馨的气氛，尤其是孩子们也十分喜欢。

作为一个CSA成员，我时刻提醒着自己，在我们所吃的食物中包含了多少劳作和心血。在农场的工作，哪怕一年只有一次，都能帮助我们做到饮水思源。

关于“CSA理念中的这些麻烦是否值得去承担？”有人这样回答：

是的，能够用一种健康的方法来种植食物并能亲眼目睹这些蔬菜从地里到餐桌上的整个过程是非常有意义的。我为自己能有这个机会而充满感激，尤其想感谢那些核心群体的努力。

对于“你最不喜欢这项活动中的哪方面？”这个问题，一个成员如是说：“一大早起床并且在户外工作四小时”。而对于“你最喜欢这项活动的哪方面？”这个问题，同样是这个成员回答说：“一大早起床并且在户外工作四小时”。

当我向一些长期参加这个项目的成员询问他们将CSA作为生活一部分的原因时，他们总是先谈到蔬菜方面的问题，而后却总是转向更加深刻的原因，例如社区、农业和食品经济方面的因素。

玛丽安·威斯（Marian Vaeth）于1990年加入的这个项目，她说：“我想要支持有机农业。我喜欢这些产品，同时我也喜爱参与这项活动的人们。有一年，因为我丈夫生了病我没能参加这项活动，但我十分想念这些产品和这里的人们。”

自从1990年就作为核心小组成员而一直活跃参加活动的苏珊娜·惠特克罗夫特说：

我支持并信任在GVOCSA中有而在其他CSA中并没有的一些做事的方式。比如说你不能用任何手段使自己免于耕作。这是我们与土地之间非常重要的一个联系。我们吃食物，而这些食物又是从土壤中生长出来的，是农耕使这过程发生。同时，我也喜欢每周我的日程表总是将要收获的食物列明了，这样我就不用费心去挑选该吃什么食物了。我也为自己不占农民的便宜而感到高兴，因为一旦遇到阴雨绵绵的周六，农民们经常不得不把他们已经采摘、打包装好并自己运输过来的蔬菜低价售出。我不喜欢在我认为没有价值的东西上花钱，我从来不买新衣服，也从不去大商场，我重复利用塑料袋。但是，我却相信价格和价值之间存在着很大的不同。而参加CSA正是有着巨大的价值！

同样是于1990年加入的弗莱德·米勒（Fred Miller）曾经对其他成员有一些意见，但是他为了CSA的食物留了下来。“我喜欢到农场上去帮着种植这些作物，我自己并没有可以耕作的农场。在有机农场务农是件干净活，不存在寄生虫、除草剂污染之类的问题。同时，我也很喜欢那些农民。”

布伦达·缪勒（Brenda Mueller）作为创建这个项目的一员，解释了她由于对多种化学药剂都有过敏反应，所以需要食用纯天然食物，她说：“CSA的灵活性很强，能够为我找到我能够胜任的工作。而且，即使我的时间有限，在一处也就可以将我所需要的蔬菜都找到，这一点真的非常方便。”

艾萝茜·舒拉格（Eloise Schrag）也是1990年加入的，她说：“（坚持CSA）很大一部分是出于我对农场主们的一种情结。丹尼斯和我都是在农场上长大的，我们的父母都是农场主。有了孩子之后，我就想到了有机蔬菜。我从小就种植作物并将其罐装封存。我喜欢CSA食物的质量和味道，我也更乐于直接将钱交给农场主们。”

GVOCSA简报的编辑里克·格里格斯（Rick Griggs）写道：“我坚持参加GVOCSA并且作为核心小组成员，是因为这个项目是试金石的同时也能让创造力得到充分发挥。出于对大地母亲以及她哺育我们能力的致敬，我成为了这个活动中的一分子，使我能够在这个麻木无情、不知感恩的世界里更加脚踏实地。与其他各自有着不同思想、经历和态度的人进行交流，平衡了我那单纯的直线式思维以及我纯粹从商业利益出发的本性，并温和地将生活给我们带来的种种艰辛抚平，唤起了我内心深处沉睡的情感。”

沃尔斯利社区菜园（Wolseley Community Garden）遭龙卷风袭击

星期五，我经历了人生中的第一场龙卷风——这是一次我不愿意再回首的经历。龙卷风在菜地的东部着陆并如收割机一般拔起了大约8棵树。

它再次着陆是在我的院子外面的一块大田地上，并将那一大片区域夷为平地。如果你事先不知道，你会以为是一架100万吨重的太空飞船曾经在那儿着陆呢。之后，它又在我邻居家的院子里着陆并连根拔起她家的几棵橡树，瓢泼大雨随之而来。我当时什么都看不见，由于风发出如同战斗机着陆时一般震耳欲聋的声音，我也没有听到下雨的声音。当然了，像这样的暴风雨总是夹杂着冰雹，虽然不是很多，但砸下来的冰雹却很大。

所有这一切都发生在星期五晚上短短的30分钟里。我当时确信自己将会在周六早上的一堆废墟中醒来。于是，我在睡前给你们所有人写了一封信，信的内容大致如此："亲爱的成员们：虽然我知道一袋产品卖250美元确实是贵了一些，但是……"

星期六的早上，我凌晨5点就起了床，装好货物就向圣·诺尔波特农夫集市（St. Norbert Farmers' Market）出发。我甚至不敢看那菜园。我回到家，睡了个懒觉之后到朋友家吃了一顿晚餐。当我回来的时候，我终于忍不住地走进菜园里。那场景简直像噩梦一般！所有的东西都被砸烂，泥泞不堪。我便又开始继续给你们写那封信。

周日，我是在令人沮丧的混沌状态中度过的。我试图不再去看那菜园。周一是我48岁生日，我在柔和的细雨中醒来。这场雨下了几个小时，之后，太阳出来了。我到菜园里走了走，发现这些植物虽然被打出了许多小洞，但是它们却带着干净和光亮的面容重新站了起来。

你们会发现自己的蔬菜上将会有很多的洞。不用担心，吃吃看吧。

资料来源：桑德拉·康维（Sandra Conway），沃尔斯利社区农场通讯，加拿大马尼托巴省，经授权使用。

留住成员

GVOCSA在为成员提供便利或服务方面不是特别有优势。庞大的工作量在很大程度上使得一些人望而却步。当新加入的成员想以多交一些钱来代替工作时，我们会将他们转送到城镇另一边的波特CSA。拥挤的停车位和两小时取菜时间的限制是造成成员不满的重要原因。尤其是对于那些不愿寻求帮助的人来说，每周都要在同样的时间到相同的地点取菜更是一种约束。核心小组成员每年都会对那些退出项目和试图做一些调整的成员们进行电话查访。尽管有一位前成员曾经以取菜时间为由换到了另一个CSA，但是这种小小的不方便并不是成员离开的主要理由。导致成员离开的主要因素有：

- 因搬家离开此城镇
- 家中添了新生婴儿
- 自己耕种家庭菜园
- 暑期计划——长时间的旅游或经常到城镇外出差
- 更加愿意自己选择菜单
- 食物剩余

戴维·英格利斯报道说由于地区人口的流动，他预计每年将会失去15%的成员。他将离婚作为另一个使成员离开的原因加入我以上所列的表单里。珍妮佛·勃卡尔-史密斯（Jennifer Bokaer-Smith），CSA，的前成员给出了相似的答案。她也有一些成员加入了项目但却退出，因为他们想要通过纯净食物来大大改变自己生活的愿望并没有实现。

贴近土地生活

我又一次跪了下来，直到初冬霜降之前都将如此。当我们完成了种植，我们就跪在地上，清除杂草，为胡萝卜间苗，给土豆培土，采摘豌豆和豆角。有些时候，我一大早到菜园里，发现罗斯·安（Rose Ann）已经消失在植物丛中。我知道她在那儿，因为她的车就停在车库旁。但是她已经俯身于绿色之中，直到我看到那熟悉的帽边从叶子中露出来。

当我跪下来时，世界变得不一样。它看起来更小，生活的节奏更慢了。当我试图区分一颗成熟的豌豆和卷曲的新叶时，我的视野只在12英尺范围内。我没有，也不能望向远处那几百英尺的成行的蔬菜，要不然我就找不到那些应当采摘的豆子了。

当我跪下来时，我会遇见那些仅有我食指长的绿色蚱蜢，到了秋天它们会变成棕色并且变得棱角分明。当那小小的赤眼蜂飞向邻近的花朵时，轻抚过我手上的汗毛，痒痒的。我很高兴能够见到它，因为它能够吃掉蚜虫并将卵产在吃叶子的毛毛虫体内。我打断那些正在努力想要冲破我们黏土的蠕虫。我看到叶片的抖动，瞥见棕黑相间的牛蛇静悄悄地溜走。

当我在田间匍匐前进时，我的膝盖因为有浅蓝色的泡沫垫子保护而不觉得疼，但是我的左手却因为我每次趴着时都用它来支撑自己的体重并向前移动而觉得刺痛。我能感到土壤每隔十英尺左右就有不同。这边的土松软又肥沃，我的手就会感觉好些，而那边的土则像岩石一样坚硬，那么我就必须带上手套来保护我的皮肤了。在这个区域是厚而干燥的笋瓜的茎干，在那个区域则是几百年前最后的冰川消失时留下的光滑的鹅卵石和小块的石英。

当我跪下来时，我开始用我的双手观察世界。我可以摸到狐尾草那粗粗的茎，根本不用看，也可以把它和圆润的小茴香的茎干区别开。羔羊草又硬又有棱角，马齿苋则肥厚。我拔过太多的茎干，我现在只要将手伸到一丛植物中去感受一下它们的质地和形状就能区分。

当我摘青豆时，我抬起落下来的藤蔓，一股凉气从藤蔓下涌出，减轻了烈日对我的灼烤。当暴露在阳光下的蔬菜丛都变得干燥并布满尘土时，卷心菜叶子下的土壤依然是潮湿的。我可以感受有股清风使得空气变得更加凉爽。接着，下雨了。当我跪下来的时候，草儿也弯下要来为我遮风挡雨。

1764 年，哈格里夫斯（Hargreaves）发明了珍妮纺纱机，这使得纺纱速度比传统方式加快了 24 倍。1890 年，弗雷德里克·W·泰勒（Frederick W. Taylor）作为一名顾问，正在利哈伊山谷创建钢铁公司。他对那些将煤铲入无数个鼓风炉的人的工作方式进行了研究，他重新设计了场地以缩短距离，针对不同大小和形状的材料设计不同的铲子，并且提前规划好工作，这些改动使得原来需要 400～600 人才能完成的劳动只要 140 人就可以胜任。泰勒为公司每年平均节省了 7.8 万美元。

这两件事件——机器的发明和工业化管理——被广泛地认为是工业化发展的里程碑。在一个重视效率、速度和利润超过其他任何事物的文化中，它们被赞美歌颂着。

但当我跪下时，我仿佛进入了另一个完全不同的世界。如果我的速度太快，我就会错过那只毛毛虫，并忽略那颗青豆，我就会失去与我所行走、所爬行的土地的接触。

资料来源：奥利维亚·弗雷（Olivia Frey），溪谷社区农场（Valley Creek Community Farm），明尼苏达州，经授权使用。

1998 年，在威尔市健康地球农场的戴维·特朗布尔计算出，在之前的 6 年中，他那拥有 80 户家庭参与的 CSA 的成员保持率，每年都在 80%～90%之间。也就是说经营 6 年后，50%的客户还跟随着他（如果你接受他的计算）。戴维强调了保留成员的重要性：

> 对于 CSA 经济的长期稳定来说，保持率是关键所在。比如说，如果每年 90%的保持率，这样过了 5 年就等于你有 59%的客户保持率。每年有 80%的保持率，过 5 年也就有 33%的客户坚持下来。而每年 70%的保持率则代表 5 年之后只有 17%的人留下来。一开始 80%的年度保持率听上去很不错，但是如果 5 年过后你仅有三分之一的原始客户留下来的话，你就将面临长期经营的问题了。

我们在 GVOCSA 的经历更加复杂。尽管家庭的数量已经超过了 300 户，但我们每年的招募目标越来越容易实现了。等待加入的名单越来越长，同时，人员的流动率却有30%之高。不过大部分的流动都是在新进的成员中。我们大约有100户的核心家庭，他们在这里已经有10年以上了。我发现人们会因为生活中的一些改变而退出项目，比如说一次长长的旅游或家里新添了婴儿，但是他们一般都会在一年或两年之内回来。科林·福格提，我曾在上文里引用过她的话，她搬到了波士顿，在四五年之后，她又搬回了罗切斯特。甚至在自己还没有房子住的时候，她就又加入了GVOCSA。在我们的第18个种植季，杰米·惠特贝克，一个几乎将自己累垮的来协调我们第一年工作的前任成员，再次加入了，并且为自己16年的缺席表示了歉意。

人们在加入CSA之初，越是了解他们将要在其中接触到的事物就越不容易在加入后失望。1996年，黛博拉·J·凯恩（Deborah J. Kane）和卢安·洛尔（Luanne Lohr）进行了针对份额成员保持率的调查，题目为“最大化东南部CSA的成员保持率——迈向长期持久的一步”。这一调查阐明了成员的一些期望。这两个调查者分别于一个季节的开始和结尾时电话采访了在7个不同CSA的新成员。调查者发现“在秋季访问时，被调查者的语气明显不如春季时那样兴奋。”这种春季和秋季评价的对比突出了以下一些误解发生的可能性：

春季

我希望能够种植我从未吃到过的蔬菜。

我认为除了这些蔬菜我大概不需要再买其他的蔬菜了。

秋季

当我说我想要很多种菜时，我实际的意思是指我要的是我习惯食用的那些菜。

我得到的食物不够多样，我还是得去超市买菜。

愿意投入更多的钱去购买份额的人的百分比，从春季时的66%降到了秋季时的39%，而23%的人称他们只会付更少的钱。但是在参加了凯恩和洛尔的调查的196人当中，有121人说他们还会参加CSA。7家CSA总体的人员保持率为63%。私人的CSA进展得更加顺利一些。新镇农场的成员保持率高达72.5%，其产品因质量高、数量足、新鲜且价格合理得到了成员高度的评价。凯恩和洛尔将提高成员保持率的建议列成了一张列表：

- 向那些介绍新成员加入的成员提供折扣或部分退款
- 让份额成员去做吸收新人的工作

- 当成员出外远行时，请他们让其朋友或亲戚接管他们的份额
- 利用印有CSA标志的T恤衫和手提包做免费广告
- 针对当地的环保组织、教会和企业进行宣传
- 与其他农场合作
- 在销售农产品时提供“采摘”或其他选择模式
- 要以基本作物为主，引进新奇的农产品为辅
- 延长季节周期
- 提供超值作物
- 提供试验期
- 建立“伙伴”系统，让有经验的成员与新手结成一组
- 通过会议、资源小册子、作物表、日历、简报、烹饪书和其他宣传渠道与成员进行交流沟通
- 通过让成员们投票、配合调查、回复建议版和投信到意见箱来了解成员们的需求

我想要在这个列表上再加上：

- 为成员们提供尽可能多的以不同程度和不同方式加入CSA的选择：包括一年一次的与核心小组成员的见面和日常的农业活动
- 努力让成员加入到长期的项目中去
- 准备一份设计优良的关于CSA的总体问答表，再有一份针对自己农场特别设计的问答表
- 提供大批货物的冷藏、罐装的服务，或者给与食物保存方面的指导
- 提供培训项目、农场观光或是允许成员的子女能够参加农场上的部分活动
- 欢迎成员们到农场上散步、露营、滑雪或其他活动
- 建立得体的网站，在网站上提供给人们尽可能详尽的一切信息，并提供一个电子邮箱地址以便交流互动

在《新农场》（*New Farm*）杂志的一篇文章中，曾在威斯康星和谐山谷经营过14年农场的琳达·赫利（Linda Halley）建议：

- 每隔一周的份额设计，比两种不同大小的份额设计要更加方便
- 弹性计划：成员可以在自己选择的15周里来取菜，而你可以就

多出来的行政成本多收一些费用

● 在农夫集市摊点或农场销售推出预支消费卡——95 美元相当于能够买到 100 美元的农作物

积累了 16 年与 GVOCSA 的成员沟通及配送管理经验后，玛丽安娜·西蒙斯得出了一个关于为什么有些人就是无法融入这个项目的理论。她观察到她称之为"推论的厨师"和"归纳的厨师"之间的本质区别。"推论的厨师"做一顿饭是按计划进行的：先查看菜谱，检查食品的储备情况，之后再上街去买调料。除非这些"推论的厨师"愿意在他们拿到蔬菜的当天晚上才开始做计划，不然的话 CSA 的货源的不确定性会使他们很不高兴。他们有可能只能作为成员坚持一两个种植季，或者在第一个月结束时就退出。相比较而言，"归纳的厨师"则在晚餐前一个小时打开冰箱，看到那富余的食材而欣喜不已，一顿饭有四分之三的食物都是生食的，并为自己不用去超市而感到高兴。玛丽安娜将自己和自己在 CSA 的朋友们归类为后者。她说他们觉得让别人为自己的一餐饭带来些惊喜也挺好的。她相信吸纳新成员的最好方式就是用口口相传，因为通过朋友或同事之间物以类聚的道理，人们对其将要加入的 CSA 有更为正确的期待，没有任何广告能够这样有效。总在外面下馆子的人是不太容易长期留在 CSA 的，因为他们不经常下厨。

玛丽安娜相信促进老成员的再次加入应从产品质量出发。CSA 为她的两个儿子的成长提供了所需的有机蔬菜。当地的食品公司并不能有规律地提供可靠的供给。购买在当地生产的食物对于她来说越来越重要了。她说："如果这条街上有人做鞋，不管那些鞋看起来如何，我都会很乐意穿。"她观察到那些起初被食品吸引而来的成员后来培养出了对农场以及农场主们的喜爱之情。能够在农场工作，这样的机会被她形容为"给整个家庭的礼物"。她指出，营造一个友好、和谐的气氛是非常重要的。深度理解可持续发展，对于人们来说还需要一段时间。

虽然我们已经发现口口相传是最有效的招募方法，但是至少每年一次，我和其他一些成员都会在广播或者电视上露面。地方公共广播电台里有几个友善的主持人，他们愿意请我们上节目，有时，听到节目的成员们会通过给节目打电话问我们问题而帮一把忙。在其中的一次节目中，我认出了一位名叫派特·马尼克斯（Pat Mannix）的核心小组成员稍加伪装的声音。正是他的一个问题给了我推销我们下一次招募会的机会。另一名核心小组成员利拉·布鲁斯顿（Lila Bluestone）自愿与我一同参加一个电视脱口秀。在采访开始之前，利拉十分紧张。她一遍又一遍地重复我们事先定好的将要强调的内容。但一旦到了镜头前，她却表现得十分自信。当记者在开场白当中将CSA说成是一个针对“贫穷的”家庭的项目时，利拉很礼貌地纠正了他，她说：“的确，CSA提供了人与地球接触的机会以及洁净而又营养的食物，这对于我们这些生活在罗切斯特的各个收入水平的人来说都是急需的。”在这之后的那次核心小组成员会议上，人们笑称这是“利兹与利拉”秀。

GVOCSA核心小组的组织工作一直以来都强调确保灵活性和持久性。因为有29名成员共同分担工作，所以维护这个小组所需要做的物质上、情感上的工作并不繁重（更多细节可参考第6节）。其他CSA的状况可就大不一样了。由特劳杰·格罗和史蒂文·麦克法登撰写的《重访明日农场》一书，提供了许多关于如何使CSA维持下去的经验。七年后，这两位作者为更新数据回访了当初报道过的CSA。而我在这八年后也采访了这些CSA中的一些农场主或份额成员。

社区农场

自从《重访明日农场》出版以来，由特劳杰·格罗和史蒂文·麦克法登所在的CSA，也是美国成立时间最久的两个CSA之一的坦普尔·威尔顿社区农场经历了几年的坎坷。后来重新振作是因为其为了充分保障农地的使用而进行不懈努力，从而获得了广泛的社会关注（详见第5节）。当时，由于发展的压力和缺乏对高质量土地的长期保有权，特劳杰、林肯·盖格和安东尼·格拉汉姆（Anthony Graham）不得不解散了他们的农业联盟。经过几年独立经营自己的“社区农场”，特劳杰退出了农业生产。就在一切看起来都无比黑暗的时候，忠实坚定的成员为林肯和安东尼找到了获取稳定土地的方法。他们的CSA组织重新回到拥有上百个家庭的状态，另外还有许多人想要加入其中。

玛海威丰收CSA，是一家1985年从印第安线条农场上成立起来的组织。现在很是兴旺，这是因为它的成功转型。从一开始一群兼职农民共同经营的农场转变为由一个全职农场主经营的农场，而成员的参与也经历了由多到少的过程。夏洛特·扎内基亚（Charlotte Zanecchia），一位参与了这个农场19年发展历程的成员说：“关键是要有个爽朗的并能让成员都高兴起来的农场主”。当这个CSA搬迁的数年间，还有不少农民坚持为这个CSA耕作。1993年，戴维·英格利斯在其他农民纷纷离去的时候，逐渐地接管了整个农场。现在，戴维和他的家人管理一切账务和产品的分配。他们承担农场中的大小事情，同时还要负责生产所有的食物。戴维将主要精力放在土壤培育和产物的质量上，同时他也为成员们提供了更多的选择。但是他将鸡肉和鸡蛋的供应放到一旁，打算等到有能力将其做好时再进行。经过这些努力，成员们的数量增加了而损耗则降低了。核心小组功成身退了，“玛海威丰收土地信托”（MaHaiwe Harvest Land Trust）董事会将他们所保护的阳关大道农场（Sunways Farm）卖给了另一家土地信托公司使得“本土项目”（Project Native）可以使用这片土地。本土项目是一个新兴的倡议，它种植并销售当地的植物用于景观美化、环境补救和园艺。而戴维则在原来农场对面买了12英亩的土地进行耕种（详见第5节）。他赞誉印第安线条的核心小组，因为他们在早期创建了CSA的这种模式并且使得这个组织能够持久发展下去。而现在的玛海威丰收CSA则适合他本人的个性，同时也使其他的成员感到满意。戴维特别着重强调了这一点：

> 对你的CSA的完整性来说，你是否拥有积极的核心小组并不重要，没有核心小组，你也许会有更多的时间休息，或者根本没有时间休息。最重要的一点是，你必须认识到你是一个农民，并学会如何与农场成员合作，万一你不想再扮演这个角色了，那你该怎么办呢？也许你只想为了你爱的人培育出你所能培育出的最好的蔬菜。我认为这是完全可以的。

夏洛特·扎内基亚（Charlotte Zannechia）曾与罗宾·范·恩一同在最早的一家CSA里工作，并为玛海威的持续发展做出了重要的贡献。她记得过去那些“令人心痛”的时刻，但是她为最终的结果而感到高兴。当她被问到为什么在CSA中工作这么长时间时，她回答道：

> 一直以来我都想要食用有机食品，是CSA让我可以不用自己耕种所有的食物，虽然我还是在进行一定的耕作。我曾被为土地筹措资金的工作所奴役，当时我必须将自己辛勤耕作过的土地转交出去以便于为农民们筹得资金。让戴维拥有他自己的空间是我能为他做到的最好的事了。而且当我吃到春季的第一批新鲜产品时，对于我来说这简直就是精神上的一种享受。我们能吃到这样多种多样的当地的食品，真的很幸运。并且我也注意到这样的种植模式吸引了越来越多的年轻人。所以我认为罗宾和我做了正确的选择，在一开始就是。这就像是在教一个婴儿怎样从爬到走一样，最终我们走向了成熟。如果戴维·英格利斯离开的话，他可以将公司卖掉。他有很多资产……如果他离开的话，我们相信他会为我们找到合适的继任者。

布鲁克菲尔德农场作为第三早成立的CSA曾在《明日农场》当中被概要介绍过。这个组织经历过两个非常艰难的年份——创建这个农场的尼基（Nikki）和伊恩·罗伯（Ian Robb）的婚姻触礁了。因为知道罗伯一家是非常细心的农民，所以1993年当我因NOFA夏季旅行到他们的农场却仅仅能看到草丛中所剩的一些作物时，我意识到问题已经很严重了。罗伯夫妇的经营方式就像在坦普尔·威尔顿一样，成员们被要求支持这整个农场，但却不知道自己每年交450美元具体能得到多少产品。当丹·卡普兰作为农场主在1995年接管农场时，这种社区农场的模式被改变了。成员们都在其中购买了农场的份额，就像其他大多数CSA做的那样。生物动力农场自然保育信托基金（Biodynamic Farmland Conservation Trust）的管理层是从前任农场所有者福捷（Fortier）一家那里，通过合约得到了这个农场。他们也引进了一套农民薪酬制度，向农民们支付15 000美元的基本工资，根据他们吸引并留住多少新人和他们的管理水平予以加薪。

丹经营布鲁克菲尔德农场很成功。带着理事们的祝福，他将份额价格降低到300美元，将成员人数由150提高到530人，并且从食品银行农场引进了混合自选系统，以便于向在农场自取的成员提供种类最多的选择。从那一年以后，价格逐渐涨到了一整年440美元，冬季的为160美元。丹还添加了在波士顿的取菜点。当我在1997年的夏季再次拜访时，拖拉机已经清除了杂草。到2005年时，我有幸拜访了新建的谷仓房和CSA中心。这个CSA中心建筑预算的25万元中有超过15万元是由成员和其他支持者们捐赠的。丹为了成员们能够更加自在地到农场来走走或者带他们的孩子来看看小牛犊的出生而煞费苦心。布鲁克菲尔德有定期的节日，在东北CSA会议上，丹讲述了这些节日中非常有趣的事。他说虽然成员们并不常参加，但是他们都希望这些节日能够继续办下去。当他总结这过去的18年时，他说："情况已经发生了变化……我们对社区的浪漫幻想消失了，但是我们有了个更加真实的社区。布鲁克菲尔德农场再也不被当做一个特殊的存在和'脱离真实世界'的存在了，而像是教堂或是学校一样是社区的一部分了。我们就在这里。我们不再是社区关注的一个焦点，而是社区的一分子。"

罗克斯伯里农场在一场重大变故后劫后余生的经历与我的经历相似。当他的婚姻完结后，琼-保罗·考特思必须要从他前妻家族所有的农场搬出来。虽然琼-保罗为了照顾他的3个孩子不能在这一转折时刻全职地在农场上工作，但他的农场队伍并没有错过播种季节，他们找到了一块新的土地并且在原有的基础上将份额成员的人数提高到600多人，这帮助他们渡过了难关。罗克斯伯里的成员们捐款帮助偿还公平信托的过渡性贷款以便琼-保罗购买新的农场。琼-保罗和他的伙伴朱迪·布列特与公平信托有一个99年的150英亩土地的租约和一个包括100英亩土地、各种农场建筑物的抵押。到后来，成员超过了1 000人，这些人分布在4个社区当中——在纽约市有两个取菜点，在金德胡克的农场区和威斯切斯特县各有一个取菜点，还有一个在纽约州的州府奥尔巴尼。在2004年，可持续农业研究与教育（SARE）项目将帕特里克麦登可持续农业奖颁给了琼-保罗。

经过了10年的稳定发展，在《明日农场》中另外列出过的两个CSA经历了相对温和的，但是也很复杂的发展（详见第5节）。金融业的繁荣使得那些有健康保险或有养老金的农民也能得到一份体面的工资，这使得找到新一代农民到金伯顿和守护者农场工作变得更容易。通过“采摘”或提前预订系统，它们为成员提供了更多的选择。它们还参加了农民培训区域合作联盟（CRAFT）和SAITA见习项目（详见第7节与第19节）。

具讽刺意味的是，那些市场专家告诉我们的所谓全美国客户要求的简单、方便的服务并不是使这些社区农场生存下来的真正原因。正相反，这些农场对其成员提出了很多要求，包括提供建议、实际参与、投入时间和资金。成员与农民分享他们生活里各种真实的故事，包括家庭面对的困难和经济的实际状况。同时农场也给成员们真正的机会充分发挥他们的想象力并成为社会实践的积极参与者。

预定型农场

那些预定型的CSA没有采用一般社区农场的模式，但是同样找到了让自己更加稳定生存的方式。（预定型CSA每周向成员提供一箱产品并且大部分只要求付款而不要求劳作，并且它们的产品还有其他的销售渠道）。在成立的第14年，加利福尼亚的饱腹农场最高记录为800位成员，还有150人在等待加入。这个农场提供令人羡慕的蔬菜、水果、坚果及单独的花卉和羊肉制品的选择。尽管大部分人是由于听了口头的推荐而加入的，但是退出的人很少。这个农场希望通过让成员以季付代替月付来提高他们对这个组织的承诺。饱腹农场欢迎所有成员的到访，但是很少有人去。为了保持联系，农场主们时不时带着一只羊羔或者其他能引起话题的东西到成员们的取菜点去。就像农场主德鲁·里弗斯所说：“这些蔬菜的质量就是它们自己最好的代言”。但是也有些成员说每周的简报比蔬菜更有说服力。

很多年来，600个份额只占了智慧农场25%的生产量。比尔·布拉默在 1993 年抱着服务社区的精神成立了一个有 40 个成员的 CSA。此后，成员增长到 600 人完全是靠口碑相传。当开发商将他 80%的土地拿走后，比尔将扩大 CSA 和发展他的农场直营商店作为维持农场生计的手段。人们时常打电话来说，他们在朋友家吃到的智慧农场的食物"是他们吃到过的最棒的食物"。比尔会邀请他们签约加入到为期 4 周的试尝活动中，在这之后，20%～30%的人会认为食物实在是过多了，他们继尔转而到当地的健康食品店购买有机食品。不过对于比尔来说这也不错，因为正是他为那些店铺提供食品。成员可以通过取菜点来参与农场的运作：比尔给每 10 个份额取菜点负责人的份额五折优惠，并给第 20 个份额取菜点负责人一份免费的份额。取菜点主人必须给那些忘记来领取食品的人打电话。比尔并不经常给新成员发信件，取而代之的是在他们加入时发给他们一份内容详细的资料，在取菜点也会张贴海报，他还在网上提供菜谱。在担任了"加利福尼亚认证有机农场主"（California Certified Organic Farmers，CCOF）主席职位许多年之后，比尔很高兴能够不经小组讨论就能作决定。不过，他和成员们的关系还是"十分令人满意的"。他说，"种这么多蔬菜是既有趣又充满挑战性的"，而且当他收到许多赞扬的信件并听到孩子们在领食物回家的路上就已经把所有的甜豆吃完时，他感到十分的高兴。

从迈克尔·E·格伯的《重访 E 神话：多数小企业都不能持续的原因和对策》这本书中汲取了灵感，在伊利诺伊州天使有机农场的农民们对农场上的每个工种都进行了学习，为的就是要建立一个明晰的管理体系以便于让每个农场工作者都能清楚地了解他们的职责。虽然这本书的主题与农业无关，但格伯以尖锐的语言说出了小企业是如何将创建它们的人的钱都耗光的。他的书提供了一个让你的企业能够加盟经营的系统的方法："创业的观点……把企业看做是由许多部分准确无误的组合起来的整体，每一个部分都为一个更大的整体服务，它们整合起来就能够产生特定的结果，这是一种系统化的经商方法。"

让全美国开满麦当劳式的 CSA 或许不是我们的使命，但是格伯有许多有用的点子能够将工作执行者的个性和工作的职能分开。天使有机组织一直以来的目标就是让它们的工作人员能够在务农之余有更多时间从事具有创造性的活动。但在他们的目标达成之前，创办者之一的金伯利·瑞科特（Kimberely Rector）改行去当了一名艺术家。到 2005 年，农民约翰已经在基础设施建设方面一马当先，创建了有效的运作体系，并且升级了设备。他可以大半年休假并在这段期间拍摄自己的电影《农民约翰的真实土地》（*The Real Dirt on Farmer John*），同时还写了两本书。这个 CSA 已经赚了足够多的钱，足以弥补二十几年来的资金不足了。份额成员已经超过 1 200 人，并召集了成员协助购买更多的土地，越来越多积极的核心小组成员帮助出版精美的《农民约翰的菜谱》(*Farmer John's Cookbook*) 并帮忙招募新成员和管理农场财务。他们也一直坚持出版一份非常出色的农场简报。汤姆·斯波尔丁是一位核心小组成员，他被天使有机组织深深地影响了，他放弃了城市生活，搬到了农场，并且在天使有机食品的 CSA 学习中心工作。

在吉姆·金赛尔接管这个他将其改名为哈尼布鲁克有机农场的 CSA 的最初几年，他叫得出所有成员的姓名。当这个 CSA 成长为北美最大的 CSA 时，已经有 2 100 人以上的成员了，吉姆已经不能保持与这么多人一对一的直接联系了。他尽可能地常去农场摊位上走走，75%的成员每周都会去那领取他们的份额。为了尽可能地保持紧密的联系，哈尼布鲁克增加了简报出刊的频率，现在每周都会送刊上门，每月更新博客，并且还在农场直营商店增加了一个意见箱。吉姆在尝试吸引更多的成员加入到工作聚会上来，在这种聚会上，你不用走来走去也可以有很多时间来交流，比如聊聊怎样给胡萝卜间苗。农场还开设了“儿童博客”：18 岁的名叫“农场主”的凯尔是一位成员的儿子，他立志务农并将每个月写下他在农场的经历。吉姆发现与像凯尔一样充满热情的年轻人一起工作是“心灵的一剂良药”。

杰瑞德·劳森是一个近距离观察 CSA 的人，同时他也是一个 CSA 的技术顾问。他担忧更大的会员制项目会将小的项目挤出市场，同时却不能提供成员与农场主之间的有意义的互动。看到有些 CSA 的成员已经上百，杰瑞德担心 CSA 将会变成农业综合企业那样——农场主坐在办公桌前，劳动力缩减，将扩大规模和赚取利润作为最主要的目标。而饱腹、哈尼布鲁克和天使有机农场这几个 CSA 的变革却让人看到，规模和会员制的模式并不一定会摧毁农场主与成员之间的合作关系。有时间和创造力，大农场没准还能找到如何为成员提供像杰瑞德所说的“自觉地行动支持以促进农场和社会的整体经济、社会、生态及文化的健康”的机会。

交流

约翰·彼得森的作品和天使有机农场的简报提供了另一个重要的保持 CSA 活力的方法：良好的沟通。史蒂文·麦克法登，《重访明日农场》的作者，甚至这样说：“那些最成功的 CSA 都是沟通得最好的”，不管你是用什么媒介，一个 CSA 越多地与成员分享资讯，它就将办得越好。面对面的交流当然是最有效的。农场主们应该找机会与成员们多见见面，倾听他们的想法和意见，相应地告诉他们农场的真实情况。一旦你进入到标语、传单、电子邮件、网站和简报这些媒介，你就进入了相对难以预料的环境。在东北 CSA 会议上参加主题为“沟通交流”研讨会的与会者们，在讨论完有关“有效的招牌”话题之后得出结论：人们不会去看标语的可能性已经大到不能再大了。当你必须要用标识时，越少越好，而且字必须要大而清楚。斯科特·查斯基表述了奎尔山 CSA 采用的做法：150 名成员全部都自己采摘，就在菜圃上，他们在木头桩上用大大的字标着：“只采外层的叶子”，“6 个甜菜”，“12 个马铃薯”。

对于所有的 CSA，尤其是那些成员与农场主联系较少的，一本定期的简报是最基本的沟通方式。弗吉尼亚 CSA 农场主约翰·威尔森说，“CSA 的确做人们所说的事——社区与农场的连结。我喜爱它。简报就像采摘作物体验一样好，一样能创建一个社区。”简报不一定要花哨。西港农场将每周新闻用电邮传给成员们。在马里基塔农场的安迪·格里芬（Andy Griffin）每周都在电邮上欣喜地写出融合了哲思与种菜经验的文章，同时还附上当周份额提供的食物清单。许多 CSA 的成员每周写一些文章，有些是手写的。柳树池塘农场有一个固定格式，每一张的开头都列有每季度的时蔬。农场主吉尔清点当周有什么是在份额内的，并画出其中一种蔬菜的速写及其营养标注，然后附上一份实用食谱，而简报底部有可撕下的意见表，邀请成员们进行反馈。威利农场每周的“什么在生长”栏目包括一小段由丹尼斯写的农场快讯，一张份额产品清单和尽可能多的食谱。在阿拉斯加埃斯特的罗齐小溪农场（Rosie Creek Farm）有每周一页的简讯，包括短文、产品分配单和食谱。

便宜的食物和爆了的轮胎

埃里克（Erik）（一个在天使有机农场的实习生）每周两次在凌晨 2 点起床，为的就是按时运送将要给你们的新鲜蔬菜。他拿着手电筒，一边查阅份额成员的名单和流程图，一边将 100 个装有产品的箱子（有将近 1.5 吨重）和数不清的花束桶从冷却室搬到我们的蓝色卡车里。咖啡杯和手机就放在他身边，他在凌晨 3 点 45 分准时离开农场。

埃里克上一次开着那辆蓝色卡车向芝加哥城驶去的时候，车的右前胎爆了。当时是凌晨 4 点 30 分。埃里克喝了一大口咖啡之后将一半的箱子从车上搬下来以便能够取到备用胎。他在煞车轴上跳上跳下以便能够拿走那牢固的扁尾螺栓。他换好了轮胎，虽然与螺栓搏斗让他觉得兴奋，但他并没有忘记将你们的箱子重新装上卡车并再次踏上了去往大都会的路。

我们今年已经发生很多爆胎的事件了。那是因为车库的房顶摇摇欲坠，大风呼啸着吹过房屋的墙壁，吹到院子和花朵上。我在车道上找到过房顶的螺钉，昨天我还在厨房里发现了一颗，必须得找个人来把它们拧回去。

我们上次修缮屋顶是在1974年了，那次修了整整十栋楼的屋顶，然后我们进行了大规模的种植直到我们的钱被用光了。在80年代中期的时候，房顶就开始漏——先是比较缓慢地裂开。以前必须是一场大风暴和突然的大风才能将一滴雨“送”进屋来，现在一场蒙蒙细雨就能在房间的地板上积起水洼了。当我在雨天之后接电话时，电话的听筒都是湿的。

曾经，乡村是非常热闹的。篱笆都是直直的，上面还涂有漂亮的红漆。牲畜在农场上信步游荡，孩子们则和鸭子们一同玩耍。现在，从芝加哥开车到我们这看看吧，看看有没有农场主在他们的田地上：他们都不在。数数有多少孩子还在农场上玩耍：他们都上哪儿去了？看看整个农场：建筑物的油漆剥落了，房顶不见了，房梁也没有了。乡村被荒废了，仅仅剩下被化肥催生出来的谷物和大豆，以及零星几片以私人休闲娱乐为目的的农庄。

我无法为乡村的衰败找出一个单纯的原因。我知道机械化和计算机化的农业和百万吨的化肥似乎将人们与田地脱离开来，但到底什么是原因什么是结果？是什么使人们愿意让农村衰败成今天这个样子？

人们在天使有机农场上辛勤地劳作，但是他们却几乎得不到什么报酬，几乎没有足够的钱来延续这小规模却非常复杂的工作所急需的大量开销——那些能够使这片田地经营到下个月的开销。我知道其他的一些农场也穷得连房顶都没有了，于是人们不得不将其卖掉。在用我们的方式耕作并逐渐变得穷困到在一堆腐烂的屋顶板和钉子中工作的同时，富裕的消费者们则要求用很少钱就能买到最有营养的食物，这是一种侮辱。摇摇欲坠的房顶与半夜爆胎，与这个国家普遍要求便宜食品的观念有一定的关系。

社区支持农业是向重整这个农场迈出的一步。比起从有机食品柜台购买“加利福尼亚某地”生产的食品，CSA建立了一种更加深层次的关系。但是那加利福尼亚的产品将影响我们向会员收取的费用，我们经常被问到，我们的价格与商店的价格相比而言如何。在远方温和的气候条件下进行的庞大的、高度资本化的有机运作决定了中西部有机农场的价格标准。而进行可持续农业的真正成本——一个可以自行运作的农业发展模式，它的机械、建筑、土地、工作人员和未来——这些比我们所收取的食品份额的价格要多得多。

资料来源：——约翰·彼得森，天使有机农场，伊利诺伊州，经授权使用。

希登山谷有机农场（Hidden Valley Organic Farm）有一份两页双面的简报，就像柳树池塘农场的一样，它们的简报也包括一张列有所有蔬菜的清单，并勾出当周可选的蔬菜。第一页的大部分都是关于作物生长状况、天气、将要发生的事件和来自农场主们的特殊请求，而食谱则占满了整个背面。斯蒂芬和格洛丽亚·德卡特为生命能量社区农场出版了许多更加详细但是次数不那么频繁的简报，其中有农场动物、孩子们还有节日的照片。德卡特的文章生动讲述了他们在农场四季的生活。

我没有读过所有 CSA 的简报，所以我做出的判断可能并不公正，但我真觉得普利策奖[❶]应该颁给天使有机农场。这份简报由农场的办公室经理鲍勃·鲍尔编辑，它绝对闪耀着写作者（包括农场主约翰的和其他人）的才华、激情、幽默感和食物知识。[①]编辑并邮寄或者以电邮的方式传送一份定期的简报是成员们为自己的 CSA 做贡献的一种好方法。以我的经验来说，有着很高电脑技能的成员并不难找。GVOCSA 有一支十分有才华的编辑团队，从其创办的第二年开始，GVOCSA 就有了一份一年出版六次的简报：四份在种植季出版，两份在冬季出版。我非常荣幸地负责撰写"农业小知识"这个版块，这是一系列反映作物生长、气候，以及玫瑰山谷与和平工作农场里的动物与人的文章。[②]我的农场伙伴们轮流分析季末的调查和有关蔬菜的问答表。编辑和其他成员们负责提供来自核心小组的讯息，主题包括家庭教育、一个人如何吃完整个份额的食物，或者在当地消费的全球性意义。五月份邮寄给每个成员的是一大包的资讯，其中包括成员名单、一张写有所有核心小组成员职责分配和电话的表单、工作计划表、一张去农场的地图、农场及分发站的位置图，还有告诉你如何为农活做好准备的建议单和团购价目表。我们将大部分的信息都发到了网站上并且还将它们写进了"成员指南"里。

GVOCSA 同样也鼓励成员们去购买《CSA 食品书——为了可持续的收获》（*The CSA Food Book for a Sustainable Harvest*），这本书是我在 1993 年

❶ 普利策奖，又称普利策新闻奖，到 20 世纪 80 年代已经发展成为美国新闻界的一项最高荣誉。——译者注

的冬天写的（当时我的伙伴戴维也帮助了我）。这本书是一本挑选我们生产的蔬菜、草本植物和小水果的指导，内容按照季节顺序呈现，包含了以下条目：农作物的历史，营养知识，怎样短期或长期储存食物，在玫瑰山谷农场劳作的逸闻趣事和菜谱。《CSA 食品书》的收益成为詹尼斯山谷有机 CSA 对低收入成员的奖励资金。1996 年，我从詹尼斯山谷有机 CSA 农场的成员和其他的 CSA 农场那里又收集了一百多条烹饪食谱，增列到此书中。

孩子们在加州科韦洛的生命能量社区农场中随着一辆拉犁的马车奔跑。

遍地开花的 CSA 简报正成为一种新的文学形式，众多新人崭露头角。一名和谐山谷 CSA 农场的成员评论道："你们出品的食物和简报都好到让我难以抉择，但既然简报不能吃，我还是把第一名颁给食物吧！"马里基塔农场的成员对安迪·格里芬的作品也有同样的好评。优质腐殖质农场（Good Humus Farm）的安妮·迈恩（Annie Main）说，经过 22 年的耕种，每周必须写随笔改变了她体验生活和劳作的方式："我在生活中寻找着可以写到简报中的事情。它提高了我对自己的认知。"我选择了少数一些最好的文章来给读者们开胃（看散落在本节和其他章节的专栏段落）。

除了简报，和谐山谷给它的成员一个充满了实用信息的年历。在合适的日期上标注了农场公开给成员们的活动；种植和收割的工作时间表；缴费提醒；节日；农场的家庭休假计划；还在每年的年末，提醒人们第二年继续注册。一些年份里，年历的插图是可爱的自然风景或蔬菜，其他时候则是农场工人在拖拉机上的英姿。5 月和 7 月则有插图说明如何装菜的纸箱拆开叠放，年历的封面上有一张去农场的地图和这样一句话："你总是受欢迎的。"（一个关于开放访问的提示："总是"的意思是一个星期 7 天，一天 24 个小时。都是非常欢迎成员来访的，但要把访问时间控制在对农场方便的时候。）

网站

在最新的信息交流方式风行时期，CSA 农场纷纷建设网站。当我写这本书的第一版的时候，我对于利用互联网来推动本地蔬菜销售做法很是不认同。但我发现我错了，住得离我们只有 2 英里的人们通过网络发现了我们。如今几乎所有的 CSA 农场都拥有一个网站。上百个网站的信息多到除非是一个纯粹的宅男或是博士才有可能完全吸收掉。生物动力农场、蔬菜种植联盟、罗宾·凡·恩 CSA 资源中心和本地收获的网站上都提供了许多其他 CSA 农场的网站链接。

天使有机当然也有一个网站，有兴趣的人们可以在那里看到芝加哥各地的取菜点、附有菜谱的简报和农场照片。在威利农场的网站上，你可以按照时间或菜单来回顾原来的简报，对于那些寻找膳食点子的人们这是一个非常好的资源。你也可以通过照片来体验农场旅行。琼-保罗·考特思和朱迪·布列特将他们农场的指南发布在了罗克斯伯里农场的网站上，分享了他们怎样培育并收割每种蔬菜的方法和他们如何保持多产的细节。

迈克尔·埃克斯罗德（Michael Axelrod），詹尼斯山谷有机 CSA 的一个网管高手，在 1996 年为我们建立了一个简单的网站。在上面，成员们可以查阅获取我们蔬菜的时间和地点，并可以阅读我们的农场简报。近来，麦克在网站上加上了汤姆·罗明坚为和平工作农场手工上色的黑白照片以及成员们上传自己最喜欢的食谱的交流平台。

CSA 还能在农业调查中扮演重要角色。和谐山谷提供给其成员一个独一无二的机会来支持一些正在农场上进行的"尖端调查"。农民理查德·德·怀尔德一直在为将活篱笆作为益虫的栖息地和用堆肥来控制植物病变做论证工作。一些纽约的 CSA 农场正在通过有机种子伙伴项目（Organic Seed Partnership）培育新品种。因为我的农场在一种早期甜椒的测试中做了大部分工作，培植者们决定叫这个新品种"和平工作"。我的农场和罗克斯伯里农场都在康奈尔土壤健康项目中合作，来开发一种简单而不昂贵的土壤生物测试法。艾奥瓦州的"实践的农民"（The Practical Farmer）项目和当地政府合作，在很多 CSA 农场上都有调查项目。农业可持续发展调查和教育项目（SARE）和有机农场调查基金会都提供这种类型的调查给农民。

教育项目

与CSA相关的教育课程在本书第一版发行后的8年来发展得极快，可以用整整一本书来讲述这一主题。CSA的农民们采用了很多有创造性的方式来和成员及普通大众一起分享他们美丽天然的农场和他们的农业知识。海蒂·莫伊里斯克丝-库泽曼在她的硕士毕业论文中指出，向大众宣传CSA的社区功能与益处，而非只是强调个人健康和美味，对于促进CSA的成长最有帮助："通过将社区的概念包含在内……CSA的教育策略应该有一个更大的机会来促进社会和谐、互助及更多的责任感，为了CSA长远的成功这是必要的。"

教育推广对于很多CSA农场来说是基本功课。一些生物动力CSA农场与华德福学校有联系，并且定时给孩子们办活动。加利福尼亚的活土地农场（Live Earth Farm）和优质腐殖质农场为孩子们举办夏令营项目。宗教性社区的CSA学习中心提供儿童早期识字课程。加利福尼亚的公平远景农场里的都市农业中心提供烹饪和种植课程、研讨会、旅行和学徒训练。俄勒冈的冬绿社区农场，加利福尼亚的生命能量农场，康涅狄格的克拉克农场为孩子们提供旅行和室内课程。在马塞诸塞州的守护者农场，缅因州的柳树池塘农场和明尼苏达州的垂柳农场有由孩子们创建同时也是为孩子们专门提供的园子。在科罗拉多的欢乐之心农场则欢迎来自全世界的游客。每周一次，有三名残疾人会帮助理查德·西斯提（Richard Sisti）在卡塔帕·里奇农场（Catalpa Ridge Farm）进行移栽、除草和收获工作。这几年来，数10个从幼儿园到研究生班级的学生在银溪农场和和平工作农场游览并做过农活。

一些CSA将教学项目延伸到了当地的社区中。非营利性的卡利普索农场（Calypso Farm）和在阿拉斯加费尔班克附近的生态中心将教育作为工作的重点。除了为60名成员提供食物，卡利普索农场的农场主苏珊·威尔斯路德（Susan Willsrud）和汤姆·茨默（Tom Zimmer），以及农场的培训顾问梅根·菲利普斯（Megan Phillips）创建了生态的园艺学习班，观光项目和以北方森林的生态、春季播种为主题的实地考察项目。2005年，1 100名学生参观了他们占地30英亩的农场。他们最有抱负的项目是校园CSA农耕倡议。到现在，他们已经在费尔班克的三所学校组织了夏季CSA活动。在2005年社区食品安全大会的一次研讨会上，梅根介绍了他们的方法。在这些学校，卡利普索农场协助老师、家长和学生们建立起一个农田委员会，委员会负责创建学校的菜园并为此筹资。卡利普索为老师们提供了有关怎样利用菜园对孩子们进行教育的课程材料。夏天，一些由卡利普索饮食项目（招聘阿拉斯加的青少年到菜园工作）聘用的高中生们参加到为期 11 周的培训项目中，学生们在这段期间在自己的学校菜园中种植食物并且学习如何经营 CSA。农场以 18 个份额来支持两位实习生的费用，会员们也相应地从学校菜园中获得一些农作物。卡利普索的员工非常欢迎那些想要在自己学校建立校园 CSA 的咨询。

天使有机农场的 CSA 学习中心已经从农场核心小组的一个分支逐渐成长为一个拥有 7 个全职人员，并在芝加哥有办公室的重要社区食品安全保障的非营利组织。该组织的任务声明书上写道："CSA 学习中心通过教育、创新和试验项目，与生物动力方法耕作的天使有机农场合作，让人们有能力去创造一个由土地、植物、动物和人组成的可持续发展的社区。" 5 年中，学习中心的分享收获项目已经筹得了资金，并将其发给 90 位在天使有机农场中的领取津贴生活的人和芝加哥城区内的低收入者。在 2006 年，这个项目筹集资金去支持一位负责与教会组织沟通的员工，通过对教会组织的影响，鼓励它们支持 CSA 产品并自己进行种植活动（详见第 21 节的"宗教社区支持菜园"）。学习中心经营着几种不同的教育项目，参加人数已经达到每年 3 500人。为了提高农民的业务水平，中心办有中西部 CRAFT（Midwest CRAFT）项目，并为想成为农场主的人组织了实践日、农场观光和为期一天的"农场梦"活动。中心还创建了一个实验性的项目，让从波斯尼亚、墨西哥和尼日利亚来的 3 个难民农场主作为第一批参与者，希望能够为移民过来的农场主们建立起一个城市农园孵化中心。在城市周围的 18 个种植基地，中心为青少年和成年人提供技术上的协助和领导力方面的培训。中心还在伊利诺伊州举办的食品安全峰会上带头建立了由政府提名产生的州立食品行动理事会。

在位于喀里多尼亚的天使有机农场，中心组织农业生态学研习会，学习内容涉及各种居家技能，例如肥皂制造、堆肥、菜园规划等内容，此外还有定制设计的适合各种组织参加的研习班，童子军、社区中心和学校的人员都可以加入其中。中心的职员管理农场的牲畜并参与到清洁丰收行会（Clean Harvest Guild）中，此行会是一家提供农场附近的南美州移民妇女工作机会的肥皂合作社。为了脚踏实地，汤姆·斯波尔丁和其他的工作人员将自己四分之一的精力花在天使有机农场的农活上。在 2005 年，天使有机 CSA 中心被授予世界消除饥饿年国家哈利·切宾自强奖（Harry Chapin Self-Reliance Award）。

社区建设

关于农场节日我其实只想写几句话的，但是在我听了那么多农场主都失望地说由于社区建设不足到他们农场上参加活动的人实在太少之后，我觉得我有必要强调一下社区意义的重要性。在五朔节花柱周围跳舞的人数，在露天吃烧烤和新鲜草莓的人数，或者是轮流到果汁机那里取果汁的人数，难道这些就是衡量一个社区的真实指标么？

诚然，一些CSA农场主办非常有意思的庆典。2 000人参加了由成员们志愿组织的在饱腹农场举办的挥锄头丰收节。在和谐山谷农场，八百多家庭中，就有一百多个家庭参加那里举办的摘草莓节和串大蒜节。在创办的第一年，寻找共同土地CSA无法保证能生产出大批量的食品，所以经营者就以一些庆典活动作为补偿，他们每周都聚在一起讨论每个月的节日应该是什么。和平工作农场则举行一年一度的五朔节花柱舞蹈节，之后还有在五月之前的最后一个星期天举行的野丛漫步和农家饭活动。不管天气有多冷，或者雨有多大，我们总能吸引足够多的邻居和CSA成员来参加每一场挂丝带活动。戴维·英格利斯曾经暂停举办玛海威丰收农场的庆典，直到有成员来直接组织和安排。他还是十分喜欢他自己组织的年终“烧帽子”仪式，孩子们都喜欢看他烧掉自己的帽子。

配送时，成员们都汇聚到取菜点，这给许多CSA带来了一种群体感。GVOCSA每月在分发日举办“取菜聚会”，在派对上成员们彼此交流。神奇豆茎农场（Magic Beanstalk Farm）将一所教堂的地下室作为取菜点，并举行一些活动，例如贩卖其他农场的产品，为孩子们提供游戏，提供茶点和咨询服务。那些住得离取菜点比较远的农场主们经常在分发日留在当地，来与成员们交流。

但是，在一份面对全美国所有地区的CSA成员的调查显示，因为想获得社区或集体归属感而加入的人非常少。多数人并不是为了让自己的生活更加忙碌才加入的。从日常工作生活中挤出时间到取菜点取食物对他们来说已经很不容易了。就像辛西娅·科恩（Cynthia Cone）和安·卡卡里欧拉斯（Ann Kakaliouras）在她们的文章《寻求纯洁：土地工作和社交怀念》（*The Quest for Purity：Stewardship of the Land and Nostalgia for Sociability*）中所说：“社区对于许多CSA成员来说，就像是对我们已逝的农村生活的一种怀念与向往——这样的社区在现有条件的约束下是不容易实现的。”

但是对于社区的认同不一定只是从群体活动中得来的，它也并不是一个抽象的概念。相反，它是一个人与人之间的复杂的关系网。GVOCSA 简报的总编同时也是每年春天帮助我们搭建羊圈的马克·皮尔斯（Mark Pierce）说出了社区到底怎样影响了他的生活：

> 我保持活跃的首要原因，实话说，就是 CSA 给我的社区感。成员们都是关心自身与国民健康，以及环境问题的人们。他们多数是受过良好教育、仁慈、热爱和平且友好的个体，这个比什么都更加重要，在我参与 CSA 的活动中带给我快乐。另外一个好处是，我觉得我可以靠近我相信的目标——本地的、高品质的、生态的食物来源，促进人与土地之间重新连结、和平共存。其他好处是我不用洗（如果我想）就可以吃到嘴里的美味新鲜的食物，这小小的时刻有时候让我感到是如此自由……有哪个接受过健康教育的人敢咬上一口没洗过的工业化农场生产的草莓？

不止是吃得好

当你们登记以获得 20 个星期里每星期的两盒蔬菜时，也许你们中的一些人并不完全了解自己加入的是什么。你没有意识到，你加入的是让你每星期的饮食都被新鲜蔬菜垄断了。在你吃掉一大盘使用新鲜有机蔬菜做出的菜团子后，你的肚子里不会再有地方留给甜点的。一旦你尝过在我们农场里生长的、新鲜的、自然成熟的珍贵之物，那些杂货店储藏的土豆绝对不会再满足你。

但是你有没有停下来想一想关于一个 CSA 农场的将来？当你支持天使有机 CSA，你已不再只是购买一项日常生活用品。你是在支持一个逐渐式微的生活方式，教育未来的农民们形成一种认识，甚至说是一种使命——将土地看作比它实际的价格要更珍贵的东西。

很明显的，你的钱直接被用来支付有机蔬菜的生产。燃料、劳动力、种子、土壤改良、植物保护比如防虫网，这都由你的支票支付。但是你的钱也在创造新的关系与连结，它使得农民约翰恢复了他与其成长的那片土地的关系，它允许其继续和他的机器“交流”，哄骗它们再继续为他工作一年。它也维系着他与那些为他工作的人的关系，以及向他购买东西的人的关系。

通过这一年，你可能会找到新的爱吃的食物，了解到一些让你的朋友印象深刻的不常见的蔬菜的知识。（“是啊，亲爱的，我上个礼拜做的蔓菁浓汤绝对是棒极了。”）你在蔬菜王国里对于什么是“好吃”什么是“难吃”会有更深刻的见解。你可以选些新菜谱，或者做出自己的菜谱来。但是，如果你愿意，你可以让自己参与得更加深入。

社区是一个具有潜力的词语。社区可以简单地表示那些地理上住在同一区域的人。但是它也可以代表那些比简单的地理上的邻近有着更深刻关连意义的人们。当你去领取份额时，你会发现自己在与其他的成员交换菜谱；你也许会希望走出家门，在农场上志愿工作一两天，远离城市在乡村得到片刻的休息；你也许希望加入我们的新核心小组，它是今年刚刚组建的，来处理农场的非生产任务，像是营销、特别活动以及将过多的蔬菜捐赠给那些需要的人。参与这些活动中的任意一项，你就有可能在你的心里找到一种社区的归属感。

社区，在这种认知下，不再是一个用来购买商品的地方，它是通过行动来建立的。我们这些在天使有机工作的人承诺给你的生活带来新鲜健康的产品，这里，没有什么是被轻视的。我们也会给你是否深入参与 CSA 的选择，潜心于天使有机，不仅仅被那些从蔬菜盒里拽出来的食物所包围，而且被那些由你投入到你的 CSA 里东西所包围的。

资料来源：厨师克里斯滕，天使有机农场通讯，伊利诺伊州，经授权使用。

也许，我们需要从不同的方面来思考社区，将其视为一个价值的共享和一个按照这些价值观行事的、从生活小事做起承诺。蒂姆·莱尔德在他的硕士论文中引用了一个观点与这种社区理解相似的农民的话：“人们参与，帮助农场宣传，交朋友，创造一种与土地、与彼此之间的连结。”蒂姆·莱尔德调查的农民中，63%的人相信他们可以在这种深层认知下成功建立一个社区，同时也提到，对于他们来说，这是 CSA 最令他们感激的方面。一名农民写道：

> 每个人都觉得自己是农场的一部分。那比用钱换蔬菜让人满意多了。在淡季，成员们访问农场。他们带着自己的孩子，亲眼目睹水果和农产品的生长、种植过程。我们（农民们）与那些怀着关切之意的人们相遇，他们足够相信我们并将他们的钱给我们而没有任何合同或保证——我们互相关心。我们都能从对方身上得到教益。

杰克·基特里奇会认可的，因为他在自己的文章《CSA：重新发现社区》（*Community Supported Agriculture: Rediscovering Community*）中总结

道："随着这种另类的组织，让我们的生活重新回到我们互相负责的小团体的、地方性的人群中，它们可以重新构建人类群落。"

一个相对小的群体的人们的执着努力让所有CSA农场持续运转。地方性的、新鲜的、可口的食物是最重要的原因。但是为了使CSA发扬光大——而不仅仅是存活——更多的农场和菜园必须加入进来，互相帮助。公开所有的好点子，让我们每一个人都可以质疑批判，并且采用适合我们的点子。这里没有规则，除了一些小小的想象力和很多的艰苦工作。

CHAPTER 12 NOTES

①请参考天使有机的网站www.angelicorganics.com。

②多年来的信息都可以在GVOCSA网站上获取，www.gvocsa.org。

第四章　食品

第13节　种植食品

关注土壤和关注心灵是一致的。

——萨提斯·库玛（Satish Kumar），东北有机农业协会夏季会议，2005年8月

我们知道：大地不属于人类，人类归于大地。我们知道：任何事情都是相互关联的。发生在世界上的任何事都会影响到生活在这个世界上的人类。人类并非生命之网的纺织者，他们只是生命之网的一根线而已。他们如何对待生活决定了他们的命运。

——西雅图酋长

食用CSA生产的粮食和蔬菜就好比拥有自己的种植园但却不需要付出太多的艰辛。但是对于那些种植农作物的农民就不同了，为了提供吸引消费者的粮食和蔬菜，用6～12个月的时间种植各种各样的农作物是一大挑战。多种不同的需求混合在一起就像为菜市场种植一样。给CSA种植农作物，你需要学习栽培比以前种植的种类广泛得多的农作物，你得认真地制定作物轮作计划才能成功。

尽管在理论上，常规的农场也可以开展社区支持农业，但在实践中，几乎所有的社区支持农业都是使用有机和生物动力方法。一些农场，比如纽约帕维利恩镇的帕特（Pat）和丹·拉波因特（Dan LaPoint）的山谷农场（Hill'n' Dale）在转型为有机农业的过程中开始开展社区支持农业。来自新泽西穆斯农场（Muth Farm）的鲍勃·穆斯（Bob Muth）说他把CSA作为从传统蔬菜种植到有机蔬菜种植的一种转换途径。在1999年社区支持农业调查中，312个在回收了问卷的农场中，只有14个农场认为它们不是有机或生物动力农场，但却是低投入或者结合了害虫管理措施的农场。市场研究表明潜在的社区支持农业成员主要是那些为自己和子孙后代寻找“洁净”食物的人们。大部分的社区支持农业手册上都包括农作物生产系统的说明，以下是我从看过的成百上千的册子中搜集的三个典型的描述：

华盛顿奥林匹亚共同土地农场（Common Ground Farm）：

尽管我们并不是“持有证书”的有机农业，但是我们从事有机农业。我们在考虑到土壤和植物的健康发展的基础上种植营养丰富的蔬菜。我们用混合肥料和覆盖作物保证肥沃的土壤；我们尽可能少用机器耕种以避免土壤板结和风化。通过我们对作物的选择和轮作，害虫和疾病的破坏被最小化。提高本地食品的自给自足是我们工作的一部分，最终我们将通过各种尝试，把不同蔬菜收获期提前或者推后以延长收成季节。

斯塔文·德卡特在加州科韦洛的生命能量农场中驾着马车犁地。

布赖恩在威斯康星州的维洛奎的和谐山谷社区农场起垄。

加拿大马尼托巴省的一个农场：

我们试着经营一个传统的农牧结合的农场。我们有：鸡、绵羊、山羊、猪、两头奶牛和用来耕地的马。我们用风能和太阳能发电以及暖水。通过发展一个大的种植园我们基本上自给自足。我们想和别人分享这种方式。我们关心地球，希望留给子孙后代更好的环境。

费德勒绿色农场（Fiddler's Green Farm），加利福尼亚：

在费德勒绿色农场我们采用可持续的有机农业生产方式。“有机”意味着没有化肥、除草剂和合成杀虫剂。“可持续”意味着我们想持续种植且尽可能少得消耗我们的土地和水等自然资源。因此，我们轮种农作物、应用有机混合肥料、引进益虫、使用机械和人工种子培育、选择合适灌溉方法，持续地保护我们的土壤并季节性地种植。

在这一章，我们不会教你如何种植更多种类的蔬菜和水果，因为市面上已经找得到各种很好的教材。例如我帮助米兰达·史密斯（Miranda Smith）校订的《真实的土壤：东北农民讲述有机和低投入农业实践》（*The Real Dirt*：*Farmers Tell about Organic and Low-Input Practices in the Northeast*）

就是一本介绍有机农业的入门书。伊利尔特·寇曼（Eliot Coleman）的书《新有机种植者》（*The New Organic Grower*）和《四季收获》（*Four-Season Harvest*）是必读教材。韦恩·格鲁宾格（Vern Grubinger）的《可持续蔬菜生产和市场销售》（*Sustainable Vegetable Production from Start Up to Market*）是我见过的有关有机和传统的蔬菜种植书籍中最好的一本。在可持续农业发展研究与教育机构和东北有机农业生产协会的帮助下，农民们创作了一系列简明实用的手册，如：《有机土壤肥力管理》、《蔬菜作物健康：以有机方式帮助自然控制疾病和害虫》、《土壤适应性和健康：有机农场的植物轮作和覆盖植物》、《堆肥、蚯蚓粪和堆肥液：在有机农场上滋养土壤》和《植物遗传的智慧：有机种子的留种和生产》。

如果你是一个刚从事农业生产的农民，最好的学习方法就是做学徒工或者跟着有经验的农民实习。就算是在短时间内，你也可以通过在农场工作学到很多。加入到大多数州都有的农民组织中，参加会议和农场参观也是学习知识的好途径。现在，许多传统的种植者会议常常包括有关生物防治和土壤培养技术的会议。在美国的一些地区，农会的工作人员知道很多关于有机农业的知识，与5年前相比，这是一个巨大的改变。

通过将一个大的菜园直接变成专业农场，我历尽艰辛学到很多，但是我不建议其他人采用这种方式。尽管确实能从自己的错误中学到很多，但你可以通过真正了解农业的人手把手的教授缩短时间，减少艰难。我从去法国的几次旅行中受益很多：拜访小农场、蔬菜农场，观察专业的实践操作。当我搬到玫瑰山谷农场的时候，我在马萨诸塞州完成了相当于8年的学徒生活。

在马萨诸塞州的那个农场，我们从一棵韭葱开始，然后发展到在4英亩土地上种植10种植物。同时我们种了供自己食用的所有作物。我们以餐厅、农夫集市或直接以邻居为销售对象。尽管我们当时是先驱谷种植者协会（Pioneer Valley Growers Association）唯一的有机种植者且受到嘲笑，我学到了关于质量以及蔬菜产业如何经营的很多东西。在1985年，我参与了深根有机卡车农民联盟（Deep Root Organic Truck Farmers）的创办。

1977年在法国，我首次知道了CSA，但是我当时的伙伴对它不感兴趣。到了玫瑰山谷之后，戴维愿意尝试CSA，他和艾莉森·克拉克长期保持着联系，且罗切斯特和平正义教育中心提供了很好的合作团队。从生产和市场策略方面来说，CSA意味着要增加很多作物品种。戴维已经种了1英亩的芦笋和半英亩的蓝莓且正在种植大蒜、荷兰豆、各种绿叶蔬菜、花甘蓝和一些有根植物。我们增加了青豆、药草、花椰菜、黄瓜、洋葱、豌豆和更多的绿叶蔬菜。当和相邻的农场合作生产西红柿、瓜和土豆的计划没有成功时，我们开始自己种这些。我们黑胡桃农场（Black Walnut Farm）的朋友很高兴种这些作物但是不愿意承担相应的 CSA 的组织工作。

9 年后，戴维不愿意再种植这么多作物。与他相反，我仍然觉得很有乐趣，尤其是当我能把作物纳入既定种植模式的时候。例如，春天种植京水菜同时种植小白菜、中国大白菜和生菜，或者秋天挨着羽衣甘蓝种植千宝菜，只需要多增加一点工作量。为农夫集市种植，为了有稳定的供应，我们过去每隔 10 天就要安排绿叶蔬菜的耕种序列。我们花了一两年弄清胡萝卜种植的最佳时间是从 4 月中旬到 7 月末，在两个 3 百英尺的苗床上，每 2 周种一次。整个秋季稳定供给西兰花更加棘手，因为冷热交替使西兰花一个月就会成熟。

在和平工作农场，我们在 5 英尺宽的土层里播种，中间有草来隔离作物。切利牌铲子可以让我们简单地翻动那些覆盖作物并且可以在一半的苗床上工作，这样只要我们收获了一种作物，就可以马上将残株埋入土壤。由于有 4 块田、将近 300 个苗床，轮作计划需要精心策划，必须考量的因素包括：前两年的作物状况，作物残根是否会干扰下一轮的种植、灌溉需求以及机器移动需要保持的距离。我们的经验法则是，在同一苗床上种同科作物，之间时间间隔为 3 年。幸亏我们的土地位置分散，我们可以将马铃薯一整个英里地转移以避开科罗拉多马铃薯甲虫。我们使用三种不同行距，并配置不同的培育设备：南瓜是单行间隔；花椰菜、玉米和辣椒是双行间隔；莴苣、胡萝卜、菠菜是三行间隔。我们的系统有很大的弹性，可以增加新品种和实验新作物。

社区支持的种子？

——c. r. 劳恩（c. r. Lawn）

孟山都公司 2005 年收购世界上最大的蔬菜种子公司——圣尼斯种子公司（Seminis），震惊了整个种子市场。这次并购似乎是 30 年以来种子产业整合的的高潮点，它使 10 个世界最大的跨国种子公司掌握了世界商业种子销量的一半。

孟山都公司并没有把它的主导地位局限在生物工艺（2004 年控制了世界 88%的转基因作物种子）和蔬菜种子领域。它还同美国农业部一起收购了世界上最大的两家棉花种子公司，包括“三角洲和松林地带”公司（Delta and Pine Land）的创新终结者技术专利（终结者技术由国际农村发展基金会命名，这个转基因技术阻止植物留种，这样农民就不得不每年购买新种子）。

只有局内人自己知道他们是否会将转基因技术应用到蔬菜种子上，但是很明显，孟山都的目标是控制世界上所有的农产品品种，无论是棉花还是西红柿的种源。作为孟山都公司旗下的圣尼斯种子公司的主席和最高行政长官，墨西哥的亿万富翁阿尔法索·若莫（Alphonso Romo）说：“种子是软件，而我们拥有种子。”作为农民和种植业主，我们所依赖的工业认为种子不是农业一万年的共同遗产，而是把种子看做有价值的智力财产且我们每使用一次都要付费。

或许读者会反驳：“我不买圣尼斯公司的种子，我买强尼牌（Johnny）的、费德蔻牌（Fedco）的、领土牌（Territorial）或妮可牌的（Nichols）。”那我问你，你种过名人牌（Celebrity）或大牛牌（Big Beef）的西红柿、肥美牌（Fat & Sassy）或红骑士牌（Red Knight）辣椒、淘金牌（Gold Rush）或圣代牌（Sundance）西葫芦吗？如果你种过以上任何一种，你都在播种圣尼斯公司的种子。那么银后（Silver Queen）玉米、翠玉豆（Jade）或印第金豆（Indy Gold）呢？它们是先正达公司（Syngenta）种子，这是另一个庞大的跨国企业。

以上这些符合产业标准的种子几乎是所有传统或有机商业种植者都想拥有的。甚至是小而独立的种子公司也非常依赖这些大供应商来推销、供应自己的优良品种。

几乎没有种子零售商自己种植种子作物。在费德蔻公司目录上的杂交胡萝卜是不可能种在缅因州的，在维西公司（Vesey）目录上的香甜的花甘蓝是不会长在爱德华王子岛的。在大多数情况下，最好的零售商在他们的气候区试种种子，评估这些品种的成长情况和价值，然后而大供应商签订合同。

然而，变化的希望出现了。在 1970 年，我们怎能想到一个边缘化的名为“嬉皮士和疯子”（hippies and nutcases）的运动不仅会被认识和尊重而且成为发展最快的农业运动和市场？我们过去也很难相信几个农夫集市会发展到成千上万，而且社区支持农业这种杰出的新形式在 20 年之内生根发芽且仅仅在北美就有多达 1.7 万个的分支。

今天我们和种子联系在一起，就像两代人之前我们和土地联系在一起，以及一代人以前我们和社会创造联系在一起。在 21 世纪之初，种子曾经是可持续发展农业的起源和最后一块尚待开发的领域。想想如果在下一代，我们花重建土地和社会的精力去培育种子，我们将会取得怎样的变革？

事实上，卡尔·马克思（Karl Marx）应该为我们感到骄傲。抵制产业合并及基因与社会多样性流失的运动正在进行。其中的一个先驱是“种子储存交换”项目（Seed Savers Exchange，SSE），这个项目可以填补由工业化种子生产带来的开放授粉品种的减少乃至灭绝威胁的空白。SSE成功地激起了人们对那些宝贵的品种的兴趣并且帮助了很多独立的仍然在采用传统品种的商业种子公司，保证了这些品种在市场上得以继续被获取。那些老的经典品种，如布兰迪维因（Brandywine）西红柿，詹尼林德（Jenny Lind）瓜和冬季奢侈（Winter Luxury）南瓜已成功打入市场，与大牛牌品种一起成为种植者的最爱。新型的直销市场例如CSA、饭店和农夫集市都建立了对这些不利于运输但吃起来非常棒的特产品种的需求。

这些品种的市场太小，不能吸引大的批发商，所以带理想色彩的另类种子公司孕育而生。许多这类公司包括海默（High Mowing）、海龟树（Turtle Tree）、种子交换（Seeds of Change）、南部曝光（Southern Exposure）和费德蔻，现在有小规模的“农民-种植者”联系网来生产地区和家传的特色品种，否则这些品种早就消失了。另类的农业培训员，例如蒂姆·彼得斯（Tim Peters）和俄勒冈的弗兰克·摩同（Frank Morton）以及马里兰的布兰特·哥拉斯哥（Brett Grohsgal）在培育新品种，这些品种不仅有吸引人的颜色和形状还有增强的抗病性和抗寒性。通过资助相关的种子会议，比如1997年宾夕法尼亚州的生物多样性会议，以及资助草根组织，如“保留种子”（Restoring Our Seed）（2002）、“保护种子”（Save Our Seed）（2003），和由一些西海岸项目发起的有机种子联合会（Organic Seed Alliance），可持续农业研究和教育项目（SARE）将那些种子保护主义者、种子公司、高校的育种专家和有机种植者聚到了一起，培育出了参与式的农民育种专家网络来鼓励农民生产种子，提高种子的质量并且选育祖先遗留下来的作物。

通过与东北有机农业协会在纽约公共种子倡议项目（Public Seed Initiative）和有机种子伙伴计划（Organic Seed Partnership）上的合作，美国康奈尔大学植物育种专家带来的特别适合寒冷气候条件、符合有机农民需求的可持续农业的品种。一种名为“汉娜的选择”（Hannah's Choice）的上等甜瓜，作为此次合作的结果已经成功培育出来，而且正在培育更多的瓜、西葫芦和辣椒。其他由政府赠与土地的大学开始纷纷效仿康奈尔大学，重新致力于为公共部门育种的历史使命，为公众而非仅为大型的私人种子公司育种。2003年和2005年举办的“21世纪种子和育种峰会”将有活力的为公众利益的植物育种和动物繁育作为努力目标，以满足更具可持续性的农业的需求。

然而，CSA最好不要太过浪漫化这些倡议。即使是小种子公司也竞争激烈，因为随着它们的成长和面对的经济压力，它们的利益诉求可能会与越来越多的CSA运动不相吻合。种子的价值太重要了，所以不能将其完全交予种子公司，无论这些公司看起来是多么无害。社区支持农业的一个贡献就是把食用者和种植者联系在一起，所以在下一代人，CSA就可以更近一步把食用者与品种选择和种子培育联系起来。

除了播种从这些项目和其他与种子相关的人中得来的新老品种，为什么社区支持农业想参与种子工作？潜在的好处不胜枚举，其中包括：

1. 区域优秀品种保护，即使其需求太小而使种子公司无法获益。

2. 品种适应当地特定的气候。

3. 维持种子供应的独立性，或者更准确地说，维持区域种子的相互依赖而不是依赖跨国公司或种子零售商。

4. 对转基因生物污染的防御。

5. 给成员一个学习种子培育技巧的机会。

6. 分享与种子有关的故事。

CSA农场如何参与种子培育？一种方式就是伊丽莎白·亨德森和她的伙伴在和平工作农场上使用的方法：用薄膜厚度测量仪测量培育链。CSA可以给成员提供种子吗？每年一两个品种也许是可以的，但是大规模的提供是很难的，因为CSA要为份额里提供了各种品种的产品。在CSA农场多样性种植情况下，将交叉授粉作物隔绝起来确保种子品种的纯度是很困难的。然而，在很大程度上，自花授粉作物如豆类作物、莴苣和番茄的生产可能更为可行。

在社区支持农业农场里已经有大量的产品交换，这种合作可以扩大到种子。事实上种子比农产品更好交换：轻且容易运输。随着一个区域中CSA密度的增加，将有更多的机会交换适应了该地区气候的品种。一些社区支持农业可以组成“CSA中的CSA”，每一个CSA试用一两个或几个品种且互相交换。这种策略可以减少CSA对种子公司的依赖，使社区支持农业成为更加紧密联系的系统。另一个也许更可行的方案，是让一个或数个 CSA 专注于种子而非食品生产，然后将种子销售给其他的 CSA。也许下一代的社区支持农业将同时成为种子社区和食物社区。

资料来源：劳恩，费德蔻种子公司的创始人，很好地提醒我们在种子生产和销售环节正在发生什么。

我仍然在研究最佳作物轮作周期。在大量阅读和 25 年经验的基础上，我们还是不能很好地知道如何将轮作最优化。农民和种植者经过数百年的观察证明了轮作对于土壤肥力保持和除害虫的作用。我们有一个粗略的大纲：不要持续在同一块土地上种植同一科的作物；不要在同一块土地上种植有同样病害的农作物；轮换种植深浅根作物，还有，从草皮种起，再发展为种植大种子作物或需要除草的小种子作物。在《新有机种植者》（*The New Organic Grower*）杂志中，埃利奥特·科尔曼基于他的研究指出一些相互关联的顺序，其中有些结果与我的相同，比如在玉米之后种土豆。但是，为什么轮作制度有效果却始终没有合适的解释，也许是因为有太多的因素，人类的认知还不足以给出合理解释。在真菌学家克里斯蒂娜·格鲁恩（Christinc Gruhn）的帮助下，我们开始研究真菌和轮作的关系。我们花了三年时间才知道该如何问问题。经过三年根标本的研究，克里斯蒂娜的数据表明一些菌根作物，例如莴苣，接在其他菌根作物之后种植会更好，但是其他的植物，例如蒜苗，就没有任何变化。东北有机协会和 12 个有经验的有机蔬菜种植农民一起展开了关于轮作的研究。他们制作的表详细记载了各自采用的轮作方案。细看这些表格后，我的许多疑惑一一被解决。所有这些农民都认为面对多变的状况，直觉和灵活性是必需的。对于轮作这个迷人的谜题，我们还只知表面而已。

社区支持农业给那些被商业化农业认为难以处理、难以运输、难以统一大小形状的品种增长的机会。罗宾想把推荐的品种写入书中，但我认为品种的选取太地区化，具体农场有不同要求，所以选入了未必会有帮助。在 CSA 种植者之中有很多人关注那些祖传品种。我偶然听我的两个 CSA 成员在讨论那个词的意思。一个人问："到底什么是祖传品种?"杰夫·梅尔（Jeff Mehr）以权威的口气回答："它们是'美国独立革命时代的蔬菜'。"我们可能需要组织一个小的种子生产者的军队来保卫美国独立革命时代的蔬菜以确保那些未受到开放授粉和非转基因的作物继续生长下去（参见本节劳恩的专栏）。

CSA 农场通常可以平均每英亩生产 20 个份额。通过持续的研究，蒂姆认识到随着CSA农场越来越有经验，对生产每份额所要求的土地面积将会减少。由于CSA农场的成员规模从3个到超过2 000个不等，而且每个农场机械化程度不同，所以很难统一。发达的机械化生产降低了工作难度，但也降低了每亩产量，高产的农场几乎还是依靠人力。约翰·杰文斯认为通过人力密集技术可以在4 000平方英尺的土地上提供一个素食者一年的食品。如果明智地利用机械和手工混合的方法，马萨诸塞州威廉姆斯镇的守护者农场的萨姆·史密斯可以在6.5英亩土地上为170个家庭提供10个月的蔬菜，其中2英亩一直都是覆盖作物——平均每英亩可以供给40个份额。马萨诸塞州的食品银行农场在40英亩土地上供给500个家庭并且向食品银行提供同样重量的食品，年均每英亩供给超过20个家庭。这些农场的若性是：事先做好谨慎周密计划，并将作物的灵活性和难以预测的天气情况结合起来。

在不背离共同承担风险的前提下，CSA农场也会从其他农民那里购买一些农产品。那年夏天玫瑰山谷被水淹了，我们从朋友里克·施密特（Rick Schmidt）那里购买了冬瓜。当主要作物如菠菜和冬瓜都不能收获时，新罕布什尔州美好大地农场的戴维·特朗布尔通知了他的成员并且从其他有机农场购买了替代品。如果一些不是很重要的蔬菜（如小白菜和大头菜）短缺的话，他就不会配送这些。特里·卡克纳（Terry Carkner）的特里浆果农场（Terry's Berries Farm）位于华盛顿州的一个气候寒冷的地区，他经常从其他农场购买热带作物来填补份额或者在农场销售。订购方式的CSA在配送中还会附加一些它们自己没有种植的作物。它们以批发价购入或与其他农场交换产品，没有期望一定要从中牟利。一些农场，如纽约州的磨石农场（Grindstone Farm）在温暖的几个月购买自己不出产的水果蔬菜，然后继续在冬季提供购买来的水果和蔬菜来挣钱。每一个CSA都必须找到成员满意度和共担风险的经济价值之间的平衡点。

“CSA工作”（CSA Works）的团队成员——琳达·希尔德布兰、迈克尔·多克特、丹·卡普兰和斯科特·里德（Scott Reed）——基于他们合作700个份额的经验制作了一个图表，整理了他们700个成员的偏好。他们很慷慨地允许我在这本书中复制这个图格以及最佳使用的说明（参见本节的表格部分）。

在罗克斯伯里农场的网站上（www. roxburyfarm. com），琼-保罗·考特思和朱迪·布列特将他们的生产手册展示上去了。其中一个手册包含有每个作物的详细种植信息，包括品种、间距、日期和繁殖的管理。另一个手册给出了同样详细的关于收获和份额大小的信息。来自威斯康星州和缅因州的农场份额图表则显示了不同农场提供的作物品种和农场产量范围。缅因州柳树池塘农场主吉尔提供的三年的预期产量和两年的实际产量特别有趣。从农场的图表显示，曾发生过农作物歉收或严重短缺的情况——1994 年，大头菜和西葫芦完全没有收成。还有超量的产品——1994 年计划种植 5 磅豆子，实际收获了 40 磅；1995 年，计划种植 40 磅的西红柿，结果收获了 103 磅。不过，总的而言，一个像吉尔这样有经验的生产者通常可以相当准确地预估产量，同时还可以照管好绵羊、马、鸡，以及两个孩子和丈夫。

如果你一旦确定要种什么和种多少，你就需要安排好时间。根据你的轮作方案制定在哪里种植不同农作物的详细计划是很适合在冬季进行的一项工作。你还需要确定开始在温室育苗或直接播种的时间。实际的时机和位置将取决于现场实地条件。以我的经验，如果我能估得 75%的准确度，就算很成功了。另一个重要的应该估算的时间是户外生长的极限期。比如：玫瑰山谷农场，若在 7 月末种胡萝卜，那它在种植期结束前都没有可能成熟。6 月中旬后种植菠菜是一种赌博，除非你有良好的灌溉系统来防止它被高温烤干。6 月 20 日后种植的甘蓝将不会受到根蛆的攻击。当然，这些日期安排需因地制宜。

连续种植与品种选择的结合，使得作物成熟和收获的时间有可能隔开。我们通常间隔两个星期种两到三次玉米。每次种植，我们结合了快熟与慢熟品种的玉米。这样，我们通常可以持续提供玉米超过六或八个星期。我们同时在农田里、育苗盘和土块里播种了相同的西兰花种子，并将它们同时放到户外，农田里的最先开始成熟，土块里的第二，育苗盘里的第三。当天气配合的时候，这一战略可以让你在同一个播种期内获得三个多星期的稳定的收获量。类似的效果可以通过改变灌溉来实现。当然，这些细微之处也要因地制宜。

关于继承和“美学盛宴”

“火箭”是芝麻菜的另一个名字。我上周五下雨之前种上了它。周日，它就已经从泥土中露出了头。周一就能看到长成了一排小点。

这里作物多元的生长韵律，有点像爵士乐的表演，每年一茬马铃薯，五茬芝麻菜，四茬甜菜，四茬胡萝卜，五茬生菜。

我们一天可以从农场收获了 1 000 磅的瓜果。瓜果收成季结束后，土地被翻耕，播上燕麦和野豌豆种子。黄瓜和西葫芦收成结束后，洋葱田也被犁过并再次播种，收获的洋葱放在储藏室里储存。土地被小心地照管、耕作、休息或者再次耕作。

这些不同生长韵律和不同形状的农作物提供了一个令人眼花缭乱的视觉盛宴。成片的胡萝卜一直向西，两侧是绿色和红色生菜扇形丛。棕榈树形状的孢子甘蓝把田间小路装扮得如格兰大道（The Grand Boulevard）。巨大的白菜叶在土壤的环抱下延伸，并逐渐扩张形成一个球状物。蓝绿色的花椰菜叶，有力地展开，在其中心有一簇黄绿色叶片开始快速地成长蔓延。

一大堆祖传品种的西红柿，闪动着红黄色、粉色和紫色，剑兰螺旋状的生长，然后不断涌出红色、紫红色、白色和玫瑰色。能够观察整个植物的纹理、形式、颜色，注意每天的变化，是农民的特权。我们戏称为“美学盛宴”。粉红晨雾和面向东部的向日葵迎接我们迈向新的一天。一切真的很美。

资料来源：约翰·彼得森，天使有机农场，伊利诺伊州，经授权使用。

作为奎尔山农场轮作种植的种植指导，奎尔山农场的斯科特·查斯基和蒂姆·莱尔德做了一份电子工作表，记录下了：作物，品种，温室播种日期，直接播种日期，大面积或直线种植所需的种子，植株的数量，每个夏季份额和冬季份额收获的数量。史蒂夫也做了一个类似的工作表，不过加上了生物动力农业喷撒剂的情况、播种天气、农地或花床的数量。这些工作表方便保存在电脑或复制使用。

生物动力种植者使用星相历（zodiac calendar），在生物动力农业和园艺协会可以买到，书名为题为《星相自然：给和宇宙节奏一起工作的家庭园丁和专业园丁的精神启示和实践建议》（*Stella Natura：Inspiration and Practical Advice for Home Gardeners and Professional Gardeners in Working with Cosmic Rhythms*）。这本书根据太阳系的运作规律提供了最佳的种植时间以及收获叶类、果实类、花类和根茎类植物的时间。这本星相历还提供了使用说明，一些种植者对这种方法极其信赖。安·门登霍尔（Anne Mendenhall），是一位有经验的生物动力种植农民，她指出真实的土地情况并不总是与宇宙的节奏完全一致的，因此，即使不能很好地合上这个完美的节拍，也不必感觉不安。

CSA强调吃应季食品，大多数CSA农场尝试延长耕种季节，以便在份额中提供最令人满意的产品种类和增加份额成员从农场的购买量。延长耕种季节增加的费用必须体现到价格上。简报中的农场资讯是一个好地方，可以教育成员照管早期作物和冷冻后期收获的作物。佛蒙特州北部的一个CSA农民使用温室种植早季的西红柿，以吸引新会员，她在自己农场摊点上展示她生产的西红柿，但当人们想要购买时，她告诉他们，数量有限，只有她的CSA成员享有特权，所以散客立刻就登记了。

为了不在一个CSA农场上种植所有的作物，这就需要各个农场合作。每个农场生产它最擅长的作物，这样生产系统就可以得到简化。另一方面，合作会出现另一层次的复杂性：所有农场需要商定质量控制，进度安排，分配作物的公平性和分解流程（更多信息参考第19节）。

动物

——罗宾·范·恩

一个组的份额成员取得肉类产品可以有几种方法。第一可以从已经提供蔬菜份额的农场获得。第二可以联系已经有肉类生产或准备开始经营畜牧业的农场。在艾奥瓦州立大学推广中心的《种植者和组织者的资源指南》（*The Resource Guide for Producers and Organizers*）中有一个关于“CSA家畜和动物产品”的资料，其中列出了艾奥瓦州的动物产品销售管理制度的复杂性。而且不同的州，条例会有所不同。

CSA的首要目标是开发每个农场的多元化和可持续发展的潜力，动物的饲养应该考虑在内。肉类产品可以为成员们扩大蔬菜之外的产品的选择，同时提供一个可持续的堆肥的肥料来源。你不一定要把动物作为产品，它们可能只是“农场宠物”，通过它们的觅食和粪便可以帮助增加草地上生物的活动。

生物动力农场的农民认为，动物的存在让农场更像一个生物有机体。特劳杰·格罗写道：“农场为动物提供有机的食物以及动物的粪便回归土壤，彼此间创造了一个相互循环的过程……这个动物及其食物本地内部交换的目标和结果是永久的肥力。”无论你是否坚持生物动力的理念，要将一个农场的潜力可持续发展发挥出来，需要不断地循环及再生养分。理想的情况是创造一个完整的系统，这样就不用从外部引进需要的投入。这需要在农场生产所有的饲料并且利用所有的废弃物生产堆肥，使它们与土壤中的营养元素重新结合再回归到土壤和作物中去。

CSA 农作物种植计划表

作物	平均每份额每年（磅）	每垄每英尺产量	每年的目标（每100个份额）	每垄100英尺产量	每垄100英尺所需垄数	所占总面积比例	收获周期
芝麻菜	3.74	0.17	374	17	21.99	1.48	20
罗勒	0.25	0.05	28	5	5.60	0.38	9
豆角	3.20	0.15	320	15	21.33	4.30	10
甜菜	16.28	1.00	1 628	100	16.28	1.64	19
小白菜	5.00	0.50	500	50	10.00	0.60	14
西兰花	15.00	0.25	1 500	25	60.00	12.11	11
芜菁	1.25	0.50	125	50	2.50	0.25	10
芽甘蓝	5.69	1.00	569	100	5.69	1.15	3
卷心菜	19.93	2.00	1 993	200	9.96	2.01	11
哈密瓜	9.00	4.12	900	412	2.18	0.79	5
胡萝卜	66.05	1.49	6 605	149	44.35	4.47	18
菜花	9.66	0.84	966	84	11.49	2.32	4
块根芹	3.00	1.49	300	149	2.01	0.20	2
芹菜	2.00	1.50	200	150	1.33	0.13	0
牛皮菜	3.27	1.10	327	110	2.98	0.30	14
香菜	1.50	0.40	150	40	3.75	0.25	19
羽衣甘蓝	2.70	1.00	270	100	2.70	0.54	13
玉米	65.00	0.66	6 500	66	99.21	18.02	6
水芹	0.10	0.25	10	25	0.40	0.03	1
黄瓜	12.00	4.51	1 200	451	2.66	0.97	11
小茴香	0.45	0.30	43	30	1.43	0.10	11
茄子	10.00	1.50	1 000	150	6.67	1.35	6
菊苣	1.20	0.20	120	20	6.00	0.40	10
茴香	0.96	0.54	96	54	1.77	0.18	3
日本菜	0.50	0.45	50	45	1.11	0.11	8
大蒜	2.35	0.45	313	45	6.95	0.47	3
大蒜花	0.26		26		副产品		2
甘蓝菜	7.08	1.50	708	150	6.18	1.24	16
球茎甘蓝	1.91	0.51	191	51	3.76	0.38	5
韭菜	5.00	0.59	500	59	8.42	0.57	4
生菜	22.08	0.20	2 208	20	110.41	7.45	20
京水菜	3.37	0.57	337	57	5.92	0.40	20
芥菜	1.93	0.57	193	57	3.39	0.23	21
洋葱	8.00	0.70	800	70	11.45	0.77	0
西芹	1.10	0.50	110	50	2.20	0.22	17
欧洲萝卜	3.00	0.48	300	48	6.21	0.63	1

续前表

CSA 农作物种植计划表

作物	平均每份额每年（磅）	每垄每英尺产量	每年的目标（每100个份额）	每垄100英尺产量	每垄100英尺所需垄数	所占总面积比例	收获周期
豌豆	2.00	0.20	200	20	10.00	2.02	2
辣椒	1.50	0.76	150	76	1.97	0.40	10
甜辣椒	10.51	1.04	1 051	104	10.14	2.05	10
土豆	30.00	0.80	3 000	80	37.50	7.57	4
南瓜	9.88	1.40	988	140	7.06	2.56	2
小萝卜	2.62	0.33	262	33	7.95	0.53	12
芜菁甘蓝	4.16	1.40	416	140	2.97	0.30	4
青葱	5.60	0.40	550	40	13.75	0.92	14
橡子	6.44	1.20	644	120	5.37	1.95	5
蓝哈伯德瓜	1.73	1.40	173	140	1.23	0.45	1
金凤花瓜	2.44	1.66	244	166	1.47	0.53	3
灰胡桃瓜	13.14	2.00	1 314	200	6.57	2.39	4
意大利面瓜	4.90	1.20	490	120	4.08	1.48	3
西葫芦	19.00	5.18	1 900	518	3.67		
榄仁豆沙角	1.00	0.50	100	50	2.00	0.73	1
得利卡塔瓜	2.45	0.50	245	50	4.90	1.78	3
日本南瓜	3.00	0.20	300	20	15.02	1.01	18
西红柿	36.59	5.03	3 659	503	7.27	1.47	9
西红柿，李子	9.00	2.50	900	250	3.60	0.73	4
芜菁块根	1.83	0.33	183	33	5.50	0.56	6
西瓜	24.95	7.09	2 495	709	3.52	1.28	4
总计	405.30	51 273.96	686.00	100.00			

说明：①第一列表明平均每个份额在整个季节所需要每种作物的数量。第二列表明每种作物每一垄中每一英尺的产量。第三列就是第一列简单乘以100个份额得到，这个数字提供给我们每100个份额我们所需要种植的总量。在你们的农场，你可以乘以你的份额成员的数量。第四列，就是第二列乘以100得到的数值。对于这个数字，你可以乘以你农场最常见的一垄的长度。

②为偶然性做计划：科罗拉多州的土豆甲虫的危害已经多次证明，660英尺长的一垄茄子并不等于1 000磅的茄子酱泥。列在表格上的作物只是理想状态的产量。你需要为偶然的因素可能影响5%～25%的产量做好准备，这也取决于这些作物对于你的成员的重要性。为了保证有些主要产品的产量，比如生菜、玉米、西红柿或者胡萝卜，为这些产品的多计划的量要接近25%。较不重要的品种，如茴香或者球茎甘蓝多计划的量可以少些。只要成员们不会因少了这些农产品而引发混乱就没问题。

上述这一传统做法已经在世界各地的农场和种植园存在了数千年，最近的一些著作提供了关于这一问题所涉及的思考理论的思考。我强烈推荐艾伦·萨沃里（Alan Savory）关于整体资源管理的著作，罗伯特·罗代尔关于再生农业的著作，以及鲁道夫·斯坦纳关于农业的论文。

如果一个 CSA 农场还没有饲养动物，农民们需要讨论一下各种选择的利弊来决定哪种牲畜适合饲养以及成员对于动物产品的需求量。我建议进行广泛的研究，特别是如果畜牧业生产对工作人员来说是第一次尝试。由于并非所有成员都对肉类或鸡蛋份额感兴趣，核心小组成员应该为这类份额创建一份单独的预算价格表。一些 CSA 将鸡蛋和肉类纳入常规份额中，而有些则没有。银溪农场提供自己农场的羊肉、鸡肉、鸡蛋份额，以及临近农场提供的牛肉和山羊奶酪份额。提供其他产品是另一种扩大社区影响力的方法。你的社区中可能有很多自己有菜园的人不想要蔬菜，但他们也许会对自由放养、有机饲养的动物的肉或蛋感兴趣，而不喜欢与抗生素或激素联系在一起的产品。

牲畜家禽在 CSA 中的出现对有些成员来说也许会是一个道德的、宗教的或者哲学上的问题，虽然美国目前只有 2%的人是素食主义者，但 CSA 的份额成员中这个比例可能会高很多。有一个 CSA 的成员反对使用动物制品作为土壤改良剂和野生动物的威慑物，认为它们的使用可能助长畜牧工业的发展。核心小组对成员们的关注表示感谢但最后否决了他们的抗议。大多数人都感觉土地和作物的保护更加重要，因此整合一个可持续数量的动物到农场并且以一种人道的方式喂养并不等于支持工业化的牲畜生产。这个争论提供了一个很好的机会来教育所有的成员关于人道动物饲养和工业化肉类生产的区别。

即使 CSA 坐落在城市中心的一个角落，一些动物粪便仍可以被制作堆肥以达到理想的微生物的活性，并提高土壤养分的水平。在市区的农场，你可能无法养动物，但你可以从花园商店买到脱水肥料袋。在一些城市，园丁可以和骑警合作，这些骑警也乐得有一个更好的处理马粪的方式。把粪便和花园植物废料混合制作堆肥的话，少量粪便便可用很久。而且理想的情况是，成员还可以添加自己的厨余垃圾。奎尔山农场探讨社区支持堆肥几年了，为成员提供木端研究实验室（Woods End Research Laboratory）设计的针对食物废料的可生物降解的塑料袋，可是当袋子的价格太贵时，他们放弃了这个项目。对于城市来说，兔子是最适合养的动物，它们提供一个良好的肥料的营养循环，但是面积必须足够大，以种植它们吃的食物，且给它们空间跑来跑去，安全可能也是个问题。

饲养很辛苦，每天都有很多要做的事。CSA必须确保牲畜养殖者遵守本地健康和动物养殖管理规定，以及保险覆盖的范围必须包括动物并相应确保对每个人的保护。

什么是一个份额

下面显示了我们预计的构成一个份额的图表。份额成员共同分担风险和收益。你可以在这里看到，收成根据每年天气的变化而变化。单位是英镑。

大多数CSA成员对鸡蛋的份额都会比较感兴趣，所以母鸡成为饲养的首选。购置一群鸡是重要的一步。只是，要形成一个公平顾及到鸡的幸福感和福利又符合成本效益的小规模的经营是很不容易的。但是，好处有许多：味道好、新鲜、富含营养的鸡蛋是无可挑剔的。并且鸡笼里和院子里的垃圾和废物是很好的肥料。每年一只鸡可以产112磅肥料。收回成本也是一件很重要的事。可移动鸡笼是一个有价值的东西，但你必须考虑建造的工作量以及在田里移动它们所花费的时间。鸡很容易受到野生食肉动物威胁，同时脾气可能会变得很不稳定。

我一直饲养着一群混合品种的鸡，每次10～20只。随着CSA的发展，鸡蛋需求量急速增加，我想我应该扩大养殖规模。一些要离开小镇的朋友送给我200只母鸡，我们把这些鸡带到印第安线条农场。这些母鸡和公鸡一回到自由的农场，吃到有机的谷物就很高兴地一天下了11打鸡蛋。直到有一次我离开了一两天，忘记在饲料中加入一种很重要的成分，结果它们一个月都没有下蛋。当然，它们还是继续吃，但是我们从200只母鸡那里得到的鸡蛋少于1打，我们没有办法完成每天8打鸡蛋的定量。我觉得问题的一个原因是，鸡大多数是杂交品种且脾气不稳定。我们原先的计划是慢慢增加混合品种，但随着浣熊和狼的掠食以及鸡群吃了大片的草地，养鸡这件事被证明它带给我们的麻烦比价值多。由于我们的经历，且我读了很多类似的故事，我一直强调在你开始畜牧业之前做调查研究和向有经验的人请教的必要性。你一定不希望在学习和试验过程中，损耗自己及你的CSA太多能量。[如需获得更多信息，可参考卡玛·格洛斯（Karma Glos）的《人道的和健康的家禽饲养：有机种植者手册》（*Humane and Healthy Poultry Production*：*A Manual for Organic Growers*）。]

初期的调查研究也许会发现你的生产团队或CSA不适合畜牧业生产。生态决策的整体资源管理培训对未来采取什么步骤进行牲畜养殖是非常有益的。同时，你可以和当地养殖动物的农场联系，一方面他们可以为你的成员提供大量的产品选择，另一方面还可以提供堆肥肥料。当CSA项目开始和其他农场建立合作网络，会迸发出无穷的可能性。CSA可以包括宽泛的农场运营，社区支持农业能够获得各种农场的动作方法和经验，并提供给消费者大量本地生产的产品的选择。在可持续的生产者之间建立州际的联系与交换农产品，也将逐渐变得可行。

在人口急速增长，肥沃的土地越来越少的情况下，甚至是那些相对没有经验的农民的CSA也证明了他们用每英亩地为20个家庭甚至更多家庭提供食物的能力。当CSA农场变得越来越成熟时，它们的生产（不论是单一农场还是几个合作农场）都变得更加密集。当工业化农业的高峰期过去之后，更多的化学肥料投入不代表更高的产出，社区支持的生物农场提供了长远而无穷的希望。

第14节　收获处理

合适的温度和湿度、不能共存产品的分类储存对于水果和蔬菜的持续保鲜是最关键的。

——特雷西·弗里施（Tracy Frisch），《蔬菜和水果如何保鲜》（*How to Keep Fresh Fruits and Vegetables Longer with Less Spoilage*）

优质的产品源于好的收获方式。有经验的农民可以识别作物成熟的高峰期且在最佳时间安排收获以避免营养价值的流失。不管是否有份额成员的参加，参与收割的人都需要基本的工具：锋利的刀子、放置农产品的容器、把作物从田地里运回去的手推车或卡车、清洗产品的地方以及凉爽的储存地点。收获和储存产品的工作占了水果和蔬菜生产的50%或更多的时间和精力。小型农场的农民应该使蔬菜生产更加有效率。（在“CSA收获工作”视频上能看到收获的效率可以提到多高，该视频由迈克尔·多克特和琳达·希尔德布兰德制作，视频演示了他们依靠三个人、一个平板货车和一架卡车完成6 000磅作物的收获任务。）

社区支持农业的收获者还需要了解收获之后产品质量的保持工作。在罗克斯伯里农场，保罗和朱迪把农作物分成三个收获时段进行。绿色植物是在凉爽夜晚必须收获的。收割队把莴苣和捆好的绿色植物很快传递给打包人员，后者负责把作物浸入冷水中冷却。在和平工作农场，我们一大早收割莴苣，为了可以把它们冷却 24 小时之后再分类。长时间的冷却保留了作物的维他命含量且延长了它们在冰箱里的存放时间。下一个收获的是枯萎慢些的作物，比如黄瓜、西兰花和西红柿，这些作物是早上偏中午一些的时间收割。除了西红柿，这些作物也要冷却。然后就是大宗作物——土豆、红薯、蒜苗和洋葱，这些大宗作物可以在任何时候收割，而且各自需要不同的处理方式。

植物的呼吸作用

无论正在生长的还是已被收割的植物都通过光合作用储存由细胞呼吸形成的能量。当然，当我们进食时，通过呼吸损失的能量是不再可用的。因此，收割后的呼吸率越高，水果或蔬菜的营养含量失去得就越快。本节后面部分的图表会帮助你了解在不同温度下你的作物发生什么变化。例如，在任何温度下，捆在一起的胡萝卜的呼吸速度比去掉叶子的胡萝卜快。热量对某些农作物的破坏比对另一些作物严重。

不同的作物有不同的储存方式。特雷西·弗里施的书《蔬菜和水果如何保鲜》是关于保持产品质量和营养价值的最佳储存温度的很好的指导。除了明显的枯萎，许多蔬菜在不合适的温度下储存几个小时看起来还是好的，但是它们已流失了大半的营养价值。分水岭有机农场（Watershed Organic Farm）CSA 为成员提供了简短而概括的如何储存蔬菜来达到保持新鲜和营养含量的手册。在詹尼斯山谷有机 CSA（GVOCSA）和麦迪逊地区社区支持农业联合会（MACSAC）的“食品与食谱”手册上也包含此类信息。

一份直销推广简报给了以下这个蔬果采后处理的明智意见：

> 通常刚收获的水果和蔬菜处于最佳食用时期。但是这并不代表到了成熟期没有采摘就不好，只是这意味着从母体上采摘下来之后它就没有生长空间了。事实上，农产品采摘后的品质取决于其被采摘下来之后腐坏的速度。从实际情况来看，这需要控制储存环境，特别是温度和湿度，以此来减少由于呼吸作用和水分流失造成的腐蚀。

网上还有很多关于作物标准和收获后处理的信息，请查询 www.agnic.org/agbd 或者美国国家农业图书馆关于农业资源的信息。

这一章的目的并不是教你如何收获农作物，而是要提出一些值得思考的问题。

所有对CSA成员的研究表明，他们加入社区支持农业的主要原因是能够获得高品质、有机、新鲜和本地生产的农产品。加利福尼亚大学的杰瑞·科恩（Gerry Cohn）在1995年调查了10家CSA的成员，得出结论："加入社区支持农业的三个主要方面是：新鲜的应季的农产品；关心环境；支持本地农民。三个最不重要的原因是：仅作为有机产品的来源；农业教育；方便。而且很明显价格并不是很重要"。在佛蒙特州，简·科洛金斯基发现价格是比较重要的因素。

在密苏里卡尼的公平份额农场清洗土豆。

农民安米·奇克林欢迎成员并介绍和平工作农场当日清晨的工作。

因为新鲜度和高品质对社区支持农业的份额成员如此重要，收获也必须根据这一情况进行。绿色植物必须在天气凉爽的时候收割（绝不能暴露在太阳下）、清洗，且尽快储藏在凉爽的地方。大多数储存在温热地方的蔬菜的营养价值在几分钟内就急速流失（关于植物呼吸率的信息，请看下文表格部分，呼吸率是植物在储存过程中营养价值流失的指示器）。你也许不需要昂贵的水冷却设备，但是你必须注意细节。一旦你可以负担冷藏设备的费用就可以投资，它可以将营养价值和蔬菜的存储很方便地提供给你。玫瑰山谷的小冷藏室让我们在产品配送前可以自由摘取果实且让我们轻松不少。建立和平工作农场之后，我们第一件事就是建一个小的冷藏室。在取菜地点我们又建立了第二个冷藏室，在热天让蔬果尽可能少地在室温中放置。

你必须做出自己的关于包装品标准的选择，就像罗宾所说的：

> 现在许多的CSA农民都为农夫集市和餐厅供应产品，通常为这些地方供的货需要有漂亮的包装，这需要大量前期准备和包装的时间。这些农民通常会努力保持货物高标准的外观，尽管额外的工作会影响到份额价格。

其他农民则不在意产品的外观，他们用尽可能少的时间去除枯叶和杂草，在一桶干净的水中冲涮萝卜表皮的污泥，用细水流冲洗莴苣、并将莴苣储存在阴凉处以防止萎蔫，以及清除菜叶上的鼻涕虫。虽然这些产品看起来不像超市的产品，但质量、品种和营养价值并不差。

CSA 产品绝对可以以其完美的外观区别于其他产品，但是 CSA 的预算却总是难以满足这样做的人力成本的需求。相比之下，CSA 成员的投资得到了大量的回报，尽管他们需要做些额外的清洗和分类工作。如果成员们觉得产品的外表很重要，你们可以在年会上讨论这个议题或者在信件和年末调查中证求大家意见。更好的办法是，请成员也参与到配送工作中去，这样他们就能体会到在时间急迫的情况下，维持农产品的美观是件多么不容易的事。

我们期待社区支持农业要承担社会责任，这就意味着所有的劳动都是有偿的。有的方法，比如不洗萝卜，用橡胶带捆绑草药，把几种产品装在一个袋子里能节约很多时间和材料。可以理解的是，这些做法与一些种植者过去所接受的训练和标准是完全相反的。

那些参与到收获中的成员们很少会抱怨泥土和虫子。我们有一个热爱 CSA 的成员，她有一个几乎对蔬菜和水果之外的任何东西都过敏的

在威斯康星州的佛蒙特山谷农场，团队正在准备装箱。

儿子，所以每周她都会给他做果蔬酱。然而她特别强调一点，她很讨厌处理冬季份额时带进她厨房的那些泥土。我们解释了储存在地窖的农作物必须有泥土来保持它们的水分，并且邀请她帮助冬季份额分配工作。

她也确实来帮忙了。在35℉的环境下工作8个小时，处理1 500磅的蔬菜，穿着尽量多的衣服，只要保证她还可以移动，这样的工作教会了她很多。在地窖外边工作要冷很多，想到还要花多少时间洗和晾干这些东西，她意识到她以前把这些想得太简单了。

水果和蔬菜的呼吸率

温　度

商　品	0℃ (32℉)	4℃～5℃ (40℉～41℉)	10℃ (50℉)	15℃～16℃ (59℉～60℉)	20℃～21℃ (68℉～70℉)	25℃～27℃ (77℉～80℉)
夏季苹果	3～6	5～11	14～20	18～31	20～41	—
秋季苹果	2～4	5～7	7～10	9～20	15～25	—
杏	5～6	6～8	11～19	21～34	29～52	—
菊芋	14～45	26～60	55～98	76～145	135～233	145～300
芦笋	27～80	55～136	90～304	160～327	275～500	500～600
鳄梨	—	20～30	—	62～157	74～347	118～428
绿色香蕉	—	—	—	21～23	33～35	—
黄色香蕉	—	—	21～39	25～75	33～142	50～245
利马豆	10～30	20～36	—	100～125	133～179	—
四季豆	20	35	58	93	130	193
豆芽	21～25	42	93～99	—	—	—
甜菜(去叶)	5～7	9～10	12～14	17～23	—	—
甜菜(带叶)	11	14	22	25	40	—
莓类						
黑莓	18～20	31～41	62	75	155	—
蓝莓	2～10	9～12	23～35	34～62	52～87	78～124
红莓	—	4～5	—	—	11～18	—
醋栗	5～7	8～16	12～32	27～69	41～105	—
树莓	18～25	31～39	28～55	82～101	—	—
草莓	12～18	16～23	49～95	71～92	102～196	169～211
西兰花	19～21	32～37	75～87	161～186	278～320	—
芽甘蓝	10～30	22～48	63～84	64～136	86～190	—
卷心菜	4～6	9～12	17～19	20～32	28～49	49～63
胡萝卜(去叶)	10～20	13～26	20～42	26～54	46～95	—
胡萝卜(捆好)	18～35	25～51	32～62	55～106	87～121	—
菜花	16～19	19～22	32～36	43～49	75～86	84～140
芹菜	5～7	9～11	24	30～37	64	—
块根芹	7	15	25	39	50	—
酸樱桃	4～5	10～14	—	25～45	28～32	—
甜樱桃	6～13	13	—	27～40	39～50	53～71
柑橘类果实						
葡萄	—	—	7～9	10～18	13～26	19
柠檬	—	—	11	10～23	19～25	20～28
塔希提酸橙	—	—	—	6～10	7～19	15～45
柑橘	2～5	4～7	6～9	13～24	22～34	25～40
黄瓜	—	—	23～29	24～33	14～48	19～55

续前表

商　品	0℃ (32℉)	4℃～5℃ (40℉～41℉)	10℃ (50℉)	15℃～16℃ (59℉～60℉)	20℃～21℃ (68℉～70℉)	25℃～27℃ (77℉～80℉)
菊苣	45	52	73	100	133	200
无花果	—	11～13	22～23	49～63	57～95	85～106
大蒜	4～14	9～33	9～10	14～29	13～25	—
美国葡萄	3	5	8	16	33	39
叶甘蓝	16～27	34～47	72～84	120～155	186～265	—
块茎芜菁	10	16	31	49	—	—
猕猴桃	3	6	12	—	16～22	—
韭菜	10～20	20～29	50～70	75～117	110	107～119
生菜(整棵)	6～17	13～20	21～40	32～45	51～60	73～91
生菜（叶)	19～27	24～35	32～46	51～74	82～119	120～173
荔枝	—	—	—	—	—	75～128
芒果	—	10～22	—	45	75～151	120
甜瓜						
哈密瓜	5～6	9～10	14～16	34～39	45～65	62～71
甘露瓜	—	3～5	7～9	12～16	20～27	26～35
西瓜	—	3～4	6～9	—	17～25	—
蘑菇	28～44	71	100	—	264～316	—
洋葱（干)	3	3～4	7～8	10～11	14～19	27～29
洋葱(新鲜)	10～32	17～39	36～62	66～115	79～178	98～210
黄秋葵	—	52～59	86～95	138～153	248～274	328～362
橄榄	—	—	—	27～66	40～105	56～128
木瓜	4～6	—	—	15～22	—	39～88
西芹	30～40	53～76	85～164	144～184	196～225	291～324
欧洲萝卜	8～15	9～18	20～26	32～46	—	—
桃	4～6	6～9	16	33～42	59～102	81～122
梨(巴特利特)	3～7	5～10	8～21	15～60	30～70	—
梨(基弗尔)	2	—	—	11～24	15～28	20～29
带壳豌豆	30～47	55～76	68～117	179～202	245～361	343～377
不带壳豌豆	47～75	79～97	—	—	349～556	—
甜辣椒	—	10	14	23	44	55
日本甜柿	—	6	—	12～14	20～24	29～40
菠萝(未完全成熟)	—	2	4～7	10～16	19～29	28～43
李子	2～3	4～9	7～11	12	18～26	28～71
土豆未成熟 土豆(成熟)	—	12	114～121	14～31	18～45	—
水萝卜(带叶)	—	3～9	7～10	6～12	8～16	—
水萝卜(不带叶)	14～17	19～21	31～36	70～78	124～136	158～193
削头水萝卜	3～9	6～13	15～16	22～42	44～58	60～89
大黄茎	9～13	11～18	25	31～48	40～57	—
长叶莴苣	—	18～23	31～40	39～50	60～77	95～121
芜菁甘蓝	2～6	5～10	15	11～28	41	—
菠菜	19～22	35～58	82～138	134～223	172～287	—
灰胡桃瓜	—	—	—	—	—	66～121
西葫芦	12～13	14～19	34～36	75～90	85～97	—
甜玉米(带皮)	30～51	43～83	104～120	151～175	268～311	282～435
红薯（成熟)	—	—	—	29	—	54～73
红薯(未成熟)	—	—	14	20～24	—	—

续前表

商品	0℃ (32℉)	4℃～5℃ (40℉～41℉)	10℃ (50℉)	15℃～16℃ (59℉～60℉)	20℃～21℃ (68℉～70℉)	25℃～27℃ (77℉～80℉)
西红柿(未完全成熟)	—	5～8	12～18	16～28	28～41	35～51
西红柿(成熟)	—	—	13～16	24～29	24～44	30～52
芜菁块根(去叶)	6～9	10	13～19	21～24	24～25	—
西洋菜	15～26	44～49	91～121	136～205	302～348	348～438

注：呼吸速度通常以范围值来显示，如果计算收获时的热值率（heat evaluation rates），取最大值或者中间数值。若要转化为吨（2 000 磅）/24 小时的英国热量单位，用呼吸率乘以 220。若要转化为千卡/每 1 000 公斤/24 小时，则乘以 61.2。一些数据显示低温会冻伤一些作物，如鳄梨、芒果、黄秋葵、木瓜、辣椒、菠萝、西红柿、绿皮西葫芦，这些低温都应该尽可能地避免。

资料来源："水果、蔬菜、花和苗木的商业储存方法"，美国农业部农业手册 66 号，1986。

总而言之，你的标准该由你和成员的看法而定，当时罗宾和我对于这本书的题目进行了争论，她想把这本书命名为《每人都会分到些的萝卜》（*Everybody Gets Some Grooked Carrots*）。在和平工作农场我们没有将变形的萝卜纳入正常的份额中，但是我们大量出售它用作榨汁的原料。我们 CSA 的主要成员是城里人，被核心小组成员帕特·曼尼克斯描述为"从韦格曼（Wegmam，当地的一个大型超市）超市货中苏醒过来的人"。我们努力达到得比他们期望的中间值多一点。为了让我的合作伙伴格雷格·帕尔默和其他不愿意扔掉任何东西的成员坚持我们的标准，我要求他们在收割时带着一个特殊的袋子，装那些形状不好的蔬菜，尽管他们知道安米会拒绝这些农产品，但我们自己的厨房、当地施粥房（供给穷人与流浪者食物的地方）和食品银行（救济食品发放中心）都很乐意接受这些。

收割和包装是蔬菜生产容易忽视的最后生产环节。工资很低的移民工人做了大部分这类工作。如果我们想要一个公正的和谐的食品系统，我们必须面对这个现实且想想如何改变它。邀请 CSA 成员来帮助收获他们自己的食物是一个好的开始。

第 15 节　收成分发

随着原材料生产在世界范围内转移到了有最廉价土地和劳动力的地区，

地区经济和生态因此而遭到了破坏。

——琼·戴伊·古索，《小雏鸡、番茄酱和农业：谁将会生产明天的食物?》（*Chicken Little*，*Tomato Sauce and Agriculture*：*Who Will Produce Tomorrow's Food*?）

最简单的获得蔬菜的方法就是走进自己的菜园摘菜。一天农场的工作结束后，我都会很高兴地拿着镰刀和袋子去菜园"购物"。遗憾的是，大多数人从没有体验过这种愉悦。多数人住在离生产自己食物的土地很远的地方，他们必须到一个卖粮食蔬菜的地方购买食物。对于CSA，配送可以在农场进行，也可以在任何其他很方便的地方进行，没有哪两个CSA以同一种方式配送份额。农场的位置，离份额成员的距离，储存设备，劳力和卡车的可用数量以及成员参与都影响到分配系统。以下我们将讲述很多CSA采用的非常与众不同的充满想象的分配系统。

农场采摘

最简单的分发方式是，如果成员住得很近，让他们自己来农场采摘蔬果。在印第安线条农场，大约一半的成员在农场采摘。农场全体工作人员，包括农场主及其助手和成员自愿者们一起工作，在当天早上采摘蔬果且为它们包装。分发地很凉爽，是一个大仓库里的阴凉的一楼房间。一块写着本次收获的产品，注意事项，通知和成员评论的黑板是交流中心。

另外一半成员在波克夏消费者合作社市场（Berkshire Co-op Market）领取他们的份额。罗宾说过，"这个合作社市场买了我们'苹果项目'（Apple Project）的产品，它很乐意为我们在镇里提供存货地点，这样可以让经常来合作社市场购物的人统一采购并且介绍其他成员到这里来。从一开始我们就发现在谢费尔德山区附近有不少我们的份额成员消费者，为了减少他们的交通与时间成本，我们提供了有他们名字和号码的列表，并且让他们自己制订轮流取菜的方案。"

印第安线条农场也给距离两个半小时车程的马萨诸塞州列克星敦地区提供份额。罗宾描述道：

> 第一年我们的送货费用也被列入到份额价格。第二年，成员们想出了自己轮流取菜的制度，每个成员每一季（一共22周）一次，冬天则每月来取一次。第三年，我们安排当地波克夏山面包房坊把我们的份额与其每周送往波士顿的面包一起运送。这样，家庭只需要支付一份面包

运输费用且还同时把一周的面包订单也填好了。

搭上面包房的便车是一项重大的突破，最大的突破是整个过程的衔接流程，也就是我们找到一辆便车载着蔬菜到城市中心的配送点，每周都将搬运一些东西到你的社区。你需要一个取菜点负责人来帮助卸货和照看取菜点，这是最负责的做法。

缅因州奥纳的希登山农场，会用自行车来配送一部分份额！农场和自行车厂合作，用附加在自行车后端的拖车来运输波特兰市的份额。类似地，吉姆·格雷戈里（Jim Gregory）在艾奥瓦州的埃姆斯镇用自行车运输神奇豆茎农场CSA第一年的份额，每周费用为2.8美元。圣克鲁斯附近的艾米·考特尼（Amy Courtney）的自由轮子CSA（Freewheelin CSA），艾米亲自用自行车拖车运送她所有的20个份额。

印第安线条农场小组试图把份额装到半蒲式耳的篮子里，后来改用了牛皮纸袋，然后又用大塑料袋，而最终还是选用了纸袋。当他们发现一个星期需要使用300个塑料袋来装需要保持潮湿的胡萝卜或绿叶菜时，他们的两名成员自愿为每个成员贡献棉布并为每个份额缝制6个12×14英寸的布袋。“两个袋子在下一次收获时使用，两个装满了本周收获的产品，两个在洗衣房或者丢在地里。”他们开始时把每个成员的名字写到袋子上，然后发现他们使用核对表可以节省时间。

在长岛奎尔山农场有着一套完美的系统：成员自己采摘自己的份额。在收获日上午，从早晨9点到中午，数百人拿着刀和袋子在菜园里穿梭，有人采割菠菜，有人捆绑绿叶蔬菜，还有人则精心挑选成熟的西红柿。附近的停车区提供了收获指导，并设置标牌，大而明确的字样指定哪些田地是待收割的。每年春天，该农场的工作人员带着新成员参观，这些新成员也从他们的朋友那获得采摘建议。农民斯科特·查斯基说，大约80%的成员选择在夏季采摘，秋天人数会下降到50%。尽管成员曾要求设一个清洗台，但其实只有少数人使用，大多数人都是带着一些农场的泥土回家了。

马萨诸塞州的阿默斯特附近的食品银行农场的份额成员都在农场取菜。在开始两年非常低的成员保留率之后，农场尽力去了解其成员想要什么，并作出调整。迈克尔·多克特向我们描述：

在我们的第三个年头，我们实施了“混合匹配绿叶蔬菜桌子”计划。我们把所有的羽衣甘蓝、莴苣、芝麻菜、水萝卜等放在一个桌子上，然后给份额成员一个特定大小的塑料袋，让他们根据自己的需求随便装满自己的袋子。如果有人不喜欢绿叶蔬菜而只喜欢莴苣，很好，就让他们吃莴苣。

成员们对这一体系兴奋不已。最终，他们有了自己真正想要的选择。不仅是我们的成员感到高兴，而且农场也因节省了收获时的劳动力而节约了数千美元。我们不再需要花时间计算生菜头和捆绑绿叶蔬菜，按体积分配意味着我们不再需要生产统一大小的蔬菜，这使我们能够转变为成本更低的生产体系。

1995年8月，我们扩大这种分配方法到农场种植的主要作物上。我们把胡萝卜、甜菜、花椰菜、茄子、辣椒等放在另一个桌子上，给成员一个袋子，他们可以装他们喜欢的蔬菜。

起初我们担心，大家会都选胡萝卜。其实，我们的担心是毫无根据的，虽然胡萝卜消耗量上升了20%左右，但其他作物的消耗量和我们用以前的方法时基本相同。有一些人选大量胡萝卜，还有一些人选择大量的茄子——但是最终这一切均达到了平均值。而消费者的反应是一致叫好。

马萨诸塞州威廉姆斯镇守护者农场的成员不仅在农场取菜，也在那里清洗。就在堆肥的附近有一个水池，还有橡胶手套，磨砂刷以及围裙。成员们会将上周他们家庭的厨余垃圾放在堆肥处，用附近的干树叶覆盖这些东西，然后就在水槽冲洗本周的东西。这种安排既节省了农民的工作，也保持了成员厨房地板的整洁。

农场摊点和农夫集市取菜

经营农场摊点或在农夫集市上销售的农场找到了合适的方法，为自己的成员把“选择”和“便利”结合起来。一次，在将份额箱子搬到离农场摊位不远的大树下后，斯基普·保罗（Skip Paul）观察这些产品在下午的晚些时候都逐渐蔫萎了，他灵机一动想出了将这农场摊点和农夫集市销售结合的方式。在罗得岛的小康普顿的许愿石（Wishing Stone）农场CSA运作的第二年，他们开始提供给成员在农场摊点上的消费信用额度。成员不是购买一个统一箱子的产品，而是在农场摊点上以CSA特供的价格选择他们想要的，当季盛产的蔬菜还会有更多折扣。斯基普将份额折扣从20%降到10%，而45个在普罗维登斯农夫集市摊点取菜的许愿石成员可以350美元购买一张借记卡而得到相同的折扣，他们同意在20周的种植季节中全部消费完。农场还有一个具有经营执照的商业厨房，由一个特别的员工烹饪和烤制一系列的产品用来在市场和商店销售。

在缅因州德雷斯顿地区的戈兰森农场（Goranson Farm），邀请其客户预先支付，并可以获得在其农场摊位上的折扣。任何人都可以在摊点购买，但预先缴付的275个家庭其实是给农场一个特殊的支持。简·戈兰森问：“为什么付给银行利息？我们可以给我们的客户一定的折扣。”花费100美元，成员可获得价值102美元的食品，花费200美元得到价值207美元的食品，花费400美元得到价值430美元的食品 。就像在许愿石农场，成员预先支付，然后在农场摊点上选择他们想要的产品，直到他们的存款用完。在本季结束后，有时会员账户上仍会留有余额。最初数年，戈兰森会返还那些未用的钱。但现在改为在生长季快结束前寄一张提醒卡，如果成员没有回应，他们就会保留余额。他们还提供冬天的份额，价格是150美元，成员在冬季的五个月里每月可以取一箱菜。

印第安纳州地球工艺农场销售了180个单位为一组的份额给CSA成员，这些成员都在农夫集市摊点取蔬菜，以方便他们自行选择这些单位产品。成员们看起来并不担心未用完的单位。地球工艺农场1997年的CSA手册上写道：“如果你只消费了半份份额，但是你吃得很好。尝试过一些新的菜谱，保持健康，并且在地球工艺农场产品的帮助下享受生活，那你就已经获得了我们想从订单中提供给你的福祉了。”结果，农场成员的高保持率表明了他们对如上宣言的认同。

在镇上取菜

那些远离其成员所在地的农场需要一个更复杂、详细的配送方案。大多数詹尼斯山谷有机CSA的成员生活在纽约罗切斯特，距离和平工作农场有35英里，一小时的开车路程。虽然路程遥远，每个份额成员做出了完成三个四小时轮班任务的承诺，来帮助农场收获蔬菜。在每次轮班结束时，当周的劳动成员将会把这一周的产品运送到富足合作社市场的取菜点——一个成员所有的有机食品商店。他们储存那些蔬菜，包装在大箱子和袋子里，放入冷藏箱里。和平工作的农民写出详细的指示给分配者，使他们知道如何分配这些菜。下午晚些时候，由一个核心小组成员督导五六个成员，安排取菜。他们会称量和打包菠菜和胡萝卜之类的农产品。产品称重是许多儿童喜欢的工作，但同时兼顾看护孩子和分配工作并不总是一帆风顺。分配队长告诉我，有一次一位母亲背着一个难缠的婴儿来工作，母亲做洋葱称重的工作，她每一次弯腰拿起洋葱放在秤上时，婴儿就会把已在篮子里的洋葱扔在地板上。

成员有一个半小时时间领取他们的份额，他们根据公布的数额装好自己的份额箱，然后在名单上划去自己的名字。他们的名字上有各种颜色线条的标记，表明他们需要取走多少菜，或他们应该还箱子了，或者是他们的支付到期了。如果在份额中有一些他们不喜欢的，他们可以留下不要或者与其他人进行交换。他们还可以取上一周定的东西并付款，并且可以为下一周下好订单，这个系统有时候会出现混淆事件。玛丽娜·西蒙斯讲述了这样一个故事：

> 有一天，成员约翰·加洛克（John Garlock）来取他的份额，发现40磅的红色卷心菜不是他妻子玛丽莲（Marilyn）订购的。他有点困惑但还是支付了并带回家。当我那天傍晚配送完回到家，玛丽莲惊慌地给我打电话："玛丽娜，为什么我有14个红色卷心菜？我用这么多做什么？""酸泡菜？"我底气不足地建议，并解释说她订购了这些。批量订货单上她的名字旁边确实有"红色卷心菜40磅"，卷心菜价格为每磅40美分，结果证明是玛丽莲忘记点小数点。第二天早上，我为他们出售了13个卷心菜给"约瑟夫慈善之家"做午餐。

一个特别协调员负责登记并收集来自其他农场的产品，如有机枫糖浆、酒和葡萄汁（详情参看第18节）。当取菜时间结束，东南基督教会的工作人员会将那些无人认领的份额带走，分发给附近需要食物的家庭。

像GVOCSA一样，要送货到纽约市的农场，将配送细节工作留给他们的核心小组成员。在大多数情况下，农民自己配送之后，在取菜时间有机会和成员闲谈。要顺利通过纽约市的桥梁、隧道、街道是一个让农民头疼的问题。"仅是食品"的工作人员已经成为了应付警察们的专家，他们的秘诀包括掌握所有纽约市警察分局的电话号码。对于罗克斯伯里CSA，核心小组成员每周轮流帮助农场卡车卸货，然后，他们在取菜的时间进行监督。成员在公示的数量内自由作出自己的选择，标识会提醒他们相对稀缺的或丰富的产品是什么。仅是食品报告说，人们都很好，并不会多占有早季西红柿等稀少产品，而且他们感谢农场允许自由选择。核心小组还销售其他产品给成员，如本地烤制的面包。

在旧金山，生命能量社区农场的成员分拣蔬菜到不同的份额篮子。

罗伯斯伯里农场配送份额到纽约市的配送点。

生命能量农场离它的洛杉矶的成员比这些农场离纽约城还远。农场工人用大箱子打包这些蔬菜，然后由德卡特和他的儿子们轮流开 3 个半小时没有冷藏设备的车，把蔬菜送到有冷藏设备的取菜点。核心小组在普雷西迪奥的本土植物苗圃（Native Plant Nursery）负责产品分配。成员们轮流为以邻里为单位建立的小组取菜。每个星期六几家农场组成了一个名副其实的农夫集市，优质腐殖质农场提供的花和水果的份额，珍尼弗·格林（Jennifer Green）提供谷物份额，“斯特劳斯乳牛场”（Straus Dairy）提供大量的有机奶酪，其他的两个农场提供鸡肉和鸡蛋。冬天，优质腐殖质农场从生命能量农场取蔬菜。协调这些份额需要大量的组织工作，几家农场的农民们试着轮流负责运送工作，生命能量农场在农场附近的小镇也设了取菜点。

并不是所有的配送方案都需要这样高水平的成员参与度。许多 CSA 的农场工人做了包装、运送产品的所有工作。加利福尼亚的威利农场、伊利诺喀里多尼亚的天使有机农场、维洛奎的和谐山谷农场和加利福尼亚古因达的饱腹农场用卡车将产品运到远处的城市。CSA 成员自愿轮流提供自己的车库作为存货地点。作为回报，他们自己的份额价格就会降低或者得到免费产品。和谐山谷的成员轮流帮助农民运输和卸货。托尼·里奇（Tony Ricci）从宾夕法尼亚绿鹭（Green Heron）农场运输产品到 115 英里外的华盛顿附近的卸货地点。他说他可以运输任何东西，他已经成为专业的送货员了。他现在最关心的是要用电脑软件系统将运输行程计划好，以此来计算旅程时间以避免交通堵塞或被罚款。他有两个卸货地点是在办公室大楼里，他和一些内部工作人员认识，其中有一个是世界野生动物基金会的工作人员。

天使有机农场的鲍勃·鲍尔在1997年的东北部CSA大会上以巨细无遗的诙谐口吻讲述了他们的送货系统。在芝加哥的市内及郊区，他们有20个送货地点。每一个地点都有一个负责人，负责人的份额价格会降低100美元。这个负责人提供自己的走廊或者仓库以卸货，他们需要张贴农场标语并对其他成员友善。农场员工会选择那些阴凉有保障的地方。种植季节第一次送货的一个月前，农场会给成员一封信，信中清楚地写明了整个运送过程。由于农场在2小时的车程以外，而且农民很少，于是鲍勃他们在成员间建立了一套伙伴系统——“社区建设的树形结构”。在鲍勃看来这个送货系统的有利之处在于可以方便地增加更多的送货地点及其灵活性，事实上人们不再需要有人在取货时负责看管了。这也可以使货物在15分钟之内送到离客户家很近的地方。不好的一面是，这限制了自由选择的份额产品的可能性，尽管农场提供了替换选择（鼓励成员早来一个小时与其他成员交换，但并未成功）。天使有机农场曾计划将此送货系统改为在一个中心地点自由采购的方式，但是一份针对成员的调查显示，只有3%的成员认同改变后的方案，许多人写道：“我们喜欢现在的体系，我们吃的也许不是自己选的但却很喜欢。”

鲍勃谈到每周农场产品装箱时，认为“这是每周最精彩的时刻！真的很有意思！我们在1个小时之内打包了300多箱。我们将那些箱子排列开，重的蔬菜，像萝卜、西葫芦就装到底部。我们通常有7到8个人：1个人将箱子准备好，5个人把蔬菜装进去，1个人封箱，然后箱子被搬上传送带直到被装到卡车上。工作时放着音乐，气氛欢愉真像一个节日。等箱子都装到卡车上之后，我们会将现场清理干净。这是整个一周努力工作的顶峰。”司机每周二和六早上6点到农场，往返要开8到9个小时的冷冻车。出发之前，他们要看一下指示表，上面列明了在每个卸货地点要干什么，预期到达时间以及提醒他们回收袋子和箱子并清理现场的工作清单。鲍勃评价迈克尔·E·格伯的《重访E秘密》是他们设计装箱和运输程序的推动力。

加利福尼亚的智慧农场的比尔·布拉默在到圣迭戈地区的配送中采取

了同样的模式，他将 600 个份额分成了 16 个配送点。在电脑专家的帮助下，比尔设计了一种电脑程序来追踪账务及配送程序。这一程序让成员们可以更加容易地选择自己的运输计划：每周一次或每两周一次，或者假期不需要运输。它还给出了每周 4 天的收获单。每一个取消订货的客户都有双重记录，不仅有电往来登记，还会记录在这一电脑系统中，这样收款的时候更加精确。比尔还想改善他的体系，以便提供份额之外个人订单的送货上门服务。

CSA 的产品不一定来自同一家农场。几个农场可以在一个主要的取货点统一配送。在堪萨斯州劳伦斯市，6 个农场一起加入滚动草原农民联盟（Rolling Prairie Farmers' Alliance）（详情参见第 19 节）。每周一，6 个农场的员工会聚集在本地食品合作社——莫科（Merc），来装配他们的箱子。

送货到家

送货到家是最不需要消费者参与的配送方式，在英格兰叫“盒子计划”。农场工作人员采摘、分类、装箱、配送产品到成员的家门口。纽约士麦拿马兰文农场（Malven Farm）的凯蒂·斯威尼（Katy Sweeney），自 1990 年以来用这种方式经营她的 CSA。她说，她的成员太忙无法参与，而她又喜欢控制农场的经营。纽约伊万的飞狗菜园（Flying Dog Gardens），也在罗切斯特地区送货上门并收取额外费用很多年了。肯塔基有机生产者协会（Organic Kentucky Producers Association，OKPA），一个农民拥有的合作社，同样为列克星敦地区 CSA 成员的送货上门服务收取费用。在佛蒙特西哈特福德镇的制革厂农场（Tanyard Farm），请求成员帮助配送并减少份额的费用，在新罕布什尔州的特蕾西农场（Tracie's Farm）也一样。农民特蕾西·史密斯解释了这种安排对乡村 CSA 的价值：“这很关键，我住的地方偏僻，人们因为繁忙希望有这种服务。”

5 月 17 日，周一，第一次取菜

每周一次的送货将持续 20 周。请在每周一下午 3—7 点来取菜。

我们希望这一页纸可以解释所有问题。我们不再重复交通指引路线，但是如果你想知道路线，可以通过 erintjohnson@comcast. net 或者电话 301438-3927 联系伊尔瑞（Erin）。

我们的 CSA 如何取货（4 个简单的步骤）：

1. 一箱菜代表一个份额。除非两个人分一份，否则请取一箱菜。

2. 在签名表上你的名字边上作一个标记。

3. 有些周，除了你箱子里的菜外，我们会有额外的产品。这些附加的产品都会堆在一起，你可以带走的数量都将会有提示。

4. 请将你的箱子折好，并在下周还回你的箱子。

如果两个人分一份怎么办？

如果你是共享份额中的一个成员，你有责任与你的搭档协调好如何处理取菜的事情。

可以选择：

- 你和你的搭档每周轮流取菜并在自己的家庭消费完。
- 一个成员取货，然后所有成员会合后再分配。
- 你和同伴商量一个在取货点分配蔬菜的方法，这样先来的人需要分配好蔬菜并且为后来的搭档作好标记。

如果你不在家怎么办？

如果你不能取货，那你就有责任找别人帮你取货。你可以安排你的同伴、朋友或者潜在的 CSA 成员帮你取货。任何在下午 7 点之前没有取走的菜将被赠送给“老人之家”。

CSA 规则

除了农民，这是一项完全出于自愿的合作。农民们不会出现在取货地点。你们很可能会见到爱德·卡尔森（Ed Carlson），他是把产品运到我们配送点的人，晚上才能结束工作。爱德自己也是 CSA 的成员，他不是为农民们工作，请善待他！

如需消费者服务，请通过电话 301－438－3927 或者邮箱 erintjohnson@comcast.net 联系伊尔瑞。如果你是新加入到 CSA 的，请记住这不是杂货店，农产品会看起来就像刚从地里长出来的一样，这是一件好事。

每周二，你会收到一个含有这周份额产品目录的电子邮件。同样的信息还会张贴在这。

——来自沙地春天 CSA（Sandy Spring CSA），马里兰州

新卡车

我买了一辆带冷藏设备的新卡车。从今以后，你们收到的蔬菜都将会是冷藏状态的了。

我们以前都是租卡车运输你们的箱子，每个星期都有几百美元花在租卡车上，那些车还没有冷藏设备。

我花了几个月寻找一辆合适的卡车——要有合适的尺寸，合适的冷藏设备，良好的性能和合适的价格。我最终买到了合适的卡车，我很喜欢它。鲍勃和我昨天晚上把它开到洛克福德去炫耀。我们走进餐厅和酒吧，问人们是否想看我们新的运输车。

"就是那个停在停车场的冷藏车？"人们总是会这么问。他们已经知道了。新卡车停在那那么耀眼，就像一个新生儿，人们不得不注意到它。

我很少有机会说："我今天买了一辆新卡车。"到目前为止就两次，另一辆是1974年的那次洪水之前买的。这辆车本来是要卖到巴基斯坦的，还有一个以公里计程的车速表。卖车的人告诉我，当时它停在码头上等待船只装运，但后来交易未能实现。我曾特别想知道巴基斯坦的什么人在等这辆车，我想象的每一个等待它的巴基斯坦人都很漂亮。

那辆卡车拉过成千吨的玉米、小麦、豆子还有数千头猪，许多建筑用的石头和木头。

23年后，第二辆新卡车来到我身边。当时，我到处想买一辆靠得住的二手卡车。有几次，尤其是在芝加哥，售货员会说："没有，几个星期之前（甚至是几年以前）曾有这么一辆，看起来很像你要的那种，但已经卖掉了。可能在洛克福德的某个地方有。"那时，冷藏车看起来只能是个梦想。

后来，洛克福德推销员打电话来，提供新的卡车让我参观。

我说："你可以把它展示一下，但我不会买它。我们是穷人，买不起一辆新的卡车。我们无法得到贷款。事实上，甚至别把它弄出来了。这只是浪费你的时间。"

推销员带来了卡车，他在离农场不远的一条路尽头的农场长大，这个农场很难找到，我35年没有看到他了。他的和善气质让我想起他们整个家族的人都是这样。

看车让我觉得很不安，这个卡车放在我们的庭院中看起来是那么合适。有时事情发生，我感觉它们似乎已经发生过。即使我用余光看，也能看到它。这是一件很难避开的事，感觉起来太像是命运安排的了。

今年春天我买了一辆像那样的四轮驱动拖拉机。我发现它在我的视野范围之外就像我在一个正在收获完圆白菜的3 000英亩的农场上寻找其他的铁的东西一样。我不会直接看它，我不会靠近它。鲍勃后来提到："值得我们想念的唯一的东西是那辆四轮驱动的拖拉机，而你甚至不敢看它。"

"那件事吓坏了我，鲍勃。它太完美了，我们甚至不应该想它。我们承担不起。"然而，我还是买了它，因为天使有机似乎已经为它准备好停放地方。那个拖拉机是今年我们工作得非常好的原因之一。

农场失败的原因很多。原因之一是很多的运作计划受挫，由于故障问题，种植时间表问题，配送问题。另一个原因是太多的债务。我试着平衡债务，买下这辆卡车需要还贷3～5年。

在1983年，我不得不拍卖出售我的"巴基斯坦"卡车。出售的那天早晨，我在其座位底下藏了一个赤陶做的小天使。我知道那辆卡车应该留在我的农场，但我需要可以保持农场收支平衡的每一块美金。一位身材魁梧的农民买了下来，开着它在融雪的初春呼啸而去。

几年后，我开着车路过那位买车农民的农场，当天上午他的农场有一场拍卖，银行正在推销我的车。我当时停下来，检查了那个座位下的小天使，已经没有了。我那时已经不种地了，但是我为它出了价，因为我知道它属于我的农场，但我失败了。

一年后，我在当地的一所高中组织一场关于农场危机的研讨会。观众是一百位忧心忡忡的农民，都想要知道他们的农场什么时候会被卖，需要谈论他们最近的遭遇。通过农场后墙的窗户，我看到一条公路，我的老卡车逐渐远去，直到消失。

资料来源：约翰·彼德森，《农场新闻》(*Farm News*)，7月21—26日，1997年，天使有机农场，伊利诺伊州，经授权使用。

能够提供配送到家或办公室服务的创业计划如雨后春笋般在全国各地兴起。其中有些人的做法类似于CSA，他们购买的所有农场品来自一系列的农场，他们会在促销广告中提到食物的味道而不是与一个农场的现实联系。其他人则在终端市场购买蔬菜和水果作为配送的份额。叫这种服务为CSA将轻率地延伸CSA的定义，因为这些经营缺乏与特定的农场的任何联系。

对于那些离成员住所有一些距离的CSA农场，将配送做好，让成员参与分配工作，同时保持食品的高营养价值，这与种植食品的挑战等同。对于到农场取菜，需要权衡便利（获得食品的时间）与食品质量（最大的新鲜程度和恰当的冷藏）的关系。CSA份额成员和全国各地的农民需要不断集思广益来解决这一个问题！

第16节 每周的份额

我们生活在一个破坏同类、破坏其他生物、破坏地球，甚至破坏自我的世界。但是在我的拥有健康的土壤和植物的社区种植园里，我看到了一种非常成功的非破坏性的发展模式。在这种模式中，我是以温和的、与生物和谐共处的方式来处理问题，而不是通过战争。这个种植园不仅教给我们如何种植，它还教会我们很多其他的东西。

——埃利奥特·科尔曼《四季收获》

拥有自己的菜园是什么样的感觉？你期盼春天的第一抹绿色：蒲公英、芦笋、菠菜、生菜、甜菜，然后有新鲜豌豆、草莓、胡萝卜和最早熟的西红柿。到了仲夏，你就可以享受到新鲜的玉米、西红柿、茄子、辣椒、黄瓜和豆子等夏季作物。然后就会出现供过于求的情况，太多的西红柿让你不得不因以罐头的方式储存。到了初秋凉爽的晚上，西兰花、花椰菜、甜胡萝卜、洋葱、韭菜、土豆和冬瓜温暖你的肠胃。最后到了深秋，芜菁、芽甘蓝、萝卜、羽衣甘蓝和南瓜熟了，是储存食物过冬的时候了。这就是社区支持农业提供的飨宴。

现代化的超市鼓吹只要你能支付，它们就可以整年提供任何你想要的食物。结果，第二次世界大战后的人们失去了吃每个季节的新鲜蔬菜的机会。在为CSA招揽客户时，你应该解释清楚“吃应季食品”这一概念是什么意思。我们在詹尼斯山谷有机CSA开幕会上努力做到这一点，然而每几年就有人在6月末之前退出，就因为份额中没有西红柿。

生物动力教育给出了吃当地应季的食品更健康的原因。佐治亚布莱尔斯维尔村的CSA联合农业学会（Union Agricultural Institute CSA）的手册简洁地解释了这种生物动力智慧，且为客户提供了《路易斯的叶子》（*Louise's Leaves*）作为食谱：

您喜欢什么？

请标出您的偏好来帮助我们制定种植计划。

1. 最喜欢
2. 喜欢，食用量很多
3. 适度食用
4. 偶尔食用一次
5. 我小时候就不喜欢吃，现在也不吃

莴苣	1 2 3 4	甜玉米	1 2 3 4
生菜	1 2 3 4	西红柿	1 2 3 4
水萝卜	1 2 3 4	樱桃	1 2 3 4
婆罗门参	1 2 3 4	葡萄酱	1 2 3 4
叶甘蓝	1 2 3 4	绿皮西葫芦	1 2 3 4
菠菜	1 2 3 4	西葫芦	1 2 3 4
小甜菜	1 2 3 4	小青南瓜	1 2 3 4
小胡萝卜	1 2 3 4	冬南瓜	1 2 3 4
西兰花	1 2 3 4	卷心菜	1 2 3 4
白萝卜	1 2 3 4	日本菜	1 2 3 4
豇豆	1 2 3 4	韭葱	1 2 3 4
绿豆	1 2 3 4	洋葱	1 2 3 4
罗勒	1 2 3 4	芦笋	1 2 3 4
铃铛椒	1 2 3 4	土豆	1 2 3 4
辣椒	1 2 3 4	南瓜	1 2 3 4
黄瓜	1 2 3 4	芜菁块根	1 2 3 4
茄子	1 2 3 4	菊苣	1 2 3 4
带皮豌豆	1 2 3 4	冬季胡萝卜	1 2 3 4
食荚菜豆	1 2 3 4	茴香	1 2 3 4
西洋菜	1 2 3 4		

这是一张来自罗得岛的许愿石农场的"蔬菜喜好"问卷表，可以帮助CSA做计划。

和平工作农场的一个份额。

应季的春季绿色植物，例如菠菜、生菜、荨麻都可以清理体内系统并让你准备过夏天。如果你菜园有这些蔬菜，你就每天以不同烹调方式吃一点。这不会一直这么单调……不久你就会吃到其他蔬菜。

夏季果实，比如黄瓜、西红柿、甜玉米和甜椒属凉性食物，还能为你提供能量。敞开肚子吃吧。

像芥末和菠菜这样的秋季绿叶蔬菜逐渐变少，根类的作物，比如芜菁和水萝卜，为你拥抱冬天提供热量和能量。为了你的健康，记得多吃它们！

每周的份额中应该安排什么，安排多少？没有人知道这个基本问题的最佳答案。调查了遍及全国的CSA后，蒂姆提出了一些实际的建议。首先，种植之前和你的成员讨论他们想要什么想要多少，至少要花一个冬天的时间来计划。然后，别让份额超重，多并不一定好。尤其是刚开始，必须要多种点来保证足够的量，但是你不一定要把所有食物都强迫性地放到份额里面去。多的份额会导致成员平分份额或造成浪费。最后，尽可能提供一些选择这在成员自行到在农场或农场摊点取货的情况下比较容易做到。

要想产量恰好，需要作一些调整。罗宾描述了她在印第安线条农场的经历："一开始，我们计算的份额量是为了满足2～4个杂食者或者1～2个素食主义者的需求。根据每个家庭一年的所需，我们决定每周提供平均10～15磅的食物。结果这对大多数家庭来说太多了，尤其是我们一周送两次货。第二年，人们找到其他人分享另一半食物，所以第三年我们一周送一次货。即使分量减少了，一些人还想要少一点。所以我们以稍多于半价的价格提供一半分量的产品。"

那些自己有很大食量的农民们很难相信城市人吃这么少。最好的确定生产规模的方法就是问你的成员他们需要多少，每年让成员进行一次投票。博伊西食品连接（Boise Food Connection）和许愿石农场有很好的客户调查表。在詹尼斯山谷有机CSA的调查问卷上，我们向成员说明他们每周会收到7～11种产品。告诉他们之后，我们问他们对每种蔬菜水果的需求是多少。令人惊奇的是，大多数人对大多数蔬菜水果的需求量是一致的。绿色蔬菜和有根作物，例如青萝卜和大头菜的需求量的差距最大。我们问季节的产量是否能满足他们，他们是否还要更多或更少，什么蔬菜他们大量需要。我们借鉴了许愿石农场的分类项——"我小时候不吃，现在也不吃。"来去掉一些选择，但是发现对于每一个讨厌芽甘蓝的成员，总会有一个特别喜欢芽甘蓝的成员与之对应，所以我们把这类产品作为自由选择项。有些CSA每周提供15到25个品种。

马萨诸塞州的食品银行的迈克尔·多克特说，原本不爱吃绿叶蔬菜的成员，后来都称他增加大家绿叶蔬菜摄取量的善意尝试为"绝妙的甘蓝菜阴谋"。一点都不要的产品和大量需要的产品平均下来也就一小部分，而无法真正满足任何一组人，所以 GVOCSA 想到了其他解决办法。那些发现他们的份额中有太多的绿叶蔬菜和根作物的成员可以把它们放在分享箱中让别人来选择。那些觉得太少的人可以在每周的订购中增加额外订购。神奇豆茎 CSA 每周提供额外的一捆绿色蔬菜。那些让成员到农场选购的 CSA，可以通过在有限制的范围内允许客户选购自己需要的量，这也就是所谓的“混合和搭配”系统。

为了得到最多成员的回馈意见，天使有机农场每周在成员产品箱内放上卡片，使成员可以马上对质量和数量作出评价。当然，那些经常亲自见到成员的农民可以更加直接地得到这些信息。

新罕布什尔州韦尔地区的美好大地农场的戴维·特朗布尔给他的成员提供了一个新的选择：不管是订购家庭（整份）或个人（半份）份额的成员，都可以报名选购“戴维的混合式”（Dave's Mix）或者“成员选择”（Member Choice）项目。那些选了“成员选择”的人可以从上周菜箱里放的由电脑生成的表单中勾出他们想要的，在截止时间之前打电话到农场订购。如果成员忘记选择，他们那周就会收到“戴维的混合式”产品。这一方式让农场对分发蔬菜的周期有了更好的掌握。差不多有一半的客户选择了“成员选择”，据琳达估计，这约等于每年 20 个份额，这种经营应在农场可驾驭的情况下进行。那些加选了“成员选择”的成员，个人份额要多花 80 美元，家庭份额多花 100 美元。这本书的编辑本·沃森，是美好大地农场的成员，当他看到这一方式在初稿中没有提到，他写道：

> 我 1992 年第一次加入到戴维的 CSA 时，他没有自主选择的选项，我当时的女朋友和我不知道如何处理时有时无的虎皮菜。我发现“成员选择”的选项对我来说有很大作用，尤其是我有自己的花园，我不需要那么多的豌豆、豆角、西红柿和其他的作物。正好，我用大卫的产品来补充我的产品（他的沙拉生菜、西红柿、胡萝卜和冬瓜都比我种的好）。事实上，我在 1993 年离开过他的 CSA，后来因为有了自主选择和半份额项目我又加入了。没有“成员选择”这个选项我不会继续当一个成员，尽管我致力于支持本地农业。

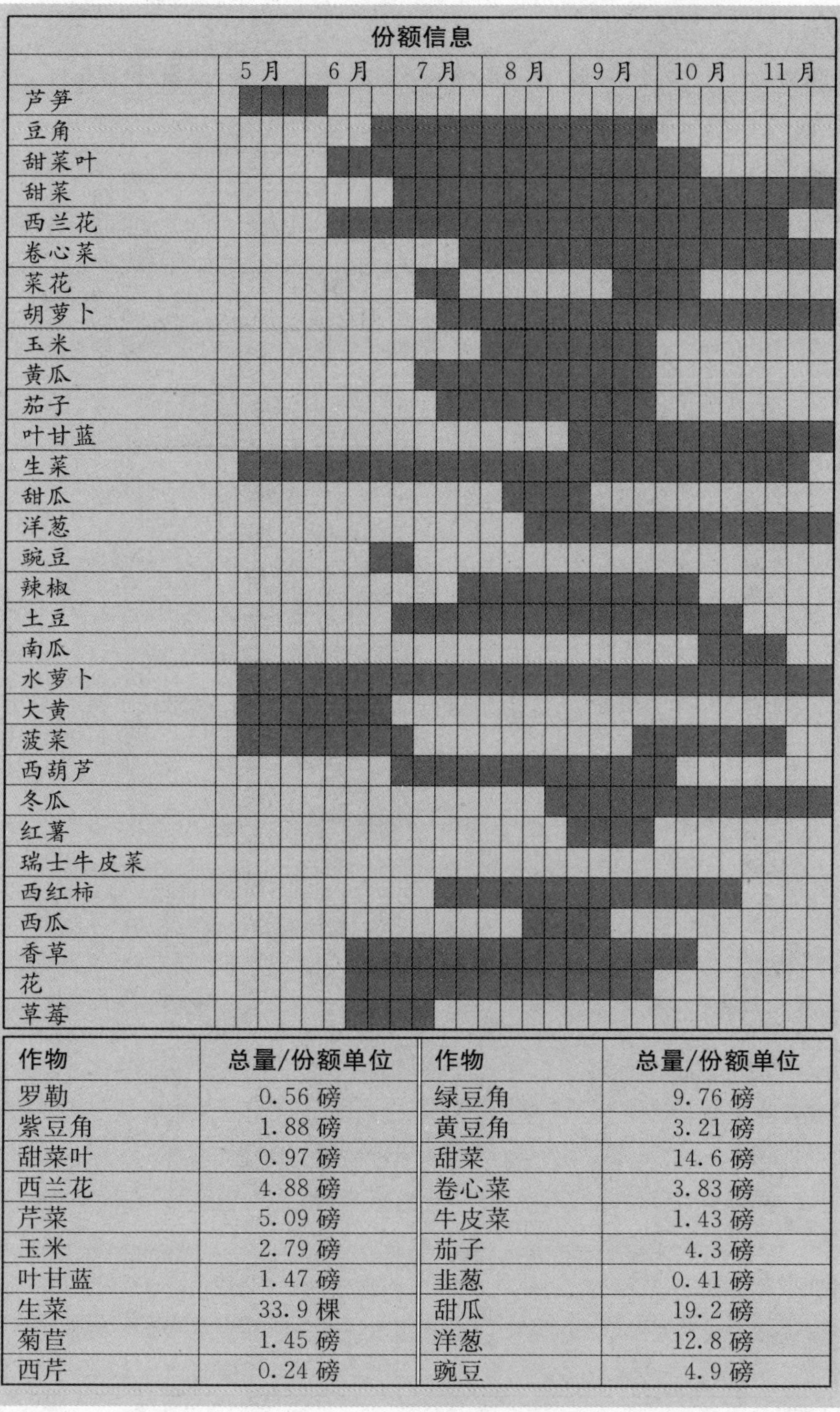

作物	总量/份额单位	作物	总量/份额单位
罗勒	0.56 磅	绿豆角	9.76 磅
紫豆角	1.88 磅	黄豆角	3.21 磅
甜菜叶	0.97 磅	甜菜	14.6 磅
西兰花	4.88 磅	卷心菜	3.83 磅
芹菜	5.09 磅	牛皮菜	1.43 磅
玉米	2.79 磅	茄子	4.3 磅
叶甘蓝	1.47 磅	韭葱	0.41 磅
生菜	33.9 棵	甜瓜	19.2 磅
菊苣	1.45 磅	洋葱	12.8 磅
西芹	0.24 磅	豌豆	4.9 磅

续前表

作物	总量/份额单位	作物	总量/份额单位
胡萝卜(第二轮)	1.24 磅	胡萝卜	34.2 磅
青椒	5 磅	辣椒	0.82 磅
腌黄瓜	6.47 磅	土豆	34.2 磅
水萝卜	2.28 磅	大黄	7.72 磅
西葫芦	32.7 磅	条黄瓜	8.66 磅
食荚豌豆	1.92 磅	菠菜	2.9 磅
草莓	3.86 夸脱	西红柿	36 磅
樱桃西红柿	2.12 磅	绿西红柿	0.66 磅
李子西红柿	4.43 磅	西瓜	14.3 磅
冬瓜	15.9 磅		

资料来源：磨坊山谷农场 CSA。

各个季节每周的份额

蔬菜	草本植物	水果
春季		
芦笋	牛至	草莓
蒲公英叶	小茴香	
京水菜	香菜	
芝麻菜	龙蒿	
水萝卜	韭菜	
青蒜	蒜苗	
菠菜	百里香	
日本菜		
西兰花		
芜菁		
森坡赛菜		
水芹		
荷兰豆		
蜜豆		
甜菜—根和叶		
小葱		
带皮豌豆		
茅菜		
夏季		
生菜	小茴香	蓝莓
瑞士牛皮菜	罗勒	树莓
绿洋葱	夏季薄荷	醋栗
胡萝卜	墨角兰	菠萝
叶甘蓝		西瓜
马齿苋		黑莓
苋菜		樱桃
西葫芦		桃
黄瓜		李子
豆角—绿色		油桃
—紫色		

蔬菜	草本植物	水果
玉米色拉		
块根芜菁叶		
小白菜		
生菜		
芥菜		
菊苣		
中国大白菜		
黄秋葵		
甜玉米		
粘果酸浆		
西兰花		
菜花		
利马豆		
奶油豆(绿豆)		
蚕豆		
秋季		
西兰花	大蒜	苹果
球茎甘蓝	西芹	梨
洋葱	香菜	
青葱	小茴香	
土豆	鼠尾草	
芹菜		
白萝卜		
韭葱		
胡萝卜		
甜菜		
菠菜		
鸡草		
小白菜		

蔬菜	草本植物	水果
罗马菜，黄色		杏
掌叶大黄		
苣荬菜		
蒜苔		
辣椒		
茄子		
西红柿		
早土豆		
卷心菜		
卷心菜—绿色		
—红色		
牛蒡根		
储存西红柿		
生菜		
菊芋		
芽甘蓝		
块根芹		
鸦葱		

晚秋和冬储

蔬菜	草本植物	水果
西兰花	大蒜	苹果
土豆	西芹	梨
洋葱	香菜	
胡萝卜		
韭葱		
块根芜菁		
芜菁甘蓝		
芽甘蓝		
叶甘蓝		
甘蓝		
菠菜		
欧洲萝卜		
块根芹		
冬瓜		
卷心菜		
中国大白菜		
日本菜		
菊苣		
中国大白菜		
南瓜		
冬瓜		
甘蓝		
京水菜		
芝麻菜		
菜花		

西班牙人份额

蔬菜	草本植物	水果
胡萝卜	大蒜	[菠萝]
生菜	野芥末	[香蕉]
洋葱	马齿苋	西瓜
土豆	甜玉米	菠萝
黄瓜	香菜	樱桃
浆果酸酱	水萝卜	苹果
西红柿(罗马)	甜菜	桃
西兰花	鳄梨	杏
菜花	豆薯	芒果
西葫芦&		
西葫芦花		
绿豆角		
卷心菜		
辣椒(甜绿,辣)		
诺珀尔菜		

延寿饮食法份额

一般来说延寿饮食法的饮食不包括：

西红柿

土豆

茄子

辣椒

菠菜

在 2002 年，成为一个居家父亲的戴维将份额减少到了 25 个，第二年，他和其他 8 个农场加入了本地收获 CSA（参见第 19 节）。

另外，在长岛萨格港镇柳树下生产农场（Under the Willow Produce）耕种 1.5 英亩土地的贝特·兰茨纳（Bette Lacina）提出了一个有力的反对自由选择的理由：

> 我们正在十分昂贵的很小面积的城市土地上进行种植实验。如果你愿意支持这仅有的一小片空地，你需要接受我们生产的东西和自然给与我们的东西。旱季和雨季我们会产出不同作物，我们无法做出任何保证。我得到的回应是极好的。我正在享用我从来没有吃过的食物。在一个季度结束的时候，很多人对我说他们喜欢这种无选择的方式，但对有创造性的人来说是个挑战。

为了帮助你们设计自己的份额，我们提供了一份有每个季节的蔬菜、药草和水果的列表，其中包括一些在过去种植园标准下生产的不常见的蔬菜。为了不让北部的 CSA 成员眼红，我们没有包括外来品种，例如：无花果、柿子、鳄梨和菊芋。如果你能种植这些，千万要把它们包括在你的份额中。附近西班牙裔的农场或者其他的社区可以试着设计特殊的份额。我们还为延寿饮食法份额列了许多选择，茄科蔬菜（土豆、西红柿、茄子、辣椒）被排除，但是对于其他的作物，例如玉米、西葫芦和生菜是否被排除还存在争议。问问你的成员，他们是否对这个选项感兴趣。除此之外，我们还从一些农场挑选了它们的份额描述的样本，如俄勒冈的冬绿社区农场，马萨诸塞州的守护者农场以及新罕布什尔州的磨坊山谷农场。

发挥你的想象力为份额设计出有创意的形式。有一个小的 CSA 农场种植意大利面酱的原料，所有的成员在夏末会一块煮酱且将其罐装保存。许多农场提供鲜花份额，只需提前支付一定价钱。对一些提供夏季和冬季份额的农场来说，按季节把产品分开很有效。塔斯卡卢萨 CSA 将产品分成春秋季份额和夏季份额。弗吉尼亚的七春农场（Seven Springs Farm）种植基础作物且和其他农场签订合同购买小部分作物，例如购买甜玉米作为附加份额。除了常见的份额，客户还可以购买“美食样本”：25 磅的法国豆、小蔬菜、蘑菇以及诸如此类的产品。在波特兰，约翰·马丁森（John Martinson）和贝弗利·科克（Beverly Koch）为城市富足 CSA（Urban Bounty CSA）份额提供了“鸟和蜂蜜选项”，这是一个令人垂涎三尺的有 17 种水果、浆果、坚果、蜂蜜和鸡蛋的组合。

密歇根州立大学的学生有机农场把它的份额安排为 16 周以此来配合学校的时间安排。在弗吉尼亚的一个 CSA 农场允许养羊者向想买未加工的羊奶的人出售产品。法律禁止出售未经消毒的生羊奶，但是如果你自己拥有这只羊就没事了，即使是通过一个农民来照顾它并挤奶。在纽约州东奥罗拉索普的有机家庭农场（Thorpe's Organic Family Farm）就是用这种方式出售未加工羊奶。俄亥俄州西贡的银溪农场提供“储存者份额”（Preserver shares），并且收到可持续农业研究和教育项目（SARE）的资金，资助建一个农场罐装棚和有关罐装保存的课程。它还为家庭酿酒者出售啤酒份额，包括：啤酒花、麦芽糖和酵母。每年，不同的酿造者提供食谱，每个签约的成员得到三箱六瓶装的啤酒（关于与其他农场的联系参见第 18 节）。

CSA 可以提供肉、鸡蛋和牛奶作为日常份额的一部分，或者为素食主义者和食肉者提供不同的份额。几个农场可以联合提供一系列的产品。银溪农场出售自己生产的羊肉、鸡肉和鸡蛋以及周边农场生产的羊奶酪和牛肉。CSA 提供更多的产品选择以此来扩大已有成员的消费需求而不是吸引更多的成员。缅因州的回路农场也是采取这种方式，渐渐地把牛奶、肉、干豆和谷物加入到蔬菜份额中。2003 年，纽约州北部的埃塞克斯农场（Essex Farm）加入 CSA 领域，目的是为所有成员提供需求的食物——全年的蔬菜、水果、酸奶、枫糖浆、鸡蛋、肉类和谷物。它共有 25 份份额，一份份额价格是每人每年 2 400 美元，在农民马克和克里斯廷·金博尔（Kristin Kimball）可以承受的工作量范围内，埃塞克斯农场的这种经营模式是可行的。当地供应农场（Native Offerings Farm）出售大部分购于其他农场的水果，共 20 周，每周 10 美元。产品包括低频率喷药的有机草莓、蓝莓、树莓、樱桃、杏、苹果和梨。出售这些水果的收入占农场收入的很大一部分，提高了农场 44%的利润。斯图·里奇解释了他们的策略：“我们想靠增加成员的总的食品购入量来增加每份份额的价值。如果他们可以从农场取得更多主要产品，就不需要花那么多时间购物。”

服务于土地和社区的食品生产
应季而食

春季	夏季	秋季	冬季
芝麻菜	芝麻菜	芝麻菜	甜菜
甜菜	绿豆角	绿豆角	芽甘蓝
生菜	甜菜	甜菜	卷心菜
水萝卜	西兰花	西兰花	胡萝卜
大黄	胡萝卜	胡萝卜	大蒜
小葱	牛皮菜	芹菜	叶甘蓝
带皮豌豆	樱桃西红柿	大蒜	洋葱
食荚豌豆	玉米	叶甘蓝	欧洲萝卜
菠菜	黄瓜	韭葱	土豆
草莓	大蒜	生菜	芜菁甘蓝
	球茎甘蓝	洋葱	冬瓜
	生菜	土豆	
	甜瓜	南瓜	
	新土豆	小葱	
	辣椒	菠菜	
	树莓	西红柿	
	草莓	冬瓜	
	小葱		
	西葫芦		
	西红柿		

资料来源：守护者农场，1997。

份额成员处理大量食物的能力各有不同。通过提供食谱和储藏建议，CSA 的简报会帮助成员提高他们的技巧。GVOCSA 的简报描述了许多成员如何有技巧地储存食品，比如用沸水焯菜并且冷藏多余的绿叶蔬菜或者将自己家的阳台改造成储藏室。那些自己种豆并储藏的日子已经不存在了。印第安纳州曼西镇广播电台的加里森·凯勒（Garrison Keillor）在他的栏目“草原一家亲”上曾将此镇称为罐装业的“母教堂”，因为它是球状罐头瓶的家乡。凯勒有其独特的逻辑，他谴责现在的父母没能把自家的西红柿做成罐头，就是在破坏其孩子的教育。据基莱说，在家长们自己装罐的时代，他们有能力把孩子送到常春藤大学读书。

现代的家庭和公寓限制了食品储存空间。许多 CSA 试着组织“加工聚会”活动，教给人们基本的罐装、冷冻和脱水方法，但是大多数都没有成功，因为成员们太忙，没时间参加。在某些州，“推广服务组织”（Extension Service）会提供关于食物储存技巧的工作坊和建议。CSA 的简报中会有这些本地相关课程的时间表。

冬季份额

除了一些加利福尼亚的预定农场，很少有 CSA 农场可以提供整年的供应。加利福尼亚沃森维尔的马里基塔农场减少为 36 周的供应，以此来避免客户每周都收到羽衣甘蓝会感到的厌烦。另外有些州的 CSA 则用其他农场生产的蔬菜和水果来补充自己的产品。好味农场（Eatwell Farm）的奈杰尔·沃克（Nigel Walker）说全年供货可以保持客户源，他的一个口号就是：“连续才是可持续”。农场的协调员将每周的箱子准备好，还购买其他 CSA 农场的产品或和它们交换产品，就像零售商店一样，农场 50%的玉米、柑橘和绿豆购自其他农场，来填充份额箱。

在国家更北部的一些地区，一些 CSA 为了额外收入而提供冬季份额。当和平工作农场的产品在 11 月售完之后，GVOCSA 的一些成员就在洛迪市的蓝鹭农场购买冬季份额。经过几年的农场基础设施改造，蓝鹭农场的卢·约翰斯（Lou Johns）和罗宾·奥斯福德（Robin Ostfeld）建造了高质量的储存区域，他们最近在修水泥地板和钢筋网来避免啮齿动物的侵入。对于储存根类作物，他们有两个 20×40 英尺的冷藏室，一个 10 英尺×10 英尺的冷藏室，温度保持在 36℉～38℉之间。洋葱和大蒜储存在一个 6 英尺×8 英尺的 40℉的储存室，冬瓜则储存在另一个 6 英尺×8 英尺的 50℉的屋子里。清洗在一个用密闭性好的材料建成的相当温暖的房间里进行。他们整个冬天都出售产品给餐馆和一些杂货店，还提供 100 个冬季份额，成员一半在罗切斯特，一半在伊萨卡。有两种大小的份额，从 1 月到 3 月每两周运送一次。除了根茎作物，如洋葱、大蒜和冬季南瓜外，“当地供应”农场还给冬季份额增加了自制的泡菜、酸菜和其他发酵蔬菜。

密歇根州立大学的学生有机农场采用了埃利奥特·科尔曼的冬季小温室系统，从而在通风良好的东兰辛市售出了 48 周的份额。罗得岛的西蒙斯农场在暖季提供两种选择：蔬菜份额或者蔬菜和牛肉、鸡蛋、羊肉混合份额。20 周的蔬菜季节过后，成员可以在冬季继续获得每周一定数量的鸡蛋和牛肉。

季节性饮食指导

回答成员关于不常见的蔬菜的问题几年之后，我写了《可持续收获的饮食指导》(*FoodBook for a Sustainable Harvest*) 这本书。卡伦·克尼的有趣的图片说明让读者能够辨认神秘的作物。书中包括 70 种作物的历史、营养信息、短期和长期的储存要求、在玫瑰山谷农场的生长故事以及许多成员们提供的菜谱。在我们的激励下，麦迪逊社区支持农业协会［Madison Area Community Supported Agriculture Coalition (MACSAC)］创作了由比尔插图的《从芦笋到绿皮西葫芦：农场新鲜应季产品的指导手册》(*From Asparagus to Zucchini: A Guide to Farm-Fresh Seasonal Produce*)。这本书包括关于本地饮食的文章，46 种蔬菜的食谱，MACSAC 中会员农场的信息以及其他资源。乔安妮·兰姆海斯 (Joanne Lamb Hayes) 和洛丽·斯坦 (Lori Stein) 联系全国各个农场，把它们的资讯编纂收入设计精美的烹饪书《美国小农场的菜谱：丰富的应季食品的新鲜想法》(*Recipes from America's Small Farms: Fresh Ideas for the Season's Bounty*) 中。仅是食品制作了仅一页的"食品建议"，可以很方便地发放给成员们。约翰·彼得森为了配合他的电影，和天使有机农场的工作人员写了《农民约翰的烹饪书：蔬菜上的真正泥土——来自一个社区支持农场的季节食谱和故事》(*Farmer John's Cookbook: The Real Dirt on Vegetables. Seasonal Recipes and Stories from a Community Supported Farm*)，里面包括好的食谱，漂亮的照片和约翰的更多的文章。

在《季节性饮食：自己的反省》(*Eating Seasonally: A Personal Reflection*) 一书中，戴维·布鲁斯描绘出了这种实践的大致情况、包括更广泛的文化上的、历史上的、人类学上的乃至宇宙学上的重大意义：

> 那些加入 CSA 的季节性饮食者的努力应该得到认可。这是一种革命性的饮食方式，拒绝成为现存的破坏环境的饮食系统中的一员。这是一种慈善的饮食，让那些为你生产食物的人得到体面的生活，热爱别人就像热爱你自己。这是一种禅的饮食方式，需要专心，简化并且集中心智在我们所食用的东西上。这是一种环保的饮食方式，还有什么比给你周围的人树立一个环保饮食的榜样更好的呢？在革命性的精神、慈爱的善心、计划周到的实践和善解人意的行动的指引下，我们可以培养季节性饮食的好习惯。只要我们这么做，我们就能更加了解我们的地区，带着创造性和责任心，我们可以发展我们自己区域的美食盛宴。

关于CSA食品这一章最合适的结尾莫过于安娜·巴克（Anna Barker）的《致社区支援农业的颂歌》（*An Ode to Community Supported Agriculture*）了。

美和盛宴：致社区支援农业的颂歌

在12月冰冷的空气中
植物在屋内静静地生长
冰雪覆盖了天地

我们在烹饪
丰富的食谱
必须包括

头脑中的计划和土地上的产品，还要知道时下流行的是什么，房子里面有自己制作的调味汁，本地应季的食材以及信任。

先驱者知道什么叫做效率，他们相互鼓励和提建议。

与此同时，健康的食品伴随着他们。

我们边做边学并互相交流
信任源于知识
经验之谈使人信服

你看：我们既不追逐时尚，也不盲从；

我们就是土地。

我们是一个和谐可持续发展的社区，我们是生活方式的共同谱曲者。我们一起建立一个基于土壤的有技术保障的营养系统。

加入我们，让我们共同继承地球的宝贵遗产。我们的大地母亲虽然被水泥、柏油、方块建筑覆盖了，但是她还存活着。

咀嚼工作，吐出思想。

让有机农业传播四方。

通过经验得到的事实和知识刺激着我们随着季节一起成长。

每个人的成长就像雨后泥地上的脚印一样独特。

一起剥掉“以量计价”的思维方式。

让我们共享与土地联系在一起的生活方式和安全的食品。

只吃家附近生产的食物，邀请许多客人和你一起共享盛宴。

在寒冷的春天
室外的作物在生长
12月温暖了土地

这首颂歌的文字是1994年在威斯康星大学瀑布河分校举办的“吃在家门口”（Eating Close to Home）社区支持农业会议成员挑选出来的，用来总结她们在周六的工作坊的收获，安娜·巴克是会议的参加者和诗人，她最后创作了这首完整的颂歌。

经明尼苏达食品学会（1994年12月）许可复制使用。

第17节　CSA与其他市场的结合

我们的目标是用健全而持久的方式来生产粮食，并且消除因贫困和不均而导致的食物不足。富饶而可持续的家庭农场所生产的粮食应该能够让任何人都买得起。

——马蒂·斯特兰奇，《土地的和平，人类的公正》

（*Peace with the Land*，*Justice Among Ourselves*）

塞恩·沃勒和一个助手在印第安纳州拉斐特的农夫集市的摊位上。

虽然理想的CSA农场可以完全服务于它们的成员，然而在现实中，大多数农场和果园，还必须要向其他市场出售产品。正如生命能量社区农场的史蒂夫·德卡特所说的那样，市场向消费者提供的是无须承诺的自由选择，加入CSA意味着承诺与适应。一些农场在启动CSA前，已经有其他一些成熟的销售渠道。另外一些只做CSA的农场，发现自己还需要额外的收入，同时还有成员无法完全消化的过剩的产品。每周过多（而不是不足）的份额产品让许多CSA成员望而却步。

蒂姆·莱尔德在1993年的调查中发现，占总数74%的CSA还面向外部市场销售。更加近期的调查显示，100%纯CSA的农场比例越来越小。一些农民告诉莱尔德，维持多样的市场增加了他们的安全性，有的打算一旦有了足够的份额来保证资金来源，就会放弃外部市场。外部市场包括餐馆、农夫集市、食品合作社、当地的商店，以及天然食品超级市场。

我在1988年东北有机农业协会的佛蒙特州会议上了解到，在41个佛蒙特州的CSA中，只有一个专门为其成员服务。加利福尼亚州的统计数字显示出类似情况，CSA有其他销售渠道。饱腹农场有近800个份额贡献了三分之一的销售额，德鲁·里弗斯（Dru Rivers）说，这可称之为"掺水"版本的CSA，但她觉得这样很好。通过仔细记录，和谐山谷的理查德·德·怀尔德在1997年计算了像芹菜根、绿叶蔬菜等出售给分销商的作物的收入，结果证明在当时给分销商的这些作物的收入要好于他们的335个份额的收入，然而他承认CSA还有金钱以外的价值。约翰·亨德里克森(John Hendrickson）在2003—2005年所做的名为"从种植者到种植者：为蔬菜农场创造新的市场的生计"的研究显示：混合销售模式有助于CSA稳定收入，"其他的营销策略都会受市场和天气变化的影响。"

自20世纪80年代初开始，美国许多地区的食品合作社已成为当地有机农场的最忠实的市场。有些合作社，比如在明尼苏达州的明尼阿波利斯市的韦奇合作社（Wedge Co-op)，与农场提前签订合同来预购产品。在冬季会议上，合作社和生产者会审查上个季度的收成，并对预估的作物收成量达成共识。他们还会确定一个他们都认同的"种植者可持续价格"，作为对明尼苏达州和威斯康星州的较高的食品生产成本的额外补贴。韦奇合作社希望尽可能多地从当地农民手中购买产品，并愿意把当地农业生产情况介绍给顾客。采购部门同时会安排一些作为后备的二线农场，如果一线农场遇到生产困难，合作社就可以另行采购而不必和农民一起分担风险。在纽约州伊萨卡的绿星合作社（GreenStar Co-op）同样也和农场签订了特定作物的种植合同。

纽约州的奎尔山农场向一些餐厅出售产品。其中一家餐厅会对一些作物进行大批量采购，而另外一家则买了两个份额，并将"奎尔山生产"标注在了菜单上。在著名的桑切斯帕尼斯餐厅（Chez Panisse）的主厨艾利斯·沃特斯（Alice Waters）带领的风潮下，各大城市的名厨都增加了对当地农场应季食物的采购。一些餐厅和厨师学校，如北佛蒙特州的新英格兰烹饪学校，定期从当地农民那购买农作物并每年冬天与他们会面，商讨具体购买的作物和数量。这个新兴的“餐厅支持农业”尚未发展到普遍地与农场预签合同和预先付款的程度。

你如何决定哪些产品给你的份额成员，哪些卖给其他市场？习惯于销售产品给外部市场的农场，通过设置每周份额花费的上限很容易计算这个比例。在2007年的和平工作农场中，根据批发价格，该上限是每周17美元。每个星期，我们给出一个至少有七八个品种组成的份额计划，这个份额在农夫集市可以卖17美元。如果这个星期少了，我们就在下一个星期补足差额。马萨诸塞州的消费者经营的农场直销合作社，准备付钱给那些能给其提供市场零售价格80%的产品的农场主。如果你不熟悉市场价格，一张产品价格列表和产品重量列表可以帮助你。在分配完后剩下的任何产品都可以被销售到其他任何地方。

当我们启动“詹尼斯山谷有机CSA”时，31个成员只在玫瑰山谷消费了我们一小部分的产品。渐渐地，成员数量增加到了300个，其消费量占全年总量的90%。我们没有给CSA专门的生产区域，而是把产品分成专门供应CSA的农作物以及同时供应CSA外部市场的农作物。蔬菜问卷表提供给我们成员每周所需的作物的数量。在丰收的时节，我们按平常分量的1.5倍发放给成员。例如，大多数成员都认同每周1磅的豆角是不错的选择，所以我们从来不在一次给他们多于1.5磅的豆角。任何多出来的豆角都会流入到其他市场。2006年的一场大丰收让我们成员的绿花椰菜从每周1棵增加到每周2棵，并且持续了数周（参见第13节）。

蒂姆·莱尔德在他的调查中发现，有的农民将CSA作物和市场上销售的作物区分得十分清楚。有一个农场把员工分为“分别负责两种作物规划及种植的工作人员，两组人相互独立”。另一些农场分出一些指定的作物，如将白茄子、黄柿子、大蒜或秋季作物销往外部市场。纽约州的斯莱科霍里农场（Slack Hollow Farm）的玛莎·雅各布斯（Martha Jacobs）发现，把CSA的作物和外部市场销售的作物种植在一起会导致混乱。而尝试从层层叠叠的生菜中保留一排羽衣甘蓝会让杂草疯长，所以玛莎为CSA作物专门划出一英亩的土地，上面种上一小圈作物围绕着它，并且像照料一个大果园一样来呵护它。

除了经营自己的CSA，斯莱科霍里农场同时也为哈得孙-莫霍克CSA（Hudson-Mohawk CSA）种植胡萝卜和洋葱，这是一种很好的增进友谊和互相帮助的措施。珍妮特·布里特和她的同事很高兴能够帮助斯莱科霍里农场进行种植和收割，并且预付给他们洋葱的订金。斯莱科霍里的洋葱因病害歉收的那年，尽管农场里用了大葱和大蒜来替代洋葱，这两家农场还是遭受了损失。道义上的互助是灵活性的重要保证。只过了几年，斯莱科霍里就扩张了胡萝卜的生产规模，多供应了两个CSA。

真正的危机发生在作物短缺的时期。干旱、洪水、疾病——任何上帝用来惩罚古埃及人的手段都有可能在农场中发生。你是否尽你所能来提供给你的成员，或者你是否为了农场可能急需的资金去供给其他的市场？对于GVOCSA来说，CSA从来都是优先的。GVOCSA的成员会签署一个整季度的合约，并提前支付产品的订金。我们在其他的市场从没有得到过如此的信任，很多CSA也有同感。当汤姆·迈耶斯（Tom Meyers）在霍索恩山谷经营菜园时，他发现如果你不顾及其他市场，你的钱袋子会立马缩小；如果你对CSA不负责任，要到第二年才能察觉出成员规模的缩小。

1992年大雨倾盆，我们放弃了其他市场，增添了雨靴，成员们和我们一起在泥泞中艰难跋涉。残留下来的羽衣甘蓝装成的小包扛在肩上特别重，但是没有一个人抱怨。来自我们成员的坚定支持帮助我们渡过了最为艰难的岁月。质量问题也会让你在作物是否出售或出售的地点上犹豫不决。和CSA成员之间良好的关系可以让你把那些因外观而滞销的蔬菜分配给这些成员。美味却被虫蛀的老玉米让马里兰州纽伯格蔬菜农场（Newburg Vegetable Farm）的玛莎·多德里尔（Martha Daughdrill）和她的丈夫陷入窘境：

> 这些玉米棒极了，只是被虫子抢先尝到了。我们拿了一些虫蛀的玉米去市场销售，但销售情况不佳。所以我们决定放弃尝试而是把这些玉米送给CSA的大伙们，那些人基本上都被吓到了。那可是这季度最好吃玉米啊……当我们收到他们的明信片时，最酷的一张写道："再来些玉米！明年一定要给我们更多虫蛀的玉米！我的孩子们还给虫子造了栖息地。"

除了预付份额，提供每周一次的大批采购也可以激励你的成员从你那购买更多的农产品，这样你就不需要过多地依赖外部市场。和谐山谷把这种机制叫做"附加份额"且可以防止你供给你的成员过剩的产品。你可以把如畸形胡萝卜和病土豆这种二等品以低价放入到大批采购中。对于GVOCSA的大批采购系统是，在每周分发产品时都会提供一张下一周能够提供的产品的清单，并标注上每种产品的价格。成员们预订他们想要的产品数量并计算出他们应付的货款。等到第二周，产品的分配将会按照订单上的项目进行，成员们按既定价格付款。因为我们不提供冬季份额，我们一直尝试通过宣传储藏食物的益处以及在10月份提供“松鼠大订单”来刺激罐装、冷冻和窖藏产品的销售。一些成员只在冬季购买少许额外产品，另外一些则为整个冬季做好大批量储存。

食品银行农场发明了一种新的吸引成员购买的方法。该农场提供6种不同的带有烹饪方法在内的“增值套装”。用迈克尔·多克特的话说，“我们卖‘泡菜包’，‘泡菜包’包括制作泡菜所需的所有原料：黄瓜、大蒜、洋葱、红辣椒、莳萝……所有的原料都和烹饪指南一起放在一个塑料口袋里。口袋看起来很漂亮，人们完全相信这些原料和制作方法。我们同时也有色拉、番茄酱、印度酱以及其他一些食品的烹饪指南。”你可以从他们那里购买这种“增值套装”。

如果你缺少CSA以外的市场销售经验，你一定要学习有关质量和包装的市场标准。距离你最近的推广办公室会给你提供联邦和州的产品标准。在有些市场里，你很可能会因为装错了一个箱子而影响整个未来的销售。餐厅和零售店的要求肯定会有所差别。CSA成员和农夫集市可以接受的产品在超市这种重外表的市场中却并不一定受欢迎。我们当地合作社的生产经理跟我抱怨，一个运来没有洗的蔬菜的老农居然希望商店的人帮他做蔬菜清洁工作。

如果你计划把你的产品以“有机”名义来卖，你需要让你的农场通过认证。美国农业部下属的国家有机项目要求年销售额超过5 000美元的农场都通过有机认证。你所在的州有可能有自己的有机食品标准以及认证机制。

在一个以高度生态意识经营的农场里，浪费是绝对不允许的。高质量的作物会在重要市场、CSA以及其他市场销售。加工者和邻居可能需要你的促销产品。卖不出去但可以吃的粮食可以提供给“紧急食物保证计划”。任何剩下的粮食可以用来喂牲畜、做堆肥或者可以供给土壤中的“微生物群落”。

第18节　农场发展经济的区域网络

任何地方的自然资源都是有限的，节俭永远都是美德。同样，住在高度自给自足社区里的人们不会像靠世界贸易系统才能过活的人们那样容易参与到大规模暴力事件中。

——E. F. 舒马赫，《小的是美好的》

北达科他州农业局局长萨拉·沃格尔（Sarah Vogel）在1996年宾夕法尼亚州农业可持续发展联盟（PASA）大会上的主题演讲阐述了“经济发展”和“发展经济”的重大区别。“经济发展”是我们熟悉的现象：城镇、乡村、州，甚至国家之间都为了吸引企业进驻自己的区域而使出浑身解数。“发展经济”则有所不同：它首先对社区的现有资源进行评估，之后制订相应的经济计划以最大限度利用资源。北达科他州农业局资助了一项由州内小麦种植者提出的关于建立意大利通心粉生产合作社的可行性的研究。通心粉合作工厂的日益繁荣让区域性的谷物农场的初级产品有了附加值。当CSA之间结成产品互补网络时，就可以把“发展经济”应用于更小且更多样的农场之中。

联合在一起的CSA的份额成员可以很容易地从其他农场或者企业采购充足的不同品种的可持续生产的产品。浆果、水果、干酪、红酒、枫糖浆、面包、鸡蛋，甚至非食用类的产品和服务都能够买得到。和CSA联系起来可以促进特定农场的销售，同时成员们可以受益于得到难以买到的本地产品。

要采购到普通订单难以买到的产品，我们必须解决一些难题。首先，由谁来负责选择、下订单以及运送产品？如果由CSA的农民来处理其他人的产品，那么这些农民的酬劳应该如何计算？谁来制定外部产品采购的质量标准？如果一种产品不能到货，应该如何处理？货款是先进到CSA的基金里，还是直接进到外部生产者的腰包？谁来负责掌管货款，从而确保不发生少找人钱的情况？

GVOCSA已经从事外部采购多年，尝试了许多不同的采购方式。我们的经验告诉我们了一些可能发生的问题。1993年，我建议成员们去后骨山农场（Backbone Hill Farm）采购鸡肉。我们的一个核心小组成员同意来当“鸡肉协调员”。后骨山的贝丝·罗丝（Beth Rose）给我们看了她的价格清单，“鸡肉协调员”签了单（一些素食主义成员对于这笔肉类订单不是很感兴趣）。贝丝接着把鸡肉运到玫瑰山谷，我们把鸡肉在能容一个人的储藏柜里放了一晚，这样我们的成员就能在第二天把鸡肉和这周份额产品一起运到罗切斯特。玫瑰山谷的那份只是贝丝所有订单中很小的一部分，但她还是送给了我们一些鸡，感谢我们帮她联系上一个新的市场。

第一年，贝丝用标明重量的大箱子把鸡肉带过来。“鸡肉协调员”一只一只地称重，就像你所想的一样，箱子上标的重量和实际称出的重量会有不一致的时候。不管是什么原因，只要有成员在应付货款上与贝丝发生争执，我就会扮演调解人的角色。第二年，贝丝干脆亲自称每只鸡的重量，然后直接送到罗切斯特。GVOCSA 的所有吃过鸡肉的人和我都对贝丝的死表示深切的哀悼。她的合作伙伴，金·麦克奈特（Kim McKnight）继续着生鸡贸易，虽然他不再直接销往 GVOCSA 了。

我们向另一个附近的农场采购有机草莓，我们让农民把草莓先运到我们的储藏室中作为中转。第一批草莓绝对一级棒。在第二批中，我们发现有烂草莓，但是我们并不想让我们的邻居把草莓运回去，配送协调员最后以低于既定价的价格把草莓卖了，农民们把那些付了全价并抱怨不止的成员们多给的钱退了回去。当我们在核心会议上讨论这起事件时，我们决定今后将产品质量的决定权将交给配送协调员。

自从那批让人失望的草莓出现之后，GVOCSA 核心小组成员就直接掌管了外部产品的采购。一个成员愿意作为购买产品的协调员，并负责签单、沟通以及收款工作。GVOCSA 已经采购了有机红酒、葡萄汁、枫糖浆、羊奶酪、草莓、蓝莓以及有机苹果。我们的成员尝到了大订单的价格便宜的甜头，而我们这些农民也得以空出时间专注在自己的工作上了。

1998 年，GVOCSA 邀请饲养散养鸡的里克（Rick）和德布·奥斯汀（Deb Austin）给我们提供鸡肉和鸡蛋份额。每隔一周，里克都会在配送点支起一张桌子展示已经被预订的鸡蛋和冻鸡肉。奥斯汀同时也提供猪肉、羊肉以及感恩节火鸡。这一机制得到了所有人的欢迎。除了将奥斯汀的广告单放入常规信件之中，我们的核心团队几乎不需做什么工作。

在一些 CSA 中，由农场来负责采购产品并卖给成员们，而不是让成员来进行团购。迈克尔·多克特的食品银行农场发明一套收据系统，从而简化了簿记程序。拿 10 美元来说，农场会开出一个有 5 个 2 美元孔的“收据卡”。农场的员工把产品分装成 2 美元一个的小包：3 磅的梨、4 磅的苹果或者 5 磅的土豆，每个 2 美元。如迈克尔所说，他们以折扣价购买初级的未分类和未分级的农产品，然后以高于收购价 20%～40%的价格转手卖给农场成员们。每个“收据卡”都被注明了号码，并且每完成一笔交易就把打孔处撕下作为农场收据之用。

布鲁克菲尔德农场的丹·卡普兰从其他农场买进农产品，然后卖给他的 CSA 的成员。他上调了产品的价格来支付员工们的薪水——员工们则吃剩余的产品。这种做法单纯从经济上看实际上是一种牟利行为，但丹认为额外的产品对于成员和其他农场而言不失为一件好事。

本地市场网络

在越来越多的地方，农民群体开始聚到一起建立本地市场。自从 1998 年，“本地生长”（Grown Locally）——一个社区农场合作社，在艾奥瓦东北部成立以来，当地每年的农场和农作物都有所增加。起初，向日葵农场（Sunflower Fields Farm）的迈克尔·纳什（Michael Nash）和索尔维格·汉森（Solveig Hanson）两人经营一个 CSA，并逐渐邀请附近的农民把他们的产品提供给成员们。迈克尔和索尔维格种菜，邻居们则选择性地提供水果、烘焙食物、鸡蛋以及蜂蜜等食品。这种不寻常的合作社被证明非常吸引人，农民开始组队建立一些有人数限定的种植合作社。合作社的成员规模从 9 个农场增加到了 14 个，可持续发展农业研究与教育协会和其他资助人资助合作社建立一个网上订货系统以及送货上门服务。最近，他们在向日葵农场建立了一个集清洗、收割、包装于一体的综合设施，从而可以让他们把产品销往当地的商家。在 2006—2007 年的第一个冬季，他们把过多的南瓜做成冻南瓜和美味的南瓜砂锅，把稍烂的苹果拿来做苹果派，通过把卷心菜切成丝、把土豆剥皮或切成块，合作社可以供给迪科拉市的一家医院。索尔维格和迈克尔把他们的 CSA 转给了合作社，但是他们仍然为成员提供蔬菜。本地生长农场（Grown Locally Farm）为顾客提供份额蔬菜、水果、烘焙食品、鸡蛋、蜂蜜，并且提供一份仍然在不断增加的其他产品的清单，例如猪肉、肥皂、草药以及一些个人用品。2006 年，他们尝试着委托迪科拉镇的“瓢虫庭院”商店（Lady Bug Landscapers shop）销售他们的产品。

迈克尔和索尔维格说合作社正在稳健地壮大，成员们开始掌握更多的所有权，这一区域里越来越多的人开始意识到本地作物的价值。向日葵农场的收入有很大一部分来自合作社。而大多数的农民都属于可以自由加入或退出合作社的兼职人员，合作社可以让他们在保留自己全日工作的同时提供给他们一小笔额外收入。迈克尔感觉到在他之前的生命中，他都没有找准自己的位置。然而在乡下，在经济落后的艾奥瓦州东北部，他和索尔维格看起来真正找到了自己的定位，他们在帮助发展当地社区经济的同时，自身也获得了强烈的成就感。

在北卡罗来纳州，罗利—达勒姆县的一个拥有 1 500 名员工的三角公园研究所（Research Triangle Park），其员工委员会和农技推广服务中心一起与当地的农场建立了联系，旨在提升全体参加者的生活质量。6 家农场每周一次将产品份额带到研究园区的停车场。园区里的员工以及附近公司的雇员都来挑选蔬菜、花卉、水果和肉类的份额。该委员会还扩大服务范围，组织登记日，并且为这一项目建立网站。员工委员会的联席主席西莉亚·艾克尔丁格（Celia Eicheldinger）说，在项目启动的2002年，加入的农场过多但买家不足，两个农场在中途放弃，为后来者开了个坏头。2006年，他们将选择限制在了6家农场从而让每个农场都满载而归。西莉亚给她自己买了好几种份额：汉娜小溪农场（Hannah Greek Farm）的蔬菜、神秘农场（Mystic Farm）的水果、怒族地平线农场（Nu-Horizon Farm）的牛肉和鸡肉以及高原小溪农场（Highland Creek）的花卉。当我问她为什么费这么大周折时，她回答说，"吃熟悉的人的食物我更放心，我们本地的农场比其他地方的工厂化的农场好多了。我十分信任可持续农业，可持续农业是未来的必然趋势，其推广并不容易，但我们能挺过去。"

农业的发展

在美国的一些地区，为了重建农村经济而建立的机构都把CSA当作一种工具。和社区食品安全的提高息息相关的这些项目把工作岗位的创造、低收入居民营养摄入的提高和对当地农场的支持结合了起来。在艾奥瓦州的斯托里县，990个农场占当地土地总面积的90%，1994年的农业总产值超过1 500万美元。然而，神奇豆茎CSA的组织者很长时间以来都难以找到优秀的菜农。在农场规模越来越大的同时，艾奥瓦的乡村社区却逐渐衰败。当地贫困率虽然没有阿巴拉契亚山区那样严重，但比率却也达到了骇人听闻的9.2%。神奇豆茎农场是由凯洛格基金会（Kellogg Foundation）为重建当地经济而资助的众多的项目之一。

神奇豆茎的故事可以追溯到1993年，当时，谢利·格拉德韦尔（Shelly Gradwell）在纽约东北有机农业协会的会议上获得灵感，在这个会议上凯蒂·斯威尼（Katy Sweeney）做了关于马文兰农场CSA的报告，我们中许多与会的成员都在会议剩下的几天中即席讨论着这个突破性的新领域。谢利把CSA概念引入了她的研究和学习之中，同时也将这一理念介绍到了艾奥瓦的农技推广工作中。1995年，马克·哈里斯（Mark Harris）种了一英亩的蔬菜来提供给神奇豆茎CSA第一季的30个份额。那一年，艾奥瓦一共成立了3个CSA。2006年，这一数字增加到了42个。谢利从那以后就搬到了阿拉斯加并和一个渔民杰里·布伦尼曼（Jerry Brennamen）结了婚。他们俩通过尼克野生渔业（Nick's Wild Fish）向人民农场（Farm To Folk，即原来的神奇豆茎农场）成员出售红色三文鱼和新鲜的或熏制的大比目鱼。

神奇豆茎在它自己的土地上一直没能达到其既定目标——成为一个社区，但是它确实作为一个市场为6个农场服务了超过10年之久。当凯洛格基金停止资助，这一项目继续作为一个合作社CSA而存在。然而，生产者之间的分歧与日俱增。在2005年，留下来的生产者提出了一个新方案：替代原有多家农场组成的CSA，而由人民农场负责向几家农场采购蔬菜、水果、肉类等份额，一个面包店负责提供面包份额，同时其他农场和手工艺人则可单项提供其他产品，份额的价格要比神奇豆茎的高。

在促销的过程中，人民农场强调它的承诺："给我们的生产者提供公平的劳力补偿费"。其中一个成员便是"有益健康的丰收"（Wholesome Harvest）——一个由40个小型家庭农场组成的生产有机农产品和散养家畜的联合体，它们都致力于"复兴那些被扼杀的农村社区并遵守公平交易原则"。占农场销售额10%的费用被支付给了协调人玛丽莲·安德森（Marilyn Andersen）和德布·埃德蒙顿（Deb Edmonton）。德布说如果她的工资能够支付一份份额的价格来供养她的家人，她就满意了。玛丽莲从一开始就在这个项目上工作，尽管只有很少的补偿费，她还通过人民农场卖她的纺织品。她希望销售网络的销售额能从现在的3万美元上升到4万美元，这样协调员们才能有一份体面的工资。由于区域内有众多的在大学工作和读书的人，玛丽莲认为让成员按照个人生活节奏自行安排预付费用更适合这类群体人员。

加拿大魁北克省爱魁特基金会的农民米歇尔·马苏尔德举起一棵巨大的卷心菜。

我所见过的为 CSA 可持续发展做出的最成功的努力发生在美国边界以北的加拿大的魁北克省。自从 20 世纪初期以来，魁北克为了经济发展失去了也许比美国更多的耕地，同时也见证了剩下的土地的规模化和工业化种植，农场的数量从 20 万个下降到了 2.8 万个，许多乡村地区人口锐减。CSA 成重振乡村社区网络的救命稻草。自 1995 年以来，爱魁特基金会建立起了一个连接 100 多个农场的网络，为 8.7 千户家庭提供有机蔬菜和鲜肉。作为一个小而具有活力的小型非营利性组织，爱魁特基金会把社会公平性、经济稳定性和环境保护结合到一起并提供了可持续的、公平的选择。它的座右铭是“改变世界，一步一步进行”。除了创立 CSA，这个组织试着让人们放弃驾车，取而代之的是步行、自行车以及乘坐公共交通工具；推广公平交易的产品；提供能源核查从而使家庭生活更加节能。爱魁特基金会就像闷热夏天的一席微风，探索着真正有价值的实践，而不是干做白日梦。

在爱魁特基金会的 100 个农场之中，有 82 个农场销售份额，有 18 个农场提供附加产品（蜂蜜、苹果制品、干酪）给 CSA 成员。爱魁特基金会成立农场网络有两个既定目标：“通过创造消费需求来发展魁北克有机农业经济；通过允许公民直接支持农场来让有机及当地产品能走进寻常百姓家。”

在 90 年代初，魁北克一些农场受来自美国的报道的激励开始经营 CSA。一些爱魁特基金会的成员决定和圣格雷瓜尔山的卡迪-鲁塞尔农场（Cadet-Roussel）一起试着建立 CSA，鲁塞尔农场的名字来源于一个关于淘气男孩的儿童歌曲，并在蒙特利尔有一个取菜点。第一个季度的成功使他们有了建立 CSA 农场网络的想法。爱魁特基金会的一名职员，伊丽莎白·亨特承担起了协调员的工作。农场网络的成员制定了四条参与的准则：

1. 成员必须承诺会在没有质量、数量、种类保证的前提下与农民共同承担风险，并提前支付订金。农民必须给 CSA 生产以最惠待遇。

2. 农民在生产时务必注意保护环境和生物多样性，不能使用任何人造除虫剂或者化肥，有机作物必须得到认证。

3. 所有的份额产品都必须是本地出产：在夏季，至少要有 75%的产品要来自主要的农场，其余可来自其他区域的农场。在冬季，50%的产品可以来自其他区域的农场。

4. 为了促进彼此的沟通，在农场和它的成员之间建立互信，每个项目都要包含一个社会性的主题——核心队伍的建立、成员聚会、农场工作日等等。农民和成员都可以发起这些活动。

爱魁特基金会在组织和建立这一农场网络上做出了卓越的贡献——为农

民提供技术支持、增加公众对CSA的了解、把市民同农场联系起来。

一个指导性项目使得一个经验丰富的农民可以有机会帮助其他CSA农民渡过至关重要的第一年。为了满足增长的CSA成员的需求，爱魁特基金会在农业学校、农业竞赛和媒体上进行推广，让农民可以从直接与公众联系中受益，进而来发展他们的农场。

2000年，爱魁特基金会举办了一届参与者众多的CSA会议。在会上，我捡起了久未使用的法语，与著名的法国农场和食品活动家乔斯·博韦（José Bové）一起站上了演讲台。会议庆祝了伊丽莎白·亨特的新书《我种，你吃，我们分享：CSA指导手册》的发售，这是第一本法语的CSA手册。并且是一本非常棒的实用手册，它能够指导CSA的方方面面——从寻找土地到产品分配，还配上非常棒的实例。它同时包括了爱魁特基金会的关于魁北克商店和CSA的产品价格对比的研究，成员购买有机食品可以节省10%～50%的费用。爱魁特基金会为农场招收成员，农场要将CSA收入的2%支付给前者，最多每年350美元。爱魁特基金会同时也为网络的健康发展向每个成员收取15美元的“巩固费”，联合型的农场交10美元。这些收费能完全满足爱魁特基金会CSA的项目费用以及两到三个员工的工资。

农民斯蒂芬·霍默（Stephen Homer）告诉我，自从爱魁特基金会建立起了完善的CSA网站、地图、手册、通讯录以及简报以来，他再也不用担心新加入的成员了。当伊丽莎白·亨特去黎巴嫩之后，弗莱德里克·派尔（Frédéric Paré）和伊莎贝尔·乔恩卡斯（Isabelle Joncas）接替了其协调员的工作。弗莱德里克对魁北克CSA做了两项经济研究（在第9节有所提及）。他们还计划一起进行一项研究，旨在对魁北克未来CSA的潜在市场做出评估。爱魁特基金会农场网络在10年内从1个农场到100个农场的壮大显示出当非营利性的职员和农民合作后所产生的巨大潜力。

销售其他农场的产品是CSA农场的销售的一种补充，额外份额、农场采购还是大批量合作订单取决于个人兴趣和涉及人员的需求。为了发展这些市场，了解当地其他的正在力求生存的可持续性企业（如食品合作社），对CSA来说至关重要，这样才能避免更多的恶性竞争。在纽约罗切斯特的“富足”合作社发现，当它在夏季以低价销售蔬菜给GVOCSA时，可以从取菜日当晚的水果及其他产品的额外销量中弥补回来，而且这些很懂饮食的份额成员也成了其长期客户。像艾奥瓦州的“本地成长”和魁北克的爱魁特基金会这样的团体所做出的努力，让我们这些想让本地食品系统代替全球市场的人看到了希望。

第五章　很多的范例

第 19 节　多农场联合型的 CSA

在当下盛行的商品生产体系之下，农场主们以损害其他所有人利益的方式相互竞争着。一种新型生产伦理则开始强调农场主们之间的团结、相互支持和互相依赖。

——愿景宣言/“农业的灵魂：21 世纪的新型生产伦理”行动号号会议，1997 年

同时应付三十、四十甚至七十种农作物并不是件趣事，也超出了农民的技术能力范围。取而代之的是，很多农场主选择了联合起来为一个名叫 CSA 的项目生产食物，也有少部分农场想要组成像坦普尔·威尔顿社区农场这样由三个实体农场联合起来的一体化社区。而由消费者发起的 CSA 正从多样性的农场而不是单一农场购买农作物。并且，农夫集市已经吸引了更多的顾客，它整合几个农场的商品或份额，并且允许顾客从所有农场摊位中进行挑选。分担工作和风险是有好处的，但是协调农作物的收成与运送、公平分配农作物、达成一致的品质标准等挑战是每一个组织需要克服的。然而，一旦一个稳固的农场小组组成了，各种合作（如联合购买、分享设备、发展其他市场）就变得极有可能。组成联盟的 CSA 允许参与者自由选择是否将务农作为主业，并且使得新加入的农民能够向更多有经验的农民学习技术，而不是要他们独自一人冒着风险做 CSA。

农民发起的小组型 CSA

林恩·比兹斯基（Lynn Byczynski）和丹·纳金加斯特（Dan Nagengast），作为《为市场种植》(*Growing for Market*) 的编纂者，在小型农场圈子里很有名。他们俩在靠近堪萨斯州的托皮卡市的自己的农场里开始了 CSA，然后决定通过邀请其他农场加入的方式来扩大它。在 1993—1994 年的那个冬天，他们获得了凯洛格基金的资助，成立了滚动草原农场主联盟（Rolling Prairie Farmer's Alliance），此联盟在堪萨斯州的劳伦斯市组成了一个由农场主所有的合作社。后来创始人不再参与到滚动草原：丹致力于在堪萨斯农村中心的

工作，而林恩在花卉行业的成功使其太忙而无暇顾及，不过合作社也在蓬勃发展。到 2006 年它的第 14 个年头时，滚动草原已经拥有了为 330 个家庭提供服务的 6 个小型家庭式农场，农场以合作社方式运作，遍布 4 个县，“联盟的 6 个农场像一个共同体一样在运转，这就好比为订购者提供了一种保险政策。如果其中一个农场遭遇寒冷、冰雹、干旱或是被蝗虫攻击，其他农场可以帮忙解决问题以保证业务顺利进行。”来自东石房小溪农场（East Stone House Creek Farm）的保罗·约翰逊（Paul Johnson）是合作社的一名成员，他说，堪萨斯州立大学的朗达·詹可（Rhonda Janke）博士更新了“丰饶项目”（Cornucopia Project，一项从 20 世纪 80 年代开始的关于各州进口食物比例的罗代尔项目的研究）的数据，并发现尽管农夫集市数量在增长，堪萨斯州 97%的蔬菜水果是进口的，而滚动草原为降低这个百分比做出了一定贡献。

12 月份，农场主们都会聚在一起依据其成员的反馈来决定来年种植的农作物。每个农场主对其想要通过滚动草原出售的农作物的价格做出承诺。由于大多数的农场也在农夫集市上销售，所以滚动草原没有吸收所有成员的产品的压力，并且拥有充足的后备供给。据保罗·约翰逊说，种植什么，是一个不断尝试、创新的过程。以其为例，他是通过丹和林恩的 CSA 销售草莓起家的，然后扩大到许多新的作物，包括芦笋。CSA 中的农场彼此分担着种植较为难种的作物和劳动密集型作物的责任。合作社雇请其中一位农民为生产管理者，这需要每周召集所有其他的农场，来决定每周的分配物是什么，将由哪个农场来提供，以及时将订单发给各个农场。生产管理者要为普通消费者会员设计价值 15 美元左右的蔬菜包，以及每周价值 12 美元的经济型蔬菜包。生产管理者也有权进行质量控制但是只能从中抽出一小部分样本进行检查。合作社要求其成员提供最好质量的产品，年复一年，所有农民的耕作技能都有所提高。偶尔地，由于供给不足，合作社会降低蔬菜包的价值。保罗说合作社可以拥有更多会员但是需要扩大宣传。

2007 年，滚动草原的包括 24 种新鲜作物的每周蔬菜包售价 15 美元，另外，农民们还设计了价值 12 美元的经济型蔬菜包以吸引更多年长的市民和其他较低收入的消费者会员。合作社的会计师也是一个农民成员，他把当地的零售价格作为指导来决定支付多少给农民。为了支付合作社的一些行政费用，合作社也批发来一些农作物再以零售价格卖给消费者。农民成员分担着合作社的大多数工作，但是由合作社统一支付报酬给合作社管理员、会计师、通讯员以及 4 个合作社领取点的管理人。新的消费者会员每年要支付 60

美元的年费，回头客支付 50 美元。年费中有价值 10 美元的南希·欧康纳（Nancy O'Connor）的滚动草原食谱，有 17 美元用于行政费用和通讯，结余会用于支付最后那个月的产品宣传单。合作社每个月结账，会员在收到账单后支付。除每周的份额之外，农民们出售有机鸡肉、鸡蛋、牛肉、羊肉、冷冻山莓、花卉、大量的罐头以及冷冻产品等，并且他们还提供一种早季节的大棚作物和芦笋。

合作社在原有的配送点［在劳伦斯市的一家叫做美卡蒂尔社区（Community Mercantile）的天然食品合作社商店］基础上增加了三个取菜点。两个合作社之间的合作有利于其中的每一个人，滚动草原给美卡蒂尔社区带来了新的会员，并且许多会员在领取他们的蔬菜包时也会购买其他东西。美卡蒂尔的营养学家南希·欧康纳每周给简报提供菜谱，还给会员提供熟食店的样品以供品尝。由一个农民负责对四个取菜点进行协调。农民们对于新堪萨斯城的配送点很兴奋，一个位于天然食品店超市，其他的在一所拥有一个著名烹饪学院的社区大学内。从会员那里剩下来的任何东西都流向紧急食品供应商——堪萨斯城“平安屋”（Shalom House）或劳伦斯市的“成果处”（Achievement Place）。

滚动草原的目标就是使从本地农场购买变得尽可能简单和具有吸引力。合作社只沿袭着其 CSA 的订购模式，消费者除了购买以外没有任何参与活动的要求。六个农场主这种合作方式极大降低了作物损失可能带给会员的风险，会员只需支付他们获得的农产品的费用。农民试着对这些消费者建立一种社区意识，并通过简报来联系消费者。在前些年，他们提供农场、花园、温室参观，花田散步以及自助餐。虽然目前此类活动渐渐减少，但在 2006 年他们提供了一次成功的参观及自助餐活动。对于农民来说，相互之间紧密的工作关系已经超越了一种商业联系的关系，这使他们能够分享友谊和信息。

一群群农民仿效滚动草原的模式。有一些则成立了农民合作社，有些则成立了不那么正式组织。在新罕布什尔州的韦尔地区的戴维·特朗布尔是一位全职父亲兼农民，他的妻子有一份全职工作，但仍有生活压力。2002 年，载维读到了关于滚动草原的文章，文章作者林恩鼓励他建立一个 CSA 合作社，并给了他如何去做的指导。与新罕布什尔州的东北有机农场协会一道，戴维能够获得 SARE 资助金，来启动本地收获 CSA。戴维的想法吸引了七个农民和面包师，他们都通过有机认证，并花了一整年进行准备，相互了解，建立互信，最终在很多行动细则上达成了一致，这包括将其整合成一个农业市场合作社。他们很多内部的程序都模仿滚动草原，由合作社出人来管理。本地收获 CSA 的目标之一是在农民间推广农作物的产量承诺，不让特定一个农场占主导地位。每年农民根据前一年的销售情况定价，合作社则负责稳定的销售量。

本地收获 CSA 保持在 250 个消费者成员的规模，年销售总额是 15 万美金。它提供了 18 周的两个不同大小份额，一个 5 周的秋季延伸份额和 1 个面包份额，农民成员将其他的产品带到取菜点，也接受特别的大批量订购的订单。对于滚动草原来说，产品质量的监控并不是一个大问题，农民们都给自己制定了高标准，要产出高质量的产品。其中一个农民是那里的主管，他负责提出所有存在的问题，另一个农民是产品主管，他负责和农民们探讨产品的质量问题。

戴维·特朗布尔在经营了自己的 CSA 农场后，深知农民和顾客之间的关系的微妙。他说合作社应该尽最大的努力拉近这二者之间的关系："合作社让我们建立起一个由农民组成的社区，但我们失去了当 CSA 项目在自己农场上时和成员之间曾有的那种紧密联系。不过，我们的新 CSA 合作社努力尝试让尽可能多的农民在收获的日子以及我们赞助的小组活动上与成员们相互见面、了解。"

艾奥瓦州北部中心区域乡村发展中心（North Central Regional Center for Rural Development）的研究者科里·布拉根达（Corry Bregendahl）曾在神奇豆茎做了七年的组织者，并对其所在州的合作性 CSA 做了七年调查。她发现合作性的 CSA 会出现的一些问题：各个农场会出现收入不足的现象，对整个过程缺乏监控，以及个人的声誉与全体的表现相互影响。在积极方面，科里肯定了戴维所说的关于本地收获 CSA 的努力，尤其是合作性的 CSA 可以促进新农场的发展，推进本地农业的扩大，正如戴维所说：

> 我们申请的 SARE 资助所提到的目标之一是帮助起步阶段的农民。我们有几个正在起步阶段的农民，以及一些在加入合作社时还处于发展初期的小型的商业种植公司。虽然我们曾失去了两个大的种植公司，然而我们继续发展着我们的合作社。目前至少有三个合作社农民已经大大扩大了农场规模，我认为合作社还是相当有所助益的。在新罕布什尔州，商业性农场极其缺乏，合作社帮助农民从起步阶段发展到可行的商业阶段。若以很少的耕作经验来创建 CSA 会是一件艰难的事，但加入一群富有经验的农民能够给我们未来的发展提供一个清晰的参考路径。

另外，也有一些小农场聚集起来一起招募份额。弗吉尼亚的弗雷德里克斯堡地区 CSA 项目是由农民和成员组成的一个核心小组共同维持的，它将3～4个农场的食物整合起来，运作了整整 10 年。份额数量逐年波动，从 32 到 75个不等，这主要取决于当时组织者的才能。

马萨诸塞州格林菲尔德附近的共同富裕 CSA 有四个农场，其中两个的种植面积不到半英亩；两个更大的农场承担了主要的生产任务，并且较小的农场亦可独立运行。但这些农民们因多年来在格林菲尔德农夫集市销售而成了很好的朋友。其中一个小农场叫豆角地农场（Beanpatch Farm），由沃利和朱厄妮塔·纳尔逊夫妇（Wally and Juanita Nelson）经营，依靠卖出的价值 5 000 美元的产品生活着，因此合作的 CSA 项目中的四或五个蔬菜的份额对他们的生存来说都是有重要意义的。沃利直到 92 岁去世前都一直在驾驶耕作机。2006 年，朱厄妮塔成为合作社中一名名誉退休成员，但她仍然种植自己所需的食物。瑞安·沃伊兰德（Ryan Voiland）是一位年仅 28 岁却拥有 15 年丰富种植经验的老手。他说，将他一半的产品提供给共同富裕对他而言是件非常有价值的事，因为他喜欢和格林菲尔德的许多支持者保持联系，他也是在那里开始他的事业的。瑞安的红火农场（Red Fire Farm）总共获得了超过 30 万美元的收益，这与豆角地农场形成了鲜明的对比，但是瑞安从沃利和朱厄妮塔那里学到了很多如何维持简朴生活、如何以诚实正真的方式耕作等难得的人生财富。共同富裕的宣传册引用了英国圣乔治山挖掘派革命者（Diggers）的诗来总结了他们的运作哲学：

> 我们和平地来挖土和播种
> 在平凡的土地上劳作
> 变废弃的土地为良田
> 我们将把被分割的土地整合
> 这将成为大家共同的财产

由简单的两三个农场组成的团队也可以运作不同规模的 CSA。加利福利亚沃森维尔的马里基塔农场和高地有机（High Ground Organics）农场已经整合成了两个小 CSA 农场，在湾区（Bay Area）用 30 个配送点维持 900 个份额。（小的概念是相对的，马里基塔农场拥有 35 英亩的菜地，是东北部最大的有机蔬菜农场！）在它们北部的生命能量农场在整个夏季为其提供富足的产品，同时优质腐殖质农场在冬天为其成员提供产品，并且提供水果的份额。全盘集体农场（Full Plate Farm Collective）是由三个农场组成的：棒石农场（Stick and Stone Farm）、三燕农场（Three Swallows Farm）、纪念农场（Remembrance Farm）。它们提供成员到农场取菜或者直接配送到住所与工作场所的服务。

2005年农场直销合作社预算总结

税收	118 241美元	
销售商品的成本	68 305美元	58%
边际利润	49 937美元	42%
劳动力	23 644美元	20%
仓库	1 065美元	
货运	7 169美元	6%
保险	2 699美元	2%
复印	979美元	
税	979美元	
电话	1 036美元	
其他	3 412美元	
支出	40 980美元	35%
普通收入净额	8 957美元	7.6%
奖金	1 388美元	
捐款	1 187美元	
利息收入	557美元	
净收入	9 313美元	7.9%

亚拉巴马种植（Grow Alabama）是一个另一种形式的多农场联合型的CSA，由杰里·斯潘塞（Jerry Spencer）创立，他从一位脊椎神经科医师转变成为农民和企业家。由于州内消费中只有很低的5%的食品是亚拉巴马州自产的，斯潘塞决心努力去建造一个州范围能够生产和配送的CSA。目前，他已经招募了25个分散的农场，并有250个份额配送到蒙哥马利、伯明翰和亨特斯维尔等地。他既要忙自己的月桂树山有机种植园（Mt. Laurel Organic Gardens），还要负责所有的组织工作和配送工作，完全没有时间在农民之间或者成员之间创建一个支持小组。他自己承受了巨大的压力，斯潘塞想找一个人来接手CSA的管理工作，这样他可以组织一个非营利性组织，将自

己的所有精力投入到帮助更多农民进行有机农业转型的事业上。

消费者组织的 CSA

“如果你住在没有农场的郊区，你会怎么做呢?”萨拉·林肯-哈里森（Sarah Lincoln-Harrison）和她的丈夫理查德·皮克·哈里森（Richard “Pic” Harrison）提出了这个问题，他们的答案是：自己在马萨诸塞州组织起马布尔黑德生态农场（Marblehead Eco-Farm），将它当做一个慈善公司，并成立了一个 CSA 项目。许多寻找市场的农民们都会觉得哈里森夫妇难以找到合适的农民是件不可思议的事情。几年过去了，马布尔黑德生态农场已经发展成一个农场直销合作社（Farm Direct Co-op），一个通过配送本地种植的有机食物来宣传可持续发展方式的非营利性的会员组织。

2006 年，农场直销合作社的第 14 个年头，合作社已经有了 355 个成员以及 3 个波士顿郊区的配送点。由包括哈里森夫妇和一个农民代表在内的 7 人组成的委员会来监督整个项目的运作。合作社付给农民最好的也是成员能够接受的价钱，大约是高端产品市场零售价的 80%。成员们从 12 月到来年 8 月可以分 5 次支付，但是农民们都能得到月薪，他们的工资主要基于头一年的销售量。2006 年的总预算为 12 万美元，其中 62.5%归农民，其余的用作合作社的花费。成员们可以选择份额的大小——150 美元一个单身的蔬菜份额，250 美元一个家庭份额，120 美元一个单身的水果份额，175 美元一个家庭水果份额，40 美元一个草药份额，60 美元一个奶酪份额。另外 50 美元可购买一个季节延伸份额，配送到家需要花费另外 75 美元，还有一个 40 美元的会费来支付行政费用。

萨拉说，“成员们对 CSA 的理解和承诺认同有很大差异，从那些仅仅想要新鲜的本地产品的人到那希望获得有机产品和支持本地农场发展的人都有。”因此这个项目的组织原则也没有那么纯粹。供应合作社的所有 21 个农场并不都是有认证的有机农场，例如：他们在阿默斯特最重要菜农——鲜花盛开农场（Full Bloom Farm）的德威特·汤普森（De Witt Thompson）拿到了认证；而提供合作社大量水果的埃姆斯伯里的灰山农场（Cider Hill Farm）则使用了整体害虫管理体系（IPM）。到 1998 年，哈里森夫妇和财务主管唐·摩根（Don Morgan）担负了生态农场的所有管理工作，皮克在办公室每周工作 15 小时，萨拉在 CSA 以及小组的其他项目做全职工作。皮克使用的簿记系统是微软数据库，并且他很乐意分享他的定价和支付公式。

萨拉说，2006 年，当 CSA 拥有 335 个家庭成员时，成员之间的关系就不再那么亲密了，成员很难理解与农民共担风险的理念。

农场直销合作社要求所有的成员至少投入两小时在仓库帮忙，很多人其实投入更多。“一旦你加入了可持续发展农业的行列，”萨拉解释说，“它将吸引你进入更深的层面。”萨拉希望她的工作将有助于让人们的生活更加健康和可持续。最后，萨拉说，农场直销合作社“给只关注足球和帆船运动的社区成员带来了平衡，并让大家学会珍惜那些因盲目发展而不断消失的土地。”

正如一直以来在演员中存在的争论，演员如何在舞台上表达出最真实的感情，是通过内心重现那些感觉还是通过模仿外部的动作来达到？（一个伟大的演员可以同时驾驭这两种方式。）CSA 依靠农民集体的努力帮助消费者，也是消费者集体的努力帮助农民。一些 CSA 使用资金的刺激来让成员们参与；其他的则依赖志愿者的力量。通过农业的发展经济振兴本地食品系统是社区支持农业的目标，就像关于演员真实情感的争论一样，当我们到达那个目标的时候，我们将会明了。

第 20 节　生物的多样性与社会的多样性一致

当每个人都想做得更好时，这个世界就会变得更好。

——吉姆·海托华，《路中间除了黄线和死犰狳以外，什么都没有》(*There's Nothing in the Middle of the Road but Yellow Stripes and Dead Armadillos*)

一个巨大的关注社会公正的潮流正在加入到可持续食品系统的运动中。在《与土地和平共处，与正义共生》（*Peace With Land*，*Justice Among Ourselves*）一书中，作者马蒂·斯特兰奇提出：“日益恶化的贫富差距在割裂着这个世界，也是对我们实现真正的可持续发展农业的最大威胁。”他问道：“我们是否对目前这样一个二元系统觉得舒服？在这个系统中，富人享用细心栽培的、对健康有益的食品，而穷人却只能以廉价的、‘剥削’土地而来的食物果腹。许多 CSA 项目正在寻找创新的方式来平衡农民的财务收支以及使经济拮据的新成员得于加入而渴望培养弱势群体自食其力能力的社工们，也从 CSA 发展模式里看到了巨大潜力和希望。

收入并不是 CSA 成员欠缺多样性的唯一原因。在 2006 年 4 月的仅是食品 CSA 的会议中，有一个叫做“CSA 可行性”的工作坊，核心成员们用头脑风暴法讨论了一系列重要问题：执行障碍、营养教育、语言隔阂、方便性、包容性、对蔬果的了解与烹饪知识、价格承受能力、地域与文化造成的特定食物需求、是否符合当地居民的生活方式、对CSA的了解程度，健康考量、破除刻板形象、建立沟通渠道和社区。“地狱厨房”（Hell's Kitchen）CSA的一个核心小组成员特里纳·塞莫里莱（Trina Semorile）发言说，穷人对我们在CSA宣传中所采用的语言缺乏敏感度，将穷人排斥在CSA之外是危险的。如果我们不以某种受欢迎的方式让他们了解CSA，有不同文化背景的人或者残疾人容易对我们的宣传内容产生误解。另外，重新设计CSA的配送、份额的大小以及付款方式可能会比较合理。

联结紧急食品供给（Emergency Food Supply）

确保低收入群体可以获得CSA食品的最简单方式就是将剩下的份额捐赠给提供食物补给的慈善机构，可以选择的还有本地的教堂。在美国一些地区，由食品银行或者教堂组织的拾遗项目（county gleaning program）或者拾遗小组将会来农场提取食品或者采摘蔬菜。通过教堂配送蔬菜的CSA可以发现一个与现有食品救济项目相关的体系。过去，詹尼斯山谷有机CSA将两个教堂作为配送点。一个教堂将那些所有者不明的箱子给那些来教堂吃饭的老年人；另一个教堂有一个项目负责分配小的包裹给教区的人。他们将CSA配送剩余的蔬菜送给那些喜欢新鲜蔬菜并且会做菜的老年人。之后，我们将取菜点移到了“富足合作社市场”，东南基督教会（Southeast Ecumenical Ministry）负责将那些剩余蔬菜分配给周边的老年人。天使有机的做法是，由志愿者负责把当天未被领取的农产品运送到救济食品发放中心。

如果份额成员一周未来领取份额，很多CSA都会将食品送给贫困的人。俄勒冈州的冬绿农场在社区反贫困事业中贡献巨大。2006年，针对17个低收入家庭，冬绿社区农场给出了最多可达50%的折扣，相当于每个常规份额中的6美元用来支持这些低收入的成员。CSA与成员的合同也约定了为小县食品计划（Food for Lane County Program）做贡献，这个计划供给当地的救济食品发放中心以及其他的紧急食品项目。2006年成员的捐助超过1 500美元，为“妇女空间”（Womenspace，妇女空间是一个从家庭暴力中逃离出来的妇女的暂时安身场所）购买了5个份额。“我们发展了与本地救济食品发放中心的紧密联系，通过我们的劳动与社区捐赠的结合，我们向那些需要的人提供了数千磅的食品，包括当地的受虐妇女和儿童。”冬绿农场同时还组织了一个年度活动，叫做“支持我们农民”，由约翰·皮特尼（John Pitney）

负责组织本地的CSA农场和成员为低收入份额成员筹集资金。

一位受过帮助的妇女表达了她的感激："我很惊讶自己能享用到新鲜的食品。当我的人生跌落谷底时，你们帮助我渡过难关，重新振作。"农场还将没人取走的份额和过量的产品送给小县食品计划，并由农场工作人员或者CSA成员运送过去。加州古因达的饱腹农场每周捐赠5个CSA份额到夏洛特麦克斯韦互助诊所（Charlotte Maxwell Complementary Clinic），这个诊所收治低收入癌症妇女。

农民们都知道一些看起来非常丑的食品可能吃起来非常好，只是除了自己吃以外，总还是需要找到其他需要食物的人一同来消化这些被退货的"瑕疵品"。好在大厨们不愿用的食材总会有慈善机构乐意接收。当地的农技推广办公室或者教会经常能提供慈善团体的联络方式。我们经常邀请慈善团体来农场收集那些卖相不好但仍然可以吃的蔬菜，尽管这些蔬菜的质量不如市场蔬菜的质量。

有些善机构有更高的目标，为了让新鲜食品进入紧急食品供给系统，有一些食品银行发放处已经建立了自己的农场。马萨诸塞州西部的食品银行农场，在迈克尔·多克特精力充沛的领导下，提供着800个家庭的660份蔬菜，同时还提供等量的食品给它上一级的食品银行处。2005年，农场为食品银行的代理处生产了25.1万磅重量的食品。只有一小部分要存到食品银行的仓库，代理处一周三天直接到农场采摘。由于农场没有冷藏设备，迈克尔和他的团队成员不种植太多的绿叶蔬菜，转而专注种植"硬货"，如胡萝卜、卷心菜、西葫芦、冬瓜。他们同时还为食品银行的"棕色背包计划"（brown bag program）种植，直接将份额送到配送点。农场有一些食品银行的志愿者来工作，但是没有考虑将志愿者的耕作技术培训作为首要任务。直到1997年，迈克尔和他早期的搭档琳达不得不平衡其作为食品银行处工作人员和农民的双重角色，对工作进行了重新调整与定排。

通过销售份额，食品银行农场强调了它的社会使命。它的宣传单传递了这样的信息：

你所收获的份额提供营养食品给：

- 斯普林菲尔德的失业家庭
- 在格林菲尔德的避难所中因遭受家庭暴力而受伤的妻子
- 在北安普敦幸存中心需要撑起整个家庭的母亲
- 通过社会补助过活的山区的寡妇

迈克尔坚信，一旦成员加入，是经济的生产、高质量的食品将成员留住。

其他的食品银行农场还不能被经营得如此高产，并且有一些完全失败。一个纽约州北部的食品银行曾尝试在好心人提供的淤泥地上耕种，遗憾的是，这片土地缺乏农民照料及各项基础设施，所以根本无法种出足够的土豆来给那些饥饿的人。

几年来，"大匹兹堡社区食品银行"（Greater Pittsburgh Community Food Bank）资助了"绿色收获"（Green Harvest）项目，这个项目的目标在于：构建对本地农场和城市莱园的支持，减少饥饿，鼓励自力更生。绿色收获在市中心地区资助了许多较为贫穷的农场，招募了有经验的农民来培训新的都市农耕的参与者，协调志愿者做农场的拾遗工作。绿色收获将马萨诸塞州西部食品银行农场作为它的榜样——但是却没有复制成功。绿色收获从没有达到它试图通过销售 CSA 份额自我筹款的目标。2001—2005 年，大匹兹堡食品银行与食品农场签订了合同，一年为农场提供 1.5 万个志愿者来交换农场的大部分产品。2005 年，各农场捐赠了 10 万磅的新鲜产品给食品银行，并且将一些蔬菜销售给食品银行的农场摊位，但绿色收获项目最终因财务问题难以维系。

与此同时，食品银行成功地与匹兹堡附近 12 个社区组织一起在低收入地区经营食品摊位。食品银行与社区农场签订食品购买合同，前者以成本价购入产品，并将其运送到食品摊位上。没有食品银行的支持，摊位就就无法依靠它们自己来运行，匹兹堡周围的低收入群体也就无法使用联邦资助农夫集市营养项目（Farmers' Market Nutrition Program）的抵用券。

低收入成员

除了赠送食品，CSA 还寻求各种方法让不同收入水平和宗教信仰的人能够加入。GVOCSA 要求所有成员都参与工作的原因之一，就是希望是保持份额的低价。我们自己的农场也提供一个浮动价格支付方式，让经济能力较好的人补贴那些支付力较弱的人。和平工作农场接受食物券，GVOCSA 财务主管也愿意调整支付日期以方便低收入人群方便使用食物券。第三年，GVOCSA 还建立了奖励基金来支持那些连按最低价位都支付不起的人。那一年，我们给 3 名单身母亲提供了为期两年的奖励金。到今天，我们每年发放 8～10 个奖励金名额，给那些在经济上遇到不同困难而痛苦的家庭。罗切斯特地区的教堂慷慨地提供了赞助以及将什一税贡献给基金，这个基金的构成还来源于成员的捐赠和食品书籍、T恤衫的销售。尽管有这么多方法和食品政治的工作人员艾莉森·克拉克的努力，但低收入人群作为成员能超过两年的人并不多。每个人都有各自的原因，或者食品不适合家庭的口味，或者家庭、健康和工作等方面出现困境使得一个稳定的每周的购买协议变得不可能。有工作或有失业、健康保险的中产阶级很难想象穷人日常中所忍受的大动荡。我们发现最有效的支持不同成员的方式是将他们与其他拥有汽车和更稳定居住条件的成员联系起来。真诚的友谊是留住成员最强大力量。

2004年和2005年，“纽约州饥饿行动网络”（Hunger Action Network of New York State，HANNYS）实施了一个项目来促进低收入群体加入CSA。HANNYS是一个非营利性的反饥饿的联盟，其宗旨是“将本地草根组织与国家级研究、教育和宣传资源结合起来，希望从根源处解决饥饿与贫困问题。”它最初的对纽约州现有CSA的调查显示，41个CSA中有28个开始响应本项目，一共有690个低收入家庭受益。各CSA分别使用了如下的方法：弹性的付款方式（20个），奖励金/浮动价格（14个），劳动份额（10个），接受食物券/福利券（5个）。额外的多样的支付方式包括学生份额（1个），年长者份额（2个），工资折抵（1个），每40个人有一个免费份额（1个），以物易物约定（1个），低价格份额（1个）。项目推动最普遍的问题是农民自身的收入太低。HANNYS之后对有创新方式的CSA提供了一年的资助资金。我们的CSA提供份额给罗切斯特根部花园俱乐部里的孩子所在的家庭。孩子将一些食物带回家烹饪并将剩余部分送到慈善机构。

地区支持性的组织，比如麦迪逊地区CSA联盟，佛蒙特州东北部有机农业联盟（Northeast Organic Farming Association of Vermont，NOFA-VT），都与各CSA保持密切合作的关系。威斯康星州的MACSAC“伙伴份额”计划正在补贴低收入群体、特殊需求家庭的份额。GVOCSA的做法是，每个人或多或少都付出一些，哪怕是寥寥数元。MACSAC协调人劳拉·布朗（Laura Brown）以这种形式描述他们的系统：“低收入家庭能够选择任何一个加盟超过一年的CSA。”效仿仅是食品循环贷款基金的做法，MACSAC提前付给农场份额的费用。然后家庭在5～6个月里分期付给MACSAC50％的份额费用，低收入家庭的界定以联邦贫困线为标准。口口相传吸引了很多的家庭，尽管MACSAC也做一些拓展工作，但劳拉认为现在的效果很好，每个CSA都可以自己印制宣传单来推广。

伙伴份额计划与一个社区机构合作，给那些正在找工作与住所、但目前居无定所的人们提供免费的食物。取代了份额支付方式，该合作项目直接向佛蒙特州山谷社区农场（Vermont Valley Community Farm）订购它所需要的食品。伙伴份额计划协调人阿比·巴切布贝尔（Abby Bachhuber）说，想让其他组织加入很困难，“主要是由于从生产冷冻和罐装食品到新鲜食品的转型，是对目前工作人员的一个巨大的挑战。”2006 年，一个老年社区的 26 位老人共享了 4 个普通份额以满足单个小家庭的需要，同时，基督教女青年会（YWCA）的工作人员在长期居民中形成了一个“团购小组”，并为一个农场提供了一个新的配送点。伙伴份额计划的成员的保持率过去为 67%，但在 2006 年出现了增长的趋势。这些年来，伙伴份额计划的钱来自于基金和“空碗”（Empty Bowl）❶ 活动募捐。在这些募捐宴会上，陶艺家和千禧厨师联合会（Chefs Collaborative 2000）的厨师们共同合作，将陶碗装满美食用来义卖，并将销售收入捐赠给伙伴份额计划。

自从 1994 年，NOFA-VT 一直都在协调佛蒙特州农场分享计划（Vermont Farm Share），这是一个能让低收入群体吃上新鲜食品、可以学习种植和烹饪，并通过加入 CSA 与本地农场连结起来的项目。佛蒙特州的 45 个 CSA 中的 26 个参加了这个项目，每年提供份额给 180 个家庭。最初，农场分享计划与佛蒙特州反饥饿组织、本地社会服务部门以及佛蒙特大学的合作社合作，共同选择合适的协助对象，并将它们与一个本地的 CSA 农场连结系起来。一旦这个项目开始展开，农场份额计划就会减少自己的参与度，将更多的互动性和自主性留给 26 个参与的 CSA 农场。NOFA-VT 的执行官伊妮德·旺纳科特（Enid Wonnacott）表示，目前这个计划无法帮助那些紧急需要食品的人。这个项目是为那些在食品危机边缘的家庭设计的，评定标准是联邦贫困线标准的 185%以上，同时一个四口之家的收入每年不超过 3 万美元。为了筹钱补贴这些份额的费用，NOFA-VT 举办了一个年度的“分享我们的收获”的活动，在这个活动中，人们在佛蒙特州加入了活动的餐厅消费，这些餐厅将贡献收益的一部分给这个项目。约有 100 个饭店和商店参加了，为项目产生了每年 1 万～1.2 万美元的收入。

在开始的前两年，农场分享计划支付了全部的费用，导致了参与者没有太多参与的主动性和归属感。1997 年，项目要求这些家庭按比例付一部分

---

❶ “空碗”是一个国际反饥饿活动项目，成员由个性化的艺术家和艺术团体组成。项目由一个非营利性机构来负责运营管理。项目开展通常以社区为单位进行，每个社区的活动都是独立开展的。活动目前在美国和加拿大的很多地区举行，经常与联合国的世界食品日活动联合举行。——译者注

费用并且让成员形成小组，这样就可以按照份额大小分组并让成员分担两至三个家庭取菜的责任。尽管农场分享计划提供了补助津贴，付款总数还是超过了大多数家庭的收入，因此，项目要求农民设计更灵活的付款计划。经验表明，大部分家庭可以先付50%的CSA份额的价格。NOFA-VT要求农民将剩下的50%的费用拆分，其中一半由农场通过其他份额成员的"支持份额"捐赠获得，而这些成员的"支持份额"可以获得减税优惠。NOFA-VT负责确认参与者的资格，核对资金的使用情况。推广食品与农场教育是农场分享计划的一个目标，但是由于低收入人群经常变动，所以这个项目并没有要求正式的课程，而是提供给成员家庭免费参与NOFA-VT夏季工作坊活动的机会，并且要求每个农场安排户外教学日。学习与教育的目的在交换菜谱、简报和农场参观活动中自然地发生了。

2004年，NOFA-VT收到了社区食品项目（Community Food Project）资助将分享计划扩展到公共饮食点，比如夏季食品项目，日托机构以及老年人食宿供应站。每个点都收到份额，用作点心和午饭。伊妮德说这与努力将本地食品融入到学校饭菜中有很多相似性。她又说，支持专业的食品服务提供者的发展是一个重要的策略。佛蒙特农场分享计划的管理成本很低，伊妮德很高兴小额募捐为CSA份额带来了更多的资源和协助。

凯特·拉森（Kate Larson）负责运营佛蒙特农场分享计划的那年，她在种植季结束前对所有的成员做了一次电话访谈。下面是一些成员的评论和建议：

> 我确实很感谢这个项目。我感觉更健康了，而且家人在这个冬天都没有生病。我相信这是因为他们在这个夏天吃了很多的蔬菜。
>
> 给我们的小孩子吃这样的食品意味着他们将不会那么经常去麦当劳或者快餐店了。
>
> 我现在不能购买新鲜食品，因为冬天的价格太贵了。我的资金很紧张。我刚刚存下了40美金的优惠券，但是无法在新的交易中使用。我有时会在折扣店购买有凹痕的罐装蔬菜。

自从1997年，仅是食品已经劝说纽约市为低收入群体工作的社区机构将CSA作为它们的一个使命。第六大道社区中心（Sixth Street Community Center）位于贫穷劳工聚居的地区，是第一个采纳CSA的机构。中心执行官安妮特·阿瓦瑞特（Annette Averette）与仅是食品的创始人凯西·劳伦斯（Kathy Lawrence），一见如故。安妮特是一个癌症幸存者，10年前医生告知她只有2

个月的生命期限，而她却靠亲手耕种食物一直奋战至今，并且现在活得很好，她决心帮助其他低收入居民获得他们买得起的有机食品。她将我介绍给西特拉里克·杰弗斯（Citlalic Jeffers），一个令人印象深刻见多识广的16岁的实习生，杰弗斯目前在中心的“从种子到晚餐”项目实习，并给其他的十几岁的孩子讲述如何改变不好的饮食习惯。新泽西的卡塔拉帕里奇农场（Catalpa Ridge Farm）每周运送产品到中心已经长达5年，直到成员的数量超过了它的容纳能力。现在，中心的食品来自于埃米·赫普沃思（Amy Hepworth）在哈得孙山谷的农场。

葆拉·卢卡斯，仅是食品CSA的协调人，在2006年纽约市的CSA会议上指出，目前每1万个CSA家庭中就有1 400个是低收入家庭。无论是否包括社区组织，每个核心小组都会有让低收入成员参与的举措。2006年，在42个城市的CSA中，29个采取混合收费方式，接受购物券或者是其他支付方式，这样可以使成员更容易加入。由仅是食品发起的CSA使用所有上边提到的方法——筹资补贴份额，按浮动价格支付，每两周支付一次的购物券支付计划，“紧急食品”提供者捐助，以及一些自己的创新方式。一些CSA拥有循环贷款基金。在种植季节之初，这个基金先付给农场低收入群体的份额费，这样农民就有了启动费用；在种植季节之中，低收入群体还款给贷款基金，这样基金补足后下一年又可以启动。如此一来，当成员遇到经济困难，他们可以推迟支付而不有损于农场。在布朗克斯的南部朗克斯CSA（South Bronx CSA）从市议会和“青年与社区服务部”筹集循环贷款基金，依靠4 000美元的循环货款基金帮助，切尔西地区现在30%的低收入家庭都加入了CSA。

如果成员没有完成三轮的工作，曼哈顿第86街的上西区CSA（Upper West Side CSA）要收取成员75美元费用。罗克斯伯里农场也赞成收取这个费用，可以作为成员共同协助弱势群体的基金。蒂娜梅尔·潘亚德（Tinamarie Panyard）为成为这个农场的成员感到非常高兴，她决定在斯坦顿街安购置房屋，在东边地势较低地区开始另外一个CSA，在那里她与从低收入家庭来的孩子一起工作。在这个新的CSA中，由风花农场供给，有足够的成员能够提前给付全部的费用，以便一些成员可以每两周以现金或者购物券付款。

W. 罗戈夫斯基（W. Rogowski）农场与“东部纽约”项目紧密地合作，在这个项目中，低收入家庭的青少年在社区菜园中学习如何种植食物，如何在农场的小市场中销售产品。罗戈夫斯基供给35个家庭份额以及社区菜园中不能种植的产品。2005 年，约翰和凯瑟琳·麦克阿瑟基金会（John D. and Catherine T. MacArthur Foundation）公开赞扬切丽尔·罗戈夫斯基（Cheryl Rogowski）是一个天才。我听到后首先想到为什么会是切丽尔？她做的不也就是其他有机农民正在做的。但是，之后我明白了，哇！切丽尔是一个天才，只是其他很多很多农民的故事没有被基金会了解到，其实他们也是天才，而切丽尔是这群人里较早被发现的那个。无论如何，她确实是一个值得尊敬的候选人，一个不辞辛劳的、温柔的、充满同情心的妇女。切丽尔拯救了她的家庭农场，并将这个传统的洋葱提供农场转变为了一个多样化的、生态的农场，为 150 个 CSA 份额、8 个农夫集市、一个农场商店以及几个饭店提供超过 200 个品种的蔬菜。切丽尔寻找机会来帮助移民以及受家庭暴力的妇女并且保护本地的农田。她农场的 60 个份额在会固定送往纽约市的两个团体——东纽约配送站 CSA 以及布什威克姐妹 CSA（Bushwick Sister to Sister CSA）。东纽约 CSA（East New York Site）位于一个中产阶级慢慢进入的低收入地区，它以按浮动价格的方式销售农作物给牙买加和加勒比海家庭。农场设计了适合成员家庭口味的基本的蔬菜份额：羽衣甘蓝、洋葱、土豆、卷心菜、双色玉米、芜菁、西红柿、香菜、辣椒。切丽尔的哥哥迈克负责城市中配送工作并且与社区园丁一起工作。切丽尔说，“是大家对社区菜园和农场的协同配合使一切变得如此神奇。”

老年人农场份额

当美国农业部开始提供农夫集市营养项目基金给老年人时，缅因州农业部门随即提出了一个很好的实施方案，得到了全国 1 500 万美元补助款中的 75.9 万美元。所以，当其他州只能提供给符合标准的老年人 20～30 美元的农夫集市兑换券时，缅因州却可以给每个老年人提供价值 100 美元的由农场直接送达的新鲜产品。缅因州农业部负责这个项目的销售经理迪安·赫尔曼（Deanne Herman）表示：兑换券像是钱，印制成本很高，每 2 美元的兑换券就需要 8 美分成本费；通过直接付 100 美元给农场，缅因州可以将更多的钱直接用在老年人的食品消费上。一个咨询委员会，其中包括有经验的 CSA 农民简·戈兰森和老年人代表，与迪安一起制定政策来保护农场。委员会坚持与有生产经验的农场建立联系，并且给每个农场最多 200 个份额。2005 年，165 个农场提供老年份额给 7 500 个老年人，大概是缅因州老年人口的 10%所需要的农产品。每个农场都设计了自己的经营模式。50%的农场在农夫集市的摊点有老年人取菜点，剩下的人有的在农场取，有的需要配送。这个项目需要工作人员具有责任感并细心地做好记录，以确保食品确实到达了老年人手里。如果中途有老年人退出了，农场就需要寻找另一个人来顶替使用剩下的基金。在佛蒙特州，NOFA-VT 实施了一个相似的老年人农场份额计划（Senior Farm Share），每年将7.5万美元的经费通过 26 个养老机构分配到 750 位老年人身上。根据迪安说，一场争论发生在美国农业部对这个项目的辅助限制的问题上，项目辅助为每个老年人至多 50 美元，这几乎收不到什么实质效用。将缅因州项目作为一个模式推广可以快速增加对老年人农场份额项目的资助，才能使得其他州纷纷响应，进而大幅改善老年人的营养状况和推动本地相似农场的发展。

社区食品安全

由于政府安全网络的松散和对社区食品安全意识的增强，很多项目已经在全国涌现，来帮助人们满足自己的食品需求，与 CSA 相联系起来似乎是一个自然的过程。这些项目中的一些确实已经开始运作，一些由于资源不足而停止，还有一些虽然很有意义但是却过于复杂，不同需求主体的冲突巨大，而因此耗尽了那些没有经验的农民的精力。

社区食品安全联合会（Coalition for Community Food Security）将食品安全定义为："在任何情况下，在社区中的所有人都可以通过本地非紧急渠道获取符合饮食文化与营养需求的食品。"这个联合会鼓励各地设立地方性的食品系统委员会以协助长期的计划，并且创建以社区为基础的网络和联盟来策划和实施多方面的项目。大多数社区食品安全项目都由非营利机构资助，这些机构寻找创新的方法来解决目前的食品体系中复杂的饥饿和贫困问题。其中仅有一些项目有 15 年以上的历史，多数在我写这本书时才刚刚开始启动。虽然部分项目会请一些独立的农民做顾问并与其共享资源，但大部分如马萨诸塞州西部的食品银行，会以成立自己农场的方式进行。就像 CSA 一样，社区食品安全项目是一种新的社会和组织形态的试验，在极其有限的人力、物力资源条件下实施。

这些项目中最早的一个是在加州的圣克鲁斯的无家可归者菜园（Homeless Garden）。我在 1992 年有幸到这个菜园参观，那是这个菜园启动的第二年，它位于房价相当昂贵的小区中间。（可参阅杰瑞德·劳森对无家可归菜园生动的描述，1993 发表在杂志《雨》上，见本节专栏。）

当杰瑞德在杂志上发表文章时，当时的情况还不确定：市政府拥有这片土地的使用权并且计划将其划分为几部分售出以用做建设用地。到 1998

在康涅狄格州哈特福德市的"彼得的静居处"（Peter's Retreat，为无家可归的艾滋病人提供的居所），一顿由霍尔库姆农场提供的绿叶菜和早春食材做成的午餐。

年，这个菜园最终被迫迁到了一块两英亩的土地上，这片土地是从开发商那租来的。同时他们也正与市政府协商，试图取得一块在伯格尼普的12英亩的土地——一块规划为小镇的绿化带用地。当时的项目执行官里克·格拉德斯通（Rick Gladstone）说，它的命运依赖于一个争论的结果，这个争论是介于想要保存土地作为自然保护区的"基本教义派"生态学家和那些喜欢这个菜园的"社会"生态学家之间。尽管最后社会生态学家获胜了，但多年之后，这个菜园仍然没有迁移，因为圣克鲁斯市缺乏资金来改善到柏格尼普的道路，也没有灌溉设施的投入。正如我在2006年写的，无家可归者菜园正顽强坚持在由捐赠而来的土地所改建的"自然桥"农场（Nature Bridge Farm）的捐赠的土地上。当我在2004年访问时，它们的CSA处于停滞状态，但是在妇女有机花卉公司（Women's Organic Flower Enterprise）的无家可归的妇女仍在种花，制作花束和蜡烛，放在他们新建立的圣克鲁斯的菜园商店中销售。到2005年，CSA又重新运作，并与玛利亚的大笑洋葱农场一起承担60个份额的生产。玛利亚曾接受加州农业与土地训练协会的培训，并成功地协助一些农民获取自己的耕地，她自己的农场主要种植热带作物，而无家可归者菜园种植适合它的海洋性气候的作物。

无家可归者菜园现任执行官唐·科平（Dawn Coppin）告诉我，杰瑞德·劳森1993年的文章中所描述的大部分情形都未发生改变，只是那些无家可归的工人的工资已经提高到每小时7.5～8.5美元了，并且所有的参与者每周都工作20个小时。杰瑞德当时做出的结论与现在的状况完全相同：

“这个菜园证明了生态的、社会公正的、经济上可持续的项目是可能的。我们现在所需要的是激励、决心，以及人们与土地间相互治疗、扎根、茁壮成长的承诺。”这个菜园的一分子，迈克尔·瓦拉（Michael Walla）说：“这个菜园展现了我们是一群自豪的人、愿意奋斗的人……我们不需要任何人的同情。我们需要那些愿意帮助我们站立起来的人。”

哈特福德食品系统的霍尔库姆农场CSA

在康涅狄格州哈特福德的“哈特福德食品系统”（Hartford Food System，HFS）是最老的、最具创新性和多产的社区食品安全的非营利机构，它提供一个由食品安全协会倡导的系统化模式的最佳示范，HFS还是食品安全协会的创始单位之一。自从1978年开始，HFS就着手规划和实施解决哈特福德市当地的食品问题。通过改善当地农民的收入，帮助保护当地农田，与此同时增加对城市居民新鲜、有营养食品的供给，HFS集合了哈特福德市政府和社区组织来建立城市的农夫集市，这是美国最早成立的49个农夫集市之一。为了能够让更多的低收入群体可以在这些市场购物，并且增加当地农场的销售收入，HFS与“妇女、婴儿和儿童”项目（Women，Infants and Children，WIC）、康涅狄格州农业部和其他的组织一起开展了康涅狄格州的农夫集市营养计划，每年给超过5万的WIC受益者提供39.6万美元的农夫集市低用券，这些抵用券用于购买当地农夫集市上的新鲜农产品。HFS也与其他机构合作，为大约6 000位老年人筹集了9万美元的抵用券。

无家可归者的菜园

杰瑞德·劳森

一年半以前，比尔·特雷西（Bill Tracey）站在切斯那和米迅街（Chestnut and Mission）交叉口，手里紧握着一块硬纸板，上边写着“无家可归的人，愿用工作交换食物。”现在，比尔与一些真正理解这句话的无家可归的人一起工作，种植食品不仅仅是为了他们自己，还是为了周围的社区。仅仅两年的时间内，超过40个无家可归的人，一个合同员工和无数的志愿者一起将加州圣克鲁斯的一块2.5英亩的城市空地变成了繁荣的有机菜园。

这些种植者收获之后，大部分的产品都送给那些经济上支持种植园的社区成员或者份额成员。产品中的一部分销售给本地的商店、饭店和农夫集市上的普通市民。剩下的捐赠给流浪者避难所或者是免费食品项目。比尔说："其他的无家可归者项目可以给你文件、报告和统计数据，但我们能够给你一盒草莓。"

这个菜园的团队由各式各样的人组成。彼得（Peter）是无家可归者菜园的实习生；达瑞尔（Darrie），为两个孩子的母亲；菲莉丝（Phyllis），一个快乐的82岁的老人，总是生动地形容说："我不用等到死后再进天堂了……这个地方就是地球上的天堂。"马克（Mac），一个幽默、优雅从容的流浪者，迈克（Mike），一个勇于实践的理想主义者，以及大学实习生，他们与孩子们一起在菜园中工作。项目负责人林思·贝斯郝尔（Lynne Basehore）说："菜园让大家看见了生命的丰饶。最重要的是，它对于长期失业者和无家可归的社区居民来说，找到了一个新的起点。"

在圣克鲁斯市，有超过2 000个无家可归的人，难怪对于这个菜园中的15个职位，有很多人都在等待这样的工作机会。当出现一个职位空缺时，可能被雇用的人一般先志愿服务一段时间，看他们是否真正对这个工作感兴趣。试用期之后，他们会以最低限度的每周12小时的工时开始工作，并参加每周的会议。工作人员得先熟悉菜园的相关工作程序，然后再选择一个领域接受专业的训练。比如斯库特（Skooter）选择的是堆肥；奥特卡斯诺（Octaciano）则选则了温室。简·弗里德曼（Jane Freedman）是菜园的负责人，负责培训这些园丁如何做翻土准备、堆肥、播种、种植、收获工作，以及如何在农夫集市上销售产品。

每周的会议为这些工作人员提供交流的机会，大家一起做出集体决定并且解决现有的一些问题。由五个无家可归者和两个员工组成的纪律委员会制定了一系列的规则，这些规则后来都被多数人遵循。其中的一些规则如下："上班的时间不可嗑药、酗酒或还在宿醉，如果这样的话，你立会被立刻带离，并且停止支付薪金直到你完成9小时的义工工作为止。""不准把菜园当作过夜的地方，任何人被发现在菜园住宿都将被剔除出这个项目。"

菜园的工作是每周工作12小时，每小时5～6美元，这并不是一个可以维持生存的工资。但菜园的员工达瑞尔·甘茨霍恩（Darrie Ganzhorn）认为：钱只是人生当中所需的一部分。另一位员工说："这份工作让我有了皈依，它让我稳定下来并到学校注册上学。否则我就会非常散漫。你知道吗，我之前总是东奔西跑，着急地想要得到这个或者那个。自从我开始在这里工作，晚上我终于可以安心睡觉了。”

历史

保罗·李（Paul Lee），一位国际著名的草药专家，前加州大学圣塔克鲁兹分校哲学教授，长期以来呼吁保护无家可归者的权利。保罗在收到加州卡平特里亚一家商店捐赠的药草后，想着如果哪天收到更多的药草，一定得找地方种下它们，这也正是游民菜园计划诞生的原因。1995 年 5 月，保罗将一块空地改造成一个具有生产力和治疗力的游民菜园，这一做法启发了林恩·贝斯郝尔和亚当·西尔弗斯坦（Adam Silverstein）。

林恩开始从收容中心招募无家可归工作人员，让他们不时工作几个小时，把药草种到地里。由于这些植物需要浇水，而亚当在灌溉系统方面很有经验，他也成为这个团队中的一员。简·弗里德曼在 1991 年成为项目的负责人。关于无家可归者菜园的“园艺康复”项目，简曾经开玩笑说：“我们可能没有沙发，但是我们肯定有很多床。”

无家可归者菜园使用阿伦·恰德维克（Alan Chadwick）的法国精细生物动力高床耕作法。本地的餐厅、咖啡厅、马厩、园丁和邻居将都会提供有机材质用作新式堆肥系统的原料。

员工的工资和补贴有一系列的来源，三分之一由 CSA 部分支付，三分之一来自本地农夫集市、餐厅和自然食品商店的销售所得，剩下的来源于募款、补助款申请及奖励金等。新树叶社区市场（New Leaf Commnity Market）开始一个独特的筹资方式，它发行 5 美分的“环境币”给那些重复利用纸袋的购物者，然后购物者将根据自己的喜好把这些币送给各种非营利机构。到目前为止，无家可归者菜园已经成为最受欢迎的机构，在 3 个月时间内就收到了超过 5 000 个的环境币。

无家可归者菜园还受益于社区。一个素食者餐厅给我们免费的食品券来交换我们的农产品。一家本地的自助洗衣店提供给无家可归者们优惠的洗衣券。一些无家可归者与志愿者们成为了好朋友，志愿者们会提供睡袋，或告知前者哪里有住宿或工作机会。这个菜园如一块捐赠“磁铁”：吸来了很多衣服、一台电脑，甚至是卡车。

在1991年的秋天，菜园采纳了CSA模式。份额成员史蒂文·比德尔（Steven Beedle）说：“CSA意味着能以最好的价格获取最新鲜的有机产品，将最需要的帮助给与那些无家可归的人，这是一件人们互相帮助也互相受益的事情。”

资料来源：《雨》，1993。

HFS的发起人马克·温（Mark Winne）在1987年推动康涅狄格州农夫集市营养计划时，利用美国农业部和州内的资助，将此计划扩大到全美。20世纪90年代，HFS项目的主任伊丽莎白·惠勒（Elizabeth Wheeler）与哈特福德公立学校合作，将本地生产的有机食品纳入到学校午餐中。HFS同时也为较贫困地区引进新超市，并协助当地成立食品政策委员会，来为更大范围和更高层面的食品安全作计划。马克·温是社区食品安全组织的引路人，这个组织，促成了社区食品计划项目的启动，得以每年都提供2.5亿美元的款项来资助如NOFA-VT和罗彻斯特根部这样的机构。引人注目的是，HFS在惠勒和温都离开后仍然存活下来了，并不断有新的成就，例如让城市里的小商店提供更健康的食品选择。

为了解决哈特福德地区的民众对新鲜、有营养食品的需求，HFS多年来都在努力协助生产者和低收入城市消费者之间建立联系，也一直期待建立一个CSA。1993年一个非营利机构邀请HFS一起为克兰比小镇的霍尔库姆农场做规划。在小镇的公众听证会上，尽管有一些不同的声音，但通过了农场的两个主要目标：保持农场的农业用途；使农场可以让社区中更多的人参与其中，这个规划的目标是开办一个CSA，可以种植16英亩的水果和蔬菜，其中的一半将送给低收入的居民和社区组织。由HFS签署的合约同时规定，每5英亩的耕种土地，农场将提供两个份额给克兰比的社会福利机构。HFS没有尝试将产品直接销售给低收入个人，而是设计了一个有利于低收入者与社区组织合作的伙伴计划，这个计划允许社区组织根据自己的合作模式和情况来分配这些食品。当仅是食品决定集中精力在纽约市吸收低收入者加入CSA时，他们借鉴了HFS的经验。

伊丽莎白·惠勒在1997年CSA东北部大会上提到了一些霍尔库姆农场的经验：

> 当时这种新方法激起了克兰比市民的一些情绪。在一个已有固定农场社群的小镇里做一个订购式农场是一个激进的想法。我接到了一些人的电话，这些人希望了解收益人是谁及他们的社会保险号码是否已经登记。还有一些大怒的农民，宣称我们在与他们进行不公平竞争，因为我们将要偷走他们的客户。
>
> 在哈特福德，我的工作就是寻找那些我们项目可以帮助的群体。哈特福德在美国同等规模的城市中，是位列第八贫穷的城市。在哈特福德，2.3万个去上学的孩子中的80%都享有免费或者低价的午餐。这个城市的部分地区有40%～50%的失业人群，其中有一些的生活状况非常可怕。很显然，对于哈特福德的很少离家而且还没有车的低收入的人来说，CSA并不能够起到很好的作用。最好的方法是与那些已经为城市经济发展、住房条件等服务的社区组织合作，说服它们加入配送食品的行列。
>
> 连结这些形形色色的人，确实是一个缓慢的过程。那些不习惯与其他人相处的人很难与别人建立互动关系，这需要一些社会活动来将他们聚到一起。当我们购买了新拖拉机，我们会邀请城市里的黑人牧师和在郊区的白人牧师一起来祝福祈祷，这是一个美妙的具有象征意义的活动。很多微妙的联系就此建立起来了。看到通过食品的联系将大家聚在一起，是一件令人兴奋的事。

这10年的大部分时间里，HFS的工作人员都在经营这个CSA农场，处理所有的款项，并且招聘和解雇农场的工人。HFS的资助承担了购买设备、改良土壤的大部分支出。伊丽莎白·惠勒的组织和支持工作为她赢得了“捐赠女皇”的称号，她的工作对于将霍尔库姆农场建立成一个设备良好、功能完善的机构是至关重要的。2003年，萨姆·哈默（Sam Hammer）接任了农场经理的职务并且填补了马克和伊丽莎白离开后领导人员的空白。自从那时开始，萨姆成功地将耕种面积扩展到25英亩。购买整份额的家庭份额在2006年会达到325个，更进一步扩充的是把产品销售到餐厅和农夫集市。农场的经营预算都用在投资上：一辆带有装卸设备的新拖拉机、一台种植用的拖拉机、浇灌设备、一个新的温室和围绕着9英亩土地的4 000英尺防鹿用的编制网。与HFS合作的11个社区小组以原本价格的四分之一来购买所需的大宗份额（约为 1 200 美元）。HFS 将获得的各种捐赠和联邦资助用作财务补贴以减轻 CSA 的负担。马萨诸塞州沃尔瑟姆的土地社区农场（Waltham Fields Community Farm）模仿 HFS 提供低收入群体的大宗份额，但是通过 250 个普通份额的销售收入来补贴每年总产量 30％的捐赠额。农场经理阿曼达·卡瑟（Amanda Cather）证实这样的方式增加了农场工作团队的压力。

霍尔库姆农场的工作人员包括一个农场经理，一个副经理，五个实习生和一个会计，和一个负责接洽哈特福德当地机构合作业务的业务助理。农场还提供劳动份额——通过 60 个小时的劳动可以换来食品——以及数不尽的志愿者服务的机会，这些志愿者来自 CSA 份额成员和社区服务小组。正如大多数非营利机构经营的农场一样，霍尔库姆农场的农场经理总是换来换去，直到萨姆就任后才有改善。对于一个年轻的农民来说，经营一个成熟的农场，挣取一份稳定的带有福利的工资是具有吸引力的。他告诉我们他喜欢这个农场，并且打算只要他能够负责农场的管理就留在这里。

随着这个项目逐渐成熟起来，HFS 和霍尔库姆农场就可以更清晰地区分开它们的食品生产和社会服务的目标。于是 2004 年，城市中的年轻人通过参与哈特福德种植项目（Grow Hartford）来到农场体验农场劳动，只是刚开始时，窘境频现。萨姆形容："带这些孩子去克兰比，就像带他们去月球一样"。后来 HFS 将哈特福德种植项目转移到城市中的一片土地上，在这里，年轻人可以更好地照管他们所种的植物，并且在劳雷尔大街的农夫集市将其与霍尔库姆农场的产品一起销售。萨姆对这个农夫集市有一个有意思的观察，"目前，在这个集市还不能赚很多钱，但是对于我们的使命来说非常重要，因为它在低收入的城市居民区提供了一个主流食品的经销点。尽管将这些食品提供给社会福利机构是一个符合正义的构想，但我认为在贫困社区帮忙建立一个以集市为基础的销售渠道，对于长期发展一个平等的食品体系来说更重要。"

那 11 个社区小组齐心协力将大量的份额送到 12 000 个低收入的哈特福德居民手中。家庭生活教育项目（Family Life Education）的工作人员服务超过 200 户家庭，将袋装的食品送给那些来办公室寻求帮助的家庭，有时也将这些配送到他们家中。同时，人们会咨询关于蔬菜的问题，这些蔬菜变得非常受欢迎。对于那些不常吃某些蔬菜的家庭，工作人员会提供烹饪课程。有时，这些家庭会带自己的亲友到农场帮忙。天主教慈善机构的移民和难民服务处为新到来的难民家庭提供一揽子的食品计划，包括霍尔库姆农场的新鲜产品。从天主教慈善机构来的志愿者给大家上烹饪的课程，还带索马里人和波斯尼亚人的小组到农场参观，同时采摘豆角和草莓。在谢泼德公园老年公寓有450个低收入的老年市民，项目经理戴安娜·马尔多纳多（Diana Maldonado）在市民的帮助下，将他们大量的份额分成小袋送给老年人。“对老年人来说到食品商店购物很困难”，戴安娜说，“他们大部分人都依赖于‘轮子食品项目’所提供的现成的食品。农场提供的产品不仅仅帮助他们很好的利用社会福利津贴，还鼓励他们要自己烹饪。”

O. N. E. C. H. A. N. E.，一个非营利机构，致力于通过整合社区组织、住宅再规划项目、就业培训和青少年辅导项目，重建哈特福德北部地区的非营利性组织，多年来，这个以街坊聚会的方式发放份额直到它遇到了资金困难。弗雷德里克·史密斯（Frederick Smith）是新的执行官，当他开始负责机构时，希望能够尽早恢复项目。“彼得的隐居处”（Peter's Retreat），一个为26个无家可归的患有艾滋病的人设置的居住地，这个地方利用机构的份额来准备饭菜。每周一次，厨师珍妮特·坎德拉（Janet Candela）带领一些人到霍尔库姆农场采摘豌豆和西红柿或者只是到农场参观。“我的顾客都是穷人而且很孤独，”坎德拉解释道，“他们不被社会，甚至不被自己接受。对他们而言，农场中减少了阶层的不平等。他们和很多不同的人自由地交往而且不会感到不舒服。他们在这里会感觉很安全。”

将农场的劳动工人转变为农民

最不平常和令人兴奋的CSA相关的训练项目之一，在加利福尼亚州的萨利纳斯山谷的“农业和土地基础培训协会”（Agriculture and Land-Based Training Association，ALBA）。ALBA的使命是“增进经济效益、维护社会正义，以及在有限的资源和有抱负的农民之间，找到维护生态的土地管理方式”。在农村发展中心（Rural Development Ceter，RDC）的工作基础上，ALBA给农场工作人员提供农业管理、教育、英语以及农耕经验的培训，教给他们经营自己的农场所需要的技术。这个项目已经帮助了500个以上的家庭，ALBA员工估计这些人中的10%都在经营自己的农场。参加PEPA（Programa Educativo para Pequeños Agricultores）项目——一个6个月的农业生产和管理课程，参加者可以使用在农民培训和资源中心（Farmer Training and Resource Center）的196英亩的三M农场（Triple M Ranch）最多5英亩的土地，包括水、设备和最多达三年的连续的技术支持。2006年，有27个农民接受了这样的培训和帮助。一个1997年的社区食品项目（Community Food Project）资助RDC来扩展它的农民、社区园丁、学校孩子的培训项目；建立自我支持的食品分配和营销体系；以及建立一个公共教育和政策委员会来推广食品安全。

工作人员路易斯·西拉（Luis Sierra）告诉我，在1991年以前，112英亩的RDC土地是使用常规的农业耕作方式。那一年，其中的一个参加人种植了1英亩的有机西葫芦，产量和收入都令人印象深刻，于是，到1998年我们已经有86英亩土地转变为有机耕作。从那时开始，ALBA已经拓展到两块土地，总面积超过300英亩，并且都进行有机管理。项目已经发展了自己的完备的包装设施，并肩负起将学员种植的产品推介到CSA协会的责任。

ALBA的CSA很小——2005年只有36个成员。在经济比较不发达的镇中心附近销售份额很困难，由于这些地区农场工人占了人口数量的30%，即使是销售价格比较低的份额，总收入也低于3万美金。对外事务负责人加里·彼得森说他们正在考虑一个计划，就像HFS一样，与社会福利组织和一些基金会的筹资方合作支持那些低收入的家庭。在RDC农场，CSA占用了一块中间的2英亩的土地，这样所有参加培训的农民都有机会观察特别的作物混种和有机技术。ALBA有机（ALBA Organics）将所有农民的产品组合起来并且在CSA简报中说明是谁种植了哪一种蔬菜。

玛丽亚，最初尝试有机方法的参与者之一，她三年来一直依靠经销商来销售她的有机蔬菜。路易斯曾经在饱腹农场和生命能量农场实习过，1996年，在路易斯的帮助下，玛丽亚启动了一个CSA，之后又搬到霍利斯特。加里·彼得森描述玛丽亚，说她是一个非常随和的、很好的组织者。她种植大概45种不同的作物，在种植季节之中可以收获12种作物。一份本地报纸上的免费广告和RDC咨询董事会的成员的招募帮助她签订了第一批份额合同。她的CSA成员主要都是萨利纳斯，卡梅尔，蒙特雷地区的白人中产阶级居民，这三个地方有定点取菜的地方。

玛丽亚不会说英语，这对于与成员沟通来说是个障碍，但总有人成员被她支持农民的理念吸引而加入。有些时候，她会通过自己四个孩子的翻译或者通过交换份额来获得帮助。（我儿子安迪帮我采访了她，因为他可以讲流利的说西班牙语。）玛丽亚已经设计了一个西班牙语的CSA宣传单，希望能够在说西班牙语的社区进行招募。由于这个CSA位于一个蔬菜主产区的中心，很多拉美裔的居民通过别的销售渠道或者自己种植来获得食品，因此找到拉美裔的成员很困难。玛丽亚发现，她可以通过种植不同的品种吸引拉美裔居民，如在市场上购买不到的红辣椒。她的特殊作物清单——土豆、洋葱、大蒜、墨西哥玉米、豆薯、香菜、西红柿、红薯、辣椒——对于其他那些寻找拉美社区的CSA来说是很有帮助的。除了运作她自己的CSA，玛丽亚正在与无家可归者菜园项目合作，提供在海岸附近很难种植的西红柿和辣椒。另外一个PEPA毕业生，托马蒂亚·马汀内斯（Tomatilla Martinez），在2006年发起了一个CSA。她决心服务她家乡的社区，服务于那些居住在格林菲尔德的小镇上、从瓦哈卡地区来的贫穷的农场工人。

社区食品项目

可持续农业研究和教育项目以及社区食品项目所提供的基金，帮助了CSA项目的拓展，同时还帮助针对低收入群体的食品生产，大学土地与学生志愿者资源的整合、利用。为了获得社区食品项目的资助，项目必须要满足以下几点：满足低收入群体的食品需求；提高社区供给自己食品的自给能力；促进对于本地食品、农场和营养问题的广泛关注。

使这些项目联合起来需要组织者出众的品质，如热情、活力、决心，以及本地社会组织农场、教育机构对当地粮食问题的共同关注。没有任何两个项目是完全一样的，在本书的第一版中，我介绍了5个项目的情况，到2006年，只剩3个项目运作得不错，另外两个消失得无影无踪了。岛屿合作社（Isles，Inc.），一个有26年历史的非营利组织，努力尝试建立一个CSA和一个种植花卉的农场，让人们可以来帮忙。组织者罗恩·弗里德曼（Ron Friedman）告诉我这是一个有意思的项目，“但考虑到特伦顿（美国新泽西州首府）的政治环境，我并没有很好的构想。”费城的“海洋交换”项目因市政府的重建改造方案而失去了自己的菜园，田地成为了一个市政府办事处的停车场，在原来的菜园，曾经有一个有经验的农场经理指导40个青年人进行食品生产。尽管如此，每年都有一些新项目在开始。我们需要更好地去了解，如何使这些爱心项目持续发挥最大的效用。

像狗的微笑一样，难以抗拒

一刹那，
信仰变得明确。
傍晚，
灯光倾斜，
灯光下布满了飞动的生命，
无数的尘埃，飞旋的昆虫，

燕子在瓜藤上，
入神地捕捉虫子。
月亮悬挂在空中，
雀鸟盯着虫子，
拍着她的尾巴靠近，
饱餐了一顿。
黑猫慢慢走进叶子丛中，
椿象虫吸食金龟子的幼虫，
肥胖的、橘黄色的、软软的
就像瓢虫一样走过。
那一瞬间，
心爱的人眼中发出的光芒，
坚定而明亮，
我们之间相互连结在一起的信仰，
清晰可见。
在信仰里，
就像狗的微笑一样，难以抗拒。
我们需要尊重、平等、和谐，
喂养天地万物，
而非，
任意地
毁灭。

——谢里·米克尔，1992

开始于1997年，艾奥瓦州的“土地到家庭社区食品”计划（Field to Family Community Food Project）依靠凯洛格基金会、利奥波德可持续农业中心（Leopold Center for Sustainable Agriculture）、社区食品工程项目，以及教堂和社会福利机构的支持，将项目范围拓展到低收入家庭，让他们参加神奇豆茎CSA、营养教育、农耕操作和领导力培训等活动。神奇豆茎的成员发起了“土地到家庭”计划来培育更多的自给的本地食品，帮助低收入家庭获得更多有益健康的食品。项目的协调人罗伯特·卡普（Robert Karp）解释他们的使命道：“取代简单地将食品发放出去的方式，低收入家庭被邀请参加支持本地农民的社区活动。”罗伯特有效地将CSA作为提供社会服务给低收入家庭的方法。1997年，从全国的教堂募集的资助补贴了17个低收入家庭的份额，1998年为25份。神奇豆茎捐赠了超过3 500磅食品给当地的食物发放机构。1998年，土地到家庭计划组织了很多人参加的社区会餐，启动了一个新的市区农夫集市，为成年人和孩子举办每月一次的烹饪课程，资助艾奥瓦州自产的食品，并且开始筹办一个食品加工的小公司。尽管这个项目的主要部分已结束了，但是作为项目的结果，有一些基本的要素已经被制度化了。艾奥瓦州的埃姆斯有一个很受欢迎的农夫集市和一个本地的基督教小组，这个小组每年筹集资金来制作健康食品代金券，使那些低收入家庭可以用其来加入人民农场CSA（Farm To Flolk CSA）。

佛蒙特州丹比的冒烟之屋中心（Smokey House Center）雇用本地的年轻人，这些人可以在工作中学习木工、动物饲养以及园艺。这个中心最初的市场是40个CSA成员，一个本地农夫集市和当地的饭店。除了蔬菜份额外，冒烟之屋中心还提供猪肉、牛肉和羊肉份额。在特雷莎·霍夫曼（Theresa Hoffman）和10位正式员工的指导下，这些年轻人学会了如何生产枫糖浆、硬木炭、圣诞树、蓝莓、猪肉、牛肉、羊肉和羊毛还有蔬菜。不过，这个非营利机构最主要的成就莫过于对青年人的培训。

在蒙大拿州的米苏拉，乔希·斯洛特尼克（Josh Slotnick）和他的学生及志愿者从1997年开始，在蒙大拿大学捐赠的两英亩土地上启动了他们的花园城市丰收CSA（Garden City Harvest CSA）。几年之后，他们因祸得福搬到了一片超过6英亩的肥沃土地上耕作，而且，这块土地还与市政府签订了一份10年的可续租的合约。花园城市丰收CSA继续为70个份额种植食品，并且尽可能多地赠送给本地的食品银行发放中心（2005年捐赠了2万磅）。乔希的生态农业和社会项目（The Program for Ecological Agriculture and Society）课程要求学生每周做6个小时的农场工作，其中有些人会留下来帮忙直到暑期结束。当地人也可以参加“蔬菜志愿者”活动并且可以通过劳动8小时获得一个整周额或者劳动4小时获得一个半周份额。

为了使花园城市丰收CSA在经济上自给自足，项目通过提供3种可选择的价格来销售相同的份额：“轻松生活”——180美元；“小有成就”——250美元；“有福同享”——320美元。大学的环境学习项目为乔希支付了75%的工资。乔希非常感谢当地民众举行的两场年度筹资活动和一次年度的申请，让他们的资金来源不成问题。当他们需要购买新的设备时，乔希会写一份申请，如今已经筹资建了一个新的仓库和购买了新的铲具。后来，花园城市丰收 CSA 在 3 个项目没有整体负责人的情况下运转来保持它的低预算。

“年轻人收获”（Youth Harvest）是花园城市丰收 CSA 的最新项目。蒂姆·巴拉德（Tim Ballard）是一位经过培训的辅导员，同时也是农民，在政府资金的资助下，他选择了被药品法院认定有罪的五个年轻人到农场工作。这些在压抑、贫苦的背景中成长的、处于社会边缘的年轻人与那些乐观的、享有更多权益的 PEAS 学生一起工作。这种混合对于双方来说效果还不错，形成了很强的辅导关系。乔希说，“给一个人机会去照顾一些东西，让他们在项目里收获归属感，并对自己的工作感到自豪，是一件很有意义的事。”最近几年，花园城市丰收 CSA 也与本地学校建立了正式的联系。秋季，花园城市丰收 CSA 对四、五年级的学生提供一日游；2006 年，它举办了六轮，每轮长达一周的夏令营。花园城市丰收 CSA 的口号为它们的行为做了最好的解释：“食物，让我们一起学习自立自强。”

2005 年社区食品基金又多资助了五个项目，包含 CSA，同时还有让人印象深刻的其他一系列社会服务目标。在缅因州波特兰的耕种社区组织（Cultivating Communities），用“时间美元”（Time Dollars，一种流通于当地的贸易方式）来资助低收入家庭获得 CSA 成员资格。在密苏里州圣路易斯，一个有着很长历史的支持都市农耕的机构“绿色走廊”（Gateway Greening），计划通过 CSA 和小商店来配送整个城市农场的产品。位于俄勒冈州波特兰的教会将提供给教区中的低收入成员有补贴的本地 CSA 份额。在华盛顿哈德洛克港，森菲尔德教育联合会正在雇用一个农民将一块 15 英亩的草坪变为一个 CSA 农场。在纽约州的罗切斯特根部将会从 GOVCSA 购买份额送给它的学校花园项目的孩子，并且将这些孩子带到农场参加教育课程和农场的劳动。

作为一个在平静的乡村小规模耕作的人，我发现我以上所描述的计划都需要复杂的组织架构、令人钦佩的动力以及迎接危机的雄心才能顺利完成。这些项目中的每一个人都值得将自己全部的故事讲述一遍。我希望他们每一天的挣扎和生活中的每一刻都可以被细心地记录下来。他们最大的成功将依赖于如何在很多脆弱的因素中同时取得平衡。如果 CSA 可以帮助改善我们目前食品体系中的不平等，它终将在历史中留有一席之地。

第 21 节　农业支持社区

创造力源于丰富的多样性。

——修女米丽娅姆·麦吉利斯（Miriam McGillis）在 2006 年 8 月 12 日的 NOFA 夏季峰会工作坊的发言

没有人给 CSA 颁发执照或者认证。农民在北美建立了大多数现已存在的 CSA，向当地消费者寻求财务和精神上的支持，而各种各样的社区也在利用 CSA 的理念为它们自己的使命服务。不论是社区支持农业 CSA 还是农业支持社区 ASC，正如罗宾·范·恩所说，相互的关系才是最重要的。只要参加者中还有人知道怎样种植值得信任的优质食物，不必受限于其他的目标。各个计划的创造者可以自由地按照自己的意愿发挥想象，整合资源和才智。在本节，我会提供一些 CSA 的案例：一个宗教组织发起的 CSA，为残疾人提供工作的项目创建的 CSA，一个工会支持的 CSA，以及一个粮食计划，它们成功地将社会食品安全、青少年教育和可持续农业等复杂问题结合了在一起。

宗教团体支持农业

对于社会在迈向富足的过程中仍存在饥饿和贫穷感到痛苦和焦虑，米丽娅姆·麦吉利斯修女被此折磨得痛苦不堪，因此，她促使了吉尼西斯农场的诞生，并且激励一系列在宗教团体拥有的土地上的 CSA 农场。到 20 世纪 70 年代中期为止，米丽娅姆修女已经清醒地认识到当前政治现实。她发现犹太教与基督教的一些世界观是造成军国主义、非正义以及农业工业化的根源。她是这样解释的，“我渴望一些有意义的东西”。托马斯·贝里（Thomas Berry）的新宇宙学帮助她表达她的直觉：地球是一个有生命的有机体，并且给予她实践行动的理论基础。

1978 年，她对其所在教会的会众提议，把在新泽西布莱尔斯敦的 14 英亩的教会土地变成一个可以安全问问题的地方，这是一个“为重新改造地球而学习的地方”。他们在 1980 年开始了吉尼西斯农场，通过州的农田保护项目使 226 英亩中的大部分土地免于被做为城市用地。几年以后，一位来自瑞士的从事有机农业耕作的年轻农民前来帮忙并待了 13 年。但直到 1987 年，他们才看到罗宾·范恩的关于印第安线条农场的电影——《不仅仅是蔬菜》，于是米丽娅姆修女决定追随CSA的理念。1990年，他们成立了地球研究学习中心来进行更深入的理论探索，并且为其他人提供课程和工作坊。正是这种实践和理论探索的结合让吉尼西斯农场成为了一个典范。正如他们的网站上申明的："社区支持农园（The Community Supported Garden）不仅是简单地提前购买蔬菜，它也是帮助农场自身的运营，成员和农民的直接联系把文化的意蕴重新带回了农业（因为文化的英文是culture，农业的英文是agriculture）。因此我们的社区开始重新建立和地球以及我们自己的相互关系。"

自从1988年以来的稳定发展使得吉尼西斯农场社区支持农园成为了美国家最好的CSA之一，并且还有一个活跃的核心小组以及成员的忠诚奉献。这个农场是一个独立的非营利机构，并且获得了新泽西考尔德韦尔多米尼亚修道院（Dominican Sisters of Caldwell）的51英亩土地的50年租约。修女们也拥有蔬菜的份额，农场经常告知她们农场发生了什么。3个农民雇员，几个学徒和许多志愿者承担了所有农活，成员从100个增长到250个，成员的捐资帮助农场建设了一个带有地窖和配送中心的中央花园房农场还种植了一些果树，如葡萄、猕猴桃和蓝莓，并且购买了一台磨面机和一台精密播种机。1999年，农场打了1口新井，第二年建了1英里长的防鹿网。农场在2005年的目标是新添培育谷物和豆类的设备。2006年，一个邻居给了农场一个极具挑战性的遗赠——带有房子和若干仓库的80英亩的土地，但是没有维护资金。

为农民提供合理的工资是吉尼西斯农场创建的动力之一。渐渐地，3个全职农民的收益提高了，1996年增加了相当于他们工资15%的补贴，2000年提供了医疗保险。根据网站上说的，"农场正在朝着消灭不平等、非正义、破坏生态的当前市场体制努力。这是一个关乎社会和经济的双重另类选择。"尽管份额的价格很高——家庭份额1 656美元，单身份额861美元，农场的负责人麦克·巴克（Mike Baki）说他"这样的价格相对于我们的成本来说，还是太低了"。

核心小组创建人员有修女米丽娅姆，陈·穆尔（Chan Moore），海因茨·托麦特（Heinz Thomet），朱迪·范·汉多夫（Judy Van Handorf）。在最初的12年，他们每个月开一次会。最近，核心小组采取了委员会的架构，每年大家只碰四五次。10个成员组成的核心小组继续负责简报、工资发放以及网站事务，而农民负责农场事务。迈克·巴基拟定年度预算并且提交核心小组审核通过，他们会征求核心小组中大多数人的意见。

尽管不参加日常的农务，但米丽娅姆修女会收集西红柿和豆类的种子，并观察它们在温室里的生长。她最重要的作用是鼓舞人心，启发和教导人们寻求与地球的生命节奏一致的生活方式。虽然她的文字和著作充满了对这个世界现状的担忧，但她仍通过实际行动改善农场、帮助本地经济发展并从中找到了希望。她在 2005 年给农场支持者的信中，提出了三个问题：

“我们应该如何在山区维系一个可自给自足的经济？”

“我们如何在我们所经历的喧嚣的时代中维系对传统信仰的希望？”

“我们如何让年轻一代深刻体验到自己是地球和宇宙整体的一部分？”

米丽娅姆修女在她的文章中写道：“当我们了解食物不是精神食粮的一个比喻，它本身就是神圣的，然后我们以神圣的态度吃它，品尝它，并且直接被神滋养。”难怪她鼓舞了其他宗教社区来理解 CSA 的复杂工作。如果你在为你的 CSA 宣传单寻找可引语的优美文句，发掘经过深入思考和写作的吉尼西斯农场的出版物再合适不过了。

米丽娅姆·麦吉利斯修女

出于对维护土地资源的责任感以及对常规农业导致的环境恶化的担忧，天主教在全美许多地区开始了有机种植和 CSA 实践。全美天主教农村生活会议列了 50 个“土地可持续发展社区”，包括 7 个现存的在印第安纳、新泽西、纽约、马萨诸塞州、密歇根、俄亥俄州的 CSA，并且计划在新罕布什尔、俄亥俄和伊利诺伊州启动 3 个新的 CSA（我知道还有一些不在这个列表上)。拥有合适的土地和耕作的想法只是一个农场的开始。宗教社团和其他发展 CSA 的人一样会在发展基础设施上面临相同的问题。随着人口的老龄化，一些社团中的有技术和经验的农民已经屈指可数了。像许多非政府组织一样，宗教团体必须雇人来干农活。对于一个年轻的无土地的农民来说，与一个宗教团体合作是一个极好的机会。

在 2001 年秋天，修女安妮·罗斯米尔（Anne Rothmeier）邀请我参加纽约阿勒格尼的圣歌农场（Canticle Farm）的第一届丰收晚宴。她告诉我农场土地属于她所在的圣方济各会的修女团体。尽管我遵循她给的路线图，第一次开车去农场时还是开过头了，再绕回来时才发现一块 10 英亩的开阔土地上种植着蔬菜——没有仓库，甚至没有遮荫处，只有一些盖着罩篷的设备。圣歌农场从第一个种植季开始，各地的捐款接踵而来，有来自圣博纳旺蒂尔大学附近的圣方济各会修士的，圣名省慈善基金会（Holy Name Province Benevolence Fund）的，也有来自修女们和社区的捐赠。再加上农民马克·普林茨（Mark Printz）的努力工作，这块空地逐渐有了农场的样子。核心小组在创建之初很幸运找到了马克，一富有种植经验的年经人，他厌倦了之前的市场营销工作，于是转变为一个技术精湛的农民，修女们都很喜欢他，他也喜欢这份工作。由于有捐赠的支持，圣歌农场将 20%的产品送给附近的社会福利机构和低收入家庭，并且设立了一个循环借贷基金来预先支付农场所需的费用，允许低收入的成员在其有偿还能力时再来偿还基金。

纽约的圣文森特德保罗慈善会幸运地为斯坦福维尔的姐妹山农场选择了合适的农民。戴维·汉布尔顿只做了几年的实习生后就成为她们的农民了，自从 1999 年他帮助修女们创建 CSA 起，他就一直干得很出色。戴维与修女们的关系是建立在互信的基础上的。CSA 是修女们的财产，戴维没有合同，为了让自己感觉更像一个当地农民，戴维从修女手中购买了靠近农场的土地与房屋，与妻儿一起在那里安家落户。他说他继续待下去是因为他付出了很多，“我开创了一个好东西，也希望看着它继续繁荣下去”。

其他宗教组织的 CSA 在寻找和留住农民方面则遭遇了不少困难。印第安纳的迈克拉农场（Michaela Farm）和纽约州的阿米蒂维尔的索菲娅菜园（Sophia Garden）都存在频繁更换农民的问题，同样的情况也困扰着其他的非营利性农场。尽管缺乏稳定的农民，在 1875 年就属于修女圣多米尼克修道院（Sisters of St. Dominic）的索菲亚菜园自 1998 年以来不曾停产。我们农场以前的一个实习生维多利亚·加利亚诺（Victoria Gagliano）说，她的父母在索菲亚农场每季要工作 15 个小时，但他们都爱上农活了。

夏日的某一天，当我们在一起收获时，我的CSA的一个成员杰茜卡·康德（Jessica Conde）告诉了我一个关于厄达菜园（Erda Gardens）的传奇故事，那是一个由方济各会修女玛丽·诺德（Marie Nord）于1994年建立的城市农场。玛丽是团体的领导人之一，还是一个因为反对建设核设施而被捕过的环境主义者。与米丽娅姆有相似远见的玛丽在租来的土地上创建了一个农场，这个农场被夹在圣菲市和一家有机农场之间，一直延伸到里奥格兰德河。由于深具发展前景，这块土地变成非常有价值的资产，然而长期的干旱和气温的骤变使新墨西哥州的蔬菜生产变得非常困难。洛伊丝·斯坦福（Lois Stanford）在《构建"共享社区"的挑战：新墨西哥州的CSA组织》一文中记录下了创建CSA会遇到的种种社会障碍。然而，在几年之内，厄达农场已成长为一个集体聚会点和拥有100个家庭成员的教育中心。据杰茜卡所说，厄达菜园是一个美丽胜地，"玛丽白手起家并创造了一个拥有良好食物供给的大社区"。

2000年的春天，农场只种植了一半作物的时候，一场车祸夺走了玛丽的生命。在那晚的紧急会议上，农场成员决定为了纪念玛丽无论如何都要坚持农场的运转。他们挣扎着渡过了那个艰难的季节。当时还不太有经验的农民助理戴夫·皮科克（Dave Peacock）回忆起那段艰苦的日子：我当时都想去杂货店买香蕉回来分给成员了；一位实习生搬到了杰茜卡的房子里，与杰茜卡夫妇、两个小孩和一个初生婴儿一起住。那年没有收获多少食物，但是没人抱怨，而且每个人都签约买下一年的份额。成员们发现玛丽一直在用她作为修女的补贴和所有的积蓄来支撑遭遇严重财政危机的农场，但农场的财务状况早已亮起红灯。核心小组不得不作出艰难的决定，提高份额价格，募集资金来还债。来自成员和圣方济各会修女们的捐赠填补了这个缺口并且为戴维提供了一份工资。第二年，农场雇用了一位农民吉米·珀蒂（Jimmy Petit），他是玛丽的朋友并且已从事耕作很多年了。2005年，他们已经耕作了八年的土地的所有者希望收回土地。核心小组成员金·福帕（Kim Phopal）说，尽管他们失去了一半的成员，但厄达菜园还是找到了一个新家并且做好了2007年的营销计划。

像吉尼西斯农场一样，大多数由宗教人士建立的CSA也向它们的社区提供教育服务。马萨诸塞州的生态、精神和地球教育中心（Center for Ecology，Spirituality and Earth Education）有40个成员，并为成年人和小孩提供烹调课程、有机种植教学、观鸟课程和有关新宇宙学的工作坊。处于好奇年龄段的青少年在索菲亚菜园找到了有偿工作并得到了生态学习的机会。同样地，厄达莱园的玛丽在关于生物动力学和永续农业的工作坊里授课。

其他基督教的教派也了解到了 CSA 的重要性。1993 年，美国基督教路德教会通过了“照顾天地万物：愿景、希望和公正”的社会声明教堂和成员承诺以“参与、团结、效率和可持续”为基础，“让个人的生活方式对环境健康有所贡献”，同时强调通过保护农田来保护地球。第二年，教会的“环境工作和饥饿教育”项目出版了农民丹·冈瑟的《耕种并保护它：教会参与土地保护的新范式》（*To Till It and keep It*:*New Models for Congregaition Supported Sustainable Agriculture*），唤起了“教会支持可持续农业”的一种声音。

威斯康星的丹·冈瑟和玛格丽特·彭宁斯的共同收获农场的初期网络是通过教堂建立起来的，3 年前教堂开始作为农场的取菜点。后来因为后勤问题让他们转移到附近的社区来配送，因此和教堂的联系渐渐少了，但丹说 CSA 的核心小组成员都是开明的基督徒，他们把自己的信仰和生活方式结合起来。共同收获的成员增加到了 225 个家庭，超过 100 个成员是 15 年以上的老成员，和平与正义问题依然是联结农民与成员的纽带，就算是非基督教徒成员也会很关心这些问题。丹说他们在与成员交流中谈及政治和信仰问题时没感到不舒服：“我们首先是精神动物。人们想把那种情感带到餐桌上来。”

组织者艾莉森·克拉克很满意詹尼斯山谷有机 CSA（GVOCSA）的顺利运转，2004 年她将注意力转移到教会支持农业上，并与纽约州卡南代瓜市的基督教组织合作。由于不能在镇上找到一个可以开始运作 CSA 的农场，艾莉森向和平工作农场请求提供帮助她培养一个核心小组，她愿意为这些核心小组成员提供一年免费份额。最初的 6 户核心小组成员在教会中招募成员并且利用教堂作为配送点。那年冬天，他们向离教堂很近的农场发出请求，邀请他们提出合作计划。我帮忙向那 5 个回应的农民说明什么是 CSA，以及如何操作。其中一位农民安迪·费伦兹（Andy Fellenz）已经准备好了，他和他的妻子已经在 2000 年成为我们的 CSA 成员，从一个顾客角度体验了 CSA 是什么样的。后来，他们在纽约州费尔普斯购买了一个带有 7 英亩土地和一个房屋的优质农田，安迪开始种植蔬菜和果树，通过农夫集市和商店销售。后来他便放弃了工程师的全职工作。

工会支持农业

工会支持农业（Union Supported Agriculture，USA）曾是一个遍布美国

的每一个劳工理事会都参与的项目。尽管劳工运动在美国备受批评（参与者只占了全美劳动力的13%，而部分欧洲国家却有80%的劳工参与），但工会仍然代表了千千万万的劳动人民。农民与城市工人相联合是有深刻的历史根源的。在1920年，就有75万人投票给农工党总统候选人帕利·帕克·克里斯滕森（Parley Parker Christensen），明尼苏达州在20世纪20—30年代有3任州长和4任参议员来自农工党。最终，明尼苏达州农工党与民主党合并。除了历史学家，很少有人记得农工党的那段全盛时期。如今还存在的USA是一个小农场与大班戈地区中央劳工委员会（Greater Bangor Area Central Labor Council）以及非营利性组织食品和药品（Food AND Medicine）努力合作的结果。

从2002年开始，国王山农场（King Hill Farm）的实习生劳拉·米莱（Laura Millay）（接受了缅因州有机农耕和园艺联合会推动的先进的农民培训），也是食品和药品组织的工作人员开始推动USA。劳拉在食品和药品的工作让她可与工会会员保持联系，她发现当劳工们失去工作的时候，他们不得不在食物与药品两者中选择其一。随着这几年许多企业转移到海外生产，班戈地区损失了4 000个鞋和木制品生产的工作。食品和药品组织和当地的工会合作，就自由贸易引起的混乱开展教育工作。工会的一核心组织——中央劳工委员会的代表，以及两个农场来的4个农民，设想出了工会支持农业，通过提供份额这样的福利给会员，来联结农民与工会。

第一个种植季，工会的领导通过定期会议招募成员，这些工会会员理解与当地农场的联合以创造一个更加公正的经济体对他们是有意义的。遗憾的是，各工会的投入水平参差不齐，一个拥有200名会员的工会只能吸引5～10个人到会。一些工会把农场份额捐献给失业会员。结果第一年中，只有10个人加入了USA，成员中包括教师，邮递员和磨坊工人。一个疗养院的清洁工购买了一份份额，然后再重新分发给他们的工会成员；国王山农场把一份份额捐献给了在事故中受伤的会员。第二个种植季开始，农民接手自己招募成员，在有工会会员出现的社区聚会做宣传。到2006年招募到了30个成员，其中口碑吸引了大多数新成员。劳拉说，对那些从没有直接从农场购买过食物的人来说，前方还有很长的一段路要走。

在国王山农场，劳拉占有20%的股份，乔的高中老师乔和乔的丈夫丹尼斯及丹尼斯的哥哥罗恩·金拥有农场剩下的股份。在劳拉的生活中，对她影响很大的是乔，乔是一个USA的主要支持者。劳拉在泰国居住时开始接触有关食品和农场的问题，她当时在泰国杰出的有机公平贸易范式的绿网合作社（Green Net Cooperative）工作。在国王山，劳拉管理着3英亩的市场菜园，260英亩的大农场，里面有70英亩耕地还有一群黄牛、35只母羊和一块林地。USA提供16周的份额，价格为340美元，10周的夏季份额为160美元。成员们在农场或者取菜点取菜，这两个取菜点分别在一个纸厂和一个工会礼堂里。USA成员更喜欢常见的蔬菜：生菜、菠菜、胡萝卜、甜菜、辣椒。当农场提供沙拉菜组合时，磨坊工人并不激动。

除了供应USA，国王山农场有它自己的CSA并且拥有30个老年人农场份额的成员。

劳拉说USA已经和当初建立时想象的大不相同，一些对工会运动无私奉献的人还是搞不懂为什么购买当地食物那么重要，再加上爱的人也不是那么多。大多数加入者都是本身与农业关系比较紧密的，有的是家中曾务农，有的是有帮忙务农的经验。但是，劳拉和班戈劳工理事会（Bangor Labor Council）决心使其他工会组织对USA理念感兴趣。在国内和国际反抗自由贸易行动中，家庭规模的农场组织和工会组织会觉得，工会与农业的结盟只是为了对抗更大的利益集团，而与可持续农业或社会正义无关。正如上面所说，农工党一个多世纪之前达到顶峰，现在农民和工会的再次合作会是种遐想吗？如果缺少了这一联盟，我们还能不能建立真正可持续的社区？

包括残疾人

尽管许多不是农民的人认为农活是可怕的艰苦的体力劳动，其实农场里有许多适合不同残疾人做的事，包括身体残疾者和有精神问题的残疾人。过去，一些精神病院把病人放在菜园和农场工作，因为种植工作使人平静。对于难以和他人交流的人来说，照顾动物是一种有效的疗法。毫无疑问，农场出现过剥削的案例，但以一种关心照顾的心态为出发点的话，农场可提供有意义、有尊严的劳动。生物动力希尔营村庄（Biodynamic Camphill Villages）为残疾人在农场中安家，并让他们为自己的社区种植食物，弗吉尼亚州的因尼斯弗里村（Innisfree Village）也是如此。金伯顿的三卡纳克CSA以及一些非营利性组织也采取CSA理念，将食品生产与能做某方面事情的残疾人就业结合起来。

马里兰的克拉克斯堡红蚯蚓社区农场（Red Wiggler Community Farm）是一个典型例子。伍迪·伍德罗夫在1996年发起的红蚯蚓的使命是“为有能力发展障碍的成年人创造有意义的就业机会。这就是我们发起农场的原因并且这是我们做一切事情的核心。由CSA创造的工作机会使得我们在红蚯蚓的活动更加丰富……我们的愿景就是创造肥沃的土地来繁荣一个健康和广阔的社区。CSA 对于我们的使命是不可或缺的”。红蚯蚓提供的份额的数量是适度的；80 个家庭在 2007 年加入，包括 3 家接受农场辅助的疗养院。农场同时一年也捐赠数千磅的食品给本地食品银行和低收入家庭。20 周的份额价格是 475 美元，同时加 100 美元可以购买 4 周的秋季延伸份额。2006 年的生产销售额是4.3 万美元，只是项目总花费 25 万美元的一小部分。推动 5 英亩土地上产量的最大化并不是他们主要的目标。

拥有 4 个职员的红蚯蚓为 16 个有发展障碍的残疾人提供工作。伍迪的激情是确保这些被边缘化的人在一个充满关爱的环境里有机会“发现他们真正的内在的潜力”。种植者早上 9 点开始工作，直到下午 2 点，每周 5 天，2006 年总共工作 2 465 个小时，为农场赚了 16 675 美元，农场新的工作地点使一部分人可以乘坐公共交通工具上班，这是他们迈向独立的一大步。加入红蚯蚓之前有些人只在帐篷工作坊里工作。与红蚯蚓签订合同的蒙哥马利县 ARC (Montgomery County ARC)，之前为智障人联合会带领全体景观美化工作人员每周在农场干一天的除草工作。农场本身有 289 个青少年志愿者和超过 100 个的成年人志愿者，他们协助举行工作坊、农场游以及为那个地区的学校和年轻人机构开办关于有机种植和环境管理的教育项目。冬天的时候，农场在这些种植者和当地艺术家之间举办艺术活动。将残疾人和非残疾人带到一起干农活，这是红蚯蚓的想象，“一个充满生气的、动态合作的社区农场，在这里每一个参与者都有一席之地。”

红蚯蚓使用传统的有机方法，集中通过覆盖作物、自然肥料和堆肥来构建健康土壤。大部分工作都不依赖重型机械，这样很多人就能有工作了。香农・瓦利（Shannon Varley）作为农场经理，这样描述农场的工作：

> 这是一个关于我们如何分配工作的例子：在种植季节，球茎作物(包括大蒜、青葱和洋葱等)、土豆、冬瓜、西葫芦由种植者负责，因为它们更大、更容易处理。农场经理为小种子作物负责，好比适合制作沙拉的虎皮菜、甜菜、菠菜等。如果种植者对于复杂的工作较感兴趣，我们也会让他们有机会尝试。
>
> 种植者的责任也包括铺放护根，放置和替换温室支架和防虫网，堆放土豆，除草，构建防鹿栅栏，搭设和拆除种植西红柿所需的支架，准备好瘟室并准备播种。更不用说还有每周三次的收获，每次两周的 CSA 配送工作以及每年五个月的包装和蔬菜标记的工作。还有我未提及的上

千件小事来保持这个地方的正常运作。

伍迪·伍德罗夫使红蚯蚓稳定发展。一个巨大的突破在2004—2005年的冬季发生，农场和蒙哥马利县的奥维德黑曾威尔斯公园（Ovid Hazen Wells Park）签订了一个20年的10英亩地的租约，当时农场立刻支起一个7英尺高的5英亩大的防鹿围栏。新的位置使得农场与它的种植者和志愿者网络更近了。2005年马里兰大学捐赠了800平方英尺的太阳能房屋，这是2005年由能源部资助的太阳能项目的一部分。这个房屋对于红蚯蚓的工作人员来说，是一个“可负担的住所”。另外一个社会捐赠对农场的下一阶段计划更为关键，这栋项目是建设一个2 000平方英尺的环保的多功能房屋。这栋建筑将使农场可运作整年期的项目，加倍提供给残疾人工作机会，同时提供更多的培训，包括对所有CSA成员的食品和营养培训。这栋建筑将取得卓越能源和环境设计项目（Leadership in Energy and Environmental Design，LEED）的认证。这个项目40万美元的集资来自于农场成员、当地企业、基金会以及国家和地方政府。一个社区食品项目资助将使CSA延伸到120个份额，其中25%的份额将提供给残疾人疗养院。

红蚯蚓筹资和发展的方式对那些把CSA和教育使命结合起来的人来说，是一个具有启迪作用的典范。红蚯蚓不希望农场的其他支出高于直接的农业费用。因为单靠农产品收益不足以支付为残疾人和当地青少年服务的项目的成本费用，资金支援来自于私人基金会、政府以及当地居民的奋力的筹资活动。要想把CSA和其他目的结合起来的话，对一个农场所产出的东西有切合实际的期望是非常重要的。因为CSA理念被更广泛的社区群体接纳后，容易给农场带来财政负担，那将给农民带来压力，并有可能最终导致他们的失败。

密歇根州兰辛市一个名为爱心树（Giving Tree Farm）的农场也把残疾人的工作及园艺治疗与CSA结合在一起。自1998年以来就经营农场的苏珊·霍顿（Susan Houghton）从社区扶持组织（Community Based Interventions，CBI）领取工资，这是一个与各种残疾人一同工作的非营利性组织。CBI在2005年购买了这个农场。爱心树提供就职培训并支付给头部曾受重创的5个人工资。在一些CSA中，残疾员工与正常员工的比例是一比一，其他的一些是一比二。苏珊在农场主要负责生产环节以及为受培训者找工作，他们最喜爱的工作之一是为农夫集市的农场摊位配备人员。当参加者完成了培训项目，爱心树会帮助他们寻找当地有关园艺的工作。

想办法在给残疾人提供工作的同时保持农场经济上的可行性，这让苏珊花了好几年的时间才弄明白。最初，苏珊管理21英亩的农场，销售100个CSA份额，同时供给几个餐厅、一个农夫集市，以及管理所有的账目，那时要保持收支平衡很困难。土地原先属于卡罗琳和鲍勃·鲍尔，他们有个孩子有唐氏综合症（Down's syndrome）。为了给孩子一个安全的空间，鲍尔一家在1991年开办了一个菜园并且之后邀请其他患相似病症孩子的家庭加入到这个"休闲菜园"项目，目前这个菜园在农场的另一个单独的区域。后来这些家庭想要无农药的食品，他们决定雇用一个农民，并为残疾孩子们建造了一栋房子，但是他们不能找到足够的资助来运转它，就把土地租借给了CBI。CBI这个大组织保护伞解决了苏珊的财政困难，她重新设计销售方案并且把CSA的成员缩小到农场最热情的支持者范围内。通过关注于少量作物（包括温室小型绿叶作物和根类作物），苏珊安排设计了最适合残疾人的工作。

受到希尔营村庄经验的激励，威斯康星奥西奥拉的社区农庄（Community Homestead）也提供住所和工作给有特殊需求的成年人。这个社区农庄的由40个成员组成，经费来自企业赞助。在有机认证的220英亩土地上，他们有供给150户家庭的7英亩的菜园，通过有机山谷运输的40头有机奶牛，3英亩果园，一个面包店，一些鸡、牛、猪，还有手工艺工作坊。CSA成员需要为18～20周的整份额交475美元，中等份额交375美元，并且可以通过网络订购多余的产品。2006年，社区农庄邀请它的支持者集资，为了筹建一个新的耗资35万美元的加工和储存中心。

残疾的成员与其他居民住在一起，不管是成年人还是儿童。农场的一个成员克里斯蒂娜·埃尔奎斯特（Christine Elmquist）描述他们的做法：

> 我们所有的活动都是为了提供一种包括有特殊需求的人的有尊严的、有益于身心健康的、可持续的生活方式。我们都是志愿者，将我们所有的人力、物力集中到一起，让我们每个人都有意义地生活。我们根据需要并不根据能力工作，并有一个共享的预算，而且大家非常喜欢彼此！我们的活动——挤奶、木工、手工艺等——总共占预算的45%，CSA大概占到15%～20%。我们依赖于我们的活动来让我们可持续运转，我们作为一个团队来工作，但在每个区域有一个负责人。我们负责管理整个农场的农民有25年的有机园艺和农耕经验，他的妻子有15年的有机园艺经验，主要负责菜园的组织工作。另一个人负责管理种植者和其他更多的日常的工作人员，这些事她已做了3年。有约7个人在农忙季节半日工作，农闲的工作时间是农忙时的一半。有16个左右有特殊需要的人

(这比较难以描述，因为我们的一些残疾人比一个年轻的正常人还要能干，所以我使用这种说法仅仅为了清晰!）帮半天忙或者更多。

这个农场的网站用可爱的话给自己的菜园作了总结："这是一个学习、滋养、自我实现的安全又和平的地方。韵律、信赖以及自尊在这个菜园的土地上根深蒂固。"

打破种族和经济隔阂：食品项目

由于工作的需要，我在 1975 年和 4 岁的儿子移居波士顿，当地的公立学校区别对待不同的种族以至于法院不得不颁布法令强制这些学校合并。我的计划是为儿子选择一个好学校，然后在附近社区租一个由学校提供的公寓。在这个城市闲逛的时候，我感到震惊而害怕——罗克斯伯里的部分地区看上去就像被一场战争蹂躏过的废墟。我访问了几个优秀的学校和一些贫穷学校，最后的选择是在剑桥定居。毛毛队（De Mau Mau）是一个非裔美国越战老兵组成的团体，由约翰·克林克斯凯尔斯（John Clinkscales）领导，通过一个黑豹项目为孩子提供免费的早餐和携枪上街来处理贫困和种族冲突问题，但他们最终被关进了监狱。另一个项目是食品计划，肩负起通过邀请年轻人来拯救地球和社区的挑战，其中包括黑人、白人和西班牙人、葡萄牙人，他们一起为那些饥饿的人们种植食物。

1991 年，食品计划，只有 3 个无偿服务的职员和 18 个年轻人，现在食品计划已经发展为一个拥有 200 万美元预算，30 个全职职员，100 个年轻的受培训者，几千个不同年龄段志愿者的非营利性组织。在马萨诸塞州林肯市的 4 个城市菜园和 31 公顷的农场上，这个项目每年生产 25 万英磅的自然生长的食物，其中一半用于销售，另一半用于捐献给食品捐赠处和福利机构。林肯的农田为 223 个农场自取份额以及 100 个在剑桥和杰梅卡特取菜的配送份额种植蔬菜和水果。年轻志愿者把从城市菜园收获的大部分农产品销售给农夫集市，然后带一些回家。许多年轻志愿者为农场和菜园提供劳动力。这些统计数据令人钦佩，背后折射出的是食品计划的重大社会意义，那就是把城市和郊区的年轻人转变为有技能的生产者和有较强表达力的发言人，来为可持续农业发出响亮的声音以及成为国内外效仿的典范。

食品计划的创始人沃德·切尼（Ward Cheney）希望以和平的方式带来改变，让将来自郊区的中产阶级家庭与城市中的少数低收入家庭的孩子们要聚在一起，教会他们学会种植食物并捐给饥饿的人。因为这些年轻人没有一个来自农场家庭，每个人在农场工作方面都处在同一起跑线上。正如食品计划的网站所描述：“我们的使命是创造一个由不同背景来的年轻人和成年人一起工作，由此构建的相互关心的、多产的可持续的食品系统。我们的特点是通过把青少年放置在特殊的角色中从事有意义的工作，从而鉴别和培养新一代的领导人物。”一个十分成功的例子是，目前林肯市农场的农业负责人埃莉斯·勒克莱尔（Elise LeClair）在她十几岁的时候就参加了这个项目。

食品计划提供给年轻人的那些工作是有偿且有意义的，并且有许多形式，包括：他们在 4 个城市菜园和农场里种植食物，并运送到农夫集市里销售，或者将一些食品做成调味汁和假日馅饼，或者直接把食品分发给食品捐赠处，同时他们也学着管理志愿者的工作。年轻人用半天的时间从事体力劳动，但是在另外的半天，他们花时间相互了解，学习如何面对种族和经济的多样性以及如何把自己培训为有效率的教员和领导者。通过一个叫“坦率谈话”的活动，食品计划中的每一个人，包括年轻人和成年人，在反馈环节成双结对地交换赞赏和建设性的批评意见。埃莉斯·勒克莱尔解释道，“这种力量来源于珍惜倾听别人谈论自己的机会”。

这些年轻人也参加教他们如何管理资金的工作坊，并且通过访问立法者和在会议上做报告得到公众演讲的锻炼。当他们学习新的技术时，他们有机会通过指导年轻的参与者而传递这些技术。十六岁的威尔·奎尔讲述了他第一年参与食品计划的经历，“这比以前的任何经历都需要承担更多的责任。”运作年轻人项目的格雷格·盖尔说，“我们不为他们刻意创造工作，也不刻意强调这个任务有多重要——我们是确实感受到这个的重要性，他们也真正感受到了，这也是他们中很多人深入参与的原因。我的意思是孩子们与我们一起坚持付出很多年了。”

在可持续农业会议上，我观察了食品计划青少年工作坊——他们的沉着和能力让人即象深刻。在餐桌和舞会上，来自不同群体的成员非常真诚地享受着相互的陪伴，他们不像学校的青少年一样，按照性别和种族分为不同的小团体。我问非洲籍美国人以及白人他们最喜欢食品计划的什么，他们都认为最重要的是，通过与他们本来互不相识的人一起工作学习，从而交到真正的朋友。

食品计划为了维持农场动作而推行 CSA。当唐·扎萨达在 1998 年做农民时，最主要强调的是为减少饥饿而种植食物。捐款和资助支付了年轻人的工资以及赠给饥饿者的食物的费用，但是项目在为农场运作筹资方面遇到麻烦。因此唐扩大了CSA，今天它肩负起了农场的开销与更进一步的发展。

作为食品计划的管理者，经营食品计划比经营自己的农场要更困难。埃莉斯描述她的工作是管理生产和管理人——很多人。在夏季项目过程中，4个团队成员每周工作4天，40个年轻人做4个半小时的田间工作，他们每10个人成为一个小组，每个小组有一个年龄大一点的小组长。埃莉斯培训需要提前一个小时来的小组长，之后小组长再培训其他人。那些购买了份额的人也可以来做志愿者，而且很多人已经这样做了。充足的劳动力分担了一些生产工作。例如，他们手工移种所有的甜玉米苗，这是一个有效的技术但是比直接播种需要更多的时间，每周他们为CSA收获两次。

埃莉斯同样也做制定农场预算的工作，这样就可以使她控制基本的花费。份额的销售必须支付CSA生产成本以及40%的赠送给别人的食品的成本。当他们发现食品捐赠处扔掉了沙拉生菜，他们将关注点集中在捐赠处可以使用的作物上，如辣椒、西红柿、黄瓜、西葫芦、冬瓜。在CSA配送可到达的一个小镇长大的埃莉斯虽然想在农场多待一年，但对她来说，在自己的社区作为一名生产者意义更重大。虽然食品计划了解埃莉斯身为一个农民的渴求，但在一个非营利性机构工作本来就是既有利又有弊的。

食品计划还可以作为一个国内外的相关机构的资源中心，通过它的网站，可以获取一系列有帮助的材料：一本名为《一起种植：构建鼓舞人心的、多样的和多产的年轻人社区》(*Growing Together*:*A Guide to Building Inspired*, *Diverse and productive Youth Communities*)的指南；一段名为《土壤：下一代》(*Dirt*:*The Next Generation*)的15分钟的视频；一系列按照校历设计的主题为"如何运营一个可持续生产的农场，同时在季节中整合数千的年轻人和志愿者"的指导手册；以及三本关于青年期活动的计划书，主题分别关于农夫集市、都市农业和志愿者管理。食品计划发起了建设今日本地农业体系（Building Local Agricultural Systems Today，BLAST）运动，鼓励这个国家的年轻人参与当地的项目；同时工作人员对组织和筹资提供常规的电话会议。与哈特福德食品系统相似的，食品计划举办了"吃进去，动起来"活动——一个年度的在很多地点举办的系列活动。

我问埃莉斯和唐，他们把食品计划的成功归结为什么，唐说三个创始成员继续留在这里对他们的成功至关重要，因为他们了解组织的起源并且帮助后来的人理解组织的历史，这种集体记忆帮助新成员有效地区分什么是可以的，什么是不可行的。创始人沃德·切尼让他们与罗克斯伯里已存在的社区教会和各种项目进行紧密合作，比如达德利街道邻居项目（Dudley Street

Neighborhood Initiative)，是一个由居民发起的社区重建项目。埃莉斯强调“开放的交流文化，这是一个你可以自由散步、做自己的地方”。副执行官珍·詹姆斯（Jen James）告诉我，全职人员中有5个是青年计划的中流砥柱。她说，“人们喜欢待在这儿，每个人都有发言权，我们关注每一个人，我们忠实于种植食物生产食物、影响年轻人。”从食品计划的成功中我们可以发现在发展过程中注重坚实的草根组织工作是达到可持续发展的一种方法。

当我们聚在一起，共享好的食物，我们的创意也开始奔涌。CSA的灵活性让许多创造性的、有意义的结合成为可能。为了建立可持续的社区，我们需要尽可能地联合不同的群体和个人——教育机构，宗教团体，劳工联盟，环保团体，医疗工作者以及乡镇官员。像由许多单独的线编织成的一根牢固的绳子一样，这些多方面的利益为我们的未来以及当地经济的繁荣带来了巨大的力量。

第22节　世界各地的CSA

在许多高度发达的工业国家，消费者重新拥抱自然与土地的渴望和农民对忠实消费者的需要使CSA以及其他直接销售方法应运而生。相反地，在一些人口众多并且自己种植食物的地区，CSA反而不是很普遍。土壤学会的研究者格雷格·皮利说，“走遍非洲，我们会惊喜于当地高度发达的繁荣的本地食品经济”。在亚洲和非洲的许多地区，除农业以外的工作很少见，在土地上工作仍是得到工资的唯一的选择，也是经济来源的唯一的希望。尽管条件很差，但人们仍然与土地联系。但是在欧洲、北美、日本，发达的国家却打破了这种联系，几十年的自由贸易也使以家庭为单位的农场濒临灭绝。而一系列的食品问题，导致人们对工业化农场生产的食品出现了信任危机。

人类的历史充满了非农民群体与特定的农场联系的例子——中世纪的庄园，苏联的农场和工厂的联合体制，或者特定的顾客和农场在农夫集市建立的合作关系。而在今天的古巴，所有的机构都有义务在食品上自足，所有公司和学校都有农场或者菜园。但是这些都不是我们提到的CSA的模式。

现代的CSA起源于日本。1971年，一乐照雄（Teruo Ichiraku，1906—1994），一个哲学家及农业合作社的领袖，他警告消费者警惕在农业中使用化学品的危害性，并且发动了有机农业运动。三年之后，关注这些问题的家庭主妇们加入了大学研究者的队伍，成立了“日本有机农业协会”。同年，金子方德（Yoshinori Kaneko）意识到他的农场不仅可以满足自己家庭的需要，也可以提供食物给其他人。他算出农场产出的大米足够10个家庭消费。为了召集当地的家庭主妇，他邀请她们参加一个阅读小组。在那里，他们讨论身体与环境的统一性，整个食品系统的价值，日本传统饮食的健康性。经过4年的学习和交流，1975年，他与10个家庭签订协议，农场提供大米、玉米和蔬菜给这些家庭，这些家庭支付劳动和资金。

受过高等教育的消费者和像金子方德一样的农民们彼此签订了协议，发起了“teikei”（伙伴）运动，一直发展到今天。最初，很多日本有机农业的支持者认为teikei是连接农场和消费者的唯一有效的方式，但是在之后的35年里，由于有机食品需求的增长和进口压力的增大，日本的有机农民不得不多样多他们的销售渠道。

在20世纪70年代末，一些瑞士的生物动力农场招募成员在收获季节来购买份额并且帮一些忙。鲁迪·博里（Rudi Berli），临近日内瓦的10个农民组成的名为Les Jardins de Cocagne小组的成员之一，告诉我们，创建者是受到在阿叶德（Allende）年代智利的集体农场和法国布列塔尼农民劳动者运动的鼓舞。雷托·卡多迟（Reto Cadotsch）和一些伙伴在1978年开始了有50个成员的Les Jardins de Cocagne。第一年他们吃的都是芜菁，而且他们的工具不好用，租种的土地上既没有灌溉也没有房屋，但是他们的成员非常支持。2005年，他们在17公顷土地上种植了50种蔬菜作物、苹果、葡萄和草莓，400个成员每年至少做4个半天的农场工作，那些不工作的为每个半天付额外的40美元。农场工作人员负责装袋，成员负责运输一半份额，一个雇用来的运输车运输剩下的一半。10个成员是农场的工作人员，收入是瑞士工人的平均工资加上福利。过去的20年中，1%的农场预算捐给了一个在非洲萨赫勒地区的南北团结项目。根据鲁迪·博里说，很多年来瑞士有3个CSA，但是受到法国人的鼓舞最近又有6个CSA启动了。

1985年，简·范德图恩把CSA的概念从苏黎世附近的托平那堡，带给人在美国、后来在世界各地大力提倡生态与有机农耕的罗宾·凡恩。大约在相同时间，实施生态农耕的农民特劳杰·格罗将他依个人在布什贝格洛夫农场（Buschberghof）的经验所构想的CSA，带到了在新罕布什尔州创建的坦普尔·威尔顿社区农场。随后不久，布什贝格洛夫农场也采用了许多在坦普尔·威尔顿社区农场的做法，好比设定成员人数标准，以及召开讨论如何支持农场年度预算的会议。土地学会的调查表明，在德国有许多直接营销的先例，它们被称作Erzeuger-Verbraucher-Gemeinschaft（EVG），但是没有多少农场像布什贝格洛夫农场一样组织。

在加拿大的英语区，CSA 就像在美国一样，由自身传播开来。但是在魁北克，由于非营利组织爱魁特基金会的努力，CSA 的增长速度更快。正如纽约市的非营利组织仅是食品一样，在 20 年的稳定增长阶段中，爱魁特基金会已经培养了超过 100 个 CSA 项目，覆盖 33 000 个家庭。爱魁特基金会提供给农场很好的服务并收取少量的费用，如推广 CSA 的理念并且为农场招募所有的成员。2000 年，以前的项目协调人伊丽莎白・亨特（Elizabeth Hunter）出版了一本如何创办一个 CSA 项目的全面指导手册，2010 年再版。目前的项目协调人克莱尔・鲁曼（Claire Ruhlmann）说，在过去的两年中，特别对于那些在林牧业和汽车工业中工作的成员来说，这种风险共担的理念得到了考验——寒冷的天气和植物疫病的传播让农民很难将份额填满，同时又受到金融危机的严重影响。尽管如此，爱魁特基金会坚持教育公众认识到本地食品的价值，并且继续寻找更多的公司，让农民得以直接与成批的公司雇员对接，同时可以将份额直接送到雇员所在的公司。为了建立更多的 CSA，他们开始在魁北克农业学校里招募年轻的农民。

在 20 世纪 90 年代，遍及英国的小规模有机蔬菜农场建立了箱子计划（box schemes），农场提供常规的箱装产品给预定食品的人们。这些箱子计划不需要更多的成员加入到种植、收获和配送食品中。在土壤学会的网站中提供了“如何建立一个箱子计划”的指南。这种方式在几个欧洲国家很流行，在丹麦更是受到热烈的欢迎。托马斯・哈通是丹麦西部的巴里特斯考农场（Barritskov Farm）的所有者，他在 2004 年 NOFA-NY 的会议上告诉我们，他的农场在 1999 年成立时只配送份额到 100 个家庭，在他们进行名为 Aarstiderne 的网络营销后，份额成员在 2004 年爆增到 4.4 万个。现在，Aarstiderne 仍以哈通的农场为总部，提供从超过 100 个农场中来的 600 种有机农产品，并且雇用 110 个人和 30 辆运输车。随箱的还有使这项活动成功的关键要素——厨师索伦・伊勒森（Soren Ejlersen）的菜谱，以及生产这些食品的农场的故事。哈通说，正如 CSA，我们的顾客也要提前付费来共担风险，不过我们是一个月一付。在荷兰的农场使用“绿色荷兰盾”（Green Guilders）：顾客可以提前付 1 000 荷兰盾然后在自己选择的农场购物。

土地学会的乔治・派立（George Pilley）做了一项关于 CSA 的可行性研究，他认为，CSA 对农民和消费者都好处多多：“消费者可以从有限的资源中得到新鲜的食物，拥有机会重新和土地连接，并开始对身边环境产生影响。CSA 传递了环保的理念，如很少的食物运送里程、很少的包装和保护生态的耕作，并且可以看到本地各具特色的食品生产的回归及当地更高的就业率，更多的本土加工、本地消费和本地货币流通以促进当地的经济。”因此，土地学会参与了一个叫做“耕种社区”的项目，旨在帮助英国境内CSA的发展，并制作了一个57页纸的建立CSA的指导手册，这个手册可以从网站（www. cuco. org. uk）上下载。手册把CSA定义为“农民与消费者之间的一种合作关系，共同分担责任，分享收获……CSA共同致力于构建更本土、更公平的农业体系，这个体系允许农民关注好的耕作实践的同时仍能兼顾农场的收成和利润。”这个手册也介绍了以下相关主题：如何找到土地，如何招募成员，资金的来源，生产实践，运营成本预算以及不同种类CSA的案例。

2005年，土壤学会发现英国共有100种以上的消费者与农民之间的合作关系，涵盖的范围从蔬菜、肉类以及水果，到苹果树出租项目、理念社区项目和城市菜园项目。浏览这些信息，会发现很多成熟的项目——苏格兰东北部的地球分享（EarthShare），格洛斯特郡的斯特劳德社区农业（Stroud Communnity Agriculture），在东埃塞克斯的泰伯赫斯普劳哈奇CSA（East Essex Tablehurst and Plaw Hatch CSA），还有其他地区一些新的CSA实践可供参考。斯特劳德和地球分享接受地区货币（Local Exchange Trading Systems，LETS）付款方式，泰伯赫斯普劳哈奇允许人们在购买份额和对农场投资之间选择。在土壤协会CSA项目工作的克里斯汀·格伦丁宁（Kristen Glendinning）告诉我，很快就会有3个新的社区农场成立起来，土地将会由英国国家信托拥有。

尽管1977年7月我就在法国拉卡地亚我的家门口收到过盒装的有机蔬菜，但直到2001年，CSA才真正在法国发展起来。从此，它像野火一样蔓延，2006年CSA数量达到了300个。之前，任何一个去法国旅行并体验过农夫集市的人都会跟我一样吃惊，那就是集市的收入没有给与家庭农场足够的利润，廉价进口食物以及快餐的竞争让农民们濒临破产。据农场主丹尼尔·威伦（Daniel Vuillon）所说，“农民面临的现实很残酷，小农场正在逐渐消失。在罗讷河口省和沃克吕兹省，大约3 500个农民破产了，在耶尔市的600个蔬菜农场面临严重的经济危机。”

丹尼尔的莱斯奥利瓦斯农场（Les Olivades）在普罗旺斯的奥利乌勒镇，当时也面临同样的问题。威伦家庭从1789年就在莱斯奥利瓦斯的10公顷的土地上耕种，丹尼尔和他的妻子狄尼丝（Denise）于20世纪80年代初期接管，1987年他们在农场设立一个摊位并销售农产品给超市。1999年，他们的女儿去纽约旅行，遇到仅是食品，于是他们知道了CSA。次年，他们亲自去看，并参观了罗克斯伯里农场。回到家后，他们拜访了附近欧巴涅镇上的消费者活动家并解释了他们的经济困境。2001 年 4 月，他们把第一批 40 个份额分发给 AMAP 的成员，AMAP 就是他们称呼 CSA 的方式。在开业典礼上，一个电视记者问其中一个成员，这样购买会不会很麻烦，她是否乐意采用这样的形式。安迪·布雷利亚诺（André Bregliano）如此回答："哦，当然！我很满意这种新鲜采摘的蔬菜，很高兴这样的健康饮食，而且农民们可以待在他们的农场，这是最重要的。"

在法国，狄尼丝和丹尼尔创造了第一个 AMAP。

两年之内，威伦家庭销售他们所有的农产品给各有 70 个成员家庭的 3 个 AMAP 小组，两个小组在农场取菜，另一个在欧巴涅取菜。他们很好的财政状况允许他们雇用 4 个全职的职员，并且给成员提供每周简报——两页纸的农场新闻，份额列表以及食谱。成员也可以从附近公司购买面包、鸡和鸡蛋的份额。从成员那里获得支持对于阻止政府机构征收农田很关键。我在 2005 年冬天访问莱斯奥利瓦斯农场，在围绕着农场的繁茂的绿荫之中，你都想不到房屋和繁华的商业活动就隐藏其中，航拍看起来有点像迈克尔·艾伯曼在圣巴巴拉的著名的公平远景农场的照片。在这个乡村绿洲中，种植了 4 公顷的蔬菜、4 公顷的果树，还有 1.5 公顷的温室以及美丽的老式农场房屋。

丹尼尔夫妇在挽救自己的农场后，他们在法国的农民和消费者活动家当中宣传 AMAP 的理念，将自己的理念给大家分享。2001 年 5 月，他们创建了普罗旺斯联盟（Alliance Provence），它是一个帮助普罗旺斯省内农场形成 AMAP 的组织。普罗旺斯地区政府也因经济发展因素很快变成了一个商业的合作伙伴。2004 年，在那个地区有将近 100 个 AMAP，大家组为 6 个分支区域，每个区域都由一些有经验的 AMAP 农民和一个活跃的消费者负责统筹。在农场上和其他农民会谈时，丹尼尔会以工作坊的方式向大家介绍 AMAP，狄尼丝则负责沟通协调工作。一个全国性的交流网站更是大力支持 AMAP 的发展。正如土壤学会，它的网站（www. reseau-amap. org）提供了关于如何建立一个 AMAP 的详细的信息，并且引导消费者如何找到离他们最近的那个 AMAP。信息中建议采用每周收费或是以劳力交换的方式，让更多低收入群体加入。

威伦夫妇具有传染性的热情和普罗旺斯联盟都有助于国际 CSA 网络 Urgenci 的建立。迄今为止，Urgenci 已经资助了两个国际会议，2003 年在法国和 2005 年在葡萄牙。目的是分享世界各地社区支持农业的经验。两次会议的参与者大部分来自英国和西欧，但是也有一些来自南北美洲、澳大利亚、日本和非洲。第二次会议主议题是选举理事会成员，制定内部章程和为未来的办事处寻找办公地点。之后，选举出来的理事会顺利完成了后面两个任务。根据章程，“Urgenci 的使命是在国际范围内促进本地农民和消费者团结合作。这种团结合作是农民和消费者之间的一种平等的承诺，通过这个承诺农民获得公平的酬劳，消费者分担可持续农业的风险和收益。”目前主要的活动就是促进资讯交流并且拜访不同国家的互相合作的参与者。你可以在 urgenci. net 网站上读到更多的约定与章程。欧巴涅镇和普罗旺斯省提供了资源，给 Urgenci 提供一个办公室和一个工作人员的工资。

Urgenci：国际 CSA 网络

使命

1. Urgenci 网络的使命是促进国际范围内，农民和消费者间的团结合作。我们定义的团结合作是：

农场产品的生产和供给的相互承诺；

公平的酬劳，足够的支付以保证农民及其家庭过上有尊严的生活；

分担生产的风险和收益，采用尊重环境、自然和文化遗产的健康的生产方式。

2. 概括来说，目标就是推动以团结为基础的生产者与本地消费者之间多形式的合作，除了农业，还有当地经济建设、环境保护、社会福利和健康生活方式等各方面的合作，并且促进城乡居民更好地享有公民权益。

3. 包括推动 Urgenci 网络的目标：

促进合作方的交流，以及与其他组织的交流；

采用多种方式来加强项目的可行性；

协调国际层面的行动（促进一致性）；

创造与公共机构的对话；

加强本地力量的动员工作；

巩固城乡合作的原则。

网络的价值观

Urgenci 网络和它的成员的最根本的价值观是：

在经济关系中平等、团结、互惠，特别是相互承诺公平的稳定的价格和风险；

每一个生产者和消费者享有合作的自治权，特别是在做决定的过程中以及为自己制定规则上；

要求全球不同范围内的组织（区域、国家和国际）具有一致性，包括设立统一的目标，关注社会共有资源的保护，允许民主的辩论和自愿的分享。

网络的目标

Urgenci 网络和成员的根本目标是：支持和培育小规模农业（家庭经营的农场），同时确保它们不依赖于石油和进口能源、能够进行本地化的健康生产，以及保护环境、生物多样性和自然文化遗产；

捍卫地球上的每个社区和每个地区的食品主权；

注重营养健康，并与饥饿和多种形式的营养不良作斗争；

在生产者和消费者、城乡的社会与经济发展之间建立彼此联系；

环境和公民教育，特别是未来的一代；

无论在城市还是农村地区，团结力量与排外主义和贫困作斗争。

我非常荣幸地收到了在 2005 年葡萄牙帕尔梅拉 CSA 大会上演讲的邀请。在会议之前，我们花了 3 天时间观察葡萄牙社区支持农业（在当地被称为 Reciproco）的情况。致力于乡村发展的机构们推动 Reciproco 从领导者项目（Leader）筹资，领导者项目发源于欧盟范围内，已经在 25 个成员国家的当地地区建立了1 000个项目。领导者项目的推广有八个特点：底层发起、本土策略、城乡合作、网络推广、地方化资金管理、地区性合作、多部门整合和创新。在会前的参观中，我们拜访了 ADREPES 和 TAIPA（葡萄牙的 52 个乡村行动组织中的两个）。作为试验项目，ADREPES 和 TAIPA 帮助农民与消费者通过 CSA 模式联结起来，这是一种适合“领导者”模式的方法。

在葡萄牙，全球竞争和欧盟共同农业政策（CAP）造成的经济压力与法国当时发展 AMAP 的背景极为相似。由于不能与大规模工业化农场相竞争，城郊地区的农民正在将他们的土地销售给开发商。在更加独立的乡村地区，年轻的一代正在放弃他们祖辈维生的农场而在城市寻找机会。Reciproco 为这些农场提供市场和新的希望，可以给农场的孩子们一些留在村庄的理由。

卡洛斯（Carlos）之前都在波切为批发市场种植蔬菜，他得不断地调整作物种类来满足市场需求。最近几年，他给里斯本超市的供物销量受到其他欧洲国家低价蔬菜的冲击而缩减。在 ADREPES 的帮助下，他谨慎地尝试 Reciproco，提供蔬菜份额让消费者在里斯本的“葡萄牙乡村商店”（Portugal Rural Shop）取菜，这个商店销售区域性的农场产品。在最初的七个星期，每周的份额增长到 32 个，但卡洛斯的目标是 50 份，虽然他和妻子及两个帮手在 7 公顷的沙质土壤上工作，但他相信通过他们的努力，可以提供 100 个份额。每周份额里包括 14 种产品，一些来自与附近农场的交换。消费者按周付款。卡洛斯犹豫是否要求提前付款，因为他担心有可能无法像承诺的一样提供所有的产品。我们去参观那个商店时，看到了两个不同大小的份额，里面装满了生菜、芜菁、菜花、柠檬、香菜、卷心菜、土豆和西红柿。卡洛斯告诉我，上一周，他忘记了芜菁，结果顾客就此抱怨。

再往南的奥德米拉地区，TAIPA 已经在小村庄柯尔特布里特组织了一个农民小组，提供蔬菜份额和鸡蛋给本地的消费者。农民们手工制作了篮子并且使用传统方法种植蔬菜。他们将产品带到一个中心配送点，将产品在篮子中合并成三个不同大小和重量的份额，之后轮流配送到三个周边的镇的配送点。他们询问每个消费者哪一种蔬菜不受欢迎，所以每个份额的内容都是不完全一样的。就像卡洛斯，他们不期待提前付款，但是他们的顾客签订一个六个月的合同，合同上他们同意每周付款。到目前为止，那些不能来取菜的顾客也根据承诺付款了。这些蔬菜要比相似的、高质量的商店的新鲜蔬菜便宜。在 TAIPA 工作的三个年轻妇女告诉我，对于农民来说，改变很难，所以项目的一个重要方面就是提高农民的自我认同。萨拉查（Salazar）统治的年代，很多农村人仍然是文盲。TAIPA 项目提供给农民文化和商业的培训以及有机生产需要的技术方法。TAIPA 同样在消费者中推动 Reciproco 的理念，并且组织农场参观和橄榄采摘日。在下一年，TAIPA 想要建设一个加工中心来制作果酱、甜点和其他产品，同样用奥德米拉地区商标出售。

我们还拜访了三个非常小的农场，大部分工作都是手工完成。我们看到的田地更像一个种植了多样作物的大菜园：西兰花、菜花、甘蓝、菊苣和胡萝卜。在这个季节，杂草非常多，但是农民看起来并不担忧。每个农场都有果树，比如橘子、柠檬、苹果，以及橄榄树和楝树，还有各种各样的家禽和猪。他们中的一个还有一窝关在笼子里的野猪。农民安德烈·阿纳斯塔斯（Andre Anastas）告诉我们，他将粪肥放到地沟里，还使用毛驴锄地。当害虫造成的压力太大时，他才使用合成杀虫剂。在 Reciproco 之前，他将多余的作物喂猪，因为他不知把产品销售到何方。我们所参观的最大的农场是由一家三代共享的 1 公顷土地。男人在农场工作，种植、切割桉树和收获橡树皮。他们使用旋耕机和一只毛驴来耕作。他们的大部分产品供给自己家庭之用。

那些幸运地住在这些农场周边的人可以吃得很好。奥德米拉的组织者为会议嘉宾在参观时举办了两次丰盛的大餐，他们用好酒、奶酪、熏肉、火腿拼盘、蜂蜜、果酱、面包、沙拉、蔬菜和新鲜的柑橘款待我们，曾为自己的旧式农耕感到不太好意思的农民，在与我们分享收成时却充满了内敛的自豪。

除了组织 4 次国际的 CSA 会议，Urgenci 网络已经完成 24 项任务，将法国的 AMAP 农民和活动家带到东欧和非洲，并将那些国家的农民带来法国学习成功的经验。我读了 Urgenci 网站上所有的经验交流，包括其从斯洛文尼亚、保加利亚、匈牙利、马里、多哥到摩洛哥的纪实。法国团队以及其他国家在推广 CSA 时所遇到的障碍，给了后继者很多的启示。就如在东欧的一些国家，市民没有支票账户，所以对他们来说，提前付费就很困难。有些国家，政府的食品安全规制给直销带来了很大障碍。另外在农村地区，很少有关于生态农业的知识，在这次出访的所有的国家中，无论是欧洲还是非洲，有机食品生产几乎不存在。CSA 在马里、摩洛哥、贝宁湾和多哥，还有很长的一段路要走，远比波兰和捷克的要长。

2005 年帕尔梅拉会议上，我听到了很多其他国家 CSA 的故事。罗宾·西格雷夫（Robin Segrave）和凯斯·克拉贝（Kess Krabbe），一对来自澳大利亚的夫妻来到会议学习CSA。凯斯是一位来自荷兰的农民，他的妻子一直劝他尝试CSA。他们说缺水对于他们的塔斯马尼亚CSA是一个主要的困难。我通过网络查找澳大利亚的CSA，找到了米姆斯布鲁克农场CSA（Mimsbrook Farm CSA），它在2005年开始时是非营利性的，以及澳大利亚布里斯班的食品联结（Food Connect），它提供从多个农场来的产品，很像马萨诸塞州马布尔黑德的消费者经营的农场直销合作社。比利时的帕特里克·德巴克（Patrick deBuck）告诉我食品小组（Voedselteams）建立CSA的方法。帕特里克作为其中一个组织者，从一个镇到另一个镇来招募成员小组，当他每次招募到20个家庭时，就帮助他们联系最近的农场，2005年在佛兰德斯的90个食品小组共有1 600个成员家庭。

世界范围内的有关类似CSA的机构的努力和成就都特别容易吸引我的注意。在匈牙利，一些人与格得勒农业大学（Godollo Agricultural University）环境和景观管理研究所合作，一起推动开放菜园基金会（Open Garden Foundation）的运转。在荷兰斯德哥尔摩，社会贸易组织（Social Trade Organization）帮助组织了所谓的佩尔戈拉（Pergda）。喀麦隆的伊丽莎白·阿坦加纳（Elisabeth Atangana）是一个中非11个国家农民小组的主席，她参加了2005年的CSA会议并被选为Urgenci委员会成员。尽管她的家庭农场离姆富镇24公里远，路况很差，她克服了困难来参加了，因为有一些CSA的要点对于她的人民可能是有用的。在西班牙格兰纳达的一个农场每年提供一盒本地产品和农场的橄榄油给欧洲的支持者。一个渔民将捕获的鱼分配给地中海沿岸的法国的40个家庭。

CSA通过美国到达中国的北京地区，在2008年，中国人民大学农业与农村发展学院的博士研究生石嫣在明尼苏达州的地升农场（Earthrise Farm）工作了半年，学习如何经营一个CSA农场。回国之后，她与国仁城乡科技发展中心（Guoren Urban-Rural Mutual Coop）的管理团队一起创办了小毛驴市民农园。国仁城乡科技发展中心是石嫣的导师温铁军教授发起的，温教授一直在中国推动生态农业。小毛驴市民农园有两种份额成员，这是一种创新性的CSA和社区菜园的混合体。其中一种是普通份额，每周农场都将新鲜蔬菜配送到成员家里，品种和数量都根据每周的产出决定。另外一种叫劳动份额，每个家庭都有一块30平米的土地，成员需要每周自己劳动和收获。这两种方式的成员都要在种植季节之初签订一个风险共担的合同。小毛驴市民农园中的农民来源于农场所在的村庄，同时农场还有一些实习生。我是2009年秋天，从来拜访我的农场的程存旺那了解到小毛驴的，他同时也是温铁军老师的博士研究生，还是小毛驴的创始人之一，并与石嫣一起翻译了《分享收获》。看到这个CSA继续繁荣并且其模式被中国的其他农场复制，我觉得非常有意思。

在神户的Urgenei的会议上，我碰到了一个韩国的农民，她告诉我她在韩国的首尔经营着一个CSA。

尽管北半球发达国家的消费者正在关切吃本地种植的食品的重要性，以及强调合作、公平贸易和社会公正的另类经济项目在世界很多地区的涌现，但是跨国合作的全球工业化浪潮，至今仍未停歇。全球各地社区支持农业计划的出现展示了不同地区的消费者和农民正在回应相同的全球化的压力。同样一种组织形式有如此多的名字，这是一个令人鼓舞的信号。一旦它们抓住了基本的原则，农民和消费者在各自的文化中再根据本地情况采纳适合自己的CSA。每一个本地食品项目随着创始人的见识、天资、需求和资源条件逐步成型。我们相互支持和学习得越多，我们就能更快地拥有可持续与和平的社区。

Teikei在日本的35年

Teikei是一种另类的选择，是一种开始于30年前的本地自产自销的食品配送系统，它是作为一个有机农业运动而出现的，以应对日本快速的工业化而导致的环境污染。很多消费者，特别是带着小孩的城市地区的母亲，越来越多地担心食品的安全问题，并且自己组织团购来获取没有被污染的鸡蛋、牛奶、大米、蔬菜和传统加工的食品。同时，农民们也越来越了解农业化学品的危害，他们开始采用有机农业技术。1971年日本有机农业协会（Japanese Organic Agriculture Association，JOAA）促成了著名的Teikei（意思是“关系”或者“伙伴”）系统的建立，从而联合了消费者和农民并且鼓励他们相互帮助。结果，在20世纪的七八十年代，新的teikei小组如雨后春笋般出现，到1990年已经有800到1 000个小组。1978年JOAA全体大会上，15位在日本的消费者和农民之间都具有影响力的先锋共同制定了Teikei十项基本原则。

其中一位先锋是出生在山口县的鱼澄道雄（Michio Uozumi），他在神奈川辖区的川崎镇上长大。18岁时，道雄已经开始关注工业污染的严重性，并下定决心致力于环境保护相关的工作。他进入了东京农业大学学习，在那里，他从艾伯特·霍华德（Albert Howard）的《农业圣典》(*An Agricultural Testament*)和杰尔姆·罗代尔（Jerome Rodale）《补偿土地》(*Pay Dirt*)两本书中获得了知识和鼓舞，这两本书被很多日本有机运动者认为是有机农业的必读书。他很幸运地见到了JOAA的创始人一乐照雄，那时一乐刚刚开始在日本发起有机农业运动，他相信这样的方式才合乎亚洲人的自然哲学。

1970年考察水俣市的海边乡村时，道雄加入了水俣病受害者自救会。水俣病是20世纪60年代日本最危险的公害病，它是一种由汞中毒引起的神经疾病，这与日本人在1932—1968年食用被Chisso公司的化学工厂的工业废水污染过的鱼有关。道雄遇见了一个叫渡边（Watanabe）的渔民，他也是水俣病的受害者，并极大地影响了道雄的未来。

大学毕业后，道雄和同样也从东京农业大学毕业的妻子美智子(Michiko)，一起在茨城地区的一个农场简短地工作了一段时间，这个农场提供食品给一个有名的成员小组——鸡蛋小组。这个小组非常团结并且协助农场种植、配送以落实自给自足的理念。这个小组的经验及其深入致力于有机农业的做法，对年轻人建立自己的农场来说是很鼓舞的。

在茨城受到的启发，以及对日本农业中消费者与生产者关系日渐疏离的关切，道雄一家依旧努力地耕种着。他们的家庭农场在茨城地区，距离东京一个小时的车程占地7.5英亩（种了0.4英亩的大米，5.7英亩的蔬菜，1.2英亩的小麦、大麦和大豆），他们为将近100个teikei成员家庭提供全年的产品。

道雄家庭种植超过70种不同的作物，每个季节至少有20种，这种多样性使得他们可以全年收获而不依赖于温室。在冬天的几个月，他们使用覆盖物来给作物防寒。在茨城辖区，每年仅下一点点雪，温度比东京要冷几度。道雄、美智子和他们的儿子雅孝（Masataka）一起收获，并将产品分包成不同大小发送给他们的农场成员，成员拿到的产品常常还带有泥土，这与日本常规市场作法有很大区别，常规作法往往在标准化外观上而不是食品的安全和味道上花了更多的钱。

尽管道雄一家种植的祖传的五谷杂粮主要是为了自己家庭消费，偶尔他们会给他们的Teikei成员一个惊喜，在蔬菜包中放一小袋大米。道雄一家使用日本传统的方法晒干收获的大米，谷壳和稻草则用作堆肥或者作为土地覆盖物。他们还养了约600只蛋鸡和肉鸡。因为有大量的绿叶蔬菜和农场的杂草，鸡群们吃由碾碎的牡蛎壳、谷壳、米糠、大豆、小麦、大麦、鱼粉和绿色植物混合而成的有机食物。

正如多数teikei农民一样，道雄一家使用了三种不同的配送方法。第一种是，在每周一和周二，他们将鸡蛋小组的蔬菜装箱，成员轮流到农场取菜并带回到离农场两小时车程的松户千叶城的成员小组的中心储藏室，在那儿，他们将蔬菜分成35份份额并且配送到13个成员家中，这13个成员的家就成为运送的终点和取菜点。成员通过他们的鸡蛋小组可以获得所有的食品，包括豆腐、鱼、猪肉、海带、豆酱和水果。

第二种是，在每周三，道雄一家准备30个箱子，通过国内货运公司运输到东京的消费者那里。这两年中，他们也用这种方式直接运送一大盒蔬菜到一个疗养院。最后一种是，在每个周五，道雄一家将各种不同的蔬菜装箱，配送给茨城地区筑波市的30个家庭，距离农场大概一个小时。他们一般晚上5:30左右开始配送，一直到晚上10点左右。

为了落实teikei的基本原则，推动农民和消费者相互帮助和理解，teikei农民和成员小组创造了很多成员和农民面对面的联系机会。尽管在过去的几年，成员越来越少参与田野劳动，道雄一家一般都会在节假日和季节转换时在农场组织活动。秋末，很多成员期待“落叶祭”活动，大家一块收集落叶并制成一种专用于育苗的堆肥。11月会组织丰收节，人们聚会以纪念秋季的收获，这让人想起了美国的感恩节庆祝，孩子们会被邀请来，让他们在土壤中收获传统的紫色土豆。

过去的几年，teikei是世界范围内相似运动中发展得规模最大、范围最广、组织架构最完整的一个。然而，越来越少的年轻人选择以农业为职业并且可获得的农田数量在减少，teikei的未来也令人担忧。与其他的有机农民一起，鱼澄道雄开始志愿服务于保护农地和振兴农业的计划来对抗这个趋势。在距离他农场30分钟的茨城“欢乐农场”（一个有一些小动物、一块蔬菜地和一个饭馆的小农场），道雄向孩子和劳动者教授有机农业技术，并且他还参加一个在东京城市农园的项目。过去的3年，一个示范项目已经开始在这个繁忙城市22英亩的农园中种植有机蔬菜，并向城市家庭介绍有机农业的理念，同时让孩子们参与耕作，给他们提供机会来提高对食品生产的认识，还给了他们快乐和难忘的种植和收获有机蔬菜的经历。

就像鱼澄道雄，日本的其他农民正在让更多的消费者参与进来并教育他们如何耕作。福冈县的农民八广幸隆（Yukitaka Yahiro）说："很多年轻的消费者说他们想要吃更安全的食品，但是却不常在家做饭了。因此，作为农民我们能够提供的不仅仅是健康的产品还应提供烹饪技巧。伴随着消费者学会了烹饪技巧，如烹饪大豆、豆腐、腌菜等，他们的生活质量将有所改善。"1996年，幸隆和八广美智子（Michiko Yahiro）在农场开放了"穆萨比房子"（Musubi-an house），在这里本地消费者可以购买有机产品并且参与每个月的烹饪和传统食品加工课程。

再向北，在山形县的高畑町，著名的日本有机运动的心脏地带。1973年41个年轻的农民组织了高畑町有机农业协会并且在东京地区消费者小组中发动了新的teikei运动。星宽治（Hoshi kanji）是一个农民和诗人，他志愿地领导高畑町教育委员会的不同的项目和活动 。其中的一个教育项目叫做"与自然生活的乡村学校"，在高畑町每年夏天的几天课程中，学生来体验农耕和传统的乡村生活，其中有不少来自东京的大学生。通过这样的项目和teikei的活动，大概有80个人成为了高畑町的农民或者居民，给村庄注入了更多的活力和希望。

那些上面提到的农民的故事被每年的JOAA全国性会议的参与者分享。每年，会议在一个不同的地区举办，允许400～700个参与者参加，包括农民和消费者，特别是对于农村地区的参会者，让他们有机会更近地了解目前的科技和项目。第31届会议在2004年爱媛县举办，在那次会上的出席者了解了由爱媛县和爱媛有机产品合作社发起的本地、有机学校午餐项目。2006年第33届国家会议在千叶县的Miyoshi mura村召开，这里是1973年最早的teikei运动的发源地之一，当时的安全食品合作会在这里年复一年地努力在超过36个农民和800多个家庭间构建起信任与尊重。JOAA也组织一个留种网络；出版一个月刊《土壤和健康》（*Soil and Health*），并且努力阻止转基因作物危害日本的农业。

现在，在日本有很多其他的小组推动生产者和消费者直接的合作。自从20世纪70年代以来，消费者合作社扮演了一个重要的角色：日本消费者合作社联盟联合了所有农民以及166个零售合作社，包括生活俱乐部（Seikatsu Club Co-op），向人们推广消费者直接向生产者购买的理念。在"吃在当地，吃在当季"的呼声下，农夫集市增长得很快。官方的数字估计在2 500个，包括小型的和私人的市场，总量估计在1万个。除了合作社，从teikei也衍生出有机配送系统，例如，大地守护会、波兰广场等等，它们也反对转基因食品并参与到本地食品运动中来。

Teikei有机运动成立的目的是为了激励日本社会尊重自然生命，促进人类相互之间的信赖，更让人们意识到食品和农业是构建更健康的社会的基石。鱼澄道雄认为光着脚站在新耕过的土地上的感觉是“惊人的和疗伤的体验”，这也是今天大部分居住在大城市的人们已经远离了的。总之，他相信这样一个积极的效果对于孩子来说是很有意义的，也是从根本上重新联结日本的社区和本地农业的方法。他和其他的teikei农民相信，每一个努力都应该会增加农民和消费者之间的联系，以及消费者与土壤之间的联系，从而更好地理解和认知本地有机农业在我们的生活中所扮演的重要角色。

凯西·希尔是毕业于纽约大学的公共管理硕士。她的家乡在美国得克萨斯州，目前居住在东京并且从2005年来一直是teikei的成员。久保田浩子是JOAA理事会的成员，并且是东京国学院大学的教授。

Teikei的十个原则

1. 互助原则。合作的实质不在于贸易本身，而是在于人与人之间友好的关系。因此，生产者和成员应该在共识的基础上互相帮助。这个关系应该建立在对过去的经历的反思上。

2. 有计划生产原则。生产者应该多征求消费者的意见，在农场的能力范围内有意识地生产最多数量和最多种类的产品。

3. 接受产品的原则。成员应该接受所有的承诺订购的产品，并且他们的饮食应该尽可能多地依靠这些产品。

4. 在定价上相互承诺的原则。在产品的定价上，生产者应该全面考虑成本，由于分级和包装过程简化了，而且所有产品都被接受了，消费者应该得到新鲜、安全和美味食品。

5. 加深友好关系的原则。持续发展这个伙伴关系需要加深生产者和消费者的友好关系。这个目标的达到只有通过最大化地增加彼此间的联系。

6. 自己配送的原则。根据这个原则，产品的配送应该由生产者或者消费者小组执行，同时主要取决于后者的储存能力，不可依赖专业的运输者。

7. 民主管理的原则。每个小组都应该避免过于依赖有限的几个成员领导者，应该尝试所有人共担责任的民主管理的实践。根据相互帮助原则，并兼顾成员家庭的特殊情况。

8. 小组间相互学习的原则。生产者和成员小组都应该非常注重在彼此之间的相互学习，并且应该尝试在安全食品配送系统中也坚持相互学习的原则。

9. 保持合适的小组规模原则。如果这些小组的成员数量太多或者涉及范围太大，以上原则的全面实践都将会很困难。这就是为什么它们都应该保持一个合适的大小。这个运动的发展就会员制来说应该促进小组数量的增加和彼此间合作。

10. 稳定发展原则。大部分情况下，生产者和成员都不可能从一开始就享受到合作的好处，因此，对于他们来说，选择有前途的搭档是有必要的，即使现实状况还不令人满意，不用担心，大家在相互合作中一起努力进步。

资料来源：日本有机农业联合会。

第 23 节　退出的 CSA

终点总是离我们越来越远。救赎存在于努力开创的过程中，而非过往的成就里。全心的投入才能带来全面的胜利。

——甘地（Gandhi）

有多少农民和成员小组参与了 CSA 农场，但却或早或晚地放弃了？没有确切的数字。在已经结束的 2001 年调查中，在 354 个 CSA 农场中，5.4%难以为继。我们虽然没有能力跟踪在五年内就结束了的所有的 CSA。但本节会对那些短暂存在过的 CSA 的农民和消费者的访谈，并且部分说明为什么一些项目失败了。我们能够从这些信息中得出有用的教训，不仅仅是警示未来的 CSA 在它们创建前要深入考虑，而且对于活跃的、有生命力的 CSA 来说，一些潜在的易犯错误和负面情况可以被认识到并可能避免。

这些失败案例的一个共同特点是，没有成功地培养一个有力的核心小组及承诺参与的成员。一些发起这些 CSA 的农民从没有尝试形成一个核心小组。另一些努力了但是没有能够找到愿意承担责任的成员，或者当他们最初的支持者离开后，没有找到接替者，他们几乎自己做了所有的种植、配送和组织工作，因此变得筋疲力尽。马西·麦考尔（Marcy McCall）放弃在纽约州经营了五年的鹭的视野农场（Heron View），他解释说："对于我们来说压力太大了，因为我们尝试自己做所有的事情。有 3 个配送点共 26 个份额，需要长时间的驾驶。”这些 CSA 中的两个以前的成员告诉我，他们过高估计了食品的质量，并且感觉对份额食物没有太多的选择。更多的成员参与和更好的交流可以解决这些问题。

纽约州荷马市的罗伯特·佩里（Robert Perry ）责怪自己，当 3 个核心成员离开后他没有积极地招募新的核心小组成员。他说开始时依赖于人工除草，直到除草的任务远远超出他们的能力范围。而成员们则认为无论他们是否帮忙除草，对 CSA 都不会有太大影响。不过，罗伯特仍然相信他这五年的 CSA 实践是他所做过的最成功的也最满意的营销。马里兰布鲁克农场的杰斯（Jess）和苏珊娜·昂格尔（Suzanne Unger）两年后放弃了他们的 CSA，抱怨太多的退出率、招募的问题还有为种植 50 种作物付出的过量劳动力，“我们要跑的地方实在太多了，”昂格尔说。她每周配送到华盛顿利斯堡、维也纳、弗吉尼亚。当他们发现需要一个核心小组来帮助他们时，已经为时过晚。

一些农民放弃 CSA，因为他们不喜欢每周都有提供份额的压力。明尼苏达州河湾农场（Riverbend Farm）的格雷格·雷诺兹（Greg Reynolds）告诉我，在收成不好的年份，他讨厌为满足成员的期望而焦虑。通过把作物销售到批发市场和食品公司，他能够安排他的时间从而可以有时间和家人共度暑假。

2001 年调查表

如果你已经终止或准备终止你的 CSA 运营，那么你的原因是什么？

总问卷回收数：32

健康原因：1%～3.1%

资金不足：11%～34.4%

成员不足：7%～21.9%

搬迁：3%～9.4%

失去兴趣：4%～12.5%

退休：2%～6.3%

其他：16%～50%

导致 CSA 解散的最常见原因不在于 CSA 的结构，而在于农场的经营规

模。农民们往往因找到了收入更多的工作而放弃CSA，只有15个、20个或40个份额的CSA给农民支付的薪水无法和农场外全职工作的薪水相比。在缅因州一个偏远地区的回路农场，50岁的保罗·博纳基在农场之外可以每小时赚40美元，但他卖一小时夏季蔬菜却从来没挣过10美元以上。他为他的工作——为15年来，保罗一直努力经营着一个拥有20个家庭的CSA，并为此而感到自豪。然而高流失率导致他每年需要找到不少于10个新家庭加入，全心付出换来的低收入回报，开始让保罗心灰意冷。

纽约伊萨卡附近的脱脂乳农场（Buttermilk Farm）的吉姆·沃尔克哈森（Jim Volkhausen）最终决定停止经营CSA，找了另一份工作。以前他有其他的兴趣，而40个份额带来的农场收入根本不足以养活他。他的成员转到了当地其他的CSA。虽然他的CSA没能赚到足够的钱，但吉姆仍然认为它是成功的："成员参与的概念很重要，我鼓励其他人为了社区责任感而这样做。"

很多CSA垮掉的原因就在于它们把份额的价格定得太低。对于农民而言，公平合理的定价是保持CSA可持续发展的重要因素。第一年，农民们还可以将他们自己的经济需求推后以此来为项目的启动让路。然而，这种方式是不可持续的。在对东北部CSA进行的经济性研究中，经济学家丹·拉斯（Dan Lass）惊奇地发现一些CSA的农民根本就没有工资。他们的预算没把农民的工资包括在内。明尼苏达州的湖与山谷CSA的安妮·摩根写道：

> 我认为需要强调的是：降低CSA的份额价格是不明智的。如果CSA变成了"种植者补贴农业"，那么它就不会持续下去。一个CSA农场如果对每份额仅收350美元或者400美元，是不能让农民维持生计和用公平工资来雇用其他帮手的。份额定价过低意味着农民为了惨烈的竞争而允许自己被任意剥削。而且低价位持续了几年之后，通常提价会很困难。我们试了，但还是决定在几年前退出了我们的第一个CSA。在我们第二个CSA运营的头两年，我们都没有盈利；资金全部用在了实习生和设备上面。而现在，我们有70个份额，每份650美元，这样在发完所有工资之后，我们还能剩下1万美元。这虽然没有完全补偿我们的时间和物质的投入，但情况在日渐转好。当我们的成员增加时，我们完全有能力应付。这才是可持续农业。

马里兰州乡村快乐农场（Country Pleasures Farm）的马蒂·赖斯（Marty Rice）告诉《华盛顿邮报》的记者，她之所以放弃CSA是因为每周工作

80～90 小时，一年才挣 6 300 美元。“我们做了一个季末问卷调查，询问人们是否愿意接受较小的份额，同时支付更多的钱或付出更多的体力。得到的答复是：不！不！不！我想他们还并不明白社区的概念，即我们是一个整体。”马蒂抱怨着，最后总结道：“这是一个很重要的概念，但是我们必须要想出如何成功推动它。”

那些居住在农场但却不想全天在农场工作的人们总是发现 CSA 的工作特别耗费时间。住在纽约州的不同地区的德布·蒂特和帕特拉普安特都面临着兼顾农场和家庭、经营 CSA 及推广 CSA 理念的难题。德布这样形容她家庭的困境：

> 去年秋天我们集中一切精力来做我们的商业计划。在经历了过去 5 年的 3 次干旱之后，我们需要一套可靠的灌溉系统。然而，去年早些时候，持续的雨水引发了另外一个问题：我们没能及时到田里收割干草，从而导致了严重的后果——我们用了 5 天的时间才烘干作物，而不是往常的 3 天。当我们终于有了一个适合晒粮食的天气时，蔬菜地却又急需人手。去年是非常艰难的一年，我们产出的干草和蔬菜都不怎么样。这种冲突也导致我们只完成了农场需要做的事情的一小部分……因此，按照商业计划一五一十地工作变成了只做那些不得不做的工作，然后在 CSA 方面就无法全力投入了。

在 6 年的成功经营之后，纽约州克伦港沙姆罗克山农场（Shamrock Hill Farm）的帕特和麦克·凯恩（Mike Kane）决定暂停 CSA 并休息一年。因为帕特农场之外的工作负担越来越重，使得她很难腾出时间帮助麦克照料农场，而麦克也不能完全靠他自己来完成高质量的工作。幸运的是，份额成员对他们很支持，他们同意在一年中保持农场核心小组成员，以团购为主。农民和份额成员希望对未来的项目进行重新设计以使农场更容易操作，然而，又过了一年之后，由于帕特的事业不断扩大，他们不得不放弃 CSA。

离婚或者家庭遭遇重大变故导致了几个家庭 CSA 农场的失败。仅在纽约州，这样的农场就有 4 家。一场可怕的车祸使得一个农民把她的作物减少到在偶尔的志愿服务帮助下她可以承担的程度。俄亥俄州的银色小溪 CSA 农场在吸收成员参与方面做得相当成功，然而，家庭的变故让他们放弃了 CSA。1992 年那年，银色小溪农场开始经营 CSA，把目标定位在 25 个份额。他们瞄准一个邮政区域内的朋友和消费者，给他们发邮件，并很快就招募到了 47 个成员。在之后的几年中，成员数量增长到了 165 个，但是他们主动将份额减少到了100个，这样他们就能更好地了解每个成员。银色小溪农场同时也每周两次地在农场上摆摊，参加农夫集市以及批发产品给商店和餐厅。他们的农场成为当地的一个中心农场，他们经营羊肉、牛肉、鸡肉、花、羊奶奶酪、编织品以满足CSA成员对多种食品的需求。农场的经营者巴特利夫妇把成员们培训得相当好，所以在男主人特德得了心脏病后，其他员工仍可让农场顺利经营。特德病好了，但是更糟的情况出现了。女主人莫莉如此讲述他们的故事：

> 决定结束我们的CSA是在我们的家庭成员经历了严重的健康问题和个人问题之后，我们需要停下脚步来让我们的伤口愈合。特德得了严重的动脉血管瘤，他不得不退出。在同一年，我们的女婿史蒂夫患上了脑癌，之后他和我们的女儿以及他们的孩子搬过来和我们一起住。史蒂夫在8个月之后过世了，我们的女儿和整个家庭都陷入了无尽的痛苦之中。我相信你们能够理解我们当时的心情。我们的事情太多了。我们卖掉了所有的牲畜，并且告诉另一个CSA核心小组成员，我们欢迎他们到我们的农场上工作、使用工具并且可以建立他们自己的CSA，如果他们需要，他们甚至可以得到其他农民的帮助。不过，他们讨论了十几次，一直在资金和路程问题上自我设限。在那年初春，他们跟我们说行不通，我们只能说好吧……我们的成员在这里得到了良好的训练，有些开始在他们自己的郊区庭院或社区菜园工作。其他的人依然通过克利夫兰地区受欢迎的农夫集市购买当地的产品。我认为我们本地化、季节性饮食的教育工作做得非常好，我们非常高兴曾有过一个CSA，但是我也将成为第一个说它很劳心费神的人！

吉姆·罗斯在2002年他的搭档塞恩离开之后就解散了地球工艺CSA，他说如果没有她以及她天才的沟通能力，他根本干不成这工作。在美国“9·11”恐怖袭击事件之后，吉姆的CSA成员数量减少了，所以他就自力更生种他能够种的东西，然后再拿到农夫集市去卖，赚的钱和他干CSA时一样多。他说，“我的顾客没有改变，虽然他们不再在农场工作，但我确实想念和他们在一起工作的时光。”69岁的吉姆决定在2006年后退休，然后和他的孩子待在一起并以制作橱柜为生。一个种蔬菜的邻居将接管他的设备以及3英亩的芦笋。

在偏远的乡村地区的农场想招揽当地的参与者很困难。缅因州阿鲁斯图克县森林草原农场的吉姆·格里森（Jim Gerritsen）在人口稀少的北部乡村招揽到了新成员，但这些新成员不是当地居民。几年之前在新墨西哥州，瓦莱丽·凯普勒（Valerie Kaepler）在向她的邻居宣传 CSA 的概念时遇到了困难。纽约州的玛莎·约翰逊和缅因州的保罗·博纳基也发现很难招募到成员。保罗说，人们要么在挣扎谋生，要么进行传统种植没有时间考虑 CSA。他发现自己很难说服别人，让他们确信 CSA 值得努力。这确实令人灰心。其他人口稀少地区的农民也报告了相同的情况，他们的邻居没有多少关注有机种植的食品。在这些地区，不喜欢化学制品的人以及那些没有时间照料菜园的有机农业坚定支持者是最佳的宣传对象，最近才从城市搬到乡下的人以及远程办公的人也可能需要有机食物并愿意和当地农场有更多互动。总的来说，在城市和城郊寻找潜在的 CSA 成员确实要容易一些。满足当地人们的需要是非常重要的。不过，在佛蒙特州和艾奥瓦州的农村地区有一些运作得很好的例子，农民们找到了 CSA 和其他市场的结合点以及特定的消费群体，如老年人，并提供送货上门服务。

就像其他农场一样，CSA 面临巨大发展压力。例如在几个令人遗憾的案例中，农场属于几个兄弟姐妹或属于家庭成员中并不经营农场的那个人，CSA 使用的土地被他们卖了出去。而费城的开发商则把与海洋改造项目相关的城市菜园变成了一个停车场，让本来有前景的海洋改造陷入危机。

飙升的地价压倒了一个成绩很突出的早期 CSA 农场——加利福尼亚的摩尔农场。柠檬和鳄梨的过低的批发价时当初史蒂夫·摩尔（Steve Moore）转而尝试 CSA 的原因。美国南北战争后，史蒂夫的曾祖父得到了加利福尼亚卡平特里亚的 60 英亩的农场。史蒂夫的父亲，一个退休的内科医生，在 1960 年继承了这个 60 英亩的大农场，并雇用了一个经理来管理为批发市场种植的柠檬和鳄梨。1981 年，他把农场传给了他的 5 个孩子。那一年，史蒂夫写道："对于柠檬和鳄梨市场来说是最糟糕的一年。我们赔得精光。"拥有城市工程学博士学位和心理咨询硕士学位的史蒂夫发现他自己经营农场"每周需工作 100 小时，每月只赚 500 美元"。于是，他开始把农场转变成了生物动力农场。之后，在 1990 年，一场霜冻灾害摧毁了所有果树，经济损失达 25 万美元。为了拯救农场，史蒂夫转种蔬菜，"我知道"，他后来说，"有一个社区的人等着吃我种的蔬菜。"到 1997 年，摩尔农场在圣费尔南多、圣加布里埃尔、绍森欧克斯、圣莫尼卡以及马布里拥有 220 个家庭份额。但史蒂夫告诉我农场在 2001 年售出了。当我问他发生了什么时，他回答说："我也许再也不会种地了。简单地说，这是一个异常艰难的、烦恼不堪的、违背我意愿的家族的决定。我现在仍然通过一些咨询工作及与可持续农业资源联营会的合作来保持和农业的联系。”

我访问过的两个 CSA 由于种植者缺乏经验导致了产量不足、缺乏组织以及质量低下，进而倒闭了。一个种植者试着在严重干旱的一年以低于平常的价格出售份额，然而事实证明，他甚至连与那么一点货款相当的食物也生产不了，于是在同年 8 月份就放弃了。这些种植者就是因为缺乏市场化种植的经验。威斯康星的麦迪逊地区 CSA 联盟（MACSAC）要求加盟者填一份相关经验的问卷。如果加盟者缺乏经验和知识，MACSAC 会建议他们去其他农场实习。如果他们的产品太特别，MACSAC 会建议他们与现有的 CSA 成员建立合作关系。同样，缅因州的老年人农场份额计划也要求加盟者有若干年的市场经验。

未能让当地民众建立良好的社区参与感导致北卡罗来纳州营养农场（Sustenance Farm）的哈维·哈曼（Harvey Harman）最初放弃他的 CSA。在前 5 年中，这一项目运转良好，成员们开心地从农场得到食物，并在经济上资助农场，但 40 个份额的资金还不足以维持哈维的生活。由于从成员们的家到农场一般有 30～40 英里的路程，因此他们从来就不是特别积极参与农场事务。成员退出率每年都很高，核心团队被迫要花大量的精力来招收新成员。甚至像农场提供的自助聚会这种社交活动的参与人数都不是很多。就像哈维形容的那样：CSA 是个好东西，但“社区却从来都没建立起来”。

另一类失败的 CSA 是有着过多宏大的社会和农场计划的非营利机构项目。在 1992 年，匹兹堡食品银行决定复制西马萨诸塞州食品银行 CSA，一半的产品流向给农场付款的 CSA 参与者，另一半流向食品银行。他们期望 CSA 会提升食品银行对于新鲜产品供应的掌控水平，同时具备了很好的宣传、提供志愿工作岗位和举办关于可持续农业和饥饿议题论坛的功能。食品银行先是和一个独立农民签订了租用合同，农民把他的土地以及 CSA 都交付给了食品银行。只有 4 年农场经验的迈克·盖布尔（Mike Gabel）在 1997 年作为农场经理接管了绿色丰收 CSA（Green Harvest CSA），也就是这一年，农场搬到了一块新的土地上。CSA 成员数随着搬迁从 110 个降到了 25 个，还好第二个种植季开始，份额收入满足了 50%的农场资金需求。但是，许多其他的社会性目标让本来已经非常有挑战性的绿色丰收 CSA 的食品增产目标变得更加复杂。

在一个宾夕法尼亚的可持续农业学会的工作坊中，迈克做了有关农场和食品银行关系的发言，他认为二者的职责必须明确，这样的界定也适用于其他相同机构的农场：

> 你需要切实地告诉食品银行你所需要的是何种支持……如果你要实现自给自足，不仅要达到一定的成员数量的门槛来支付农场的成本，还需要比较大的剩余。你和机构的管理方保持步调一致非常重要。你同时还要和食品银行一起决定你的经营是含有教育成分还是纯粹的生产。如果人们涌向你的农场，而你又要进行教育课程，谁来种植作物呢？谁来应付这些人员呢？许多资助者希望你做大事，他们希望你大批量生产，希望你拥有历史上最棒的教育培训内容并可以传递给每个城里的孩子。但是，你需要计算成本，你必须把你的期望和管理方开诚布公——到底我们要做的是什么？在这些事情都理清楚之前别动锄头种地！

遗憾的是，迈克还是没能与食品银行取得共识，他们最终决定关闭CSA。其他几个由社区食品项目资助的CSA面临着相同的命运。1998年，罗恩·弗里德曼尝试着为坐落在新泽西特伦顿的艾尔斯社区组织建立一个农场，现任员工却完全不知道有这件事。同一年，卡丽·利特尔（Carrie Little）在华盛顿州塔科马地区发起了塔科马食品系统计划（Tacoma Food System project），雇用和培训那些流浪汉，让他们把从9个城市菜园中收集来的食物组合成CSA份额分发出去。每份450美元的共60份CSA份额不足以在资金上支撑这一项目。于是卡丽和高德鲁普住所项目（Guadelupe House）的人密切合作，高德鲁普住所项目是一个天主教社区项目，这个项目帮助维持菜园的运转。没有了卡丽外向的性格来吸引成员，份额成员可能会更少，并且这一计划每月只能付给员工250美元的工资。据高德鲁普住所项目的员工劳拉·卡林（Laura Karlin）说，继任的农民都很勤劳但是却更加内向，他们不能在生产所需求的食物的同时维持项目的管理。这种压力卷入了很多个人精力，使得高德鲁普住所在2005年时放弃了这个合作计划。

克里斯滕·马克利的硕士毕业论文《可持续农业和渴望》记录了5个美国东北部地区非营利组织的经验，其中4个有CSA项目。克里斯滕致力于消除饥饿和支持小型农场，对小农和消除饥饿组织面临的压力与障碍，对以及二者合作后可能会有的利弊都做了评估。她采访了被非营利机构雇用的农民和销售产品给非营利机构的独立农民，以及机构的工作人员。她发现了农民雇员的流动率很高。她赞同迈克的理清优先顺序及设定务实目标的诉求。如果一个食品银行希望年轻的没有经验的农民一边生产足够的多样作物来支撑农场，一边又要训练那些低收入社区成员可以自给自足，那么两批人都会有挫败感。提升非营利机构员工的农耕知识以及给农场员工们更高的薪水将能够帮助解决这些难题。

CSA 产生一些摩擦是在所难免的。困扰其他农场（很多其他的小型、家庭经营的农场）的压力同样也会困扰 CSA 农场。而且 CSA 不是对每一个农民每一个消费者都适合。在太多的案例中，CSA 走到尽头都是由于农民不知道如何从成员那里获得支持，或者是成员不知道或不理解如何协助 CSA。希望这本书能用其慷慨分享的经验和实用的意见帮助那些徘徊在生死线上的 CSA 渡过难关。

后续　未来充满希望

知道什么是可能的并非不可能。

——弗朗西丝·穆尔·拉佩，2006 年在纽约巴佛洛“世界在你的餐盘上”论坛的发言

当被问到世界末日到来时最想做什么事？据说马丁·路德的回答是：“我会在今天种一棵苹果树。”

——美国路德教派的社会宣言：“关注创新：视角、希望和正义”

手中的豌豆。

看着我们周围的成堆的大型购物商场、无边的停车场、被污染的饮用水以及大批被捕杀的鱼类，听听我们周围的新闻：残酷的战争、大规模环境破坏、儿童自相残杀、唯利是图的政客、斗殴、车祸、上亿美元的企业购并带来的大规模裁员……我们很容易就会变得愤世嫉俗。在全球自由经济大行其道的今天，我们每个人都感觉自己的力量微不足道。然而，反观过去一个世纪的历史，霍华德·津恩（Howard Zinn，美国左派历史学家）看到了这个过程的不确定性但在许多不可预期之下，正是普通民众承受了最多的不平等。在这种不确定性的基础之上，津恩给予了人们希望：

> 即使在那些有着枪炮和金钱的看似不可战胜的压倒性的力量面前，对于正义的追求也从来不应该被中断。因为这些力量一次又一次地在无法像炸弹和美元一样被衡量的人类的高贵品质面前被证明是不堪一击的，热情、决心、团结、纪律、牺牲、智慧、真诚、勇气、耐心，这些无论是在亚拉巴马还是南非的黑人身上，无论是在萨尔瓦多、尼加拉瓜和越南的农民身上，还是在波兰、匈牙利和苏联地区的工人和知识分子以及世界各地阻止核灾难的人民的身上都可以被看到。任何冷漠的权力算计都无法让这些追求正义的人们退却。

我们可以选择继续胡吃海塞直到患上肥胖症、心脏病、癌症、不孕不育症，并完全依靠控制我们食品供给的奥驰亚集团，或者我们可以选择开始改变，就从放进我们嘴中的食物开始。我们的这些农民和成员具有津恩列出的品质，而且我们有一项值得一直奋力追求的重要和正义的事业。购买本地食品是保证我们身体健康和本地社区健全的第一步，加入 CSA 则是建立人与人之间，人与土地、自然之间相互依存关系的一步，如果我们期待这个非常小的星球有个美好的未来。

就像罗宾·范·恩在她的备忘录上写的总结一样："CSA 是我们所习惯的不顾后果的非可持续发展农业系统的有力竞争者。CSA 正在努力成为对社会和生态环境负责任的，能够传授知识的，同时能够提供优质食品的生命必需品之一……它是一个保障我们和我们后代食品安全的机会。"

全国的 CSA 农场和菜园都在不断地变化和成长。詹尼斯山谷有机 CSA 的规模已经扩大了一倍，它的成员帮助我的和平工作农场获得了稳固的土地产权。正如公平远景农场一样，天使有机农场也成立了 CSA 学习中心，中心的课程使得城里的大人和孩子有机会了解乡村生活以及食品的生态种植。生命能量社区农场屋顶上的太阳能电池板节省了电费开支，同时学校的孩子们帮助农民们立起了由麦梗制成的柱子和横梁，为培训、工作坊和舞会建造了新的草屋。仅是食品的城市丰收项目正在把有机蔬菜和营养学课程带到西布朗克斯——纽约最贫穷的地区之一。在得到了哈特福德食品系统项目数年的支持后，霍尔库姆农场已经可以在经济上自力更生了。而本地种植农场和人民农场把它们的角色拓展成为区域自产产品的配销商，当个人农场和合作社散布在纽约州、新罕布什尔州和阿巴拉契亚等地时，它们所提供的配销就有了附加价值。一笔慷慨的遗产使得吉尼西斯农场的土地增加了一倍。共同收获农场正在进行他们七年份额盈余的第二轮销售，从而能够为当地的乡亲建一个砖窑和一间教室。明尼苏达州的羽毛石农场在它的 CSA 成员的帮助下在一场毁灭性的洪水中幸存了下来，在通过了农业公正计划（Agricultural Justice Project）的标准认证后进入了当地公平贸易集市。

在 CSA 收获的早晨，作者从农场卡车卸下来很多箱生菜。

在艾奥瓦乡村、加利福尼亚海滩、加拿大魁北克省，甚至纽约市，很多地区性支援组织已经让保守的农民们知道，消费者愿与农民一起承担因减少使用化学制剂而带来的减产风险。在新英格兰、新墨西哥和俄勒冈等地，农民正在提高产量以及分享种子。在纽约、威斯康星和加利福尼亚，越来越多的低收入人群不再观望，而是积极参与到 CSA 之中。在纽约市、波特兰、俄勒冈、明尼波利斯、波士顿，CSA 城市菜园的食品生产正在进行中，青少年们也都来学习种植食物。而法国南部、英格兰中部和葡萄牙东南部地区都在把 CSA 概念引进到它们的农业文化之中。

CSA 是否能在 2020 年增长到 1 万个并没有现有的 1 500～2 000 个 CSA 的发展和壮大重要。电脑程序及学术指标所无法衡量的 CSA 的价值就在于 CSA 土地上发生的真实故事——上千人一起努力让生活更加健康和具有可持续性。在全球超级市场的阴影之下，CSA 就像一个由 1 000 个农民控制的实验室，对未来的社会和经济的关系做着实验。基于对未来计划的思考，农民丹·冈瑟说："一旦我们跳出了原有路径，就没人会告诉我们不应该怎么做了，这是惊人的创造阶段。成员会问：接下来做什么？他们已经做好准备跟随我们的领导。"我们之中每一个人都和一只甲虫一样微不足道，但是成群的甲虫的力量却是无穷的，可以使地球免于被沉重的腐败埋葬。

附录

河畔的故事：社区自有的农场

——贝丝·霍特茨曼

河畔社区农场是一个位于佛蒙特州伯灵顿的小型农场，与其他一些小型农场毗邻，具体位置是在伯灵顿最北边，占地约 1 000 英亩。河畔社区农场和内蒂克地区的内蒂克社区农场、林肯地区的科德曼社区农场一样，都是新英格兰一带的公有农场。

2006 年，河畔社区农场是佛蒙特州最大的，而且资格最老的 CSA 组织。从 1989 年开始，它就不断调整它的规模、种植种类、会员义务、组织规范、员工组成、薪资条件，使得农场的经营既足以保障财政稳定、又对伯灵顿居民非常有吸引力。团结合作的精神推动着这个 CSA 蓬勃发展。

“我们的农场是一个以家庭为中心的农场，这是它独特和美丽的地方。”贝姬·马登说，她是于 2005 年以合作经理的身份加入农场的，“人们带着他们的孩子来这里度过一段时间，他们自己收割，这里还有沙箱和玩具店。”成员情况调查反馈显示，高质量的产品正是吸引人们的原因之一。“大家都说他们加入这个农场是为了抚养孩子和为家庭提供食物。热情和团结是真正重要的方面。”

河畔社区农场从一个非营利性组织河畔中心那里租赁土地，这个组织拥有的土地总共达到了 354 英亩。河畔中心的使命是支持可信赖的农场，保存可生产的农用土地，提供更多的本地有机食品和堆肥，而且要通过粪肥管理技术和河水储存来保障水资源的质量。

从 1990 年开始，河畔社区农场将土地、设备、温室、灌溉和储存设施租给小型的、独立的有机农场。在 2006 年，13 个河畔地区的农场，包括河畔社区农场向河畔中心承租了 120 英亩的土地，总共有 60 个全日制的工作人员。另外，河畔中心还有一个大型的堆肥机器，一个农场管理系统和一个苗圃，该苗圃可提供本地的经济型树木和适用于全州的灌木。

2005 年，河畔中心获得了由保罗和丽塔·卡尔金（Rita Calkin）捐赠的 53 英亩土地，加上之前卡尔金捐赠的 7 英亩土地。2006 年河畔中心致力于获得被伯灵顿电力部门租赁的 199 英亩土地，目标是为了将这些土地转为农用地。整个过程包括变更土地使用权允许独立的农民们享有长久的租赁关系以保障农场的安全。

这些努力的基础在于河畔地区的农业资源部。它和河畔 CSA 同时建立，现在是一个公私股份参半的资本部门，主要经营堆肥等方面业务。最重要的是，它每年产的上万吨堆肥被用于河畔地区沙质土壤的恢复。据河畔中心的创始人威尔·拉普（Will Raap）说："堆肥计划是一个重要的计划。我们着眼于那些在过去 50 年里肥力被耗尽的土地的更新。因为地方政府也在寻找有效的资源回收和减少浪费的管理方式，它提供了一个让农业被提到伯灵顿政府政策议程上去的途径。"

2006 年，有 7 个农场提供不同的蔬菜、水果和药草，也有农场注重于蜂蜜、大豆、粮食、鸡蛋、花卉和浆果的生产。还有一个农场专门为佛蒙特州最大的医院——弗莱彻艾伦医药中心（Fletcher Allen Medical Center）提供食品。在资源回收计划的激励下，该医院第一个与低地中心签订了回收计划的。这种关系使医院开始购买河畔 CSA 的产品，开始是一种自发的小批量购买，后来演变成合同的大批采购式。

河畔地区的种植者们有一个每月例会，同时他们也尽量每个星期聚餐一次以交流经验和信息。"在这样一个社区的农场里当农民真是棒极了。"农场经理之一安迪·琼斯（Andy Jones）说。

2006 年，河畔社区农场在 35 英亩的土地上种植，为伯灵顿及周边地区的市民们提供 500 种产品，主要包括蔬菜、药草、花卉和浆果。通常是从 5 月末到 10 月，农场每个星期采摘一次。农场里接近百分之百的作物是供给 CSA 成员的。

琼斯表示，"保守的估计，有 2 000 人从这里获得的食品。"除了那 500 种产品外，农场在 2005 年开始提供冬季产品，从 11 月到 3 月中旬，每隔一星期提供一次存储好的蔬菜。另外，农场还提供了其他农场的合作产品——山羊奶酪、面包、鸡蛋、苹果和家禽，但需要预订。

"我们认为我们现在的规模已经足够大，可以为本地其他农场提供稳固的市场。"琼斯说，他估计这些附加产品对其他农场意味着 1 万美元的市场。

农场的管理也在演变。作为一个自产自销的成员拥有的组织，农场有一个七人小组，被称为引导小组，由成员们选举产生。该小组聘用琼斯为农场经理，他也是农场其他活动的组织者。这种形式被称为政策治理（policy governance），被广泛运用于非营利性组织中，以帮助理事会避免微观管理和意见的不统一。

“我的原则以及我们组织的原则是非常明确的，所以我们一起工作，很有效率。”琼斯说。引导小组设立了一系列规定，限制琼斯和马登的权力，同时，经理们要对农场的行政性和功能性决策负责。“农场的种植权和管理权是分开的，”琼斯说，“引导小组的成员们不需要涉入种植方面的工作，除非与成员的利益有关。”

河畔社区的农场接近60%的成员是伯灵顿的居民。剩下的住在伯灵顿周围、在农场15英里以内的范围内，他们大多数在伯灵顿工作。

多年来，CSA既致力于改善农场工人的工作环境，也谋求扩大伯灵顿社区规模。2006年，农场为生长季节成立十人工作组，其中包括琼斯和马登，他们是拿年薪的雇员。剩下的是季节性的工人或者小时工，农场还尝试着招聘一些对农业有兴趣并且愿意创业的工人。除了手把手的教学以外，农场还为学徒和工人提供每周一次的研讨会。

琼斯认为第三个全年的全职工作机会快要出现了，一部分是因为要改善生产实践，一部分是因为冬季CSA的开发。基本的生产实践，尤其是种子的控制、灌溉和温室的管理，让每英亩地的生产力节节上升。“主要是要采用合适的设备的结果，”琼斯说，“还要知道怎么使用以及何时使用。”

农场的三种份额规模是“历史的偶然”，是琼斯不会推荐的。琼斯的注意力主要在于每星期提供多样的、高质量的产品。但是他也重视有效率的生产。“我们不用选择特殊的品种，比如说极小的土豆，或者紫色西红柿，”琼斯解释到，“因为每份产品都由成员分摊，我们不用浪费精力在开发那些种子特别贵、生产特别耗时的特殊品种上。”

农场拥有50～70位老年人成员——一个USDA项目，由佛蒙特州东北有机农业组织在佛蒙特建立的——为那些低收入的老年人免费提供新鲜的、高质量的食物。志愿者在伯灵顿的公共福利院为老人分发食物。

河畔社区农场还建立了一种支助性份额的申请程序，通过它10%的成员可以以半价得到份额。农场还接受食物券付款而且为这些份额提供了一个“按你的能力付账”的程序，使某些家庭可以分期付款而不必一次性付清。农场成员续约的比率，平均达到了75%。而且每年都有多出来的需要等待加入的人。

农场只有很少的劳动份额，他们的劳动付出关系到收获。在他们之中有邦尼·阿克（Bonnie Acker）和她的女儿蒂亚·戴维斯（Dia Davis），蒂亚刚念小学时就可以每星期工作多达三天。阿克尔，是引导小组的一员，她这样总结自己的家庭在农场中的工作：

“它是我们生命中最具挑成性的尝试，因为它全靠合作。每天都有危机或者问题需要解决，不过也经常有成功……当我们离开的时候，我们真正感觉到了我们对人们是有帮助的和被欣赏的。没有哪个股份公司像这里一样可以使人们，尤其是孩子们，如此充分地合作和努力。”

汉普夏大学的CSA：试验式的学习

——*农场经理南希·汉森*（*Nancy Hanson*）

大学建立农场已经不新鲜了。英格兰很久以前就允许大学拥有研究和教学用的农场，并利用校区培养新农民和支持研究。早在19世纪开始，许多校区就出现了一种新形式的校园农场。这些倡议通常是学生发起的而且重点在于进行可持续农业的研究，其中很多是关于CSA的。一个最近的由网络杂志《新农场》（*New Farm*）收集得到的民意测验结果表明美国有超过40个的学生农场。这个测验最让人吃惊的情况是，许多新农场建立在文科院校基础上。我们需要日益关注与时俱进的食物系统以及生产者与消费者之间越来越密切的关系。CSA独一无二地满足了这个需求。

汉普夏学院CSA从1992年建立以来是国内最老的和最成功的项目之一。汉普夏学院是一个小型的、私人的文科学院，坐落在马萨诸塞州西部的康涅狄格河山谷肥沃的农业地区。开始仅仅是一个带着为30个家庭种植有机食品目标的简单的学生项目，到现在已经发展成15英亩大有200个份额的CSA，同时有一个全职的经理和与学院紧密合作的学院社区农业。就像非学院性农场，CSA扮演着重要的角色帮助社区农业与汉普夏的社区建立联系。份额成员被从整个学院社区范围内吸引过来，包括学生、教职工家庭。在取菜的那天下午，常常见到一个学生在与一个教授交换羽衣甘蓝的菜谱或者正在和学院管理人员的孩子一起摘豆角。

除了基本食品的生产和社区的建立，大学农场还体现了人文科学教育的目标。农场被整合到大学的生活中去，成为一个“活的实验室”。科学对于人文学科的学生们来说可能是最令他们气馁的学科了，在农场工作和学习对于他们来说是一个生活与科学结合的机会。享受丰收的喜悦或者在葡萄藤下品尝新鲜的番茄可以使大家有兴趣开展更广泛的话题——从最基本的土壤科学到有机农场的特殊生态学。作为一个以大学为基地的农民，我经常被问到这样一个问题，人文学科的教育和可持续农业有什么关系？我愿意用丹尼尔·韦伯斯特（Daniel Webster）的一句格言来回答："耕种开始的地方，其他艺术就产生了。因而，农民是文明的创造者。"没有一个人文艺术领域不能从农业的视角中得到启示。基于农场的教育，学生们可以发挥出令人难以置信的创造力。当学生们毕业后，一小部分人会更进一步的学习变成专业的农民，大多数人却是带着这种经验去从事从写作到政治到技术等各领域的工作。

开办一个大学 CSA 与经营其他 CSA 很相似，但是也有很多不同。为农场安排员工并与大学学生份额联系起来不容易。将近一半的汉普夏的份额成员是教职工，另一半则是学生。学生份额是流动的，当他们大致对农活上手时，也就是差不多要毕业的时候了。但是，这就是一个大学 CSA 的美好之处。这些学生将要走出校门并且开办或者支持其他的 CSA，这就是希望。作为文科学院，我们的使命并不是培训农民，我喜欢认为我们在培训食客。通过让这些学生们体会到农业耕作的艰难和回报的喜悦，希望他们在余下的生命中做食品选择时，他们会记得支持可持续农业。

大学 CSA 也同样面临着特殊的劳务的挑战，种植季节与学年安排并不相对应，生产工作最繁重的时候恰恰是学生们放暑假的时候。汉普夏 CSA 在夏季几个月雇用实习生工作，他们在五月末课程结束之后才会开始工作。在这种情况下，6 月的第一周要开始正常的配送几乎是不可能的。由于这些限制，汉普夏 CSA 变成了只在秋季配送。由于做了相关调整，秋季模式运行得很好。缩短了的收获季节减轻了通常春季要早种的压力并且夏季的工作也减轻了很多。这样的协调让农场的教育使命能够持续。夏季的实习生有更多的时间学习新的技术而没有夏季收获的压力，这个计划也增加了在夏天做农场研究的灵活性。由于与汉普夏教职员工和马萨诸塞州大学员工合作，最近的项目包括了控制土豆叶蝉的研究和对冬天的瓜类做移栽保护措施。

在秋季的收获季节，我们的目标是让尽可能多的学生参与。在收获日早上 7 点，出现在农场的学生将被安排工作。这就意味着在从未干过农活的学生们做了大部分的农务。由于要经过多次练习，我们依赖于有经验的学生帮助培训新手。年龄大一点的学生不仅仅成为了农业工作的顾问还是学业和生活上的顾问。这就在学生中构建了社区关系，同时还带来了附加的收益，如培养了那些学生的成就感和能力。在任何一个早晨，关于课程、生活现状和个人感情方面的精彩对话，经常出现在放满了卷心菜和胡萝卜的清洗房里。

大学 CSA 的特色不仅仅在于我们和学生合作，还包括我们在一个大的机构体系中经营农场，这种状况有好处也有挑战。由于教育是我们首要的目标，大学农场并不是利益驱动的。作为 CSA 经理，我的工资并不完全取决于食品的生产，这可以让我有更多时间与学生们一起研究。除了与教职员工和资助学生的项目及研究项目合作，我经常在自然科学学院帮助教一些农业相关的课程；我目前在合作教一门跨学科的课程，叫做“农业、食品和人类健康”。这个课程综合了对农业研究、土壤和植物科学、流行病学和营养学的内容，同时还有在农场动手收获、清洗和打包 25 个份额蔬菜的实践，这些份额将捐赠给本地参与了联邦妇女、婴儿和儿童项目（WIC）的家庭。这个与 WIC 的合作，推动学生们跳出有关个人健康的思考，拓展视野去更多关注与农业相关的社会、经济和政治等问题。

尽管 CSA 与整个学院的关系很密切，但我们仍需面对学校预算方面的挑战。由于我们对教育的关注，并且由于我们是使用没有经验的和高度没有效率的劳动力，CSA 的收入并不能支付所有的经营成本。学校商业办公室经常不明白，对于任何农场来说收益的压力都很大，更别说这样一个还负有教育责任的农场。保护农场预算的努力在来自学校学生和员工队伍的 CSA 成员的帮助下，变得更加简单，因为他们对农场有一种主人翁的意识。

汉普夏 CSA 并不是唯一一个成功了的大学 CSA 的例子。罗格斯大学（Rutgers University）在 1993 年成立了库克大学生农场（Cook College Student Farm）。该农场的特殊之处在于它没有雇用专业的经理人，仅仅由学生经营。他们巧妙地解决了后继学生持续经营的问题，他们让正在经营的学生们撰写、更新指导书并将这些书籍分发给新进来的成员。

未来是什么样的？在汉普夏，人们渴望延长 CSA 的耕种季节，进而在学年中实现整个年度的耕种。虽然我们还没有到达那一步，但我们已经朝着那个目标迈了一大步。2002 年夏天，我们建造了一个新的有地窖的仓库，来储存秋季种植的作物。2003 年的夏季，我们为冬季的蔬菜建造一个 30 英尺×96 英尺的温室。整个目标是希望能够在春季提供谷物和绿色蔬菜。

密歇根大学有一个项目提供一年的 CSA 项目。密歇根大学现在提供带学分的有机农作课程。这个项目将农场劳作和教室里的研究相结合，以为有机农场和其他可持续农业培养合格的毕业生为目标。学生们的课程包括诸如：堆肥的生产和使用、有机移植、有机产品直销市场。学生也在学校 10 英亩的土地上经营整年期的拥有 50 个成员的 CSA。根据密歇根大学的网站上的描述，学生们在这里可以“激发自己对食品系统和有机农业方面的批判性思考”，并且成为“当前粮食系统变革的一分子，从而得到走向外部世界开创自己的农场、商业和其他项目的足够信心”。

因为有了这些诸如在大学校园涌现的项目，CSA 的未来变得愈益光明。

Sharing the Harvest: A Citizen's Guide to Community Supported Agriculture, revised and expanded edition by Elizabeth Henderson with Robyn Van En, Foreword by Joan Dye Gussow

Simplified Chinese version published by arrangement with Chelsea Green Publishing Co, White River Junction, VT, USA
www.chelseagreen.com

图书在版编目（CIP）数据

分享收获：社区支持农业指导手册（修订版）/亨德森等著；石嫣等译．—北京：中国人民大学出版社，2012
ISBN 978-7-300-13249-5

Ⅰ．①分… Ⅱ．①亨… ②石… Ⅲ．①农业经济-经济模式-美国 Ⅳ．①F371.20

中国版本图书馆 CIP 数据核字（2011）第 257713 号

分享收获：社区支持农业指导手册（修订版）

伊丽莎白·亨德森
罗宾·范·恩 著

石　嫣
程存旺 译

Fenxiang Shouhuo

出版发行	中国人民大学出版社		
社　　址	北京中关村大街 31 号	**邮政编码**	100080
电　　话	010－62511242（总编室）		010－62511770（质管部）
	010－82501766（邮购部）		010－62514148（门市部）
	010－62515195（发行公司）		010－62515275（盗版举报）
网　　址	http://www.crup.com.cn		
	http://www.ttrnet.com(人大教研网)		
经　　销	新华书店		
印　　刷	北京东君印刷有限公司		
规　　格	160 mm×235 mm　16 开本	**版　　次**	2012 年 2 月第 1 版
印　　张	22.5 插页 1	**印　　次**	2018 年 12 月第 3 次印刷
字　　数	377 000	**定　　价**	49.00 元